大气科学前沿译丛

大气中的中尺度对流过程

Mesoscale-Convective Processes in the Atmosphere

罗伯特·J. 特拉普（Robert J. Trapp） 著

苏德斌　范新岗　译

CAMBRIDGE

气象出版社
China Meteorological Press

图书在版编目(CIP)数据

大气中的中尺度对流过程 = Mesoscale-Convective Processes in the Atmosphere / (美) 罗伯特·J.特拉普著 ; 苏德斌, 范新岗译. -- 北京 : 气象出版社, 2022.8
ISBN 978-7-5029-7748-1

Ⅰ. ①大… Ⅱ. ①罗… ②苏… ③范… Ⅲ. ①中尺度系统-强对流天气 Ⅳ. ①P425.8

中国版本图书馆CIP数据核字(2022)第118257号

版权登记号:图字:01-2021-1445 号

大气中的中尺度对流过程
Daqi zhong de Zhongchidu Duiliu Guocheng

出版发行:气象出版社
地　　址:北京市海淀区中关村南大街 46 号　**邮政编码**:100081
电　　话:010-68407112(总编室)　010-68408042(发行部)
网　　址:http://www.qxcbs.com　**E-mail**:qxcbs@cma.gov.cn
责任编辑:黄红丽　林雨晨　**终　　审**:吴晓鹏
责任校对:张硕杰　**责任技编**:赵相宁
封面设计:楠竹文化
印　　刷:三河市君旺印务有限公司
开　　本:710 mm×1000 mm　1/16　**印　　张**:19.25
字　　数:410 千字　**彩　　插**:10
版　　次:2022 年 8 月第 1 版　**印　　次**:2022 年 8 月第 1 次印刷
定　　价:140.00 元

本书如存在文字不清、漏印以及缺页、倒页、脱页等,请与本社发行部联系调换。

内容简介

这本现代教科书致力于更为深层地理解大气中的中尺度对流过程。中尺度对流过程通常表现为雷暴现象，其变化、发展迅速，覆盖尺度范围大且程度剧烈。事实上，对流风暴可引发龙卷并产生具破坏性的“直线型”风。此外，它可能产生有害的降水，但又可能对社会极为有益。

为帮助读者理解，本书对特定的对流现象，如超级单体雷暴和中尺度对流系统的形成、动力过程以及定性特征进行了描述。虽然主要描述温带大气的对流现象，但也用热带大气对流现象的相关实例与之作对比。为使阐述的内容更加全面，本书还用专门的章节阐述了包括中尺度观测及数据分析、数值模拟、理论可预报性及实际的中尺度天气数值预报。附加章节介绍相互作用和反馈，特别讨论了在天气尺度和行星尺度上，对流雷暴如何影响外部过程并受外部过程影响。

本书为研究生、研究人员以及气象专业人士提供了一种在大气中尺度范围内可用的现代化对流过程处理方法。

作者简介

罗伯特·J. 特拉普 1994 年获美国俄克拉何马大学气象学博士学位。曾任美国国家研究委员会(National Research Council)博士后会士，后任中尺度气象研究合作研究所(Cooperative Institute for Mesoscale Meteorological Studies，CIMMS)及国家强风暴实验室(National Severe Storms Laboratory，NSSL)研究员，其间部分时间在美国国家大气研究中心(NCAR)工作。2003 年，特拉普加入普渡大学，现任普渡大学教授，兼任地球、大气与行星科学系副系主任。他也是普渡大学特聘杰出学者，这个称号是为表彰学术发展卓著的优秀教师而设立的。特拉普教授还是普渡大学科学学院杰出教师，作为终身教授，每学期均名列系教学荣誉榜。他是对流风暴及其次生灾害以及其与大尺度大气相互作用领域的专家。

译者简介

苏德斌，博士，成都信息工程大学教授，硕士生导师。1989 年毕业于南京大学大气科学系大气物理专业，1992 年获中国科学院兰州高原大气物理研究所硕士学位，2013 年获中国科学院大学博士学位。2003—2005 年美国天气局访问学者，2016 年美国科罗拉多大学访问学者。长期从事天气雷达探测技术研究、综合气象探测系统建设、气象信息系统、预报业务平台研发等工作。主持国内首部业务化 C 波段多普勒天气雷达软件系统研制（1995），主持研发北京奥运短时临近交互预报系统（2008）。主持、参与完成多项业务、科研及国际科技合作项目，主持科技部行业专项 1 项，国家灾害专项课题 1 项，国家自然基金面上项目 2 项等。获北京市科技进步奖 3 项，2008 年科技部科技奥运先进个人。现从事雷达气象学、云和降水物理、探测数据分析应用、临近天气预报及暴雨可预报性等研究。

参与翻译图书：(1)Radar Meteorology：Principles and Practice（《雷达气象学：原理和实践》）；(2)Mesoscale-Convective Processes in the Atmosphere（《大气中的中尺度对流过程》）。

范新岗，博士，美国西肯塔基大学气象学教授，成都信息工程大学硕士生导师。1992 年兰州高原大气物理研究所硕士毕业，1996 年获兰州大学大气科学博士。曾从事英文科学期刊论文翻译出版工作。1996—2009 年分别在南京大学、中国气象局气象科学研究院、美国阿拉斯加大学地球物理研究所、密西西比州立大学从事大气科学研究，2009 年至今在西肯塔基大学任教。已发表的学术研究覆盖中尺度天气模拟、遥感资料同化、陆气关系和区域气候及非线性气候动力学等领域，并在相关研究领域与中科院大气物理研究所及成都信息工程大学有长期合作。

参与翻译图书：Mesoscale-Convective Processes in the Atmosphere（《大气中的中尺度对流过程》）。

中文版序

中尺度气象学是研究灾害性天气事件形成、发展、变化的规律及其预报预测的理论基础。中尺度对流过程通常表现为强烈的天气现象，如雷暴、大风、暴雨甚至龙卷，其发展变化迅速，时常引发巨大的次生灾害，造成严重人员伤亡和财产损失。中尺度对流系统主要由降水性对流云组成，它们与其环境相互作用，可以产生复杂的降水特征，充分了解其特征及其形成的机制，有利于更好地开展灾害性天气的预报预警。

近年来，在现代气象探测技术及计算机技术不断发展、提升的基础上，中尺度气象学得到了长足发展。国内外出版许多种中尺度气象学相关的著作与教材，对中尺度气象的教学、研究和业务开展起着重要推动作用。尽管如此，能从当今探测技术的进步和重要进展与中尺度气象理论进行有机衔接的教材或者著作仍然是令人推崇的，美国普渡大学罗伯特·J. 特拉普(Robert J. Trapp)教授的这本教材恰恰可以为我们提供这样的一个样板。

罗伯特·J. 特拉普教授是强对流风暴研究领域的专家。在其教材中，他以独特的视角，运用现代探测技术获得的直接观测数据佐证相关理论，帮助读者深层地理解大气中的中尺度对流过程。在介绍中尺度天气的过程、概念及理论基础上，对中尺度气象观测、中尺度数值模拟、深对流、超级单体、中尺度对流系统、风暴的相互作用和反馈、中尺度可预报性和预报等进行了全面系统、深入的描述、总结和讨论。作为近年来不可多得的一本优秀教材，本书可用于大气科学相关专业研究生中尺度气象教学，也适用于从事中尺度气象研究人员的参考之用。

成都信息工程大学苏德斌教授长期从事雷达气象学、云和降水物理相关观测、预报业务及教学科研工作。范新岗教授任教于美国西肯塔基大学，长期从事中尺度极端天气事件、卫星遥感资料同化、观测系统模拟等领域研究。基于推动中尺度气象的研究和人才培养的共同兴趣，两位教授花费了大量精力，精心地翻译这本著作。可以相信，这本译著的出版对于从事中尺度气象学研究，特别是与强对流灾害性天气密切相关的云和降水物理、临近天气预报、人工影响天气等理论研究及业务应用等具有重要的指导价值，各位读者也会受其裨益。

（中国科学院院士，南京大学常务副校长 谈哲敏）

2022年7月20日于南京

译者前言

中尺度气象学是气象学的一个重要分支，其与各类强天气发生、发展、演变关系密切，是研究暴雨、冰雹、闪电、龙卷大风等灾害性天气的形成、发展机理的重要学科。而其中的对流天气过程是研究重点和前沿。21世纪以来，随着电子技术的快速发展，特别是天气雷达技术的进步，得益于观测系统对云和降水发展演变的深入了解及计算机模式的普及，中尺度气象学得到长足进步。更多地将观测事实与中尺度理论相结合成为中尺度气象学的重要研究手段。

在2016年下半年访问美国科罗拉多州立大学期间，鉴于雷达气象学研究及利用数值模式模拟强对流天气的需要，有幸读到罗伯特·J. 特拉普(Robert J. Trapp)教授的 *Mesoscale-Convective Processes in the Atmosphere*(《大气中的中尺度对流过程》)这本专著，深感其对于该领域的研究人员具有独特的参考和启发性价值。该教材既有深厚的理论支撑，也有生动的实例展示，阐述了中尺度气象学研究的诸多前沿科学问题。对于那些虽未系统学习大气科学相关课程，但具有一定的高等数学知识，希望直观、快速理解中尺度对流过程的研究人员或大气科学、大气探测高年级本科生/低年级研究生，将天气雷达等现代观测手段与数值模式模拟相结合来研究、分析深湿对流过程，是一种非常好的研究方法。该教材非常适合于研究生教学，同时也适用于读者在未能全面学习大气科学理论基础前提下，了解中尺度对流天气过程的研究思路、研究方法及据此已获得的研究成果。因此，译者即有意将这本难能可贵的教材介绍给国内读者。随即，译者联系了作者本人，并得到作者的热情支持，开始筹备翻译此书。

国内出版的中尺度气象学教材有多种，如《中尺度大气动力学引论》(张玉玲)、《中尺度气象学》(寿绍文)、《中小尺度天气学》(张杰)、《中尺度天气原理和预报》(陆汉城)等。这些教材或出版物对中尺度大气运动的特征、环流特征、诊断分析及预报等内容从不同角度进行了较为系统的介绍。阅读本书可以参考这些教材。

本书共分10章，包括：大气中尺度、理论基础、观测与中尺度数据分析、中尺度数值模式、深对流云的初生、基本对流过程、超级单体：一类特殊的长寿命旋转对流风暴、中尺度对流系统、交互和反馈、中尺度可预报性和预报。本书可作为高等学校大气科学或相关专业的高年级本科生或研究生教材，也可作为从事气象学、大气物理、云降水物理、大气探测等研究领域科研、技术人员的参考用书。

本专著翻译工作由成都信息工程大学教授苏德斌(主要翻译前言、第5—10章及附录)和美国西肯塔基大学地球、环境与大气科学系范新岗教授(主要翻译第1—4章)合作完成。此外,成都信息工程大学刘彦、何关心、黄梓恒、赵松、陈利旭、徐建春、熊翼等研究生参与了书中大量公式的编辑。全书的校译由译者合作完成,并特邀大气中尺度研究领域的知名专家、南京大学谈哲敏院士审阅全文并提出意见。

感谢国家自然科学基金“基于双线偏振天气雷达的对流风暴识别跟踪和临近预报方法研究”(项目编号42075001)、“双线偏振天气雷达冰雹云早期识别方法研究”(项目编号41375039)、国家重点研发计划“重大自然灾害监测预警与防范”专项“多源气象资料融合技术研究与产品研制”之第五课题“多源气象融合分析产品真实性检验”(课题编号2018YFC1506605)对本书翻译和出版给予的支持。

由于翻译过程中诸多工作、事宜干扰,完整译稿的提交一再推延,相关术语、表达的推敲仍显不足,因译者水平所限,翻译中的不当之处或错误在所难免,真诚欢迎读者批评指正,不吝赐教,并联系译者(联系方式:QQ:617906164)以便修正。

译者

2022年1月

于成都

原版前言

在我普渡大学早期的中尺度气象学课程中，学生使用的主要教材是《中尺度气象学和预报》，这是美国气象学会1986年出版的评论文章的编辑合集。尽管仍然很有价值，但其明显缺少了自出版以来发生的一些重要进展，包括：(1)主要的野外试验项目，如IHOP(国际H2O项目)、BAMEX(弓形回波和中尺度对流涡旋试验)和VORTEX(龙卷旋转的起源验证)及其后续的VORTEX2；(2)业务多普勒天气雷达的成熟和实施，以及同时机载和地面移动雷达系统的进步；(3)开源社区模式的相对扩散，以及使用可访问的计算资源(包括桌面系统)运行此类模式的并行能力。

简言之，自1986年以来，这些进步和其他进展导致了对大气中尺度理解的重大演变，并促使我努力制作更新的资源。这一努力的成果就是《大气中的尺度对流过程》。

阅读这本书可以看出，《大气中的尺度对流过程》与其他新出版的中尺度书籍的一个主要区别在于它对深层湿对流的关注。这种有限的关注一部分是因为我对学生兴趣的理解，另一部分是因为哲学上的选择，即集中处理几个主题，而不是粗浅地解释中尺度的所有问题。当然，它也与我本人的兴趣一致，尽管我尽可能地争取某种平衡，肯定也会偏向某些方向(例如，我大量使用了数值模拟的结果)。

本书以高年级本科生/低年级研究生为对象，假设其具备大气动力学的基础知识(以及向量微积分、微分方程等必要知识)。根据这本书教授一个学期的课程时，我通常从第1章开始，然后尽量涵盖第5章到第8章的内容。根据需要参考第2章至第4章中的具体章节，并使用第3章、4章、9章和第10章中的材料作为专题课程的基础。

与本书相关的网站上提供了每章的补充内容，包括习题集、练习和讨论问题，这些问题故意从书中删去：我的愿望是保持这些材料的新鲜性和主题性，并纳入读者的贡献(鼓励读者这么做)。对于每个相关章节，都提供了一个案例列表，以便读者将理论应用到实际事件中。还提供了建议的数值模拟试验，以及对应的软件、数据集等链接。

《大气中的中尺度对流过程》代表了我在普渡大学课程开发工作的成果，但受到多种外部来源的影响。当然，其中之一就是中尺度气象学和预报，这也是我组织主题的蓝本。Howie Bluestein，Fred Carr，Chuck Doswell，Kelvin Droegemeier，Brian Fiedler，Tzvi Gal Chen 等提供的课程讲稿和笔记形成了我在俄克拉何马大学读研究生时的思维，在书中直接或间接地反映出来。在我早期的职业生涯中，与 Harold Brooks，Bob Davies-Jones，Joe Klemp，Rich Rotunno 和 Morris Weisman 的讨论和辩论进一步形成了我对深湿对流和伴随现象的理解。更多的理解来自于其他人，因为来源太多，无法在此一一列出，但我不得不承认 Robert Houze，Kerry Emanuel 和 James Holton 著作的特殊影响，我大量引用了这些著作。

George Bryan（第 2 章）、Tammy Weckwerth（第 3 章）、Lou Wicker（第 4 章）、Conrad Ziegler（第 5 章）、Sonia Lasher-Trapp（第 6 章）、Morris Weisman（第 7 章）、Matt Parker（第 8 章）、Dave Stensrud（第 9 章）和 Mike Baldwin（第 10 章）的评阅让我受益匪浅。Dave Schultz，Phil Smith 和 John Marsham 在此过程中提供了有益的意见。

我在英国利兹大学休假时写了几章。在此非常感谢我在英国时与 Doug Parker 和 Alan Blyth 的讨论以及他们给予我的支持。同时，我在此感谢美国国家大气科学中心的工作人员，对 Adrian Kybett 和他家人的热情款待和友谊永远心存感激。

如果没有马特·劳埃德和剑桥大学出版社的耐心和支持，如果没有普渡大学为我提供的学生参与的机会，这个项目是不可能实现的，如果没有我的妻子 Sonia 和孩子 Noah 和 Nadine 的爱和理解，这一工作也是无法承受的。

罗伯特·J. 特拉普

目 录

第1章 大气中尺度

1.1 引言

探索中尺度对流过程之前，最好是先给“大气中尺度”下一个定义。对于通常被归类为中尺度的大气现象，比如常见的雷暴和干线，读者可能已经有一个大致的概念。然而，读者可能尚未认识到为这种尺度划分设计客观定量的基础的重要性。事实上，即使将大气划分成不连续区间的较为简单的做法也难以做到普遍合理化，因为大气特征在时间和空间上本质上都是连续的[1]。

考虑图1.1所示的大气测量值。已对这些测量进行了分析以揭示纬向大气动能的频谱[2]。虽然频谱是连续的，但它确实有一些峰值点。不难想象(可以论证)，以这些峰值为中心的区间就代表大气的各种尺度。在相对较窄的频率为 $10^0(\mathrm{d}^{-1})$ 的峰值最具说服力，因为它表明大气中存在昼夜循环的能量涡动。随着太阳辐射昼夜变化而生长和消亡的干、湿对流运动被认为就是这种涡动的表现，通常落在大气中尺度范围内。

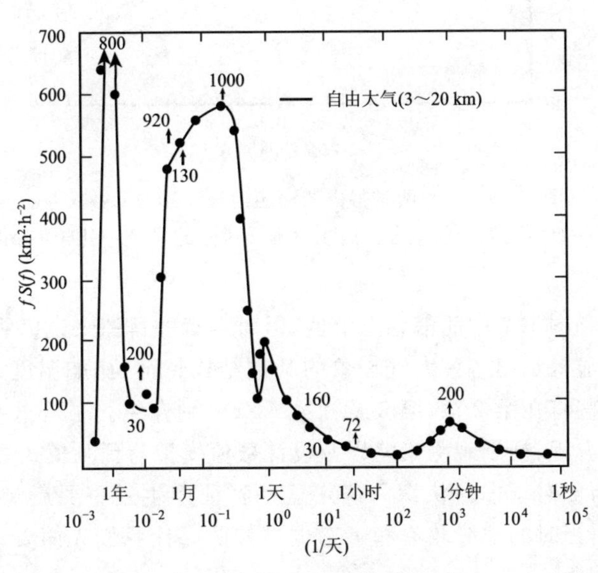

图1.1 自由大气纬向风的平均动能谱(谱密度)与频率的函数关系。数字显示特定时期的最大动能。引自 Vinnichenko(1970)。

图 1.1 所用的谱分析技术将纬向动能的时间分布转换为频率空间中的分布。也有类似的方法可以将某个变量的空间分布转换为波数空间中的分布。图 1.2 中的波数谱来自于独立的观测,同样显示了连续却又分离的区域[3]。这里,不同区域是由波数空间中数据的统计拟合斜率来区分的。对于大于几百千米的波长(包括天气尺度),谱曲线的斜率接近－3。在几千米至几百千米的波长段(后面将显示其在空间上对应于中尺度结构),谱曲线的斜率接近－5/3。因此,这些谱曲线斜率有助于区分这两种尺度;我们将在第 10 章中了解到,这些斜率也隐含着大气可预测性的极限。

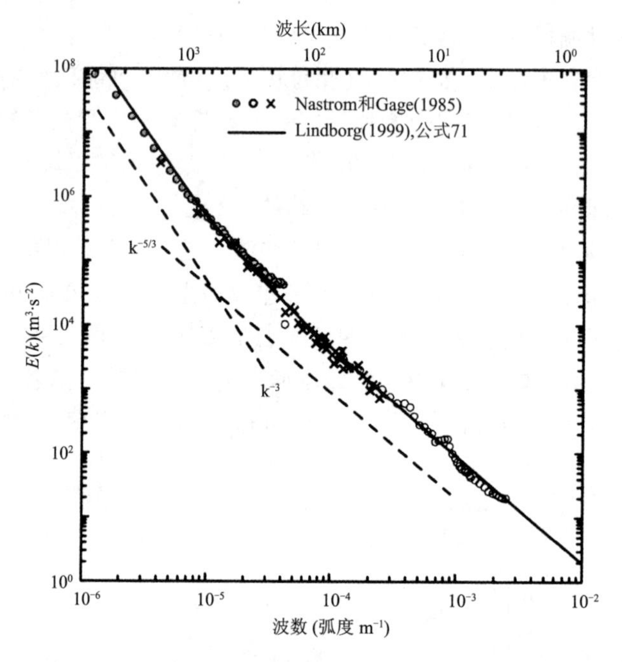

图 1.2　Nastrom 和 Gage(1985)测量得出的动能谱与波数的函数关系。实线引自 Lindborg(1999),是一组单独测量的拟合。虚线为本文讨论的斜率。引自 Skamarock(2004)。

虽然图 1.1 和图 1.2 中的信息有价值,但对本章的目的来说仍然有些不完整,因为这里并没有明显揭示出各种大气现象的其他结构特征,比如温度,气压,湿度和风的内在变化。这些将在第 2 章、第 3 章和第 4 章分别介绍。了解这些特征对选择适当形式的动力学方程、规划观测策略以及设计数值模拟与预测模式都至关重要。

事实证明,历史对于如何认识和确定这些特征产生过重要影响,技术的进步发挥过明显的作用,当时的地缘政治和事态也是如此。让我们先简要地考察一下这段历史。

1.2 历史观

我们从天气尺度的历史起源开始，因为在大多数分类方案中，天气尺度是中尺度的上限。天气尺度的现代定义通常以移动性高压和低压系统（中纬度反气旋和气旋）的大小来表示，其范围从几百到几千千米[4]。有趣的是，与天气尺度相关联的量化的数值实际上来自于 19 世纪末和 20 世纪初观测网络的大小。这是首次常规性制作天气尺度天气图并开始研究和预测气团的时期[5]。天气尺度的天气观测几乎是同时进行的（现在仍然是），目的是给处于演变中的大气状态一个快照[6]。因此，我们今天所接受的天气长度尺度实际上来自于 19 世纪末和 20 世纪初的同步观测地区，同时因通信技术的限制，加上地缘政治的界限而变得复杂化。

小于这些长度尺度的气象特征不能由天气观测所表示，因而被认为是“噪声”或次天气尺度扰动[7]。如图 1.3 所示，至少有一些噪声是由雷暴地面出流引起的。尽管如此，雷暴一直保持在“噪声”的地位，直到 1930 年左右，人们认识到雷暴对快速扩张的航空运输业（和 1940 年左右的军事利益）造成的危害为止。实际上，观测次天气尺度运动并描述相关现象的努力，其部分起因是日渐增多的天气事故。

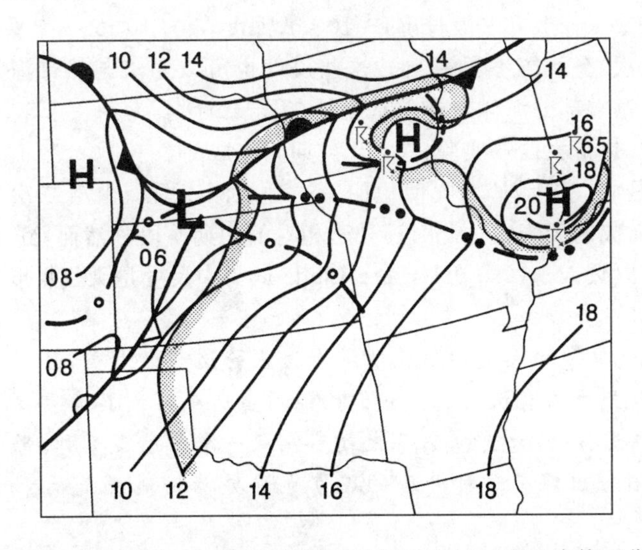

图 1.3　1985 年 6 月 24 日 0000 UTC 海平面气压（1000 hPa）和地表锋面分析。美国爱荷华州东南部和伊利诺伊州东南部的粗体“H”表示对流引起的中高压。对流风暴的出流边界由划-点-点线型表示，而风向突变由划-点线型表示。阴影线勾勒出露点温度超过 65°F 的区域。引自 Stensrud 和 Maddox（1988）。

这种努力的一个结果是在 1946 年雷暴计划[8] 期间部署的次天气（尺度）观测网。与大约同时的其他实验网络相比（图 1.4），雷暴项目网络的地面站间距精细到2 km，覆盖了几十千米的区域[9]。地面观测得到使用无线电探空仪、多个协作飞机甚至滑翔机收集的高空数据的补充[10]。这些新的数据结合起来，帮助形成了一个对流风暴演变的概念模型，至今仍然有效(见第 6 章)。

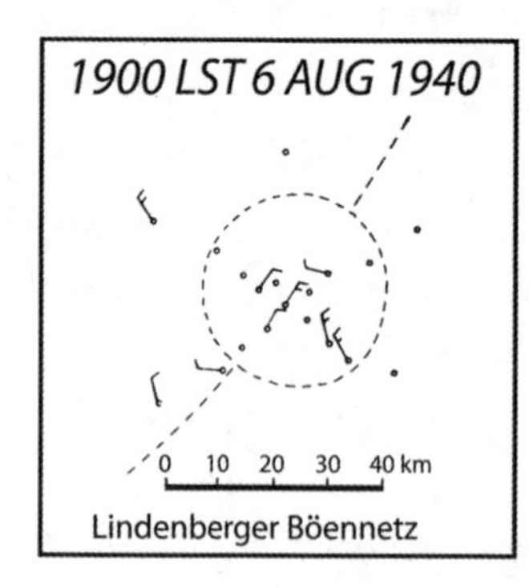

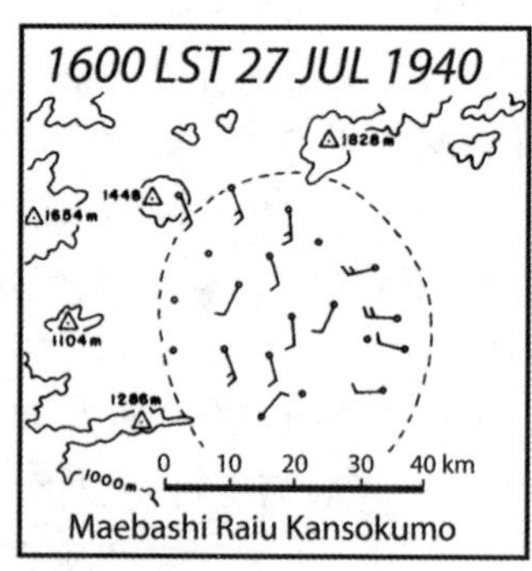

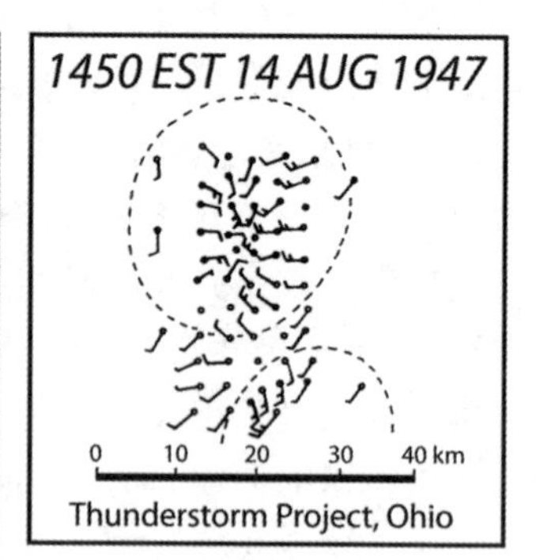

图 1.4　1940 年代的次天气尺度观测网络示例。虚线表示雷暴出流边界位置
引自藤田(1986)

鉴于本章特有的兴趣，我们用"雷暴计划"数据来量化温带大陆深湿对流的特征，以典型的～10 km 上升气流长度，～10 km 深度，和～10 $m \cdot s^{-1}$垂直速度构成后面将要讨论的(次)分类方案的基础。这些尺度也可以用来与热带海洋对流进行有趣的比较(第 5 章)，部分海洋对流的量化是在"雷暴计划"大约三十年之后的"全球大气研究计划"的"热带大西洋实验(GATE)"期间完成的[11]。

天气雷达是"雷暴计划"期间使用的另一种观测工具。由第二次世界大战中的军用雷达发展而成的天气雷达此时还处于相对的初期阶段。然而，到 1950 年已收集到足够的数据，以致 M. G. H. (Herbert) Ligda 认为中尺度是天气尺度与小(微)尺度之间的过渡尺度：[12]

"对于微观气象学和天气学研究所没有覆盖的这部分大气，可以预期雷达将提供关于其结构和行为的有用信息。我们已经用雷达观察到具有重要意义的降水形成过程是发生在这样一个尺度，它既大到不能从一个单站观测到，又小到甚至在区域天气图上也不会出现。这种大小的现象也许更确切地说是属于中尺度气象学范畴。"[13]

对天气雷达和降水结构的重要性的认识帮助确立了"中尺度"这个名称，但并没有真正帮助把它定量化[14]。然而，真正起到帮助作用的是当时(1950—1960 年代)还有另一个认识：地面气压观测的重要性。这显然是起因于雷暴(和雷暴系统)发生前后所观测到的气压突变。我们将在随后的章节中学习到气压跃变，特别是空间连续的气压跃变线，它代表下沉气流下面产生的中尺度高压的前缘，现在通常称其为阵风锋面(见图 1.3)。气压跃变线被认为在龙卷风形成中起着至关重要的作用，特别是当两条线相交时[15]。尽管此后其他的龙卷风形成机制已经建立(见第 7 章)，但是这个精确的推论(M. Tepper)现在被视为风暴边界相互作用产生龙卷风的早期证据(见第9章)。

为更好地观测气压跃变线及其相关特征,美国建立了一个微型自动气压计观测网络(图1.5)[16]。这个网络随后由国家强风暴实验室(National Severe Storms Laboratory,NSSL)的前身美国国家强风暴项目(National Severe Storms Project,NSSP)运行,它是美国现有几个地区有较完善设备的地面中尺度观测网的早期例子(见第3章)。该微型观测网包括堪萨斯州,俄克拉何马州,和得克萨斯州总共210个测站,站间距离约60 km。由于NSSP观测网比雷暴项目中使用的观测网要粗糙得多,空间范围要大得多,所以在描述中尺度"环境"以及相对较大的中尺度现象(见第8章)方面非常有用。特别是,这种中尺度网络导致了中尺度对流系统(Mesoscale Convective Systems,MCSs)特征的量化,典型长度约为100 km,持续时间约为3 h。

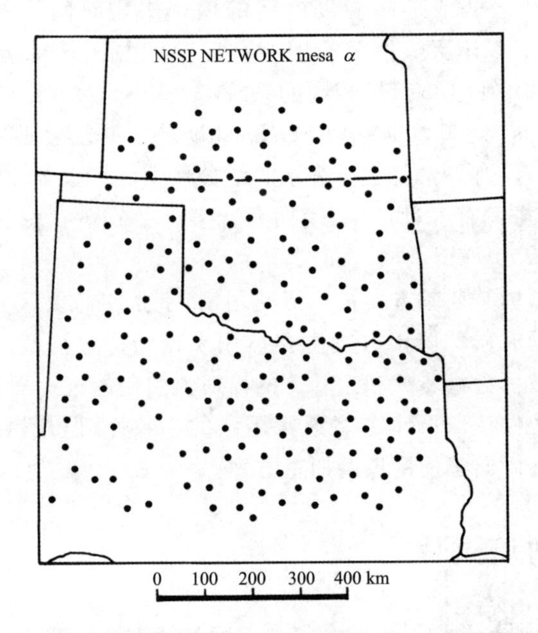

图1.5 1960年代早期国家强风暴计划(NSSP)微(气)压计网络。引自Fujita(1986)

在此期间,数值天气预报(numerical weather prediction,NWP)也在不断发展,与数字计算的技术进步相吻合。尽管NWP的最初目标是对行星尺度和天气尺度波的预测,但人们很快就意识到,如果要进行准确的预测,中尺度将不容忽视。这在热带地区尤其如此,在此地区,深湿对流对于重新分配能量和促进全球能量平衡至关重要(见第9章)。用相对较大尺度的变量表示对流和其他中尺度过程的影响是参数化的前提(见第4章)。因此,描述和理解中尺度的需求超出了对流天气危害本身。

1.3 大气尺度分类方案

Ligda 发表声明之后，紧随其后有一些针对中尺度大气尺度分类方案的建议。F. Fiedler 和 H. Panofsky 的相对简单的三级分类方案如表 1。[17]

表 1 相对简单的三级分类方案

	天气	中	小
时间区间(h)	>48	1～48	<1
波长(km)	>500	20～500	<20

这里，波长是一个平均距离，例如上升气流之间或低气压中心之间的距离；类似地，时间区间是阵风之间或最高温度之间的一个平均时间。一个合理的解释是：(1)“天气尺度包括可以用天气图分析的所有运动尺度”(即不分辨行星尺度和天气尺度)；(2)凡垂直和水平速度量级相同的系统都是“小尺度”系统；(3)中尺度是在小尺度和天气尺度之间[18]。奥兰斯基(I. Orlanski)方案考虑特征时间和特征长度，并且给出现象的例子，还有以希腊字母表示的细分尺度(图 1.6)[19]。替代奥兰斯基方案的藤田(T. Fujita)方案有五种尺度(使用元音字母 a-e-i-o-u 表示)，每个尺度又有 α 和 β 细分尺度(图 1.7)[20]。

文献调查表明，奥兰斯基方案被广泛使用，特别是在需要区分不同的中尺度(即 α 中，β 中或 γ 中)的时候。藤田方案主要被用来刻画特定类型的涡旋，比如微气旋(见第 5 章)，以及被称为微暴流和大暴流的由对流引起的近地面出流气流(第 6 章)。在这里，我们将尽力保持与两个方案通常用法的一致性，但是当用到参考尺度范围和细分尺度时，将会倾向于使用奥兰斯基方案。

1.4 中尺度对流过程

基于前几节的指导，我们讨论的大气中尺度包括水平尺度约为 10～100 km，时间约为 1 h～1 d，速度约为 1～10 $m \cdot s^{-1}$的过程。

具有这些特征的现象范围相当广泛。虽然其包括诸如山脉强迫的地形波等机械强迫气流，但这里的讨论将限于由浮力(或对流)驱动引起的运动。因此，“对流”将被用作限定词，用以区分机械强迫运动。

对流云、降水和相关现象具有可以延伸到中尺度下端以下的特征长度、时间和速度，但可以由中尺度上端及以上的机制激发和强迫。后续章节将讨论横跨这一范围的过程，包括对流初生，后续的云和降水的组织形态，以及这些过程与天气和更大尺度间的相互作用。其他章节将提供中尺度对流过程背后的数学理论，描述如何观测和利用数值方法模拟这些过程，并提供有关观测和模拟技术本身的内容。

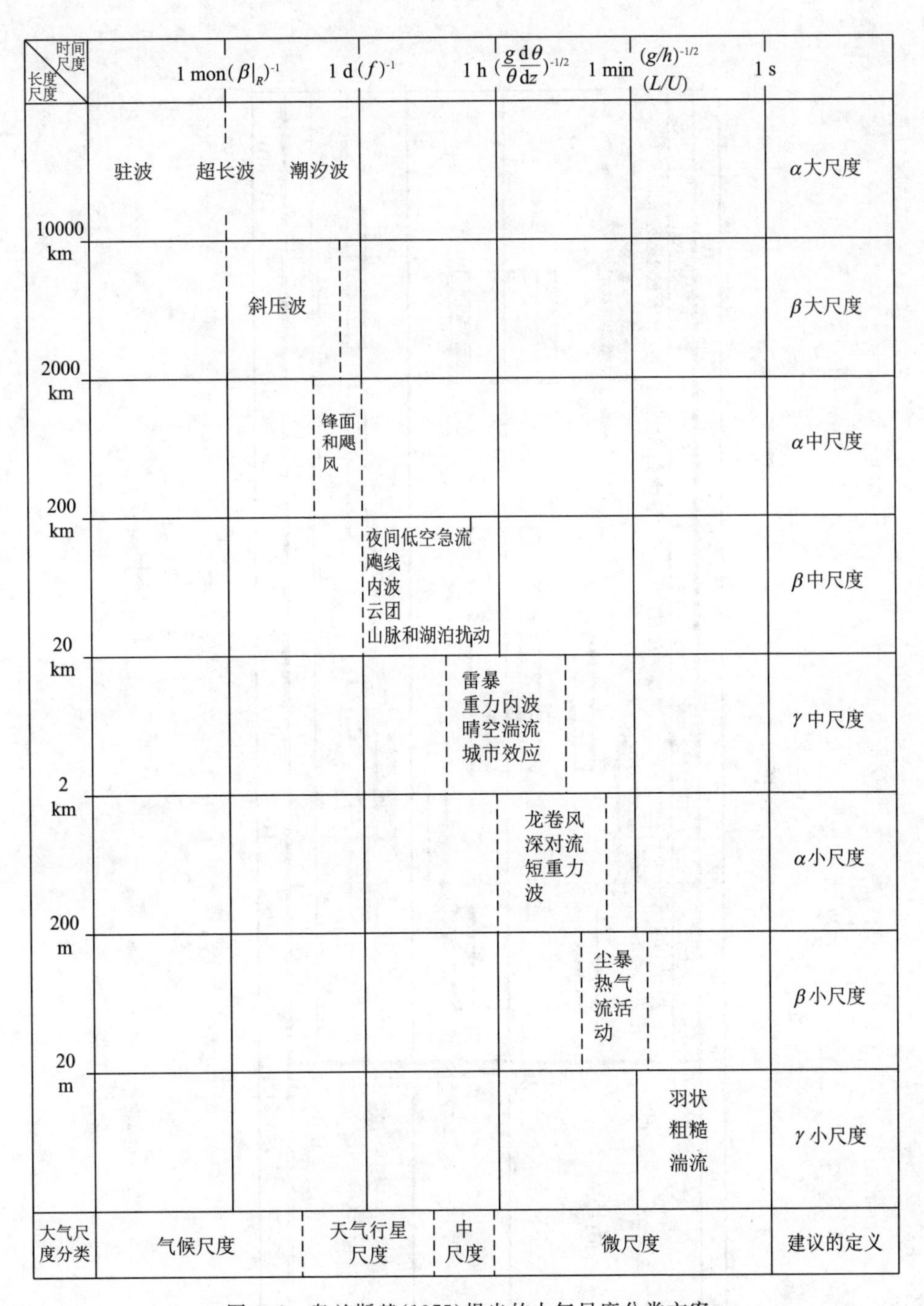

图 1.6　奥兰斯基(1975)提出的大气尺度分类方案

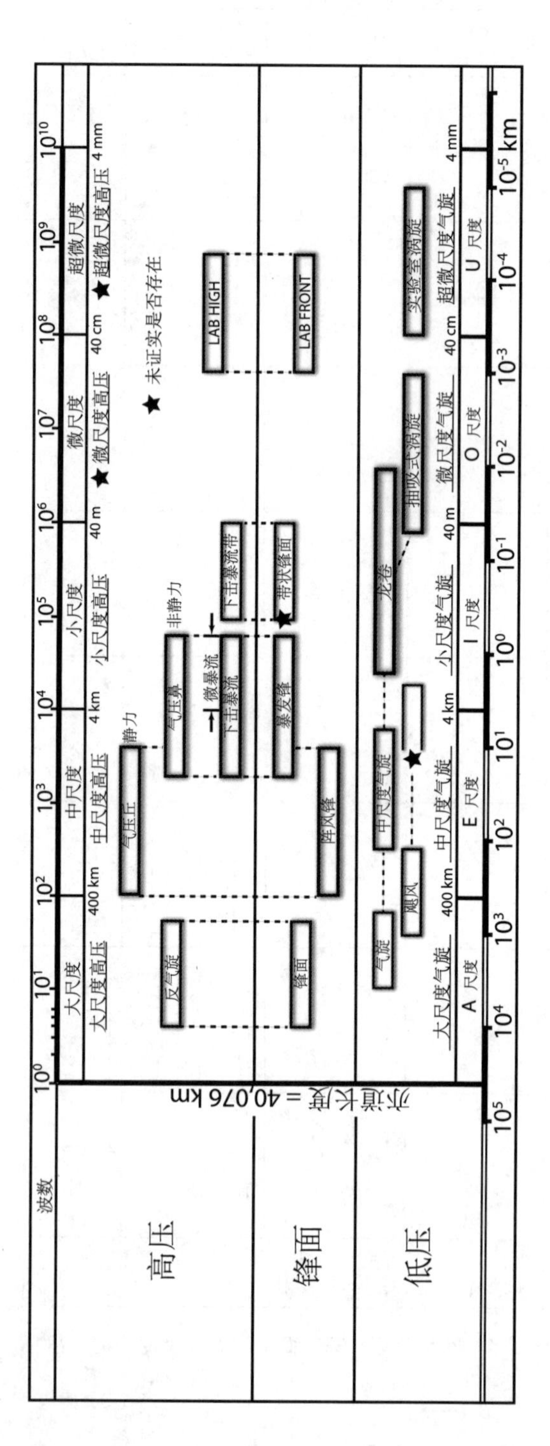

图 1.7　藤田(1981)提出的大气尺度分类方案

说明

1　本节讨论引自 Emanuel(1986)。

2　Vinnichenko(1970)。

3　Nastrom 和 Gage(1985);Gage 和 Nastrom(1986)。

4　《气象学词汇》(Glickman 2000)。

5　本节讨论基于 Fujita(1986)。

6　这种做法与"天气学"这个词的更一般的含义相一致:"对整体的概观",源于希腊语 synoptikós。参看韦伯斯特《新世界美语词典》(Guralnik 1984)。

7　Fujita(1986)。

8　Byers 和 Braham(1949)。

9　由 Fujita(1986)编制。

10　这是一个被后来的现场程序设计人员复制并羡慕的配置!

11　GATE 的历史展望可以参阅 www.ametsoc.org/sloan/gate/。

12　大气小尺度运动通常包含在大气运动之中,并被称之为湍流。注意,"中尺度"的用法基于希腊语 mesos,意思是中间。参见韦伯斯特《新世界美语词典》(Guralnik,1984)。

13　Ligda(1951)。

14　气象雷达的定量应用将在后面的章节中展示,现在其对改善中尺度研究的确至关重要。

15　Tepper(1950)。

16　关于时间轴和历史背景的更多细节,参见 Galway(1992)。

17　Fiedler 和 Panofsky(1970)。

18　同上。

19　Orlansky(1975)。

20　Fujita(1981)。

第2章　理论基础

概要：本章提供了中尺度对流过程理论研究的基础。首先推导了一组控制方程，并基于尺度分析讨论每一项及其典型的量级大小。然后给出方程的近似形式，得到与后面章节描述的现象相关的解。

2.1　基本方程组

2.1.1　方程

控制中尺度对流过程的方程起源于包括干空气和水物质的动量守恒、热力学能量守恒和质量守恒定律。我们首先考虑一个适用于干空气的基本方程组[1]，从矢量运动方程开始

$$\frac{\mathrm{D}\boldsymbol{V}}{\mathrm{D}t} = -\frac{1}{\rho}\nabla p + \boldsymbol{g} - 2\boldsymbol{\Omega}\times\boldsymbol{V} + \boldsymbol{F} \tag{2.1}$$

热力学能量方程

$$c_v\frac{\mathrm{D}T}{\mathrm{D}t} = -\frac{p}{\rho}\nabla\cdot\boldsymbol{V} + \dot{Q} \tag{2.2}$$

和质量连续性方程

$$\frac{\mathrm{D}\rho}{\mathrm{D}t} = -\rho\nabla\cdot\boldsymbol{V} \tag{2.3}$$

这些方程适用于随地球旋转的参考系中的运动；假设在一个三维正交坐标系中，位置矢量定义为 $\boldsymbol{r} = x\boldsymbol{i} + y\boldsymbol{j} + z\boldsymbol{k}$ ，因此其速度为

$$\mathrm{d}\boldsymbol{r}/\mathrm{d}t \equiv \boldsymbol{V} = u\boldsymbol{i} + v\boldsymbol{j} + w\boldsymbol{k} \tag{2.4}$$

每个方程的左边是全导数、拉格朗日导数或实质导数

$$\mathrm{D}A/\mathrm{D}t = \partial A/\partial t + \boldsymbol{V}\cdot\nabla A \tag{2.5}$$

式中，符号变量 A，表示其在运动后的变化。依照典型的气象学惯例，方程右边的各项和变量是：

- $-1/\rho\nabla p$ 是单位质量的气压梯度力(pressure gradient force，PGF)；
- $\boldsymbol{g} = -g\boldsymbol{k}$ 是单位质量的重力($g = 9.8\ \mathrm{m\cdot s^{-2}}$)，也可表示为 $\boldsymbol{g} = -\nabla(gz)$；
- $-2\boldsymbol{\Omega}\times\boldsymbol{V}$ 是单位质量的科里奥利力(Coriolis force，CF)，其中

$$\boldsymbol{\Omega} = \Omega\cos\phi\boldsymbol{j} + \Omega\sin\phi\boldsymbol{k} \tag{2.6}$$

是旋转地球的角速度($\Omega = 7.2921\times10^{-5}\ \mathrm{s^{-1}}$)，$\varphi$ 是纬度，$f = 2\Omega\sin\varphi$ 是科里奥利

参数；

- $\boldsymbol{F}$ 是单位质量的内部摩擦力，以不可压流为例[2]，有如下一般形式

$$\boldsymbol{F} = \nabla \cdot \nabla (\mu \boldsymbol{V}) \tag{2.7}$$

式中，μ 是依赖于温度的空气运动黏度系数，通常假设为常数（约 $10^{-5}\ \mathrm{m^2 \cdot s^{-1}}$）。[3]

转换到球面坐标系时式（2.1）右侧会产生一个称之为曲率项的附加项，从单位基矢量是球面地球上位置的函数这一事实[4]

$$\left(\frac{uv\tan\phi}{r_E} - \frac{uw}{r_E}\right)\boldsymbol{i} + \left(-\frac{u^2\tan\phi}{r_E} - \frac{vw}{r_E}\right)\boldsymbol{j} + \left(\frac{u^2 + v^2}{r_E}\right)\boldsymbol{k} \tag{2.8}$$

式中，r_E（$=6370$ km）是地球在海平面处的平均半径，且非常近似总的径向距离 $r_E + z$。状态变量气压（p）、密度（ρ）和温度（T）通过理想气体状态方程相互关联

$$p = \rho R_d T \tag{2.9}$$

在此假定其适用于干空气；R_d 是干空气气体常数（$287\ \mathrm{J \cdot kg^{-1} \cdot K^{-1}}$）。热力学能量方程起源于热力学第一定律

$$c_v \mathrm{d}T + p\mathrm{d}\,\alpha = \dot{Q} \tag{2.10}$$

也假定其适用于干空气，因此，$c_v = 717\ \mathrm{J \cdot kg^{-1} \cdot K^{-1}}$ 是干空气的比定容热容，$\alpha = 1/\rho$ 是比容。在将（2.2）应用于湿对流的问题时，非绝热加热率 $\dot{Q}$ 表示由于水的相变引起的潜热加热，也可包括相关的辐射和传导加热。

2.1.2　尺度分析

估计各种方程中的各项并评估它们在中尺度上的相对重要性是很有用的。我们从运动方程的 x 分量开始

$$\frac{\partial u}{\partial t} + u\frac{\partial u}{\partial x} + v\frac{\partial u}{\partial y} + w\frac{\partial u}{\partial z} = -\frac{1}{\rho}\frac{\partial p}{\partial x} + v2\Omega\sin\phi - w2\Omega\cos\phi + \frac{uv\tan\phi}{r_E} - \frac{uw}{r_E} + \mu\nabla^2 u \tag{2.11}$$

为了评估这个方程以及 y 分量方程，我们引入水平（L，U）和垂直（H，W）运动的长度和速度尺度，应用这些尺度对以下变量进行标准化，描述为无量纲量（用波浪号表示）

$$\begin{aligned} &\tilde{u} = u/U, \quad \tilde{v} = v/U, \quad \tilde{w} = w/W, \quad \delta\tilde{p}/\tilde{\rho} = (\delta p/\rho)/U^2 \\ &\tilde{x} = x/L, \quad \tilde{y} = y/L, \quad \tilde{z} = z/H, \quad \tilde{t} = t/(L/U) \end{aligned} \tag{2.12}$$

我们不对气压（和密度）使用单独的尺度，而是将气压变化与速度尺度相关联。将式（2.12）代入式（2.11）后，通除以 U^2/L，并认识到垂直速度尺度可以表示为 $W = UH/L$，我们得到以下无量纲项组成的方程

$$\frac{\partial\tilde{u}}{\partial\tilde{t}} + \tilde{u}\frac{\partial\tilde{u}}{\partial\tilde{x}} + \tilde{v}\frac{\partial\tilde{u}}{\partial\tilde{y}} + \tilde{w}\frac{\partial\tilde{u}}{\partial\tilde{z}} = -\frac{1}{\tilde{\rho}}\frac{\partial\tilde{p}}{\partial\tilde{x}} + \tilde{v}\left(\frac{1}{Ro}\right) - \tilde{w}\left(\frac{1}{Ro}\right)\left(\frac{H}{L}\right)\cot\phi + \tilde{u}\tilde{v}\left(\frac{L}{r_E}\right)\tan\phi - \tilde{u}\tilde{w}\left(\frac{H}{r_E}\right) + \left(\frac{1}{Re}\right)\nabla^2\tilde{u} \tag{2.13}$$

圆括号中的量是一些无量纲参数；特别地

$$Re = \frac{UL}{\mu} = \text{Reynolds number(雷诺数)} \tag{2.14}$$

$$\text{和 } Ro = \frac{U}{fL} = \text{Rossby number (罗斯贝数)} \tag{2.15}$$

式中,Re 是惯性力和摩擦力之比;而 Ro 是惯性力与科里奥利力之比。除非被乘以无量纲参数,否则各项具有单位值。对于大部分中尺度现象,$U \sim 10^1\ \mathrm{m \cdot s^{-1}}$,$W \sim 10^0\ \mathrm{m \cdot s^{-1}}$,$L \sim 10^5\ \mathrm{m}$,$H \sim 10^4\ \mathrm{m}$,因而 $H/L \sim 10^{-1}$,$H/r_E \sim 10^{-3}$,$L/r_E \sim 10^{-2}$,$Ro \sim 10^0$(在中纬度),$Re \sim 10^{11}$。显而易见的是,式(2.13)右边的最后四项比式(2.13)中所有其他项小至少一个数量级,因此在需要一个简化形式的方程时,这些项可以忽略。这样一种简化的控制 x 分量运动变化的方程为

$$\frac{\mathrm{D}u}{\mathrm{D}t} = -\frac{1}{\rho}\frac{\partial p}{\partial x} + fv \tag{2.16}$$

延伸一下,简化的 y 分量方程为

$$\frac{\mathrm{D}v}{\mathrm{D}t} = -\frac{1}{\rho}\frac{\partial p}{\partial y} - fu \tag{2.17}$$

在给定较小的长度尺度,比如 $L \sim 10^4$ m,这些方程会进一步简化,这是由于实际的 $Ro = 10$ 且纵横比 $H / L \sim 1$,基本上可以消除科里奥利力项。这里需要注意的是:按尺度分析消除的项并不意味着该项不重要,而是它对变量的变化率的贡献相对较小。实际上,正如将在第 8 章中所要看到的,一个被忽略项的时间积分的贡献很可能变得相对较大而且极其重要。

接下来我们考虑运动方程的 z 分量

$$\frac{\partial w}{\partial t} + u\frac{\partial w}{\partial x} + v\frac{\partial w}{\partial y} + w\frac{\partial w}{\partial z} = -\frac{1}{\rho}\frac{\partial p}{\partial z} - g + u2\Omega\cos\varphi + \frac{u^2 + v^2}{r_E} + \mu\nabla^2 w \tag{2.18}$$

按上述相同过程,不过现在用 U^2/H 通除,我们得到

$$\left(\frac{H^2}{L^2}\right)\frac{\mathrm{D}\tilde{w}}{\mathrm{D}t} = -\frac{1}{\tilde{\rho}}\frac{\partial \tilde{p}}{\partial \tilde{z}} - \frac{1}{Fr} + \tilde{u}\left(\frac{1}{Ro}\right)\left(\frac{H}{L}\right)\cot\phi + (\tilde{u}^2 + \tilde{v}^2)\left(\frac{H}{r_E}\right) + \left(\frac{1}{Re}\right)\left(\frac{H^2}{L^2}\right)\nabla^2\tilde{w} \tag{2.19}$$

这里引入了另一个无量纲参数

$$Fr = \frac{U^2}{gH} = \text{Froude number(弗劳德数)} \tag{2.20}$$

式中,Fr 是惯性力和重力之比。对于中尺度,曲率项和摩擦项仍然相对较小,但其余各项需要仔细考虑。基于水平和垂直方向的长度尺度的纵横比因子消除法,基本上,可以将式(2.19)简化成为静力平衡关系。这是较大中尺度运动的一种合理近似(参见第 1 章)。在包括对流云的较小中尺度运动中,长度尺度大约为 10 km 量级,因此纵横比 $H/L \sim 1$,$Ro=10$。这意味着要保留左侧加速度项;这与特别是在深对流

风暴中存在部分由浮力驱动的空气垂直加速度是一致的(参见第 7 章和第 8 章)。

这种浮力归因于重力作用下的局部密度变化,但在式(2.18)中没有明确表达。为了揭示方程中的浮力,我们假设这些密度的变化比起周围的空间平均值(基态)而言相对较小,然后按如下步骤进行。

我们将大气的密度、气压和温度变量写成一个静态的基态与偏离该基态的变化或偏差之和

$$\begin{aligned} p &= p' + \bar{p}(z) \\ \rho &= \rho' + \bar{\rho}(z) \\ T &= T' + \bar{T}(z) \end{aligned} \tag{2.21}$$

式中,偏差用撇号表示;顶划线表示的基态处于静力平衡

$$\frac{\mathrm{d}\bar{p}}{\mathrm{d}z} = -\bar{\rho}g \tag{2.22}$$

在式(2.18)的简化形式中使用式(2.21)然后式(2.22),我们得到

$$\frac{\mathrm{D}w}{\mathrm{D}t} = -\frac{1}{(\bar{\rho}+\rho')}\frac{\partial p'}{\partial z} + g\left[\frac{\bar{\rho}}{(\bar{\rho}+\rho')} - 1\right] \tag{2.23}$$

此处,我们可在式(2.23)中引入两种可能的近似。从二项式序列展开,对所有的 $|x| < 1$

$$\left(\frac{1}{1+x}\right) = 1 - x + \frac{x^2}{2} - \frac{x^3}{3} + \cdots \tag{2.24}$$

设 $x = \rho'/\bar{\rho}$,假设它很小,因此可以近似

$$\frac{1}{(\rho'+\bar{\rho})} = \frac{1}{\bar{\rho}}\frac{1}{\left(1+\frac{\rho'}{\bar{\rho}}\right)} \simeq \frac{1}{\bar{\rho}}\left(1 - \frac{\rho'}{\bar{\rho}}\right) \tag{2.25}$$

从而将式(2.23)右边的第二项简化为

$$-g\frac{\rho'}{\bar{\rho}} \tag{2.26}$$

这就是浮力项,通常以紧凑形式写成 $B = -g\rho'/\bar{\rho}$。(2.25)式也可以应用于垂直 PGF 项,得到

$$-\frac{1}{\bar{\rho}}\frac{\partial p'}{\partial z} + \frac{\rho'}{\bar{\rho}^2}\frac{\partial p'}{\partial z} \tag{2.27}$$

假设偏差态量的乘积相对于等式中的其他项可以忽略不计,上式简化为

$$-\frac{1}{\bar{\rho}}\frac{\partial p'}{\partial z} \tag{2.28}$$

最后得到方程

$$\frac{\mathrm{D}w}{\mathrm{D}t} = -\frac{1}{\bar{\rho}}\frac{\partial p'}{\partial z} + B \tag{2.29}$$

该式在中尺度研究中很常见。正如在第 4 章将要看到,式(2.16)、式(2.17)和式

(2.29)经常重写为以标准化的无量纲气压Π取代p的形式。当类似地用Π和位温θ重写热力学能量方程(2.2)时，密度变量就从控制方程中消除了。

2.1.3 质量连续性方程近似

质量连续方程也可以借助于尺度分析来简化。下面的近似适用于浮力对垂直加速度的贡献不可忽略的问题[5]。我们首先将式(2.21)代入式(2.3)得到一个扩展的连续性方程

$$\frac{1}{\bar{\rho}}\frac{\mathrm{D}\bar{\rho}}{\mathrm{D}t}+\frac{1}{\bar{\rho}}\frac{\mathrm{D}\rho'}{\mathrm{D}t}=-\left(1+\frac{\rho'}{\bar{\rho}}\right)\nabla\cdot\mathbf{V} \tag{2.30}$$

用左边第一项通除，然后使用式(2.12)，我们得到一个无量纲方程

$$1+\frac{\frac{W}{H}\frac{1}{\bar{\rho}}\frac{\mathrm{D}\rho'}{\mathrm{D}\tilde{t}}}{\frac{W}{H_\rho}}=-\frac{\frac{W}{H}}{\frac{W}{H_\rho}}\frac{\partial\tilde{w}}{\partial\tilde{z}}-\frac{\frac{W}{H}}{\frac{W}{H_\rho}}\frac{\partial\tilde{w}}{\partial\tilde{z}}\frac{\rho'}{\bar{\rho}}$$

或

$$1+\frac{H_\rho}{H}\frac{1}{\bar{\rho}}\frac{\mathrm{D}\rho'}{\mathrm{D}\tilde{t}}=-\frac{H_\rho}{H}\frac{\partial\tilde{w}}{\partial\tilde{z}}-\frac{H_\rho}{H}\frac{\partial\tilde{w}}{\partial\tilde{z}}\frac{\rho'}{\bar{\rho}} \tag{2.31}$$

我们已用垂直运动来描述时间尺度(即，$\tilde{t}=t/(H/W)$)并假设在辐散项中水平和垂直导数的尺度等价性。H_ρ是密度的尺度高度

$$H_\rho=\left(-\frac{1}{\bar{\rho}}\frac{\mathrm{d}\bar{\rho}}{\mathrm{d}z}\right)^{-1} \tag{2.32}$$

可以垂直积分上式得到$\bar{\rho}(z)=\bar{\rho}(0)\exp(-z/H_\rho)$，由此表明$H_\rho$是基态密度从其地面值减小到该值的1/exp的高度(也称为e折叠距离)。

使用式(2.31)需要另外两个假设，即：(1)某些高度处的偏差量与它们对应的基态量相比较小，特别是$\rho'/\rho\ll 1$；(2)垂直长度尺度，也就是这里的对流气块的垂直位移，与密度尺度高度相当[6]。后者实际上是给对流层设置一个热力学深度，因此意味着对流运动占据这个深度的绝大部分。式(2.31)中这些假设的结果是：两边的第二项都很小，可以忽略不计，这样式(2.30)可以简化为

$$\frac{1}{\bar{\rho}}\frac{\mathrm{D}\bar{\rho}}{\mathrm{D}t}=-\nabla\cdot\mathbf{V} \tag{2.33}$$

进一步简化为

$$\nabla\cdot(\bar{\rho}\mathbf{V})=0 \tag{2.34}$$

这是连续性方程的无弹性近似。无弹性是指这种形式的连续性方程(及相关方程)不允许声波的存在(参见2.2.1节)。

另一种形式的连续性方程遵循布西内斯克近似(Boussinesq approximation)，其忽略流体中的密度变化，因此密度被假设为常数，除非在浮力项中与重力耦合[7]。在大气对流背景下，布西内斯克近似要求对流运动仅局限于相对较浅的层：$H<<H_\rho$。通过扩展式(2.34)可以揭示连续方程这一近似的意义

$$\frac{\bar{w}}{\bar{\rho}}\frac{\mathrm{d}\bar{\rho}}{\mathrm{d}z}+\nabla\cdot\mathbf{V}=0 \tag{2.35}$$

然后应用式(2.12)和式(2.32)，并以 $W\ /\ H$ 通除，留下

$$\tilde{w}\frac{H}{H_\rho}+\frac{\partial\tilde{w}}{\partial\tilde{z}}=0 \tag{2.36}$$

将条件 $H<<H_\rho$ 条件应用到式(2.36)，很清楚，式(2.35)简化为

$$\nabla\cdot\mathbf{V}=0 \tag{2.37}$$

我们将此称为不可压缩形式的连续性方程；等价于

$$\nabla\cdot(\rho_0\mathbf{V})=0 \tag{2.38}$$

式中，ρ_0 是参考密度常量。

2.1.4　考虑水汽

到目前为止我们考虑了适用于干空气的完整的和简化的方程组。为了考虑水(气态、液态或固态)的影响，我们必须首先重写理想气体的状态方程

$$p=\rho_a R_d T+\rho_v R_v T=\rho_a R_d T\left(1+\frac{q_v}{\varepsilon}\right) \tag{2.39}$$

式中，ρ_a 是干空气密度，ρ_v 是水汽密度，q_v 是水汽混合比(水汽质量与干空气质量之比，$\mathrm{kg\cdot kg^{-1}}$)，$\varepsilon=R_d/R_v=0.6220$ 是干空气气体常数与水汽气体常数($461\ \mathrm{J\cdot kg^{-1}\cdot K^{-1}}$)之比，或等价于水汽的平均分子量与干空气平均分子量之比[8]。这里假定水汽(最终包括所有水物质)的温度和干空气的温度是相等的。在式(2.39)中，气压等于干空气和水汽产生的分压之和，即

$$p=p_a+e \tag{2.40}$$

并且它遵循

$$q_v=\frac{\rho_v}{\rho_a}=\frac{e/R_v T}{p_a/R_d T}=\varepsilon\frac{e}{p-e} \tag{2.41}$$

这两个方程在写状态方程的另一种形式时都很有用。注意

$$\alpha=\frac{\alpha_a}{1+q_v}=\frac{R_d T}{p_a}\frac{1}{(1+q_v)}=\frac{R_d T}{p}\frac{(p_a+e)}{p_a}\frac{1}{(1+q_v)} \tag{2.42}$$

求解式(2.41)得到 $p-e(=p_a)$，将结果代入式(2.42)，再经过一些代数运算，得到

$$p=\rho R_d T\left[\frac{1+q_v/\varepsilon}{1+q_v}\right] \tag{2.43}$$

由式(2.43)可以得到虚温的定义

$$T_v=T\left[\frac{1+q_v/\varepsilon}{1+q_v}\right] \tag{2.44}$$

但可以基于以下关系近似

$$s=\frac{q_v}{1+q_v} \tag{2.45}$$

其中比湿 s 是水汽质量与湿空气质量之比。将式(2.45)代入式(2.44)得到

$$T_v = T\left[1+\left(\frac{1}{\varepsilon}-1\right)s\right] \simeq T(1+0.61s) \tag{2.46}$$

该式可以通过假设 $s \simeq q_v$,得到进一步近似,在大多数情况下这是合理的假设,并得到常用的结果

$$T_v \simeq T(1+0.61q_v) \tag{2.47}$$

进一步,湿空气状态方程变为

$$p \simeq \rho R_d T(1+0.61q_v) = \rho R_d T_v \tag{2.48}$$

除非另有说明(或用下标 a 表示),相应的状态变量应理解为适用于不饱和的湿空气流。

现在我们可以继续讨论与时间相关的方程。湿空气的热力学能量方程可写为

$$c_{vm}\frac{\mathrm{D}T}{\mathrm{D}t} = -\frac{p}{\rho}\nabla\cdot\mathbf{V}+\dot{Q} \tag{2.49}$$

式中,$c_{vm}=c_v+c_{vv}q_v+c_l q_l$ 是湿空气的比定容热容,c_{vv} 为水汽的比定容热容(1424 J · $\mathrm{kg^{-1}\cdot K^{-1}}$),$c_l$ 是液态水的比热容(4186 J · $\mathrm{kg^{-1}\cdot K^{-1}}$),$q_l$ 是总(液态)水混合比;[9] 通常假定 $c_{vm}\approx c_v$,尽管这样的假定在数值模式中会导致总能量守恒的不准确性。[10]热力学能量方程的位温形式写为

$$\frac{\mathrm{D}\ln\theta}{\mathrm{D}t} = \frac{\dot{Q}}{c_{pm}T} \tag{2.50}$$

其中

$$\theta = T\left(\frac{p_0}{p}\right)^{R_d/c_p} \tag{2.51}$$

式中,p_0 是参考气压,通常取 1000 hPa,$c_p=R_d+c_v=1004\ \mathrm{J\cdot kg^{-1}\cdot K^{-1}}$是干空气的比定压热容。湿空气的比定压热容为 $c_{pm}=c_p+c_{pv}q_v+c_l q_l$,其中 c_{pv} 是水汽的比定压热容(1885 J · $\mathrm{kg^{-1}\cdot K^{-1}}$);类似式(2.49)中的 c_{vm},通常也假定 $c_{pm}\approx c_p$。在没有水(任何相态)的情况下,位温是守恒的。然而,在湿对流过程的研究中,我们很少能证明这一点,特别是在有如下液态↔气态相变导致的非绝热加热时

$$\dot{Q} = -L_v \mathrm{D}q_v/\mathrm{D}t \tag{2.52}$$

式中,L_v 是汽化潜热($\approx 2.50\times10^6\ \mathrm{J\cdot kg^{-1}}$)。

此时,可以方便地引入另外两个热力学变量:虚位温(θ_v)和相当位温(θ_e)。虚位温是当一个干空气团的气压和密度与一个湿空气团的气压和密度相同时的位温。从式(2.47)容易知道

$$\theta_v \simeq \theta(1+0.61q_v) \tag{2.53}$$

相当位温是当一个气团内所有水汽凝结并将产生的潜热转化为显热时所具有的位温。[11]它与(可逆的)湿熵有关,并具有精确的数学表达式

$$\theta_e = T\left(\frac{p_0}{p_a}\right)^{R_d/(c_p+c_l q_l)} RH^{R_v q_v/(c_p+c_l q_l)} \exp\left[\frac{L_v q_v}{(c_p+c_l q_l)T}\right] \tag{2.54}$$

式中,$RH=e/e_s$ 是相对湿度,$e_s(T)$是饱和水汽压。[12] 实践中,θ_e(遵循假绝热过程)通

常使用(2.54)的一个近似计算，如

$$\theta_{e} \simeq T\left(\frac{p_{0}}{p_{a}}\right)^{R_{d}/c_{p}} RH^{-R_{v}q_{v}/c_{p}} \exp\left[\frac{L_{0}q_{v}}{c_{p}T}\right] \tag{2.55}$$

式中，$L_{0} = 2.555\times10^{6}\,\text{J}\cdot\text{kg}^{-1}(\approx L_{v})$。[13]

在动力学方程中，垂直运动方程最为直接地受到水的影响。这一影响主要是通过浮力项 $-g\rho'/\bar{\rho}$ 表现出来，通过将状态变量分解应用于式(2.48)然后展开

$$(\bar{p} + p') = (\bar{\rho} + \rho')R_{d}(\overline{T}_{v} + T'_{v})$$

或

$$\bar{p}\left(1 + \frac{p'}{\bar{p}}\right) = \bar{\rho}\left(1 + \frac{\rho'}{\bar{\rho}}\right)R_{d}\overline{T}_{v}\left(1 + \frac{T'_{v}}{\overline{T}_{v}}\right) \tag{2.56}$$

这里假设水汽混合比可以分解为 $q_{v} = \bar{q}_{v}(z) + q'_{v}$。[14]在对式(2.56)两边取自然对数后，注意到 $\ln xy = \ln x + \ln y$ 及 $\ln\bar{p} = \ln\bar{\rho} + \ln(R_{d}\overline{T}_{v})$，我们有

$$\ln(1 + \frac{p'}{\bar{p}}) = \ln\left(1 + \frac{\rho'}{\bar{\rho}}\right) + \ln\left(1 + \frac{T'_{v}}{\overline{T}_{v}}\right) \tag{2.57}$$

应用麦克劳林(Maclaurin)序列展开

$$\ln(1 + x) = x - \frac{x^{2}}{2} + \frac{x^{3}}{3} - \frac{x^{4}}{4} + \cdots \qquad \text{当} -1 < x \leqslant 1, \tag{2.58}$$

对于小的$|x|$，$x = p'/\bar{p}$ 时就是如此，依此类推，在式(2.57)中作序列截断，就可以将式(2.57)近似为

$$-\frac{\rho'}{\bar{\rho}} \simeq \frac{T'_{v}}{\overline{T}_{v}} - \frac{p'}{\bar{p}} \tag{2.59}$$

为了保持浮力项和热力学能量方程中的变量的一致性，式(2.59)可以用虚位温代替虚温来表示。为此，首先用式(2.51)将式(2.53)重写为

$$\theta_{v} = T_{v}\left(\frac{p_{0}}{p}\right)^{R_{d}/c_{p}}$$

然后应用状态变量分解及 $\theta_{v} = \bar{\theta}_{v}(z) + \theta'_{v}$，将结果取自然对数，然后按照推导式(2.59)的步骤，这样就得到

$$\frac{\theta'_{v}}{\bar{\theta}_{v}} \simeq \frac{T'_{v}}{\overline{T}_{v}} - \frac{R_{d}}{c_{p}}\frac{p'}{\bar{p}} \tag{2.60}$$

结合式(2.59)，浮力项就可以重写为

$$-g\frac{\rho'}{\bar{\rho}} \simeq g\left[\frac{\theta'_{v}}{\bar{\theta}_{v}} - \frac{c_{v}}{c_{p}}\frac{p'}{\bar{p}}\right] \tag{2.61}$$

这种形式的浮力项严格地适用于无云、无降水的大气。液态和固态水对浮力的影响，即水凝物产生的拖曳，可以通过推导单独的液态/固态水凝物动量方程，然后与湿空气动量方程结合来揭示。[15]结果是一个包含与相变相关的动量交换项，加上一个与 $q_{T}g$ 成比例的项，其中 q_{T} 是液态和固态水凝物的混合比的总和。通常，只有后者以显式保留；它对浮力项的贡献通常被称为“降水负载”，并对对流性上升气流和下沉气流产生影响，这将在第5章中讨论。最终的垂直运动方程写为

$$\frac{\mathrm{D}w}{\mathrm{D}t}=-\frac{1}{\overline{\rho}}\frac{\partial p'}{\partial z}+g\left[\frac{\theta'_{\mathrm{v}}}{\overline{\theta}_{\mathrm{v}}}-\frac{c_v}{c_p}\frac{p'}{\overline{p}}-q_{\mathrm{T}}\right] \tag{2.62}$$

2.1.5 水物质方程

从热力学能量方程和刚刚推导的浮力项可以看出，湿空气方程必须与控制水物质变化率的方程相耦合。根据问题的复杂性，这些表示水物质守恒的方程可以写成各种不同的形式。至少，我们期望有一个单独的控制水汽变率的方程

$$\frac{\mathrm{D}q_{\mathrm{v}}}{\mathrm{D}t}=S_{\mathrm{E}}-S_{\mathrm{C}} \tag{2.63}$$

式中，下标 E 表示蒸发(但也可能包含其他水汽源)，下标 C 表示凝结(但也可能包含其他水汽汇)。这样，相关的第 j 种液态和冰云滴以及降水粒子则由下式控制

$$\frac{\mathrm{D}q_j}{\mathrm{D}t}=S_j \tag{2.64}$$

式中，S_j 代表各类粒子混合比 q_j 的源和汇，包括水凝物沉降或沉积。正如水物质守恒所暗示的，源和汇通常提供各类粒子方程之间的耦合。例如，蒸发是水汽源，却是云水(q_{c})汇，另外，雨滴收集云滴是一个 q_{c} 汇，却是雨水(q_{r})源。如第 4 章和第 6 章要进一步讨论的，许多源和汇涉及复杂且通常是非常小尺度的过程，必须用经验公式来近似。

2.2 大气波和振荡

在本节和后面的两节中，我们将展示如何从前面刚刚描述的各种形式的方程得出与后面章节中描述的现象相关的解。

这里，我们发展一些理论方法来研究众所周知的波和振荡的例子。波是将能量从空间的一点传播到另一点的重要途径，将在第 5 章和其他地方重点讨论，因为深对流云初生常牵涉到与波相关的位移。

我们从一般形式的线性二阶偏微分方程开始[16]

$$\frac{\partial^2 A}{\partial t^2}=c^2\nabla^2 A \tag{2.65}$$

这样的*波动方程*在这里是通过将适当的控制方程简化到只含一个未知量的一个方程来形成。我们通常假设式(2.65)有如下形式的解

$$A(x,y,z,t)=A\mathrm{e}^{\mathrm{i}(kx+ly+mz-\sigma t)} \tag{2.66}$$

式中，A 表示一个幅度为 A、频率为 σ 的位移；$\mathrm{i}=\sqrt{-1}$；$k=2\pi/\lambda_x$，$l=2\pi/\lambda_y$ 及 $m=2\pi/\lambda_z$ 分别是 x，y，z 方向的波数；λ_x，λ_y，λ_z 是相应的波长。式(2.66)可用于模拟平面波或具有恒定频率的正弦波，以及与波数矢量 $\boldsymbol{K}=(k,l,m)$ 垂直并以以下速度移动的波阵面(恒定相位的线或面)

$$c = \sigma / |\boldsymbol{K}| \tag{2.67}$$

理想的波传播见图 2.1。

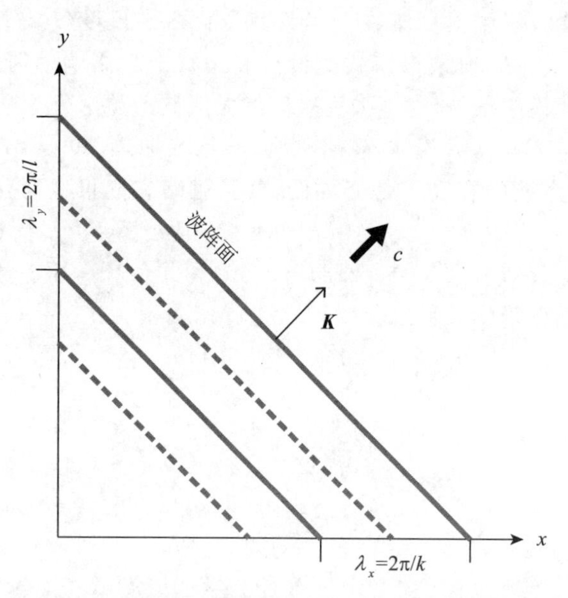

图 2.1 x-y 平面中理想的波传播。实线(虚线)是波谷(波峰)。相位传播用粗箭头表示,速度等于 C,$\boldsymbol{K}$ 是水平波数矢量。

下面将证明,一个给定波型的频率和相速依赖于介质的一些性质,例如声波依赖于基态温度(第 2.2.1 节)。频率关系还将揭示频率是否是波数的函数,并因此揭示波是否是频散的,以致不同的波数以不同的速度传播。

我们假设一组具有不同特征(例如波长和相速)的波导致的介质位移恰好是各个波的位移的总和。[17]这种叠加原理反过来相当于假设系统是线性的。这体现在波动方程式(2.65)中,后面将要给出,该方程是由去掉非线性项(如 $u\partial u/\partial x$)的方程组得来的。

因此,线性化是按如上所示将所有变量分解成基态加上偏差或扰动。因此,我们设

$$\begin{aligned} p &= \overline{p} + p' \quad & u &= \overline{u} + u' \\ \rho &= \overline{\rho} + \rho' \quad & v &= \overline{v} + v' \\ \theta &= \overline{\theta} + \theta' \quad & w &= \overline{w} + w' \end{aligned} \tag{2.68}$$

我们暂时先不讨论基态的细节,只指出一点,基态也必须满足控制方程。在式(2.68)中,假设扰动是小量,因此凡涉及扰动乘积的项都可忽略不计。

现在给出三个纯波的例子。正如刚刚提到的,这些波通常在真实的大气中共存,形成各种混合波。

2.2.1 声波

声波或音波在大气中无所不在。尽管其变化在中尺度气象上具有相对较低的重要性，但它们确实对数值预报模式的设计和运行产生影响。因此，以下内容除了服务于第 4 章的建模决策外，也不失为一般的大气波动理论分析过程的良好入门。

我们假设一个 2D(x,y)流体，忽略水汽、非绝热加热（$\dot{Q}=0$）和行星旋转（$f=0$），因为它们对于声波的存在不是必要的，并且省略它们可以简化分析。我们还假设基态静止（$\bar{u}=\bar{v}=\bar{w}=0$）、等熵（$\mathrm{d}\bar{\theta}/\mathrm{d}z=0$），但处于静力平衡状态。将式(2.68)应用于式(2.16)、(2.17)、(2.29)、(2.3)、(2.50)和式(2.9)，再应用这些假设就得出以下一组控制扰动变量的方程组

$$\frac{\partial u'}{\partial t}=-\frac{1}{\bar{\rho}}\frac{\partial p'}{\partial x} \tag{2.69}$$

$$\frac{\partial v'}{\partial t}=-\frac{1}{\bar{\rho}}\frac{\partial p'}{\partial y} \tag{2.70}$$

$$\frac{\partial \rho'}{\partial t}=-\bar{\rho}\left(\frac{\partial u'}{\partial x}+\frac{\partial v'}{\partial y}\right) \tag{2.71}$$

$$\frac{\partial \theta'}{\partial t}=0 \tag{2.72}$$

$$\frac{\rho'}{\bar{\rho}}=\frac{c_v}{c_p}\frac{p'}{\bar{p}}=\frac{\theta'}{\bar{\theta}} \tag{2.73}$$

其中状态方程的扰动形式用到了式(2.61)。

对于声波问题，气压是最为相关的变量（声波是气压的振荡），因此我们要找一个关于未知量 p' 的方程。对式(2.73)取$\partial/\partial t$，并利用式(2.72)将式(2.71)写成气压扰动的方程

$$\frac{\partial p'}{\partial t}=-\bar{p}\frac{c_p}{c_v}\left(\frac{\partial u'}{\partial x}+\frac{\partial v'}{\partial y}\right) \tag{2.74}$$

现在，对式(2.69)取$\partial/\partial x$，对式(2.70)取$\partial/\partial y$，然后用于式(2.74)的$\partial/\partial t$ 以消除 u' 和 v'，从而得到一个 p' 的线性二阶偏微分方程

$$\frac{\partial^2 p'}{\partial t^2}=\frac{\bar{p}}{\bar{\rho}}\frac{c_p}{c_v}\left(\frac{\partial^2 p'}{\partial x^2}+\frac{\partial^2 p'}{\partial y^2}\right) \tag{2.75}$$

假设如下形式的解

$$p'(x,y,t)=P_0\mathrm{e}^{\mathrm{i}(kx+ly-\sigma t)} \tag{2.76}$$

式中，P_0 是振幅，这里取为常数，但通常不需要这样，应该明白，我们只考虑这种复数解中与物理相关的实部。将该解代入式(2.75)，并以 $P_0\mathrm{e}^{\mathrm{i}(kx+ly-\sigma t)}$ 通除，我们可以找到一个频散关系

$$\sigma^2=c_s^2K^2 \tag{2.77}$$

其中 $k^2+l^2=K^2$，并且

$$c_s \equiv \sqrt{(c_p/c_v)R\,\overline{T}} = \sqrt{(c_p/c_v)\overline{p}/\overline{\rho}} \tag{2.78}$$

是绝热声速(在 $\overline{T}=10$ ℃时,为 337 $\mathrm{m \cdot s^{-1}}$)。传播的相速为

$$c = \frac{\sigma}{K} = \pm c_s \tag{2.79}$$

波群的速度为

$$\boldsymbol{c}_g = \partial\sigma/\partial\boldsymbol{k} \tag{2.80}$$

其分量为 $c_{g,x}=\partial\sigma/\partial k, c_{g,y}=\partial\sigma/\partial l, c_{g,z}=\partial\sigma/\partial m$,因此其量级为

$$|\boldsymbol{c}_g| = \sqrt{c_{g,x}^2 + c_{g,y}^2 + c_{g,z}^2} \tag{2.81}$$

在式(2.81)中使用式(2.77),我们发现 $|\boldsymbol{c}_g|=c_s=c$,意味着各个波以与该波群相同的速度移动,因此声波是*非频散的*。此外,我们发现相位传播、群速度,以及相应的波能传播都是在同一方向。

声波的相速度在多数大气尺度(包括中尺度)上都要比典型的风速大一个数量级。因为数值模式的积分过程(第 4 章)取决于大气运动的速度,所以必须考虑这些波动,即便它们对气压(位移)的影响与典型的中尺度气压扰动相比较小。正是由于这个原因,传统上在数值模式中要过滤声波或以特殊方式处理。

2.2.2　罗斯贝波

虽然在这里处理行星尺度长度的波似乎不太合适,但我们将在第 9 章中说明,持续的中尺度对流系统可以激发罗斯贝波(Rossby wave)。这些波有可能向上游传播(与平均气流相反),从而促进形成一个有利于随后发生深对流的环境。

为了准备第 9 章的讨论,我们首先注意到,正压罗斯贝波的存在是由于行星涡度的经向梯度。因此,科里奥利力对于这个问题是必要的,而重力、可压缩性、水汽和非绝热加热则不是。我们再假设一个 2D 水平(x,y)流是无黏性且是正压性的。在这样的气流中,*绝对垂直涡度*在水平运动中(由下标 H 表示)是守恒的

$$\frac{\mathrm{D}_H(\zeta+f)}{\mathrm{D}t} = 0 \tag{2.82}$$

式中,$\zeta = \boldsymbol{k}\cdot\nabla\times\boldsymbol{V} = \partial v/\partial x - \partial u/\partial y$ 是涡度的垂直分量。式(2.82)是通过取式(2.16)的$\partial/\partial y$,并从取式(2.17)的$\partial/\partial x$ 中减去,然后应用上述假设得到的。

(正压)罗斯贝波是绝对涡度守恒的结果,因此它是式(2.82)的一个解。求解步骤[18]始于利用以下关系对式(2.82)进行线性化

$$\begin{aligned} u &= \overline{u} + u' \\ v &= v' \\ \zeta &= \zeta' \end{aligned} \tag{2.83}$$

这里假定一个以西风为特征的基态。引入扰动流函数 ψ'

$$\begin{aligned} u' &= -\partial\psi'/\partial y \\ v' &= \partial\psi'/\partial x \end{aligned} \tag{2.84}$$

就可以将式(2.82)用$\beta \equiv \mathrm{d}f/\mathrm{d}y$和$\psi'$重写为

$$\left(\frac{\partial}{\partial t}+\bar{u}\frac{\partial}{\partial x}\right)\partial^2\psi'+\frac{\partial\psi'}{\partial x}\beta=0 \tag{2.85}$$

式(2.85)可以有如下形式的解

$$\psi'=\Psi \mathrm{e}^{\mathrm{i}(kx+ly-\sigma t)} \tag{2.86}$$

式中,Ψ是一个常振幅;同样可以理解,式(2.86)中只有其实部有相关的物理意义。将式(2.86)代入式(2.85),找到如下的频散关系

$$\sigma=\bar{u}k-\frac{k\beta}{K^2} \tag{2.87}$$

以及纬向相速

$$c=\bar{u}-\frac{\beta}{K^2} \tag{2.88}$$

式中,$K=\sqrt{k^2+l^2}$仍然是水平波数幅度。回忆$\boldsymbol{c}_g=\partial\sigma/\partial\boldsymbol{k}$,可以看出$c\neq|\boldsymbol{c}_g|$,因此罗斯贝波是频散的。也就是说,长波长(小波数)的罗斯贝波相对于基态的西风气流通常是倒退的,而短波长(大波数)的罗斯贝波则是前进的。

2.2.3 重力波

在稳定层状流体($\mathrm{d}\bar{\theta}/\mathrm{d}z>0$)内,存在着一种重力恢复力,并由此产生称为重力内波或浮力波的传播式运动。[19] 与重力波相关的位移所产生的温度和风的扰动在中尺度上有气象学意义。这是我们在此处理重力内波的另一个原因。

为了确定它们的理论特征,我们做出许多与以前相同的假设:2D(x,z)流体,忽略水汽、非绝热加热($\dot{Q}=0$)和行星旋转($f=0$)。可压缩性是不必要的,并且波动运动相对较浅,因此我们在质量连续性方程采取不可压近似。虽然基态的风也是不必要的,但为了说明起见,我们现在考虑在x方向上风是恒定的情况($\bar{u}=U_0$;$\bar{v}=\bar{w}=0$)。如上所述,基态需要是层状的,并假定其处于静力平衡状态。得到下列方程组

$$\frac{\partial u'}{\partial t}+U_0\frac{\partial u'}{\partial x}=-\frac{1}{\rho_0}\frac{\partial p'}{\partial x} \tag{2.89}$$

$$\frac{\partial w'}{\partial t}+U_0\frac{\partial w'}{\partial x}=-\frac{1}{\rho_0}\frac{\partial p'}{\partial z}-g\frac{\rho'}{\rho_0} \tag{2.90}$$

$$\left(\frac{\partial u'}{\partial x}+\frac{\partial w'}{\partial z}\right)=0 \tag{2.91}$$

$$\frac{\partial\theta'}{\partial t}+U_0\frac{\partial\theta'}{\partial x}+w'\frac{\mathrm{d}\bar{\theta}}{\mathrm{d}z}=0 \tag{2.92}$$

$$\frac{\rho'}{\rho_0}=\frac{c_v}{c_p}\frac{p'}{\bar{p}}-\frac{\theta'}{\bar{\theta}} \tag{2.93}$$

因为位移和恢复力在这个纯重力波问题中作用于垂直方向,所以有理由寻找一个关于垂直速度的波动方程,正如传统上所做的。[20] 如果背景分层是以位温给出的

话，一个合乎逻辑的步骤是先从包含位温的浮力项中消除密度。式(2.93)在这点上是有用的，通乘以 ρ_0，然后利用式(2.78)，显然可以得到

$$\rho' = \frac{p'}{c_s^2} - \rho_0 \frac{\theta'}{\bar{\theta}}$$

基于先前给出的 c_s 的值，很明显 $|p'/c_s^2| \ll |\rho_0\theta'/\bar{\theta}|$，因此密度波动主要是由于位温波动。接下来，从取式(2.90)的 $\partial/\partial x$ 中减去取式(2.89)的 $\partial/\partial z$ 来消除气压项

$$\left(\frac{\partial}{\partial t} + U_0 \frac{\partial}{\partial x}\right)\left(\frac{\partial w'}{\partial x} - \frac{\partial u'}{\partial z}\right) - \frac{g}{\bar{\theta}} \frac{\partial \theta'}{\partial x} = 0 \tag{2.94}$$

对该方程取 $\partial/\partial t$，在结果中插入式(2.92)，然后代入由式(2.94)得到的 $\partial\theta'/\partial x$ 以消除 θ'

$$\frac{\partial}{\partial t}\left[\left(\frac{\partial}{\partial t} + U_0 \frac{\partial}{\partial x}\right)\left(\frac{\partial w'}{\partial x} - \frac{\partial u'}{\partial z}\right)\right] + U_0 \frac{\partial}{\partial x}\left[\left(\frac{\partial}{\partial t} + U_0 \frac{\partial}{\partial x}\right)\left(\frac{\partial w'}{\partial x} - \frac{\partial u'}{\partial z}\right)\right] + N^2 \frac{\partial w'}{\partial x} = 0 \tag{2.95}$$

最后，对式(2.95)取 $\partial/\partial x$ 并使用式(2.91)消除 u'

$$\frac{\partial^2 \Psi}{\partial t^2} + 2U_0 \frac{\partial^2 \Psi}{\partial x \partial t} + U_0^2 \frac{\partial^2 \Psi}{\partial x^2} = -N^2 \frac{\partial^2 w'}{\partial x^2} \tag{2.96}$$

式中，$\Psi = (\partial^2 w'/\partial x^2 + \partial^2 w'/\partial z^2)$。此外

$$N^2 = \frac{g}{\bar{\theta}} \frac{\mathrm{d}\bar{\theta}}{\mathrm{d}z} \tag{2.97}$$

式中，N 是浮力频率，也称为布伦特-维赛拉(Brunt-Väisälä)频率。这是非传播浮力振荡的频率，对于标准大气条件，其取值为

$$N \sim [(10/300)(6.5/1000)]^{1/2} = 0.015\ \mathrm{s}^{-1}$$

因此其振荡周期约为 7 min。

再次假设以下形式的解

$$w'(x,z,t) = W_0 \mathrm{e}^{\mathrm{i}(kx + mz - \sigma t)} \tag{2.98}$$

式中，W_0 是恒定振幅。将该解用于式(2.96)，并对结果做一些运算后，得到重力内波的频散关系为

$$\sigma - U_0 k = \pm \frac{Nk}{(k^2 + m^2)^{1/2}} \tag{2.99}$$

右侧是固有频率，在此问题中，是因为平均流引起的多普勒频移。从式(2.99)可以得到相对于平均流的相速为

$$\pm \frac{Nk}{k^2 + m^2} \tag{2.100}$$

群速为

$$\pm \frac{Nm}{k^2 + m^2} \tag{2.101}$$

由于相速和群速不相等，我们可以得出结论，重力内波是频散的，小波数的波相对于大波数的波传播得更快。我们还可以得出结论，群速度与相位线平行，因此相

位传播垂直于群速度传播，也因此与波能量的传播垂直(图 2.2)。一个有趣的结果是，即使垂直位移本身发生在相对较小的距离(约 1 km)，重力波能量却可以向上传播相当大的垂直距离(大约几十千米)。[21]

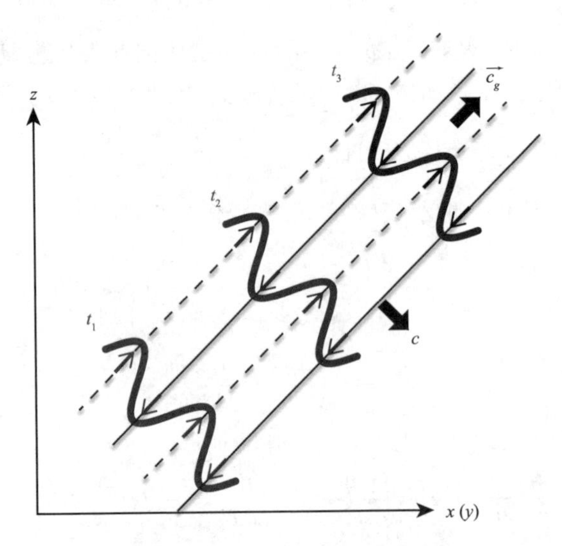

图 2.2　重力波传播示意图。细实(虚)线是波谷(峰)，粗线表示重力波在不同时间点($t_1<t_2<t_3$)的振幅和相位，细箭头表示相应的空气运动。应该假设波是在图形原点下方的一个位置脉冲式地生成(在 t_0 时间点)。该波群的传播以及由此而起的能量传播方向垂直于相位传播的方向。基于 Hooke(1986)。

第 5 章还要进一步讨论，这种传播受到有垂直切变的基态风的影响。为了准备后面的讨论，让我们考虑稍微不同的基态风：$\bar{u}=U(z)$ 和 $\bar{v}=\bar{w}=0$ 。按照之前相同的步骤，并假设如下的解

$$w'(x,z,t)=W(z)e^{i(kx-st)} \tag{2.102}$$

得到 Taylor-Goldstein 方程

$$\frac{d^2W}{dz^2}+M^2W=0 \tag{2.103}$$

式中，$W(z)$是垂直变化的振幅，且

$$M^2=\left[\frac{N^2}{(U-c)^2}-\frac{d^2U/dz^2}{(U-c)}\right]-k^2 \tag{2.104}$$

相关的物理行为与式(2.104)中方括号内的量有关，该量也叫作记分器参数($=\ell^2$)。[22]本质上，当 $M^2=\ell^2-k^2>0$ 时，波可以垂直传播，而在 $M^2<0$ 的情况下，垂直传播将会指数衰减(或受限)(见第 5 章)。

在有稳定密度分层存在的情况下，空气的垂直位移会激发重力波。产生位移的一种方式是通过对流云，或者是由对流运动本身，或者是由一个降水驱动的地表冷

池从降水风暴向外移动到一个稳定的环境中。这种特殊机制的动力学将在 2.4 节中建立。

2.3　不稳定性

本节中，我们为随后的不稳定性应用建立理论基础。因为隐含的线性假设，所以基本方法类似于 2.2 节所述。

2.3.1　重力不稳定性

前面对于重力内波的处理为下面三个关于不稳定性讨论的第一个讨论开了一个好头。我们从*重力不稳定性*[23]开始，因此先考虑无黏性垂直运动方程的扰动形式

$$\frac{\partial w'}{\partial t} = B \tag{2.105}$$

在式(2.105)中假设一个静态的基态，$B = g\theta'/\bar{\theta}(z)$ 在前一节已说明，同时假设扰动气压及其垂直梯度可以忽略不计；最后这个条件在第 5 章和第 6 章气团理论中讨论。绝热热力学能量方程的扰动形式可以写成

$$\frac{\partial B}{\partial t} = -w'N^2$$

将其与式(2.105)的$\partial/\partial t$ 结合可得到

$$\frac{\partial^2 w'}{\partial t^2} = -w'N^2 \tag{2.106}$$

如果 N^2 是常数(例如，通过 $\bar{\theta}$ 的线性廓线给出)，式(2.106)则是一个线性的二阶微分方程，并有形式为 $w' = W_0 \exp(-\mathrm{i}\,\sigma t)$的解。因此，垂直运动扰动的时间变化则取决于 $\sigma^2 = N^2$：

(1)如果 $N^2>0$，则扰动以频率 $\sigma=\pm N$ 振荡。这是稳定的情况，表示浮力振荡。

(2)如果 $N^2=0$，则 $\sigma=0$，扰动在时间上是恒定的。这是临界或中性的情况。

(3)如果 $N^2<0$，则 $\sigma=\mathrm{i}\,N$，扰动随时间增长。这是不稳定的情况，如前所述，将在第 5 章的气团理论背景下进一步研究。

2.3.2　瑞利-贝纳不稳定性

以下是一个经典的流体动力学问题，它将帮助我们理解加热的大气边界层行为，及其对浅积云和深积云发展的意义。本质上，问题是由加热的下层和/或冷却的上层引起的对流翻转；这种对流翻转被称为*瑞利-贝纳对流*(Rayleigh-Bénard convection)(图 2.3)。假设均匀加热/冷却可以维持一个基态温度分布 $\gamma = -\mathrm{d}T/\mathrm{d}z$，否则基态是静止的。采取不可压近似，并且忽略科里奥利力。该问题需要在运动方程中包含黏性，并在热力学能量方程中包含热传导。线性化的方程组如下

$$\frac{\partial u'}{\partial t}=-\frac{1}{\rho_0}\frac{\partial p'}{\partial x}+\mu\nabla^2 u' \tag{2.107}$$

$$\frac{\partial v'}{\partial t}=-\frac{1}{\rho_0}\frac{\partial p'}{\partial y}+\mu\nabla^2 v' \tag{2.108}$$

$$\frac{\partial w'}{\partial t}=-\frac{1}{\rho_0}\frac{\partial p'}{\partial z}+B+\mu\nabla^2 w' \tag{2.109}$$

$$\frac{\partial u'}{\partial x}+\frac{\partial v'}{\partial y}+\frac{\partial w'}{\partial z}=0 \tag{2.110}$$

$$\frac{\partial T'}{\partial t}+w'\gamma=\kappa\nabla^2 T' \tag{2.111}$$

其中热力学能量方程是式(2.2)的简化形式;μ 和 κ 分别是恒定的黏性系数和扩散系数;$B=g\Upsilon T'$是浮力;Υ是热膨胀系数。[24]

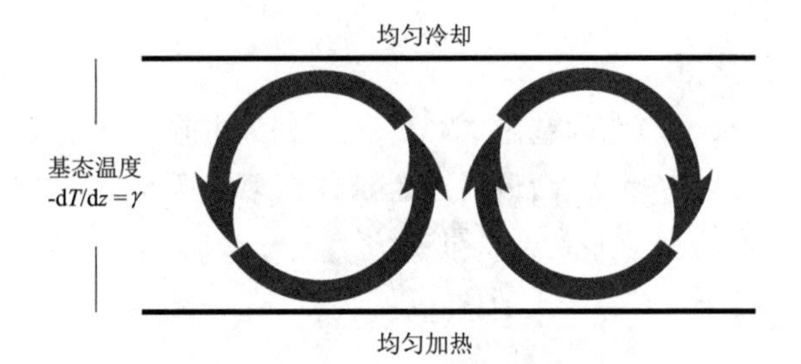

图 2.3 瑞利-贝纳特对流的理想化发展

由于这一问题的重点是在翻转运动,我们将方程组简化到关于未知量 w' 的单个方程。从消除 u' 和 v' 开始,通过将式(2.107)的$\partial/\partial x$ 和式(2.108)的$\partial/\partial y$ 用于式(2.110)得到

$$\left(\frac{\partial}{\partial t}-\mu\nabla^2\right)\frac{\partial w'}{\partial z}=\frac{1}{\rho_0}\left(\frac{\partial^2}{\partial x^2}+\frac{\partial^2}{\partial y^2}\right)p' \tag{2.112}$$

接下来,对式(2.112)取$\partial/\partial z$,并将其用于式(2.109)的$(\partial^2/\partial x^2+\partial^2/\partial y^2)$,消除 p' 得到

$$\left(\frac{\partial}{\partial t}-\mu\nabla^2\right)\nabla w'=g\Upsilon\left(\frac{\partial^2}{\partial x^2}+\frac{\partial^2}{\partial y^2}\right)T' \tag{2.113}$$

最后,用式(2.111)来消除式(2.113)中的 T'

$$\left(\frac{\partial}{\partial t}-\kappa\nabla^2\right)\left(\frac{\partial}{\partial t}-\mu\nabla^2\right)\nabla w'=g\Upsilon\gamma\left(\frac{\partial^2}{\partial x^2}+\frac{\partial^2}{\partial y^2}\right)w' \tag{2.114}$$

按照正交模方法,我们对式(2.114)提出以下形式的解

$$w'=W(z)e^{i(kx+ly)+\sigma t} \tag{2.115}$$

式中,$W(z)$由顶板和底板的边界条件确定。例如,$W(z)=W_0\sin(n\pi z)$可以满足 w' 的一个不可渗透性条件(在边界处没有法向流动,即,当 $n=1$ 时,$z=0$,$z=1$)。将该条件和式(2.115)应用于式(2.114)给出下式

$$M\sigma^2 + M(\kappa + \mu)\sigma + [\kappa\mu M^3 - K^2\gamma g \Upsilon] = 0 \tag{2.116}$$

式中，$M = K^2 + n^2\pi^2$，$K^2 = k^2 + l^2$ 如前所述。

这个 σ 的二次方程有以下的根

$$\sigma = -M(\kappa + \mu) \pm [M^4(\kappa + \mu)^2 - 4M(\kappa\mu M^3 - K^2\gamma g \Upsilon)^{1/2}]/2M \tag{2.117}$$

考察被开方数显示，要使得 σ 是实数，因而 w' 可以不稳定增长的必要条件是

$$(\kappa\mu Y M^3 - K^2\gamma g) < 0 \tag{2.118}$$

或

$$Ra > \frac{M^3 h^4}{K^2} \tag{2.119}$$

其中

$$Ra \equiv \frac{\gamma g \Upsilon h^4}{\kappa\mu} \tag{2.120}$$

是瑞利数，h 是顶板和底板之间的距离（因此是流动的深度）。这个结果也可以从式(2.116)推导出来，可以看出，临界稳定性 $\sigma = 0$ 的条件是

$$Ra = \frac{M^3 h^4}{K^2} \tag{2.121}$$

因此限制了不稳定性发生所必需的条件。我们希望找到关键瑞利数 Ra_c，也就是不稳定性发生的最小可能瑞利数，并将其用右侧参数表示。设流动深度为 $h = 1/n$，然后设 $n=1$。在这种情况下，使式(2.121)中的 Ra 最小化的 K（因此也满足 $\partial Ra/\partial K = 0$）是 $K^2 = K_c^2 = \pi^2/2$，相应地

$$Ra_c = \frac{27\pi^4}{4} \tag{2.122}$$

如图 2.4 所示，当瑞利数逐渐增大到 $Ra = Ra_c$ 时，将出现对流翻转。对流翻转是不稳定性的表现，翻转将占据整个流体的深度，其水平波数 $K = \sqrt{k^2 + l^2} = \pi/\sqrt{2}$。如式(2.119)和图 2.4 所示，在第 5 章中的观测数据中也会看到，瑞利-贝纳特不稳定性可能发生在无限数量的水平波数上，并且能以对流单体（$k = l$）和滚动（例如，$k \neq 0$，$l = 0$）的形式出现。

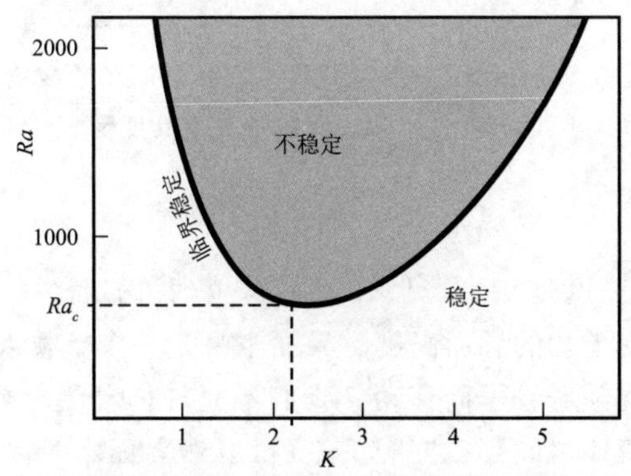

图 2.4　瑞利数为水平波数的函数，且垂直波数为 1 的情况
改编自 Houze(1993)和 Kundu(1990)

2.3.3 开尔文-亥姆霍兹不稳定性

在这一节的最后，我们考虑发生在不同密度和风速的两种流体之间无限薄的界面上的不稳定性（图 2.5）。由于两种流体之间的切变，界面本身被看作是一个*涡流片*。要归功于开尔文（Kelvin）爵士和赫尔曼·冯·亥姆霍兹（Herman von Helmholtz），[25]这种不稳定性在自然流动和实验室流动中得以实现。例如，众所周知，这种不稳定性可以发在雷暴的可能较冷的地面出流顶部（第 6 章）。在没有密度差异的情况下，由于风的切变（垂直和水平），可以导致一种不同的*开尔文-亥姆霍兹不稳定性*（Kelvin-Helmholtz instability）。我们将在随后的章节（第 5 章、第 6 章和第 8 章）中看到，这种切变不稳定性发生在许多中尺度流体中，并且在对流初生启动甚至对龙卷的产生发挥作用。

我们从一个基态开始，该基态由两个有均匀速度的层叠流体组成

$$\bar{v} = \bar{w} = 0;\ \bar{u}(z) = \begin{cases} U_2, & z > 0 \\ U_1, & z < 0 \end{cases} \tag{2.123}$$

和密度

$$\bar{\rho}(z) = \begin{cases} \rho_2, & z > 0 \\ \rho_1, & z < 0 \end{cases} \tag{2.124}$$

基态也是处于静力平衡的，且是等熵的

$$\frac{\mathrm{d}\,\bar{p}}{\mathrm{d}\,z} = \begin{cases} -\rho_2 g, & z > 0 \\ -\rho_1 g, & z < 0 \end{cases} \tag{2.125}$$

如图 2.5 所示，我们假设二维(x,z)流，尽管通常并不需要如此。这个经典问题将流体视为不可压和无黏性；科里奥利力、非绝热加热和湿过程也都忽略不计。

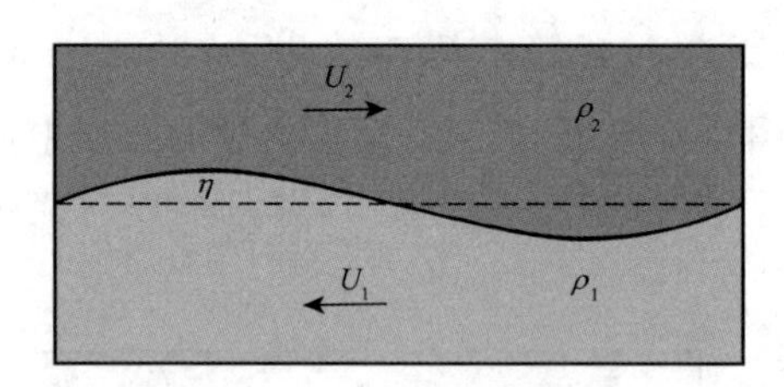

图 2.5 两种层叠流体中风(U)和密度(ρ)的基态配置。开尔文-亥姆霍兹不稳定性以两种流体之间界面的扰动高度(η)实现。未受干扰的界面高度是 $z=0$。两种流体中的箭头表示可能的流动示例。

未受干扰的界面高度是 $z=0$（见图 2.5）；这里，我们定义一个新的因变量 $\eta(x,t)$ 作为相对于 $z=0$ 的受干扰的界面高度。界面本身是一个*物质表面*，一直都是由相同的流体粒子组成，因此随着粒子而移动。我们不允许两种流体同时占据界面上的相同点，也不允许两种流体之间存在空腔。最后，虽然界面本身是一个涡流片，但界面两侧的扰动流假定是无旋转的，或没有涡度。

无旋转假设允许我们定义一个速度势

$$\varphi = \begin{cases} \varphi_2, z > \eta \\ \varphi_1, z < \eta \end{cases} \tag{2.126}$$

使得

$$\mathbf{V} = \nabla\varphi \tag{2.127}$$

（因为梯度的旋度恒等于零，很容易证实这种情况下的涡度也是恒等于零的。）不可压假设 $\nabla \cdot \mathbf{V} = 0$ 及式(2.126)与式(2.127)给出

$$\begin{aligned} \nabla^2 \varphi_2 = 0, \quad z > \eta \\ \nabla^2 \varphi_1 = 0, \quad z < \eta \end{aligned} \tag{2.128}$$

这可以作为一个边界条件，正如假设在远离界面的地方，干扰流变为式(2.123)所定义的基态流。

现在，我们已做好准备来介绍控制方程组。前两个代表两侧的拉格朗日界面变化，隐性地定义了两侧运动的垂直分量

$$\left.\begin{aligned} \frac{\mathrm{D}\eta}{\mathrm{D}t} = \frac{\partial \eta}{\partial t} + \frac{\partial \varphi_2}{\partial x}\frac{\partial \eta}{\partial x} = w_2 = \frac{\partial \varphi_2}{\partial z} \\ \frac{\mathrm{D}\eta}{\mathrm{D}t} = \frac{\partial \eta}{\partial t} + \frac{\partial \varphi_1}{\partial x}\frac{\partial \eta}{\partial x} = w_1 = \frac{\partial \varphi_1}{\partial z} \end{aligned}\right\} z = \eta \tag{2.129}$$

另一个方程是源于界面上压力连续性的要求，$p_1(\eta) = p_2(\eta)$，且来自矢量运动方程式(2.1)以及所提出的假设

$$-\frac{1}{\rho}\nabla p = \frac{\partial \mathbf{V}}{\partial t} + \frac{1}{2}\nabla(\mathbf{V} \cdot \mathbf{V}) + \nabla(gz) \tag{2.130}$$

我们利用式(2.127)，然后对式(2.130)积分，然后再应用压力连续性要求得到

$$\left.\begin{aligned} \rho_1\left[\frac{\partial \varphi_1}{\partial t} + \frac{1}{2}(\nabla \varphi_1)^2 + gz - C_1\right] \\ = \rho_1\left[\frac{\partial \varphi_2}{\partial t} + \frac{1}{2}(\nabla \varphi_2)^2 + gz - C_2\right] \end{aligned}\right\} z = \eta \tag{2.131}$$

式中，C_1 和 C_2 是积分常数，以确保基态满足式(2.131)，因此分别等价于 $U_1^2/2$ 和 $U_2^2/2$ 。

为了线性化这些控制方程，我们将速度势分解为基态和扰动如下

$$\begin{aligned} \varphi_2 = U_2 x + \varphi'_2, z > \eta \\ \varphi_1 = U_1 x + \varphi'_1, z < \eta \end{aligned} \tag{2.132}$$

注意，η 实质上已经是一个扰动量；因此，式(2.129)和式(2.131)分别变为

$$\begin{aligned} \frac{\partial \eta}{\partial t} + U_2\frac{\partial \eta}{\partial x} = \frac{\partial \varphi'_2}{\partial z} \\ \frac{\partial \eta}{\partial t} + U_1\frac{\partial \eta}{\partial x} = \frac{\partial \varphi'_1}{\partial z} \end{aligned} \tag{2.133}$$

和

$$\rho_1\left[\frac{\partial \varphi'_1}{\partial t} + U_1\frac{\partial \varphi'_1}{\partial x} + g\eta\right] = \rho_2\left[\frac{\partial \varphi'_2}{\partial t} + U_2\frac{\partial \varphi'_2}{\partial x} + g\eta\right] \tag{2.134}$$

对于线性稳定性分析，我们再次提出以下形式的一般解

$$\varphi'_1 = \hat{\varphi}_1(z)\mathrm{e}^{\mathrm{i}kx + \sigma t}$$

$$\varphi'_2 = \hat{\varphi}_2(z)\mathrm{e}^{\mathrm{i}kx+\sigma t}$$
$$\eta = \hat{\eta}\mathrm{e}^{\mathrm{i}kx+\sigma t} \tag{2.135}$$

式中，$\hat{\eta}$ 为恒定振幅。在式(2.133)中及式(2.132)的边界条件中使用式(2.135)得到

$$\hat{\varphi}_2 = -(\sigma+\mathrm{i}kU_2)\frac{\hat{\eta}}{k}\mathrm{e}^{-kz}$$
$$\hat{\varphi}_1 = (\sigma+\mathrm{i}kU_1)\frac{\hat{\eta}}{k}\mathrm{e}^{kz} \tag{2.136}$$

在将由式(2.135)和式(2.136)构成的特定解代入式(2.134)后，再对结果进行一些整理，我们得到一个 σ 的二次方程，有如下的根

$$\sigma = -\mathrm{i}k\frac{(\rho_1U_1+\rho_2U_2)}{(\rho_1+\rho_2)} \pm \left[\frac{k^2\rho_1\rho_2(U_1-U_2)^2}{(\rho_1+\rho_2)^2} - gk\frac{(\rho_1-\rho_2)}{(\rho_1+\rho_2)}\right]^{1/2} \tag{2.137}$$

式(2.137)中的被开方数为正值，因此当下述条件满足时，允许界面扰动 η(以及速度势 φ_1 和 φ_2)的不稳定增长

$$g(\rho_1^2-\rho_2^2) < k\rho_1\rho_2(U_1-U_2)^2 \tag{2.138}$$

其在下式波数足够大(波长短)时出现

$$k > \frac{g(\rho_1^2-\rho_2^2)}{\rho_1\rho_2(U_1-U_2)^2} \tag{2.139}$$

只要 $U_1 \neq U_2$，这个条件总是可以满足。

提醒读者注意，该理论分析的结果仅仅解释了扰动的初始行为。在实际大气，如与雷暴出流相关的开尔文-亥姆霍兹不稳定性中，已经知道，不稳定性会放大甚至“破裂”(图 2.6)。

图 2.6　在某个时间区间 $t_1 \leqslant t \leqslant t_n$ 里开尔文-亥姆霍兹不稳定性发展的图示

线条代表流体界面，其定义同图 2.5

开尔文-亥姆霍兹问题的变体问题中也产生类似演变的不稳定性。特别相关的例子是均匀流体内的涡流片情况——即 $U_1 \neq U_2$ 但 $\rho_1 = \rho_2$ 的情况。式(2.137)则变为

$$\sigma = -\frac{1}{2}\mathrm{i}\,k(U_1 + U_2) \pm \frac{1}{2}k(U_1 - U_2) \tag{2.140}$$

在这种情况下,其中一个根始终会导致界面扰动的指数增长,短波则增长最快。

第 2.3.3 节阐述了涡流片内在不稳定性——仅涡流片以及存在浮力的情况。下一节中,我们只关注浮力情况,并探讨最初在轻质流体旁稠密流体的演变。

2.4　密度流

为引入密度,或重力、气流的基本动力学,请读者想象下面的实验:在一个长的矩形通道中储存有密度为 ρ_2 的静止流体,被一个分隔装置与密度为 $\rho_1(<\rho_2)$ 的静止流体隔开。在拿掉分隔器装置之后,稠密流体流入轻质流体下方并替代了轻质流体。如果通道无限长,稠密流体的供应是无限的,摩擦力为零,且两种流体不混合,则稠密流体的水平前进将无限期地持续。这种理想化的稳态运动的密度流就是我们要寻求数学模拟的对象。[26]

为了与理想化模型保持一致,假定一个如图 2.7 所示的稳定、无黏性且在 2D(x, z)域中的流动。对于这个问题,科里奥利力和非绝热加热是不必要的,水汽也一样。通常假设密度流深度 d 相对于密度尺度高度 H_ρ 较小;因此,我们做布西内斯克近似并假定不可压缩性。[27]基态是静力平衡和等熵的,并且没有水平风的垂直切变。

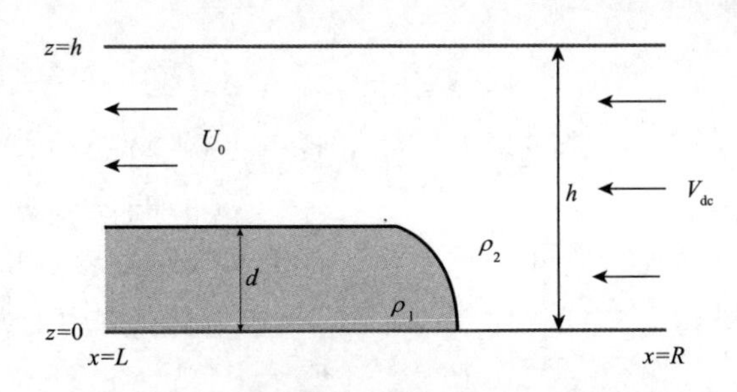

图 2.7　密度流问题中域和相关变量的图示

改编自 Bryan 和 Rotunno(2008)及 Benjamin(1968)

得到以下相关方程

$$u\frac{\partial u}{\partial x} + w\frac{\partial u}{\partial z} = -\frac{\partial}{\partial x}\left(\frac{p'}{\rho_0}\right) \tag{2.141}$$

$$u\frac{\partial w}{\partial x} + w\frac{\partial w}{\partial z} = -\frac{\partial}{\partial z}\left(\frac{p'}{\rho_0}\right) + B \tag{2.142}$$

$$u\frac{\partial\theta}{\partial x}+w\frac{\partial\theta}{\partial z}=0 \tag{2.143}$$

$$\frac{\partial}{\partial x}(\rho_0 u)+\frac{\partial}{\partial z}(\rho_0 w)=0 \tag{2.144}$$

其中,运动方程来自于式(2.16)和式(2.29),热力学能量方程来自于式(2.50)并假设干空气,连续性方程来自于式(2.38)。式(2.142)中的浮力项是 $B=-g(\rho'/\rho_0)$,但在这种理想情形中,在包含密度流的均匀 ρ_2 流体区域中,我们设 $B=-g'=$ 常数,在密度流前进到的 ρ_1 流体区域中,设 $B=0$(因而 $\rho'=0$)。

如图 2.7 所示,方程在一个控制体积上积分,该体积有固定的匀速流,密度流速度为 V_{dc}。选取足够大的控制体积深度 h 使得它足够远离密度流的顶部,从而使沿 $z=h$ 处 $w=0$。这意味着顶部边界是不可渗透的,底部边界也同样(在 $z=0$ 处 $w=0$)。两者都是自由滑动,因此允许沿边界有流动。[28] 在右(R)和左(L)侧边界分别有均匀水平速度条件

$$\left.\begin{array}{l}u(x=\mathrm{R},z)=V_{dc}\\ w(x=\mathrm{R},z)=0\end{array}\right\}\quad 当\ z\leqslant h \tag{2.145}$$

和

$$\begin{array}{l}\left.\begin{array}{l}u(x=\mathrm{L},z)=U_0\\ w(x=\mathrm{L},z)=0\end{array}\right\}\quad 当\ d<z\leqslant h\\ \left.\begin{array}{l}u(x=\mathrm{L},z)=0\\ w(x=\mathrm{L},z)=0\end{array}\right\}\quad 当\ z\leqslant d\end{array} \tag{2.146}$$

在该参考系中,密度流本身内部没有运动。基于 u 和 w 的这些条件,式(2.141)和式(2.142)揭示出侧边界处压力简化为 $\partial(p'/\rho_0)/\partial z=-g'$ 。对其积分,可由以下两式满足

$$p'(x=\mathrm{R}\ ,z)=0 \tag{2.147}$$

$$p'(x=\mathrm{L},z)=\begin{cases}\rho'(z=h)+\rho_0 g'(d-z) & 当\ z<d\\ \rho'(z=h) & 当\ d\leqslant z\leqslant h\end{cases} \tag{2.148}$$

上边界处的压力是未知的,但可以通过以下方法消除。让我们首先通过取 u ×式(2.141)并将其加到 w ×式(2.142)上,得到一个控制能量守恒的方程

$$u\frac{\partial E}{\partial x}+w\frac{\partial E}{\partial z}=0 \tag{2.149}$$

其中

$$E=\frac{u^2}{2}+\frac{w^2}{2}+\frac{p'}{\rho_0}-Bz \tag{2.150}$$

具有伯努利(Bernoulli)函数的形式。在自由滑动条件下,该流动中沿表面($z=0$)流线能量守恒(因此,$E=$常数)。让我们选取一个从右边界开始终止于密度流前沿或锋面的表面流线。这个终止点也是一个*停滞点*(stagnation point,SP),在这里 u 必须消失。根据式(2.150)和式(2.145)和式(2.147)给定的条件,沿着这条流线,下式一定成立

$$\left(\frac{V_{dc}^2}{2}\right)_{x=R,z=0} = \left(\frac{p'}{\rho_0}\right)_{x=SP,z=0}$$

因为密度流内部没有流动，所以下式也一定成立

$$\left\{\frac{1}{\rho_0}[p'(z=h)+\rho_0 g'd]\right\}_{x=L,z=0} = \left(\frac{p'}{\rho_0}\right)_{x=SP,z=0}$$

由此得出

$$p'(z=h) = \rho_0 \frac{V_{dc}^2}{2} - \rho_0 g'd$$

因此条件式(2.148)变为

$$p'(x=L,z) = \begin{cases} \rho_0 \dfrac{V_{dc}^2}{2} - \rho_0 g'z & \text{当 } z < d \\ \rho_0 \dfrac{V_{dc}^2}{2} - \rho_0 g'd & \text{当 } d \leqslant z \leqslant h \end{cases} \tag{2.151}$$

我们在第 8 章中还要使用的控制体积方法，其涉及相关方程在图 2.7 所示的区间上的积分。考虑借助式(2.144)将式(2.141)写成通量形式

$$\int_0^h\int_L^R \frac{\partial}{\partial x}(\rho_0 uu)\mathrm{d}x\mathrm{d}z) + \int_L^R\int_0^h \frac{\partial}{\partial z}(\rho_0 uw)\mathrm{d}z\mathrm{d}x) = -\int_0^h\int_L^R \frac{\partial p'}{\partial x}\mathrm{d}x\mathrm{d}z)$$

回顾 w 的条件，此式可以立即简化为

$$\int_0^h \rho u^2(x=R,z)\mathrm{d}z - \int_0^h \rho_0 u^2(x=L,z)\mathrm{d}z = \int_0^h p'(x=L,z)\mathrm{d}z$$

代入 u 和 p' 的条件后

$$\rho_0 V_{dc}^2 = \rho_0 U_0^2(h-d) = \left[\rho_0 \frac{V_{dc}^2}{2}d - \rho_0 g' \frac{d^2}{2}\right] + \left[\rho_0 \frac{V_{dc}^2}{2}(h-d) - \rho_0 g'd(h-d)\right] \tag{2.152}$$

我们寻求 V_{dc}与已知量之间的关系。在上面的方程中，U_0 是未知的，但我们可以借助质量连续性方程将其消除，该方程也在控制体积上积分

$$\int_0^h\int_L^R \frac{\partial}{\partial x}(\rho_0 u)\mathrm{d}x\mathrm{d}z) + \int_L^R\int_0^h \frac{\partial}{\partial z}(\rho_0 w)\mathrm{d}z\mathrm{d}x = 0$$

再次考虑 w 的条件，第二个积分消失，留下

$$\rho_0 V_{dc}^2 h = \rho_0 U_0(h-d)$$

将此式代入式(2.152)，然后求解 V_{dc}，在一些代数运算后，得到：

$$V_{dc}^2 = g'd\left[\frac{(h-d)(2h-d)}{h(h+d)}\right] = g'd\left[\frac{(1-d')(2-d')}{(1+d')}\right] \tag{2.153}$$

式中，$d' = d-h$ 。解为

$$V_{dc} = k\sqrt{g'd} \tag{2.154}$$

其依赖于密度流相对于域(通道)深度的深度。不可压缩流体中的理论上限是 $d' \to 0$ (无限深度通道)，在这种情况下 $k=\sqrt{2}$ 。[29] 理论下限为 $d'=0.5$ 且其被称为节能情况，其中 $k=1/\sqrt{2}$ 。

补充信息

关于练习和习题集,请参阅 www. cambridge. org/trapp/chapter2。

说明

1　由"第一原理"对这些方程的推导可以在其他地方找到,如 Holton(2004)、Kundu(1990)以及 Batchelor(1967)。

2　Navier-Stokes 方程的完整形式由偏应力张量的散度给出;参见如 Batchelor(1967)。

3　希腊字母 μ(mu)通常用于表示动力学黏滞性。为标注方便,我们这里使用 μ 来表示运动黏滞性,其等于动力学黏滞性除以密度。

4　Holton(2004)。

5　以下分析主要来自 Bannon(1996)。

6　进一步讨论参见 Bannon(1996)。

7　因此,在布西内斯克动量方程中,浮力为 $-g(\rho'/\rho_0)$,气压梯度力(PGF)变为 $-(1/\rho_0)\nabla p'$,等等,其中 ρ_0 为参考密度常量。

8　Bannon(2002)。

9　为引入冰相对 c_{vm} 的贡献,在式(2.49)右边添加 $c_i q_i$ 项,其中 c_i 为冰水的比热($=2100\ \mathrm{J \cdot K^{-1} \cdot kg^{-1}}$)。相似的表述适用于式(2.50)中的 c_{pm};Tripoli 和 Cotton(1981)。

10　Bryan 和 Fritsch(2002)。

11　Houze(1993)。

12　Bryan(2008);Emanuel(1994)。

13　参见 Bryan(2008),他给出了 Bolton(1980)公式的替代公式。

14　这通常遵循 Cotton 和 Anthes(1989)的推导。

15　Bannon(2002)。

16　引自 Beer(1974)。

17　Jacobson(2005)很好地总结了这个概念。

18　数学推导及应用基于 Holton(2004)。

19　与外波相反,内波在流体内具有最大振幅,外波的最大振幅在外部边界处,例如自由表面。

20　该分析的大部分内容改编自 Holton(2004)。

21　Holton(2004)。

22　Crook(1988)。

23　来自 Houze(1993),虽然这也可称为浮力不稳定。

24　Houze(1993);Emanuel(1994)。

25　Kelvin 爵士 1871 年首次提出并解决了这个数学问题,但 Herman von Helmholtz 在 1868 年提出了物理问题;参见 Drazin(2002),这里采用了他的数学推导。

26　这个问题有着悠久的历史根源,其中 Benjamin(1968)发表了一篇更为权威的论文。然而，这里采用了 Bryan 和 Rotunno(2008)的分析过程。

27　对于深度为几千米的密度流，非弹性近似更为合适；参见 Bryan 和 Rotunno(2008)。

28　自由滑动条件也是一个无应力条件，使得切向流的法向导数为零。例如，当前问题中，这相当于在上边界和下边界处$\partial u/\partial z=0$。

29　参见 Bryan 和 Rotunno(2008)；Klemp 等(1994)；Benjamin(1968)，对可能的解和相关评述有所了解。

第 3 章　观测和中尺度数据分析

概要：第 3 章介绍了现场观测及遥感观测使用的不同测量仪器。这些仪器可以用于日常业务工作，同时也可用于特殊的野外观测数据采集。使用抽样理论证明了在观测网某个位置放置这些仪器的合理性，然后通过以往的野外试验实例加以说明。最后引入数据空间分析并进行了描述。

3.1　引言

本章介绍了数据收集和分析，这是后续章节中大部分讨论的基础。例如，在第 4 章中，我们将描述如何使用观测数据为数值天气预报和模拟模型提供初始和边界条件。通过数据分析技术从合理配置的观测系统提取尺度相关的信息，可以揭示诸如雷暴阵风锋（第 5 章，第 6 章）、超级单体（第 7 章）、飑线（第 8 章）及中尺度对流涡旋（第 9 章）等现象的特征。

观测结果本身是时间和空间连续大气变量的离散（discrete）样本。为了说明这个概念，假设一个标量的时间变化，比如单个观测站的气压（图 3.1）。对该连续气压

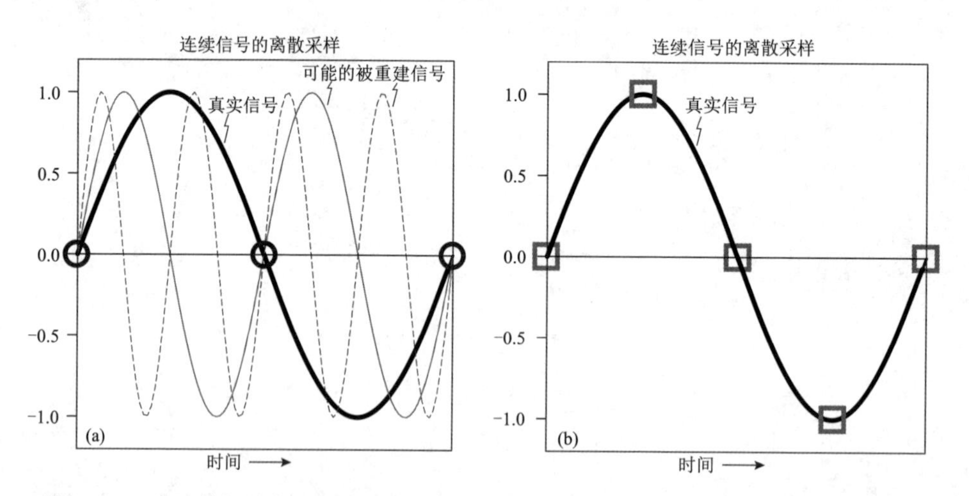

图 3.1　一个连续标量变量的时间采样图，如气压。假设在单个站点观测某变量，并以某个间隔 Δ 离散采样，在图(a)中用三个空心圆圈表示。粗实线表示真实信号。图(a)中，其他曲线表示可以从三个样本重建的一些可能信号。图(b)中，空心方块展示了间隔 Δ/2 的离散采样如何改善真实信号的重建。

信号(实际上该信号是未知的)在时间 $t=n\Delta$ 进行瞬间采样，其中 $n=0,1,2,\cdots;\Delta$ 是一个统一的采样间隔,其部分地取决于仪器性能,或基于所关注的过程由用户指定[1]。为了说明,假设我们无意间选择了一个 Δ,产生了一个完整振荡周期气压信号的三个样本。可以从这三个离散样本重建实际信号,表明我们成功地观测到了信号。但不幸的是,同样也可以从我们的样本中重建无数个其他信号,表明我们选择的 Δ 对于这个特定的气压信号不一定是最好的。

采样理论为我们的示例提供了进一步解释:在未受混叠有害影响的情况下,可以离散地观测到的最高信号频率受到*奈奎斯特频率*(Nyquist frequency)σ_N 的限制,式中

$$\sigma_N = 1/2\Delta \tag{3.1}$$

当对空间过程进行采样时,最小波长同样受*奈奎斯特波长* λ_N 的限制,式中

$$\lambda_N = 2\Delta \tag{3.2}$$

尝试观察高于 σ_N(波长小于 λ_N)的频率,将导致其在较低频率(较长波长)处的错误表示,并因此导致信号失真。因此,式(3.1)和式(3.2)先验地告诉我们,通过选择 Δ 我们可以期待什么可以分辨,什么不可以分辨。

回到图 3.1,显而易见,为了更加真实地表征与 σ_N 相近的已知频率信号,更好的时间间隔是 $\Delta/2$,可以产生五个完整的振荡样本。以稍微不同的方式来表述,为了观察具有特征时间 T(或者特征长度 L)的过程或现象,我们更倾向于观察网络或系统的采样速率为:

$$\Delta t \leqslant T/4 \tag{3.3}$$

或者其数据间隔为

$$\Delta x \leqslant L/4 \tag{3.4}$$

因此,数据点间隔为 1 km 通常可以分辨 4 km 及以上的波长;1 min 的采样间隔则可以分辨 4 min 及以上的过程(频率为 0.25/min 及以下)。

图 3.1 中假设的气压信号结构上比较简单,真实大气中的气压和其他变量会更复杂些。事实上,在观测之前,我们对于信号(或现象)及其尺度可能只有模糊的理解,而以相对较高速率采样是一种可以解决这一问题的策略,虽然对于有限的观测资源,这样做可能具有挑战性(参见第 3.5 节)。

然而,在空间或时间上以高的速率进行的观测仍然不是总能反映出观测站点周围或相邻时间的条件。想象一下,地面植被很大的局地差异,或由移动车辆引起的扰动,如何导致温度或风的局地观测异常,从而在更大范围扭曲温度或风的特征。这些*代表性误差*(errors of representativeness)在所有类型的观测中都很普遍,我们将在本章后面看到。

观测的*精度*(precision)和*准确性*(accuracy)是需要额外考虑的因素。在均匀条件下重复进行观测并产生相同结果就是精确。然而,这种观测相对于公认的标准可能是准确的,也可能是不准确的,例如,通过在受控的实验室环境中测试仪器来确

定。当一台仪器的测量与其他仪器的类似测量结合使用时,准确性尤为重要。在野外观测试验期间或为其他试验目的部署观测网络时,通常就是这种情况(参见第 3.5 节)。

最后一个需考虑的因素是观测*灵敏度*(sensitivity),关系到在给定一个输入的变化时设备输出的变化。灵敏的仪器能够检测和测量相对较弱的信号。能够进行"晴空"测量的气象雷达具有高的灵敏度(第 3.4.1 节)。

考虑到这些特性,现在让我们探讨观测的方法。

3.2 现场观测

3.2.1 地面

大气变量 $\mathbf{V}_H(=u\mathbf{i}+v\mathbf{j})$, T, p 和相对湿度(RH)通常在地面附近观测,仪器的传感器与大气直接接触。这种现场观测仪器通常安装在塔架上(图 3.2)[2]。最佳条件是:塔架位置平坦,局地均匀,没有障碍物(树木,建筑物等)和其他可能导致代表性误差的任何物体。气象观测塔的标准高度为 10 m,在塔顶进行风的观测,其余观测在地面以上高度(above ground level,AGL)约 1~2 m 处进行[3]。降雨(或降雪)观测使用雨量计测量,与塔分开。根据站点的复杂程度和目的,额外的现场地面观测可能包括入射太阳辐射,出射红外(IR)辐射,土壤温度和土壤湿度。

现在的地面气象观测通常是全自动化的,数据收集记录的时间间隔仅几秒到几分钟时间,然后通过无线电或其他通信方式传输到远程计算机或存储系统。然而,作为"合作"网络的一部分,由美国和世界各国志愿者完成的日雨量和最高/最低温度观测还是采用人工方式。

虽然图 3.2 所示的平台是永久性的,但便携式甚至移动平台已经开发出来以用于地面观测。便携式平台的例子包括一个约 1.5 m 高的测量三脚架和一个直接放置在地面上的"龟"式外壳[4,5]。这些平台及其相关仪器旨在构成耐用且易于部署的系统,特别是在恶劣的天气条件下。它们相对低廉的成本也允许构建多个系统,然后可用于形成观测网络(参见第 3.5 节)。

类似的设计原则也适用于移动平台,例如在 1994 年"龙卷旋转起源验证试验"(VORTEX)[6] 中首次亮相的汽车车顶桅杆(图 3.3)。这种平台的一个优点是重新部署意味着简单地驾驶到一个新的位置。然而,相应的缺点是观测点仅限于道路或可进入的路面。如果在车辆实际移动时收集数据,则必须从风的观测量中去除使用全球定位系统(GPS)获得的车辆运动矢量。遗憾的是,由于附近的车辆导致的空气位移难以消除,对其他变量的关联影响也是如此。实际上,与在永久(并且可能是精心选址的)平台上进行的观测相比,使用移动和便携式平台进行的观测更容易受到这些和其他环境造成的误差影响。因此,需要权衡这些误差与非永久性平台的好处,这些平台可用于形成新式的高分辨率观测网络(第 3.5 节)。

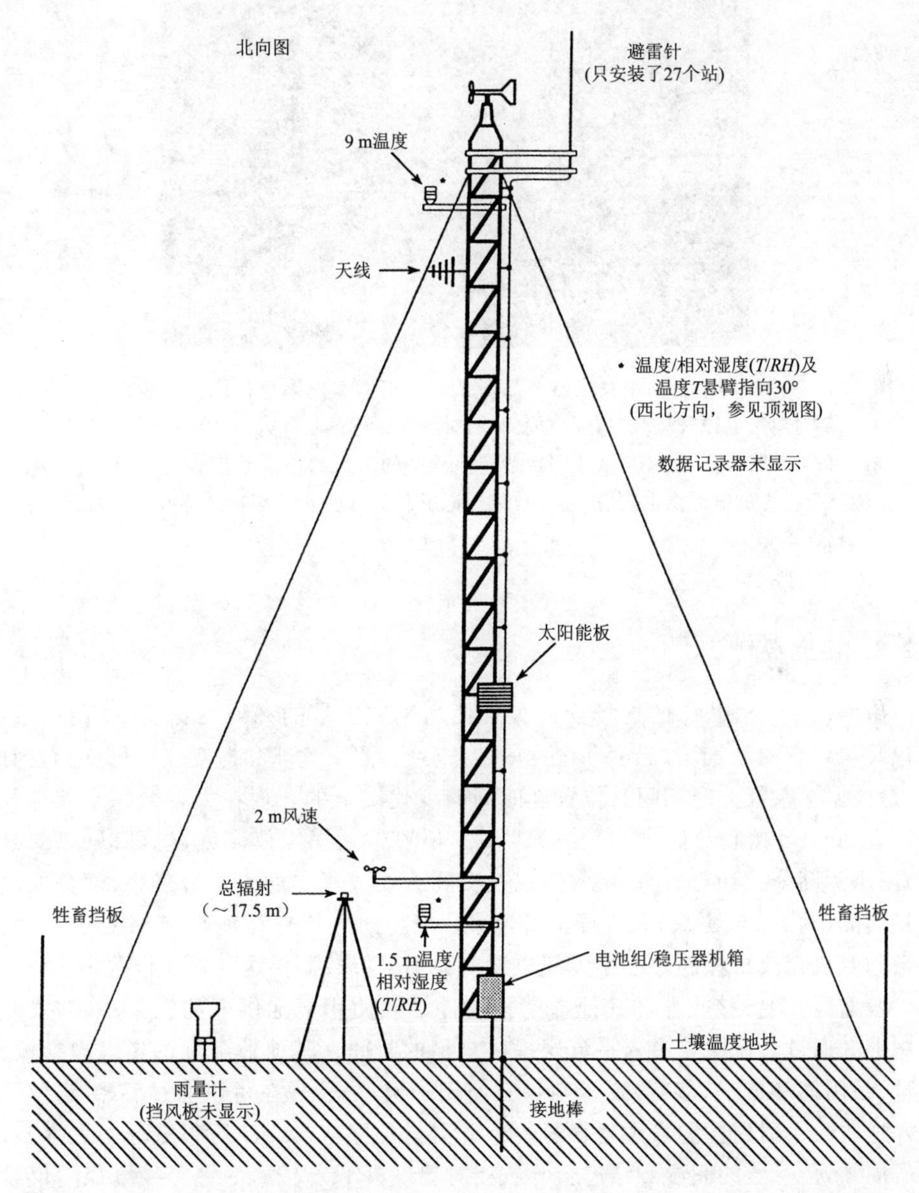

图 3.2　俄克拉何马中尺度网地面观测站安装在塔上的仪器。塔顶的风速计测量 10 m 风速和风向。该示意图中未标示容纳气压计和其他电子设备的防护罩。引自 Brock 等 (1995)。

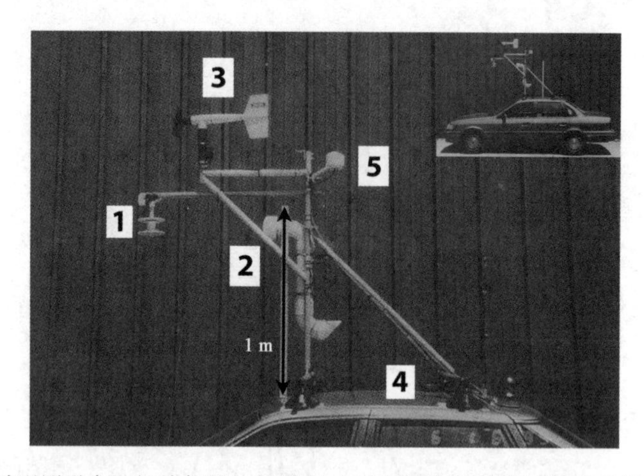

图 3.3 移动观测平台和相关仪器。插图显示了车辆和仪器桅杆的完整视图。在主图中，标签对应于：(1)气压端口，(2)温度和相对湿度传感器吸气式天气屏蔽罩，(3)风速计和风向标，(4)GPS，以及(5)磁通门罗盘。照片中的米尺给出了长度参考。相关仪器由车辆行李箱中的电池供电，其中还存放数据记录器。通过笔记本电脑显示实时数据。引自 Straka 等(1996)。

3.2.2 高空观测

地面以上大气状态的现场观测最常使用气球携带的无线电探空仪进行。该仪器包装包含有测量气压、温度和湿度的传感器[7]。假设气球和探空仪随风移动，因此，$\mathbf{V}_H$ 是根据探空仪上升期间其位置随时间的变化确定的。现在大多数探空仪都配备了便宜的 GPS 接收器提供 3D 定位。GPS 位置包括探空仪高度，也可以(以前是这样)使用测高公式计算。垂直采样，以及实际廓线或探空的垂直分辨率，部分取决于测量间隔(约 1 s 或更短)和气球上升速率。典型的上升速率为 4～5 $m \cdot s^{-1}$，由气球质量和氦气充气量控制。小型无线电发射器用于将数据传送到地面接收站。

发射器，GPS 接收器和其他探空仪组件必须使用电池供电约三个小时，以便为气球上升通过对流层并进入平流层提供充足的时间。其他业务上的考虑包括尺寸、重量、耐用性和成本，如：假定探空仪只使用一次，尽管现在可以通过 GPS 定位可以更好地回收。耐用性的考虑隐含着一个事实就是探空仪会经历很宽泛的大气条件。众所周知，传感器的润湿和结冰会导致相对湿度(RH)误差，尽管无线电探空仪设计的改进有助于缓解这种暴露问题[8]。

无线电探空仪观测(或简称为 raobs)特别容易出现代表性误差。无线电探空仪穿过孤立的云层和降水区域是一种来源。另一种来源与这样的事实有关：在其上升过程中，气球(和探空仪)可以从施放位置偏移数百千米。因此，探空观测不会生成施放点正上方的廓线，而是描述了站点下风方向某个距离内的大气垂直结构，此表述主要用于热力学图上显示的探空信息的解释。对探空观测进行数据分析时,例如在为数值天气预报生成三维格点化数据集(参见第3.6节)时,会使用探空仪地理位置。

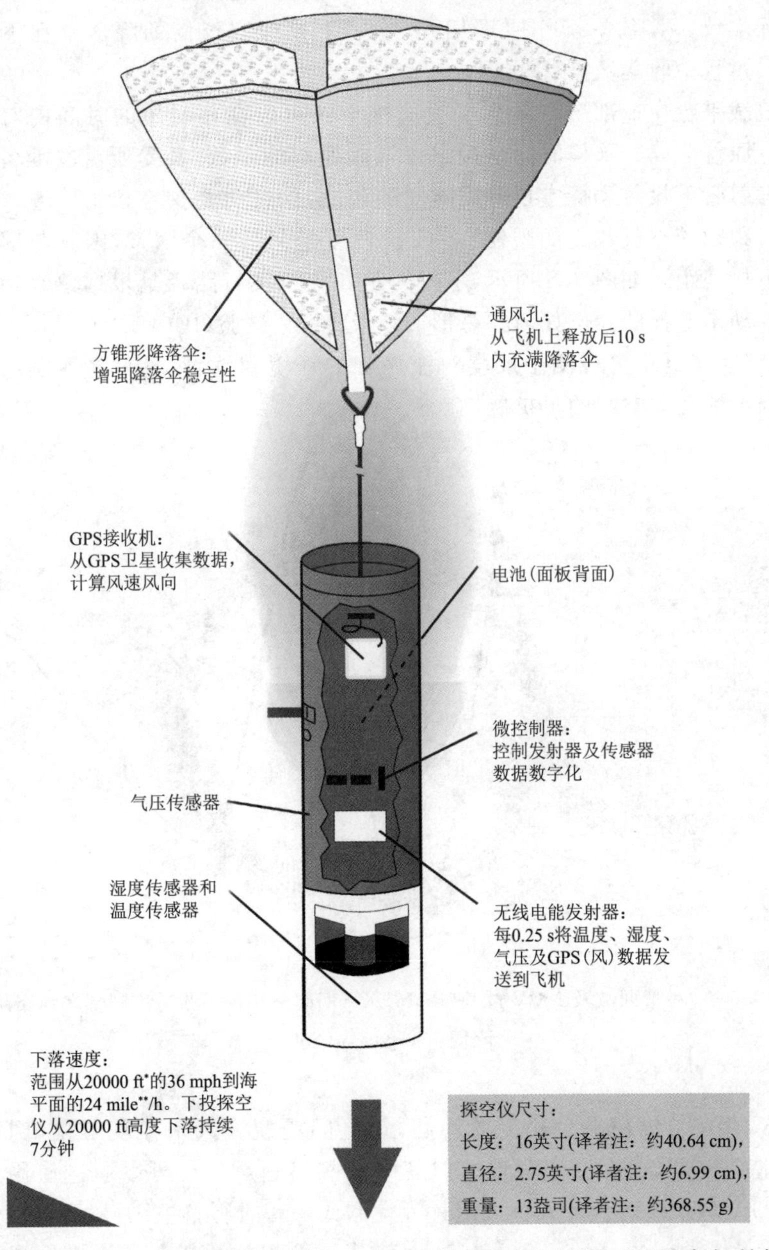

图3.4　NCAR GPS下投探空仪图解。美国大学大气研究联盟(UCAR)版权所有。经许可可以使用。

中尺度野外试验通常需要高频率和/或精细间隔的探空观测，可以通过便携式平台（卡车或箱式货车等车辆）施放来获得。典型的车辆：配备电子设备，作为地面接收站；能够运输消耗品，如气球、氦气和探空仪；配备仪器，以便在施放前进行传感器校准。下投探空仪也用于此目的，本质上是在相对较高高度飞行的飞机上投放的无线电探空仪。其基本操作原理相同，除了下投探空仪借助降落伞在下降到地面（或海面）过程中收集数据（图 3.4）[9]。

从机载平台快速部署一系列下投式探空仪可以在相对短的时间内对一定体积大气进行原位取样。采样时间是探空仪施放速率的函数，其受所需的准备时间及其后通过发射管下投每个探空仪所需时间的限制，同时也受探空仪下降速率及接收系统可同时跟踪探空仪数量的限制[10]。飞机速度是另外一个因素，因其与部署速率结合得到下投间距。如图 3.5 所示，下投间距和飞机飞行路径是根据感兴趣的现象尺度及其移动来选择的。例如，在“弓形回波及 MCV 试验（BAMEX）”期间，使用了“锯齿”飞行路径来近距离观测中尺度对流涡旋的环境和垂直结构；这种模式提供了后勤支持的灵活性和空间的可扩展性[11]。

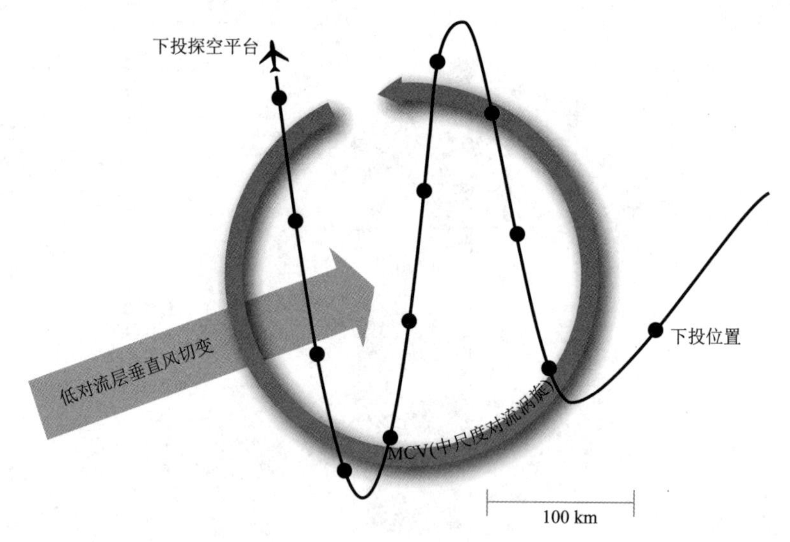

图 3.5　“弓形回波及 MCV 试验（BAMEX）”期间采用的下投探空仪部署策略示例

改编自 Davis 等（2004）

当然，存在与机载平台相关的问题，这些问题使大气采样复杂化，例如空域限制，任务持续时间，成本和安全性。但其中一些问题至少还可以通过使用无人驾驶飞行器（UAV）来缓解。无人机可以远程控制或编程进行自主飞行，可以完成许多与有人驾驶飞机类似的科学任务。与这个部分特别相关的任务是飞机的螺旋式上升或下降，可以得到观测变量的垂直廓线。观测的种类取决于有效载荷能力。具有大容量(约 1000 kg)的无人机如全球鹰(图 3.6),除标准的气象传感器外,它还可以携带仪器,用于大气化学和云微物理特性的现场观测;全球鹰甚至可以作为一个下投探空的施放平台[12,13]。航空探测仪的有效载荷要小得多(5 kg),目前载有与典型无线电探空仪部件相同的气象传感器,尽管其也可以容纳可以进行其他测量的微型仪器[14]。

对大气状态的现场观测并不局限于研究平台。为了服务其飞行任务,配备气象传感器的商业飞机也在其航路上以及在其起飞、着陆期间收集观测数据[15]。起飞/着陆廓线自然局限于机场附近,而航路观测则集中在主要的商业飞行路线上,虽然商业飞行路线在典型的飞行高度上几乎完全覆盖了美国大陆地区[16]。经由美国飞机通信寻址报告系统(ACARS)导入、处理后,这些数据成为常规探空观测的重要补充[17]。正如我们在 3.4 节中将要学到的,遥感提供了另外一种数据来源,补充和完善了现场观测数据集。

图 3.6　美国航空航天局(NASA)的诺斯罗普·格鲁曼公司 RQ-4 全球鹰无人机
NASA 卡拉托马斯摄

3.3　灾害性对流天气观测报告

对强天气和灾害性天气现象的观测形成了一个对于中尺度气象学研究不可或缺的数据集,而这些观测与下述一系列值得讨论的独特问题有关[18]。这里,我们特别感兴趣的是冰雹的发生、对流产生的"直线"风和龙卷。由于缺乏准确记录这些现象的可替代且广泛使用的方法,除个别例外情况,一般其发生都是由目击证人自愿发布的报告来确定[19]。对于这种观测,马上会联想到其依赖于潜在目击证人是否存在,因而易受人口密度及其地理分布变化的影响。事实上，这也是这种基于报告的观测长期以来被认为总体不太可靠的一个原因[20]。“风暴观察员”志愿者的招募和培训，普通民众的教育以及报告程序和标准的变化均使得最近几十年来观测得到改进，但也因此影响了其长期趋势。

报告本身具有不同的参与程度。在美国，这些观测结果的重要目的是用来验证美国国家气象局(National Weather Service，NWS)发布的强天气警报。因此，NWS工作人员努力征集可能受影响公民的报告，特别是来自于那些已知提供可靠信息的公民。但是其并不排除未经征集的报告。由于这种做法，报告不足及过度报告都有可能发生，并且可能歪曲事件的实际范围(图 3.7)[21]。在欧洲，报告则是公民自愿向欧洲强天气数据库(European Severe Weather Database，ESWD)提供的[22]。与美国的系统相比，ESWD是在欧洲国家气象和水文部门之外支持的，这些部门负责发布强天气预报和预警。该系统同样受到不足和过度报告的影响，正如可以想象的报告差异，相对夜间而言，白天的事件可以得到很好的观测。

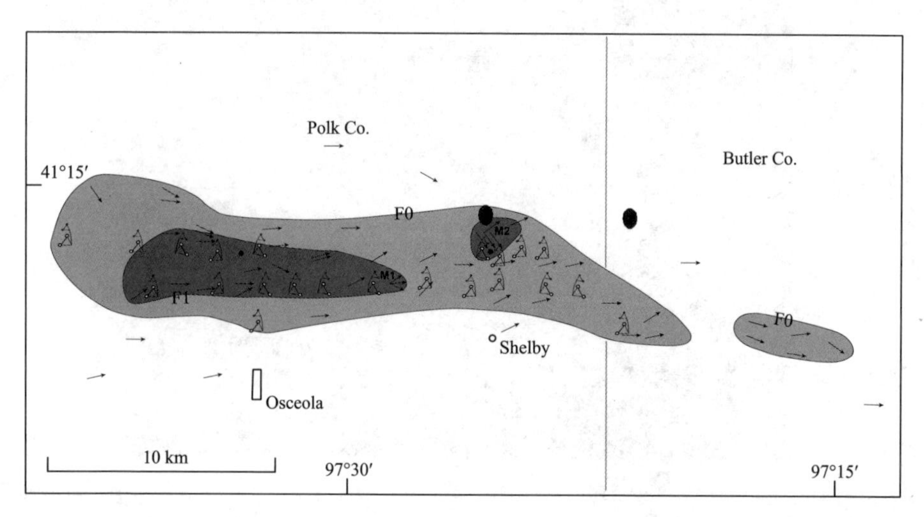

图 3.7　2003 年 6 月 10 日在内布拉斯加州谢尔比(Shelby，NE)附近发生的弓形回波事件造成的破坏分析。黑色椭圆显示官方数据库中强风报告的位置。阴影和符号来自 BAMEX 人员进行的独立调查；F0(F1)破坏区域用浅(深)色阴影表示。引自 Trapp 等(2006)。

基于报告的观测不仅在发生的次数上容易出现错误，错误还会出现在地理位置和强度方面。考虑冰雹的情况：冰雹的强度用冰雹直径度量，这可能是人工估计度量的最可靠方法，因为冰雹直径可以很容易地进行测量，或者至少与常见的参考物体(如豌豆或高尔夫球大小)相比较。但是，如果冰雹在测量之前明显融化，或者在与地面撞击时裂开，则可能出现错误。此外，观测者需要一些偶然性才能找到最大的冰雹，从而可以合理地以最大强度评估事件。为了开始解决这些问题，各种机构和志愿者团体已经在世界各地部署了稠密的测雹板(hailpads)观测网。测雹板通常是方形的覆盖着锡箔纸的可变形材料(如聚苯乙烯泡沫塑料)[23]。通过适当的校准，测雹板上的压痕可以与冰雹尺寸相关联并用于建立冰雹尺度分布[24]。

对自然环境和建筑物的损害最常用于量化直线风和龙卷风事件的地理位置和强度。损害程度通过藤田(F)或"增强型"藤田(EF)及其他类似的等级与风速相关联[25];这些是经验性的,但在很大程度上不受观测的限制。在美国,事件的 EF 评级由 NWS 根据 NWS 人员从事后损害调查直接获得的信息或者从事件目击者提供的信息来给定。主观性是数据收集和评级过程中不可避免的一部分。例如,建筑质量必须以某种方式在受损房屋的评估里面加以考虑,受损树木的健康状况也是一样。当风吹起的物体而非风力本身造成损害时,强度的评估会变得复杂起来。最后,当受影响的环境没有植被或建筑结构时,基于损害程度的强度度量方法就不太合适,并且显然不具有代表性。

所幸的是,利用多普勒天气雷达和气象卫星的数据,有可能增强对恶劣天气事件的定量化记录[26]。在 3.4 节中,我们将探讨通过这种遥感手段提供的信息的性质。与迄今为止所考虑的观测一样,遥感观测具有独特的优势及其局限性,但与其他数据结合使用时最为有效。

3.4　遥感观测

遥感观测可以通过主动或者被动的感知技术获得。天气雷达和气象卫星分别是与主动和被动遥感特别相关的探测手段。

3.4.1　天气雷达

3.4.1.1　基本操作概述

我们首先讨论天气雷达及其主动遥感[27]。典型的天气雷达将短脉冲辐射能量聚焦成一个窄波束,然后以厘米级波长的电磁波形式发射到空中。这些微波以光速传播(真空中 $c = 3\times10^{8}\ \mathrm{m\cdot s^{-1}}$),并被气象目标中途拦截。只有少量入射到目标上的辐射能量被散射回雷达,然后在"收听期间"接收并进行处理。如雷达方程所示,雷达接收到的(平均)微波功率 P_{r} 为

$$P_{\mathrm{r}} = \left[\frac{\pi^{3} P_{\mathrm{t}} G^{2} \theta_{\mathrm{b}}^{2} c\tau \left|K\right|^{2}}{1024\ln(2)\lambda^{2}}\right]\frac{z}{r^{2}} \tag{3.5}$$

并且取决于雷达系统特性(发射功率 P_{t},雷达天线增益 G,雷达波束宽度 θ_{b},发射脉冲的持续时间 τ 和雷达波长 λ),到目标的径向距离或斜距 r,以及目标属性 $|K|^{2}$ 和 z 的共同作用[28]。K 是复介电常数,它是目标的成分和温度以及雷达波长的函数;对于典型的天气雷达和运行条件,对水和冰相目标,$|K|^{2}$ 分别为 0.93 和 0.197[29]。z 是雷达反射率因子,单位为 $\mathrm{mm^{6}\cdot m^{-3}}$,其依赖于目标物的大小及浓度:如果 n 个已知

直径为 D 的完美球体充满雷达采样(或“照亮”的)体积 V,则

$$z=\frac{1}{V}\sum_{i=1}^{n}D_i^6 \tag{3.6}$$

这只对与雷达波长相比较小的目标才严格有效,在这样的情况下使用瑞利散射近似。式(3.6)的一个重要结果是返回的功率由最大的散射体决定,就像在较小的雨滴群中有几个大冰雹的情况。

通常,目标的数量、大小,甚至类型都是未知的,因此式(3.5)在已知接收功率时可求解得到 z。然后将 z 表示为对数形式的雷达反射率因子

$$Z=10\log_{10}(z) \tag{3.7}$$

式中,Z 的单位为 dBZ(反射率分贝数)。为简洁起见,Z 通常被称为雷达反射率,或简称为反射率,但应理解其来自于式(3.6)。

雷达在方位和仰角上进行扫描可以得到雷达反射率因子场,据此可以定性地推断降水结构。例如,在恒定仰角扫描时雷达回波的形状(平面位置显示[PPIs];图3.8a)有助于确定对流形态(第6章)。恒定方位角的垂直扫描(距离-高度显示[RHIs];图3.8b)在揭示降水区域的厚度及垂直结构方面特别有用。即使是非降水回波的结构也可以提供有关中尺度对流过程的信息。考虑到雷达细线,它通常描绘中尺度地面边界(图3.8c)。可以看到细线是因为存在昆虫聚集在上升气流中以及/或者存在空气密度梯度和相关的折射率变化。

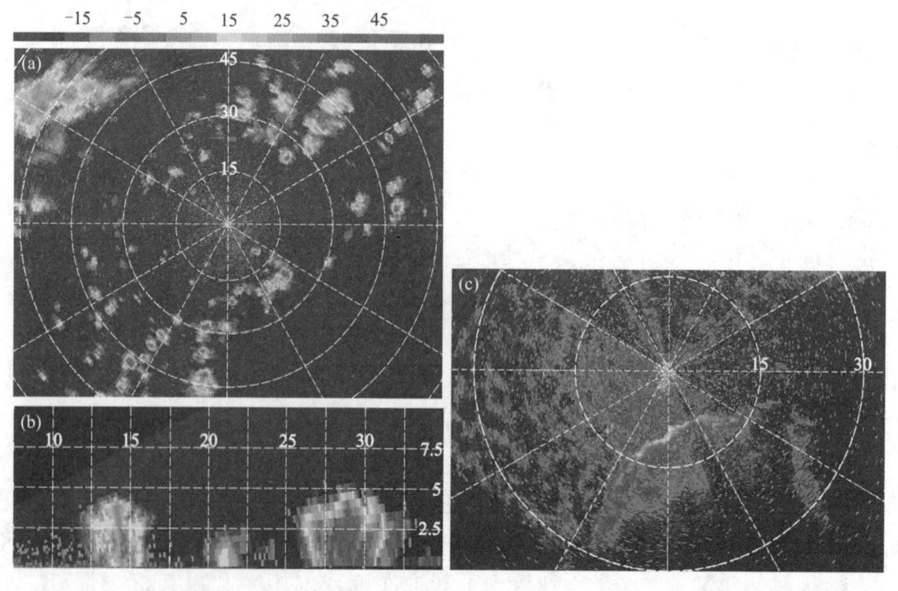

图3.8 一个降水性对流云场中雷达反射率因子实例。(a)1°仰角的PPI扫描;(b)130°方位角对应的RHI扫描。(c)雷达反射率因子细线,与海风锋相关。所有扫描均为2012年3月在佛罗里达州使用车载多普勒雷达收集。(详情请见彩图插页)

天气雷达观测也提供定量化的信息，其中最值得注意的是降雨率(R; mm·h^{-1})。大量的经验公式被引入，将雷达反射率因子与降雨率相关联，以如下通用幂律形式

$$Z = aR^b \tag{3.8}$$

例如发展了 $Z = 200R^{1.6}$，其对估算层状降雨最为适用[30]。在大冰雹和雷达“亮带”存在的情况下，由式(3.8)得到的降雨率被高估(回忆式(3.6))，而雷达“亮带”，是由融化中的水凝物造成的，有不具代表性的高雷达反射率(见第8章)。当相对浅薄的云在最低层雷达波束下方发生降雨时，R 被低估；这对于在复杂地形中安装的雷达来说尤其成问题[31]。自动化的算法至少可以部分地减轻这种影响，其也可以使用雨量计数据对雷达估计值进行本地化约束(但雨量计测量本身也存在代表性误差问题)[32]。

多普勒天气雷达接收后向散射功率的同时还可以得到被照射散射体(平均)运动的定量信息。具体来说，脉冲多普勒雷达发射具有已知相位的微波脉冲，然后将该相位与后向散射信号的相位进行比较以确定频率偏移，并据此确定多普勒速度。脉冲重复时间(pulse repetition time, PRT)或其倒数脉冲重复频率(pulse repetition frequency, PRF)和雷达波长相结合约束确定最大不模糊多普勒速度

$$V_{\max} = \pm \frac{\mathrm{PRF}\,\lambda}{4} \tag{3.9}$$

类似地，PRF 约束扫描范围或径向距离，在该范围内可以不模糊地得到天气回波

$$r_{\max} = \frac{c}{2\mathrm{PRF}} \tag{3.10}$$

这两个方程式表明，较小(较大)的 PRF 允许更大(更小)的最大不模糊距离，但不利于(有利于)最大不模糊速度。由于这种“多普勒困境”，PRF 是通常需要根据气象状况进行调整的雷达系统参数。

多普勒速度(V_r)是散射体的3D运动在雷达波束方向上的分量。假定运动正交于波束，V_r 场可用于表征降水流动。在图3.9所示的具体例子中，假设轴对称，可以推断存在旋转和辐散。相应的运动学观测值大小可以通过与波束垂直及沿波束方向的速度差定量计算。例如，考虑差分速度

$$\Delta V_r = V_{r,\max} - V_{r,\min} \tag{3.11}$$

其构成了使用多普勒雷达进行中气旋和龙卷风探测的基础[33]。这里，$V_{r,\max}$ 和 $V_{r,\min}$ 分别是与涡旋相关的 V_r 速度对中的最大和最小多普勒速度(见图3.9a)。一个类似的径向辐散观测(图3.9b)构成了微下击暴流检测的基础。

3.4.1.2　多个多普勒雷达反演

两个或多个(不在同一地点的)多普勒雷达近乎同时进行扫描，则可以在空中反演出完整的3D风场。多个多普勒风雷达的风场反演技术利用球面几何将雷达的多普勒速度与笛卡儿坐标风的分量联系起来：雷达 i 在空间某“点”测得的多普勒速度为

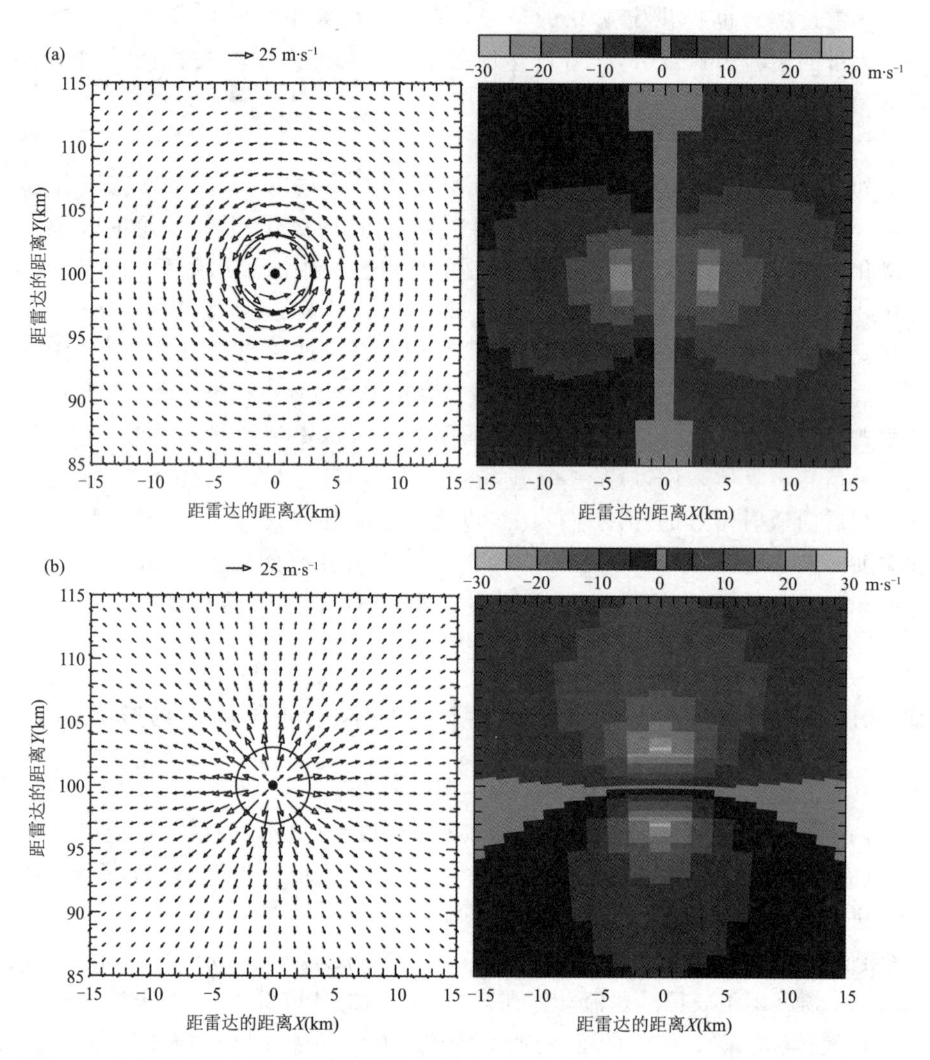

图 3.9　在矢量风场和相应的多普勒速度场 V_r 中，(a)垂直旋转和(b)水平辐散的低层轴对称型态。矢量风场中的圆圈表示最大风的相对位置。黑点表示(a)中的涡旋中心和(b)中的辐散中心。(模拟的)雷达位于旋转和辐散中心以南 100 km 处。引自 Brown 和 Wood(2007)。(详情请见彩图插页)

$$V_{r,i} = u\left(\frac{x-x_i}{r_i}\right) + v\left(\frac{y-y_i}{r_i}\right) + W_p\left(\frac{z-z_i}{r_i}\right) \tag{3.12}$$

式中，(x,y,z)是该点的笛卡儿坐标，(x_i,y_i,z_i)是雷达的笛卡儿坐标，$r_i=[(x-x_i)^2+(y-y_i)^2+(z-z_i)^2]^{1/2}$是斜距。式(3.12)利用坐标变换

$$x = x_i + r_i\sin(az_i)\cos(el_i)$$

$$y = y_i + r_i\cos(az_i)\cos(el_i) \tag{3.13}$$

$$z = z_i + r_i \sin(el_i)$$

式中，el 是指向空间一点的雷达仰角（相对于与雷达位置相切的平面）；az 是雷达方位角（相对于北方）（见图 3.10）。在正在降水的大气中，雷达可以测得 $W_p = w + V_f$，或者是垂直气流速度加上粒子下落速度 V_f；下落速度的贡献可以使用经验的、基于反射率的关系来估计[34]。

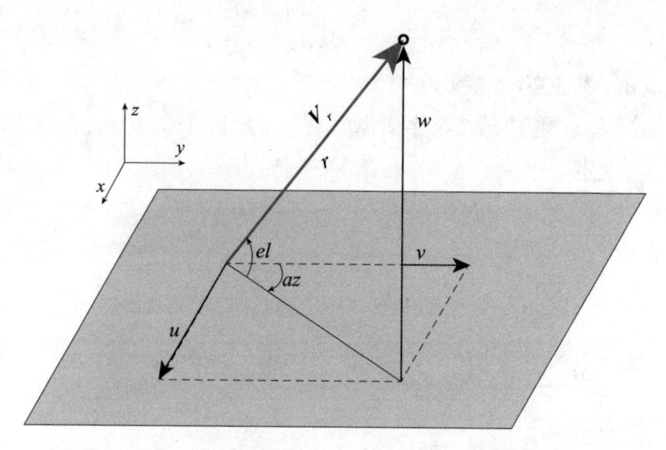

图 3.10　多普勒速度 V_r 与笛卡儿坐标速度分量 u,v 和 w 之间的几何关系图示标明的是仰角(el)、方位角(az)及斜距(r)

每个雷达有一个独立方程式(3.12)使我们可根据已知量(V_r,r,el,az,或 V_r,x,y, z)来求解未知量 u,v 和 w。然而，由于来自 i 个雷达的波束彼此之间不是相互正交，所以由雷达测得的 $V_{r,i}$ 不能唯一地确定 3D 风矢量。对于四个或更多雷达系统来说，情况必然也是如此，导致超定问题。因此，我们最多可以估计一下 3D 风矢量。

考虑在最小二乘意义上使得误差 E 最小化的估计[35]

$$J = \sum_i E^2 = \sum_i (a_i u + b_i v + c_i W_p - d_i)^2 \tag{3.14}$$

式中，a_i,b_i,c_i 分别表示式(3.12)中 u,v 和 W_p 的几何系数，且 $d_i = V_{r,i}$。根据该最小二乘法过程，我们设定

$$\partial J/\partial u = 0, \quad \partial J/\partial v = 0, \quad \partial J/\partial W_p = 0 \tag{3.15}$$

得到“正规方程”方程

$$\begin{aligned} u\sum_i a_i^2 + v\sum_i a_i b_i + W_p \sum_i a_i c_i &= \sum_i a_i d_i \\ u\sum_i a_i b_i + v\sum_i b_i^2 + W_p \sum_i b_i c_i &= \sum_i b_i d_i \\ u\sum_i a_i c_i + v\sum_i b_i c_i + W_p \sum_i c_i^2 &= \sum_i c_i d_i \end{aligned} \tag{3.16}$$

式(3.16)可以使用矩阵表示法进行改写

$$\mathbf{AV} = \mathbf{D} \tag{3.17}$$

然后通过反转矩阵 **A** 求解，得到

$$\mathbf{V} = \mathbf{A}^{-1}\mathbf{D} \tag{3.18}$$

一个典型的过程是将系数 a_i，b_i，c_i 和 d_i 插值到一个均匀的笛卡儿网格（见第 3.6 节），然后根据式(3.18)在这个网格上计算 u，v 和 W_p。可以通过 V_f 的经验估计和/或非弹性连续性方程

$$\frac{\partial(\bar{\rho}w)}{\partial z} = -\bar{\rho}\left(\frac{\partial u}{\partial x} + \frac{\partial v}{\partial y}\right) \tag{3.19}$$

以各种方式约束解（参见第 2 章）。

更常见的情况是双雷达或"双多普勒"系统，方程个数比变量更少，因此是欠定系统。这里，我们设定

$$\partial J/\partial u = 0, \qquad \partial J/\partial v = 0 \tag{3.20}$$

产生以下正规方程

$$\begin{aligned} u\sum_i a_i^2 + v\sum_i a_i b_i &= \sum_i a_i d_i - W_p \sum_i a_i c_i \\ u\sum_i a_i b_i + v\sum_i b_i^2 &= \sum_i b_i d_i - W_p \sum_i b_i c_i \end{aligned} \tag{3.21}$$

采用矩阵形式，变为

$$\begin{bmatrix} A_1 & B_1 \\ A_2 & B_2 \end{bmatrix} \begin{bmatrix} u \\ v \end{bmatrix} = \begin{bmatrix} D_1 - W_p C_1 \\ D_2 - W_p C_2 \end{bmatrix} \tag{3.22}$$

转置后，式(3.22)变为

$$\begin{aligned} u &= \frac{1}{\det}[B_2 D_1 - B_1 D_2 + W_p(B_1 C_2 - B_2 C_1)] \\ v &= \frac{1}{\det}[A_1 D_2 - A_2 D_1 + W_p(A_2 C_1 - A_1 C_2)] \end{aligned} \tag{3.23}$$

式中，$\det = A_1 B_2 - A_2 B_1$，$A_1 = a_1{}^2 + a_2{}^2$，$B_1 = a_1 b_1 + a_2 b_2$，等等。给定 V_f 的估计，该方程组可以在网格上迭代求解如下：(1)使用 W_p 的初估值由式(3.23)计算某个高度的 u 和 v，(2)由前一高度区间非弹性连续方程式(3.19)的积分确定当前高度的 w，然后(3)使用新的 w 值来细化 u 和 v。在当前高度重复该循环，直到 u，v 和 w 的解完全收敛；此后，可以在下一个高度获得速度分量。这个迭代过程中，方程的解对式(3.19)的积分方向（即"向上"或"向下"）以及其他细节如积分范围特别敏感。

还有用于多个多普勒风反演的其他方法，所有这些方法的目标都是追求求解效率和减小反演误差，特别是在垂直速度方面[36]。反演误差本身归因于原始 Vr,i 中固有的误差且与雷达网的几何配置相关联。事实上，如第 3.5 节所述，多雷达网络的设计涉及到在可反演风的面积及其几何误差的大小之间找到可接受的折中方案。

由此产生的格点化 3D 风场提供了获得相应 3D 气压和浮力场的方法[37]。为了说明这种热力学反演的基本方法，考虑运动方程的 x 和 y 分量，写为

$$\begin{aligned} \partial p/\partial x &= G_x \\ \partial p/\partial y &= G_y \end{aligned} \tag{3.24}$$

式中，G_x 和 G_y 包含平流和趋势项，以及适用于特定应用的其他右侧项（参见式(2.1)）；式中每一项均使用反演风场在某个高度进行评估。因为反演风场，以及由此得到的 G_x 和 G_y，存在误差，我们不对方程(3.24)直接求解，而是寻找其在最小二乘意义上的解

$$J = \iint [(\partial p/\partial x - G_x)^2 + (\partial p/\partial y - G_y)^2] \mathrm{d}x\mathrm{d}y \tag{3.25}$$

式中我们寻找最小化的 J。这是标准的变分问题，得到欧拉－拉格朗日方程

$$\partial^2 p/\partial x^2 + \partial^2 p/\partial y^2 = \partial G_x/\partial x + \partial G_y/\partial y \tag{3.26}$$

读者可认出这是气压的泊松方程。在适当的边界条件下（通常以 Neumann 条件的形式），式(3.26)使用数值方法求解[38]。通过减去水平均值来确定气压的唯一解。在所有网格层重复反演过程，可以计算得到垂直气压梯度，这样可以使用运动方程的垂直分量反演得到浮力 B

$$B = G_z \tag{3.27}$$

式中，G_z 包含垂直气压梯度力及平流、趋势和其他相关项（参见式(2.18)）。类似于气压，可以通过减去水平均值来确定浮力的唯一解。

3.4.1.3　移动雷达系统

前面讨论的反演技术和其他雷达应用主要是针对固定站点的天气雷达开发的，但同样适用于移动雷达收集的数据。考虑安装在车上并因此也是地基的移动雷达系统[39]。这些系统以与固定站点系统相同的基本方式运行，尽管它们自然具有特殊的设计要求，其中最重要的是物理尺寸：特别是要具有移动性，使平台和雷达满足典型的道路宽度和净空限制，天线反射体必须具有相对小的（约 2～3 m）直径 d_a（或者可以折叠）。天线直径必须与波束宽度和波长相匹配，因为所有参数都通过 $\theta_b \sim \lambda/d_a$ 相互关联。因此，如果需要窄的（约 1°）波束，通常情况下是这样的，发射机就需要用相对较短的波长（如 3 cm）[40]。短波长在降水中的信号衰减相对较高，这意味着雷达系统的可能应用会受到设计要求的限制。例如，由于发射的信号穿过天气系统产生的降雨区域会迅速损耗，3 cm 移动雷达不太适合对大的中尺度对流系统进行整体采样。另一方面，移动性允许在近距离内连续收集感兴趣天气现象的数据。当需要对诸如龙卷风之类的相对稀少和间歇性的现象进行高分辨率采样时，这是有利的。高分辨率采样甚至可以扩展到成对的移动雷达，如果适当部署，它们可以收集到适合于应用双多普勒风反演技术的数据。该策略的挑战之一，且总体来看要成功应用移动雷达，必须要有合适的道路。此外，还要有相对平坦且没有树木、地形和其他阻挡波束障碍物的部署地点。

虽然机载平台上的雷达系统容易受到空域限制（参见第 3.2.2 节），但它们不受这些道路和部署现场挑战的影响。图 3.11a 所示的机载多普勒雷达工作波长为 3 cm，由安装在尾部的平板天线组成，配置为在整个 360°（或更小角度的扇区）内进行准垂直扫描[41]。安装在尾部的机载雷达以与飞机飞行轨迹成一定角度的波束收集数据（图

3.11b)，包括如图 3.12 所示的扫描方式；这个特别引人注目的例子揭示了在发展中的雹暴中水凝物的再循环过程。如图 3.11b 所示，沿飞行轨迹扫描之间的距离 Δ 取决于飞行速度和天线旋转速率。图 3.11b 还表明，安装在尾部的雷达可以获取相对于飞行轨迹先向前再向后指向的波束数据。然后可以将来自这些伪双多普勒雷达扫描的前-后数据组合起来，和来自相隔开的雷达的数据相同的基本方式反演 3D 风矢量(图 3.11b)。反演风中的潜在误差源于前-后扫描在不同时间对相同物理空间进行采样的事实，意味着采样期间可能出现非平流发展的现象。其他雷达系统，如毫米波偏振雷达，也已成功应用于机载平台[42]。短波长特别适用于云尺度特征和过程的研究。

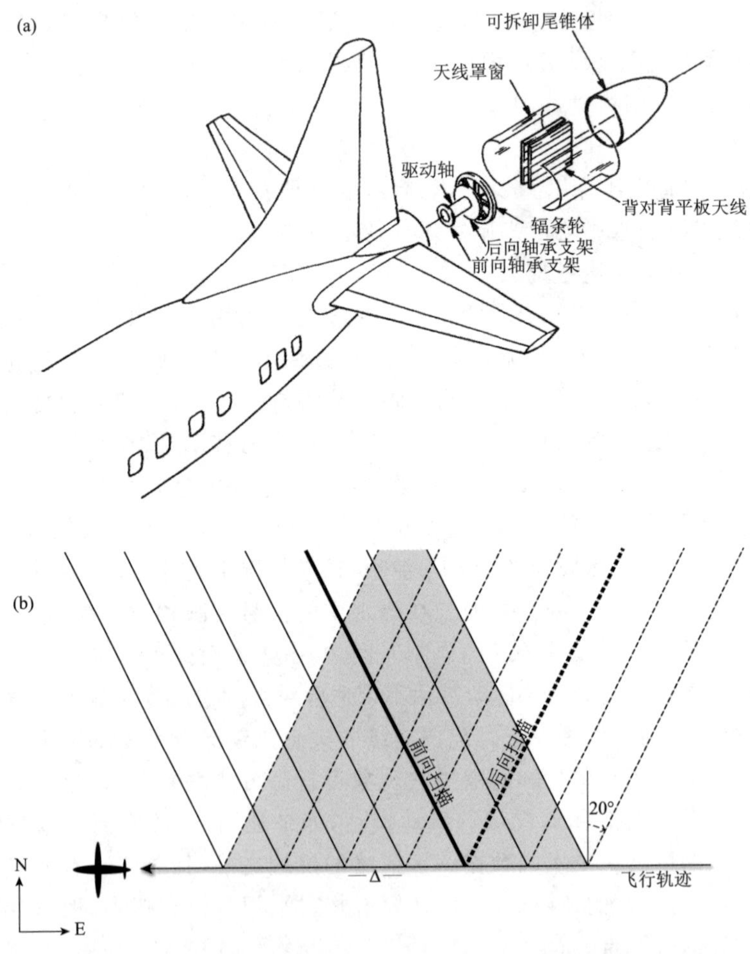

图 3.11　示意图(a)安装在尾部的机载多普勒天气雷达(引自 Hildebrand 等，1994；经许可使用)，(b)用于通过机载多普勒雷达收集“伪双多普勒”数据的策略(引自 Dowell 等，1997)。(b)中，线条示出准垂直扫描在飞行路线(由箭头线表示)水平面上的投影。实线(虚线)是在飞行路线尾部(头部)的扫描。在此特殊应用中，扫描中的波束交角为 40°；交叉区域用阴影表示，是伪双多普勒覆盖区域。

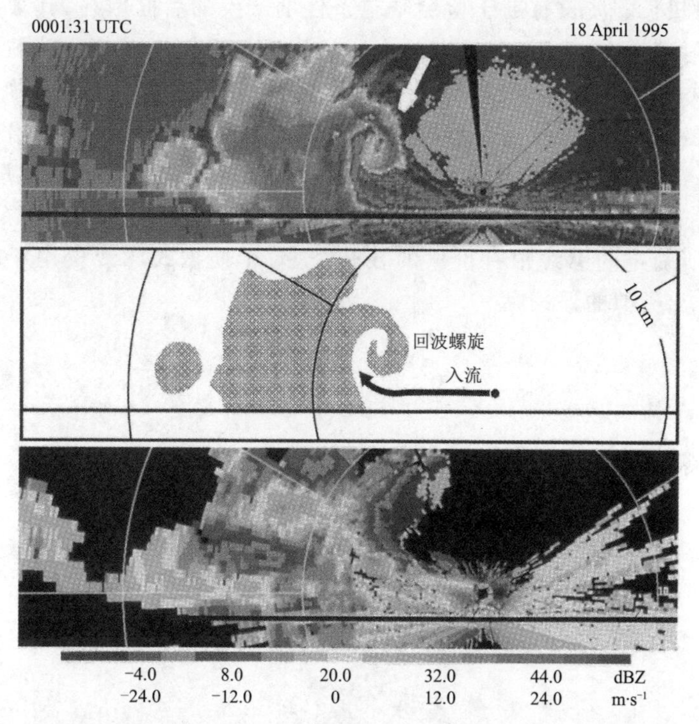

图 3.12　机载多普勒雷达扫描发展中的雹暴实例。上图显示雷达反射率因子，下图显示多普勒速度，中图给出物理解释。引自 Wakimoto 等(1996)。(详情请见彩图插页)

3.4.1.4　偏振天气雷达

毫米波长雷达以及包括美国天气监视雷达——1988 多普勒(WSR-88D)在内的更长波长的雷达的偏振测量，都考虑了雷达在正交偏振面发射和接收微波的能力。如图 3.13 所示，这种能力的一个主要好处是它提供了有关水凝物纵横比的信息。反过来，纵横比可用于区分水凝物类型(尽管有些模棱两可)；其后可以有许多可能的应用，尤其是改善降雨估算的方法。事实上，使用偏振雷达测量参量可以减轻 *Z-R* 关系(方程(3.8))中遇到的冰雹和亮带污染问题[43]。正如后面章节中所见，关于水凝物类型和尺寸的知识对于完整理解对流过程至关重要，例如降水下沉气流及其相关的冷空气池。

3.4.1.5　风廓线雷达

我们以讨论风廓线雷达来结束这部分内容。风廓线雷达(也称为风廓线仪)是具有固定波束的脉冲多普勒雷达，其波束由同轴天线阵列而不是抛物面反射器(或碟形天线)控制。图 3.14 显示了一个三波束配置的例子：一个垂直波束，一个 73.7°仰角的波束指向北，另一个仰角也为 73.7°，但指向东。发射波束(θ_b 约 4.5°)相对较宽，通常的工作频率为 915 MHz 和 404 MHz，分别对应于 33 cm 和 74 cm 的波长[44,45]。相对较长的波长有助于检测晴空条件下产生的后向散射，其被廓线仪接收后可得到折射率梯度。折射率梯度是由通常认为与平均风一起移动的湍流漩涡造成的。类似式(3.12)的几何关系可用于将固定波束中的多普勒速度转换为笛卡儿坐标风的分量。因此，风廓线是在不同高度上反演得到的水平风，高度增量由脉冲持续时间控制；美国 NOAA 风廓线仪网可以提供逐小时的平均对流层风廓线，高度间隔为 250 m。对于每日的预报业务，这些数据被认为是对使用无线电探空仪每日进行两次观测所确定的廓线很有价值的补充[46]。对于便携式廓线仪用于实验数据采集，也可以作出类似的评论[47]。

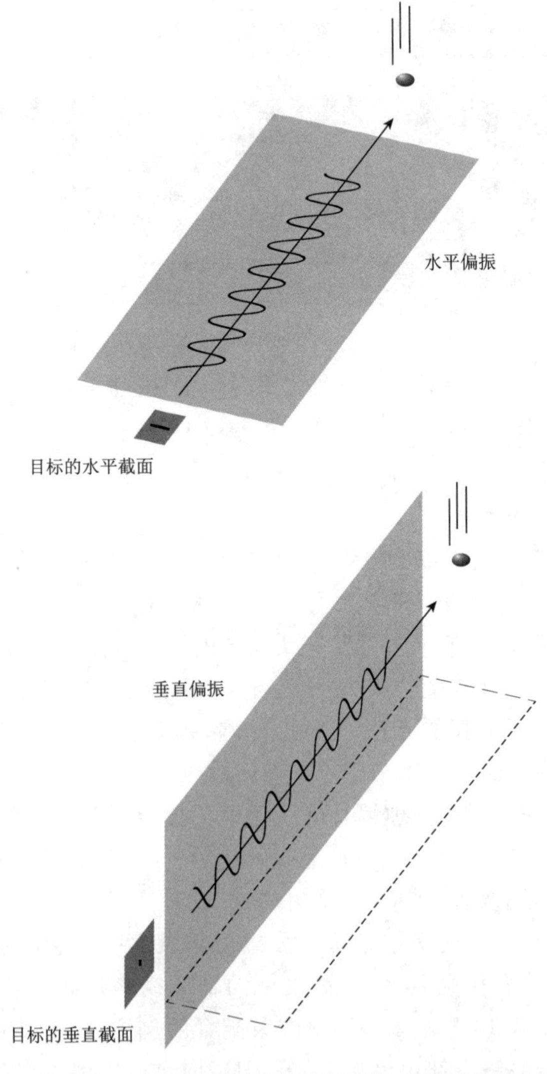

图 3.13　水平和垂直偏振微波如何探测扁球形雨滴的示意图
偏振面(阴影)是电场的平面

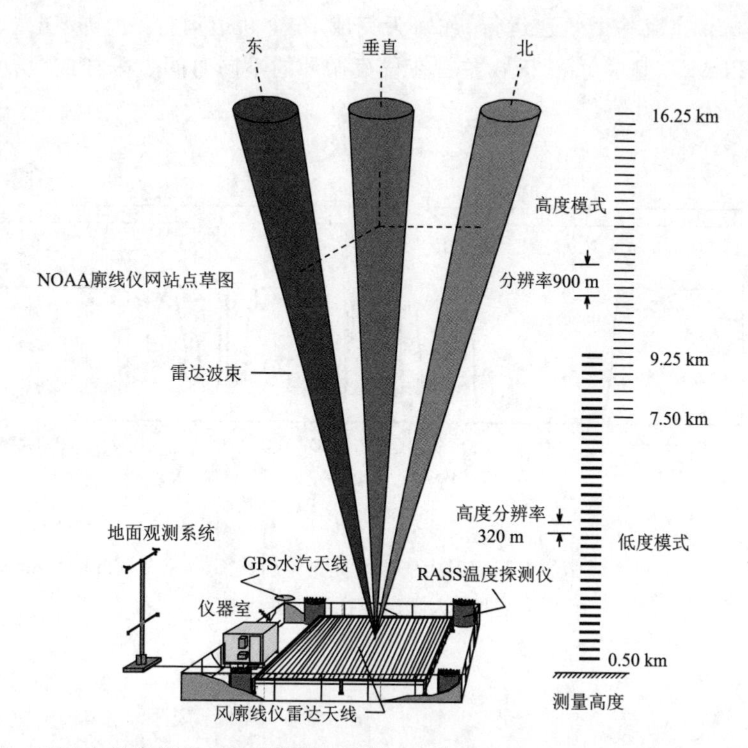

图 3.14 NOAA 风廓线仪系统示意图。承蒙 NOAA Douglas W. van de Kamp 提供。

3.4.2 气象卫星

3.4.2.1 基本业务概况

星载观测系统利用这样一个事实,即由云和地球表面发射的某些波长电磁辐射几乎不受大气层的吸收(图 3.15)。在电磁波谱可见光(VIS)部分(波长 0.4～0.7μm)的辐射情况就是这样,因此在太空观测时可以提供可见光云和地面属性的信息。在约 3.5～4.5 μm 和约 8.5～12.5 μm 的红外(IR)波长区间(或通道)处探测到的辐射同样有助于量化有效地面温度和云的温度。相比之下,利用约 5～7.5 μm 的 IR 通道中的强吸收可以帮助了解大气水汽(WV)特征。

这种信息的有效空间和时间分辨率部分取决于卫星轨道的特性[48]。近极轨卫星是太阳同步卫星,每天仅在同一地点通过两次。它们约在 850 km 的高度或低地球轨道导致其星下点地理视场相对较小。地球静止卫星的高度约为 36000 km,但它们在赤道上方的地球同步轨道允许连续观测大致半球观测区域内的所有位置,因此使它们非常适合监测包括对流风暴在内的大气现象的时间演变。热带降雨测量任务(Tropical Rainfall Measurement Mission,TRMM)卫星高度为 403 km,是一个非太阳同步轨道,其赤道倾角为 35°(图 3.16)。纬度为±35°的路径限制使得 TRMM 卫星每 92.5 min 完成一个轨道运行，或每天完成 16 个轨道运行[49]。轨道的"进动"又进一步使得 TRMM 卫星每隔 23 d 左右在昼夜循环的不同时间点采样或"访问"给定的平均区域。

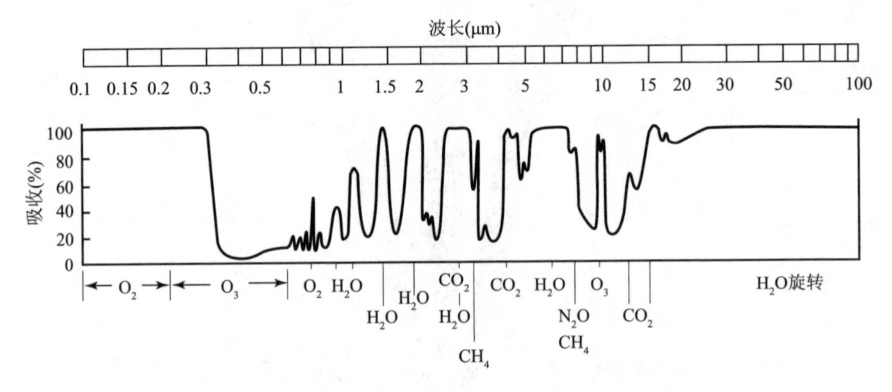

图 3.15 到达地面的太阳辐射大气吸收光谱。引自 Goody 和 Yung(1989)。经牛津大学出版社许可使用。

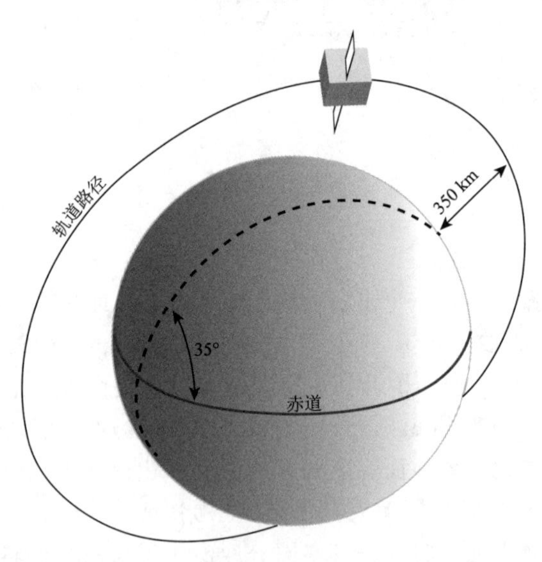

图 3.16 热带降雨测量任务(TRMM)卫星轨道路径和参数。基于 NASA 图形。

尽管 TRMM 卫星的有效载荷包括一台主动遥感仪器(一台降水雷达[PR]，稍后进行讨论)，但它和其他气象卫星系统主要还是设计成被动遥感，因此主要还是用于信号的接收。被动遥感仪器的一个例子是辐射计，用以接收并测量(单色)辐射。星载辐射计，如改进的甚高分辨率扫描辐射计(Advanced Very High Resolution Radiometer,AVHRR)是被动遥感仪器,但是其通过物理扫描星下点轨迹进行辐射数据的采集(图3.17)。结果就是卫星图像由扫描线序列构成,而这些扫描线又包含称为扫描点(或像素)的分段。

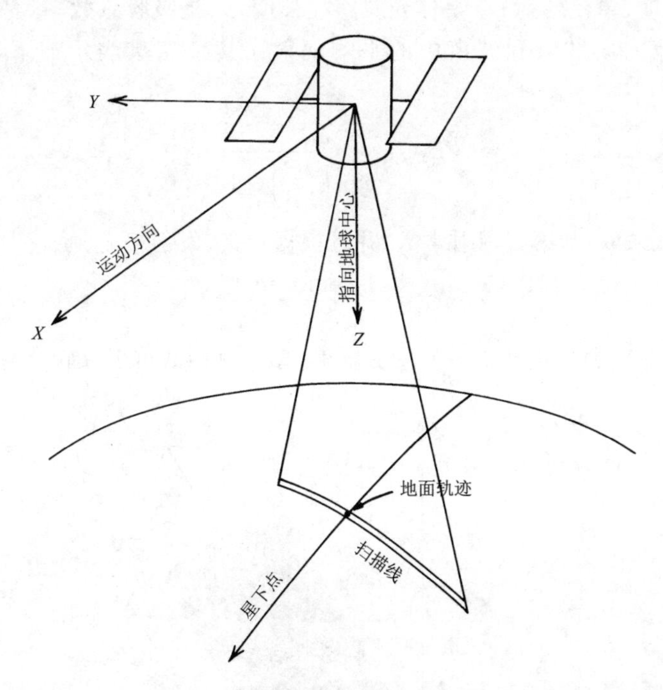

图3.17　气象卫星沿扫描线的数据收集示意图,扫描线是相对地球运动的函数。引自Kidder和Vonder Haar(1995)。

AVHRR属于成像辐射计类型,通常用于业务极轨卫星。I-M和N/O/P系列地球静止业务环境卫星(GOES)带有成像仪,这是另外一种成像辐射计[50]。当以快速扫描模式(在较小的地理区域范围内,扫描频率为1 min)运行时,来自于成像仪通道1(0.55～0.75μm)的VIS数据提供了一个令人着迷的高分辨率(1 km)云的演化及云顶结构图像。成像仪通道4—5为红外通道,像素分辨率为4 km,而通道3为水汽(WV)通道,分辨率为8 km。

GOES I-M和N/O/P还带有探测器,这是一个独立的辐射计,设计用于获得可以反演扫描点温度和湿度垂直廓线的观测。这些观测量仍属于辐射量,但是在多个通道(探测器有19个通道,而极轨卫星上的高分辨率红外辐射探测器HRIRS有20个通道),其分别具有不同的中心波长。反演技术就是利用这种波长的依赖性进行反演。

3.4.2.2　辐射传输理论和卫星反演

为了理解温度反演和气象卫星的其他定量应用,我们在这里暂停一下,以回顾电磁辐射如何在大气中传播的基本理论[51]。包含大部分相关理论的是辐射传输方程

$$\frac{dI_\lambda}{ds} = -\sigma_a I_\lambda - \sigma_s I_\lambda + \varepsilon_\lambda B_\lambda + \sigma_s \langle I_\lambda' \rangle \tag{3.28}$$

该方程控制穿过(大气)介质的体积元(图 3.18)的辐射的变化。式中,I_λ 是特定波长的电磁辐射强度(单色辐射),s 是体元斜路径长度,σ_a 是吸收系数,σ_s 是散射系数,而 $\langle I'_\lambda \rangle$ 是从其他方向散射到波束中的平均辐射。其余变量表示如下:普朗克函数 B_λ 为

$$B_\lambda = \frac{c_1 \lambda^{-5}}{\exp\left(\frac{c_2}{\lambda T}\right) - 1} \tag{3.29}$$

式中,c_1 和 c_2 是第一和第二辐射常数,并且根据定义,发射率 ε_λ 为

$$\varepsilon_\lambda = \frac{I_\lambda(\text{emitted})}{B_\lambda} \tag{3.30}$$

注意到给定发射率和指定波长下的发射辐射,普朗克函数可以反转求解温度[52]。

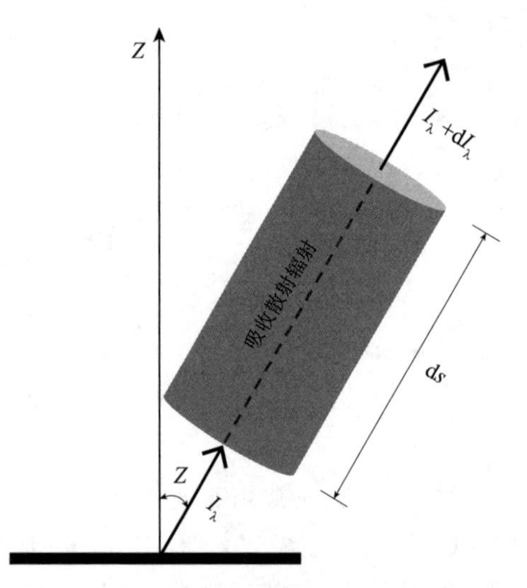

图 3.18 体积元斜路径段 ds 上单色强度 I_λ 的变化。斜路径与卫星天顶角 Z 和局地垂直坐标 z 相关。改编自 Kidder 和 Vonder Haar(1995)。

辐射传输方程告诉我们辐射因为介质吸收而发生损耗,通过波束向外的散射发生损耗,通过介质的发射辐射而增加,且由于波束外散射到波束中的辐射而增加。在无云及红外波长条件下,散射的影响通常被忽略。通过这种简化,式(3.28)简化为史瓦西方程(Schwarzchild equation)

$$\frac{dI_\lambda}{ds} = (-I_\lambda + B_\lambda)\sigma_a \tag{3.31}$$

式中,根据基尔霍夫定律发射率等于吸收率。对于垂直光学厚度很容易重写式(3.31),$d\delta_\lambda = \cos(Z)\sigma_e ds$,式中 Z 为卫星天顶角(见图 3.18),σ_e 为消光系数;在非散

射假设下，$\sigma_a/\sigma_e=1$。将式(3.31)的替代形式从地面($\delta_\lambda=0$)积分到卫星(实际上到大气顶；$\delta_\lambda=\delta_0$)可以得到

$$I_{\lambda,\delta_0}=I_{\lambda,0}\exp[-\delta_0\sec(Z)]+\int_0^{\delta_0}\exp[-(\delta_0-\delta_\lambda)\sec(Z)]B_\lambda\sec(Z)\mathrm{d}\delta_\lambda \tag{3.32}$$

式中，$I_{\lambda,\delta0}$是从卫星测得的单色辐射，$I_{\lambda,0}$是地面向上的单色辐射。

式(3.32)的近似形成了从辐射观测反演温度的物理基础[53]

$$I_i=W_sB_i(T_s)+\sum_n W_{i,n}B_i(T_n) \tag{3.33}$$

式中，下标 i 表示波长通道，下标 s 表示地面，同时假设大气被分成温度为 T_n、厚度为 $\Delta\delta$ 的 n 个等温层。剩下的变量 W 是与气层和通道相关的权重函数，表示为透射率 $\tau_\lambda=\exp(-\Delta\delta)$的垂直导数。探空辐射计的每个通道在特定层中有一个权重函数的峰值。因此，利用已知的权重函数，可以在给定 T_n 初猜值的条件下使用迭代技术来反演温度：利用式(3.29)可从式(3.33)计算得到辐射 I_i，与测量得到的辐射相比然后基于观测及计算得到的辐射值之差，对 T_n 进行调整。重复这些步骤直到解收敛。湿度的反演遵从类似的迭代过程，但采用反演的温度廓线并与气柱积分水汽反演进行耦合。

将反演得到的温度和湿度廓线同化[54]到全球及有限区域 NWP 模式中导致预测技巧的显著提升，特别是在海洋和其他现场观测稀疏的地区[55]。这在许多方面与中尺度过程预报有关(见第 4 章和第 10 章)，也许其中最直观的是反演得到的数据改善了对流环境特征的刻画。

环境风场也可从卫星数据中反演并随后被同化到 NWP 模式中。风反演的本质相当简单：使用一系列地球静止卫星图像跟踪特定云/阴天像素的地理位置的时间变化。根据位置/时间变化计算得到(图 3.19)风矢量——通常称为云迹风或大气运动矢量(AMVs)，以前，这是通过手工实现的。然而，尽管训练有素的人类分析师有优势，但人工时间和劳动力成本已导致自动化方法的发展。自动算法在图像子域中搜索通道辐射局部最大值的像素，然后尝试通过搜索后续图像并识别相似的像素特征来跟踪该像素随时间的变化[56]。然后，借助被跟踪像素位置处的 IR 通道辐射，例如，使用类似于前面描述的权重函数方法[57]，确定运动矢量的高度。如图 3.19 所示，自动算法已被扩展用于来自 WV(和 IR)通道的数据[58]。借助这种能力，现在可以在一天中的任何时间，在阴天以及无云条件下均可反演得到卫星风。

反演风场中的一个误差来源是*卫星导航*。导航涉及卫星看到的“场景”的地球相对坐标。坐标的计算以及被跟踪像素地理位置的计算基于与地面雷达类似的几何关系(方程(3.13))。还需要了解卫星的轨道位置，卫星自身的方向(或姿态)以及仪器的扫描几何位置[59]。另一个误差来源于云与环境风一起移动的隐含假设。在云存在明显传播特征的情况下，例如超级单体雷暴(第 7 章)，这一假设不再成立。“扰

动"运动矢量仍然包含有用信息。例如，根据这些运动矢量计算的高层散度可以度量上升气流的强度[60]。

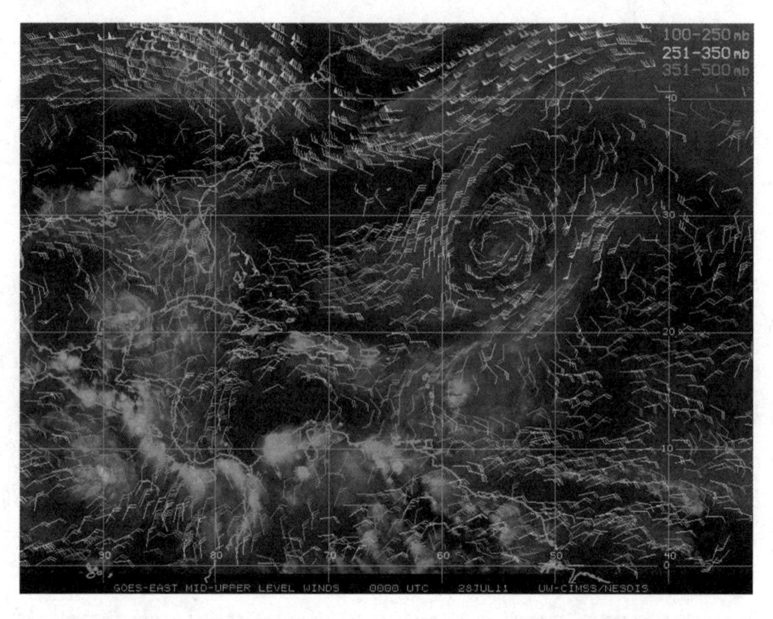

图 3.19　三个高空层的大气运动矢量，来自卫星 WV/IR 图像。承蒙威斯康星大学气象卫星研究合作研究所 Christopher S. Velden 博士提供。

3.4.2.3　卫星应用

云强度、类型及总量的诊断直接来自于测得的辐射，关于(陆地和海洋)表面特征的信息也是如此。使用纹理、不透明度和亮度等属性(参见图 3.20)[61]，这些参量可以从 VIS 图像中推断出来。云的特征也可以使用亮温 T_b 从红外图像中诊断出来：假设介质是完美的辐射体($\varepsilon_\lambda = 1$)并因此表现为黑体，T_b 是由式(3.30)和普朗克函数式(3.29)反转得到的温度。"云顶"亮温用于帮助识别危险的雷暴，如图 3.20 所示，并形成定义诸如中尺度对流复合体等现象的标准(见第 8 章)[62]。场景中云的总覆盖率及特定云的类型可以通过在亮温区间内对像素求和来量化，以及/或者通过使用先进的图像处理技术来量化[63]。这些可直接应用于气候学研究[64]。

最后，气象卫星提供了估算地表降雨量的方法。已经开发了经验公式以将降雨率与 T_b 以及 VIS 通道亮度相关联。带微波辐射计的卫星允许使用其他公式，以利用微波和如降水大小粒子之间的相互作用。*Z-R* 关系可以和 TRMM PR，一种星载雷达，一起应用，其具有与 3.4.1 节所述相同的基本工作原理，只是 PR 波束是电控的[65]。与许多卫星应用一样，降雨估算对于海洋和其他数据稀疏区域尤为重要。

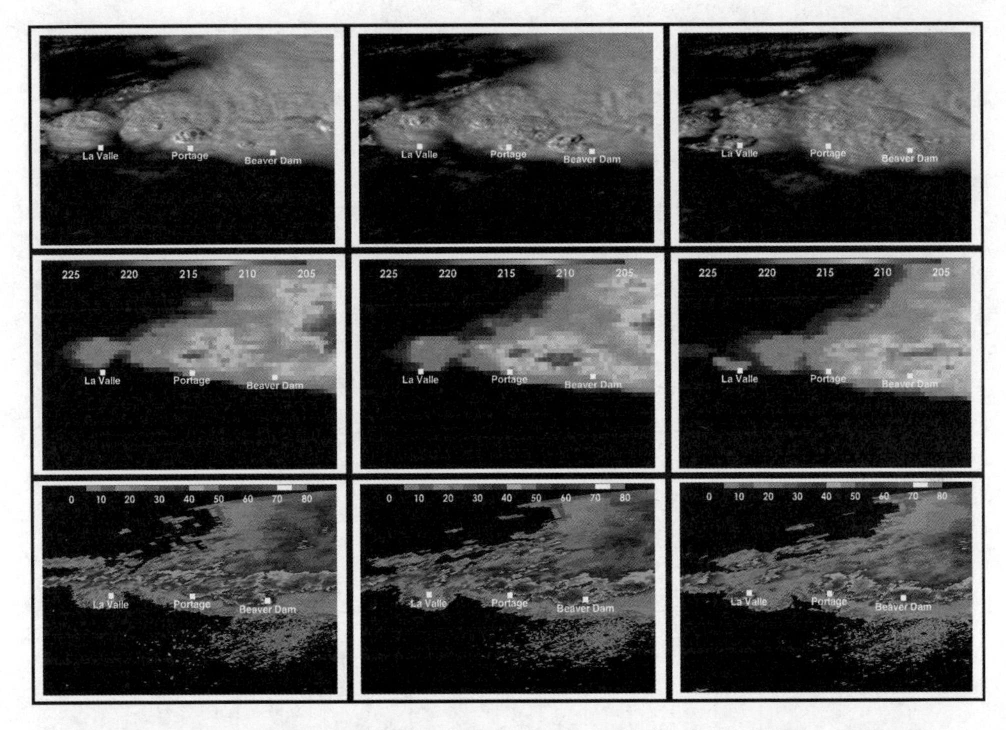

图 3.20　GOES-12 可见光通道图像，带有客观过冲云顶检测(红点)(顶部)、GOES-12 红外(10.7 μm)亮温(中间)及 KMKX WSR-88D 组合反射率(底部)。白点显示了威斯康星州的拉瓦勒、波蒂奇和比弗大坝的位置。引自 Dworak 等(2012)。(详情请见彩图插页)

3.5　观测网

气象仪器的空间阵列——或网络——广泛用于中尺度过程的探测、预报和分析。考虑对流降雨的例子。中尺度区域降雨量的变化很容易通过雨量计网来表征，例如部署在佛罗里达州 NASA 肯尼迪航天中心附近的雨量计网(图 3.21)。来自这个特定网络的雨量计数据用于验证 TRMM 估计的 2 km×2 km 网格单元降雨量。采用类似路线，小沃希托农业研究服务(ARS)微型网促进了俄克拉何马州研究(和业务)雷达的降雨估算技术发展。其为包含有 42 个雨量计的阵列，平均间距为 5 km[66]。ARS 微型网包含在俄克拉荷马州的中尺度网中，是一个由 119 个地面观测站组成的网络，平均间距约为 40 km[67]；俄克拉何马州中尺度网可以提供区域上的降雨和相关地面气象变量信息。美国的地面观测站网(自动地面观测系统(ASOS)和自动天气观测系统(AWOS))揭示了更为广泛但尺度更粗的降雨量空间分布(见图 3.22)。

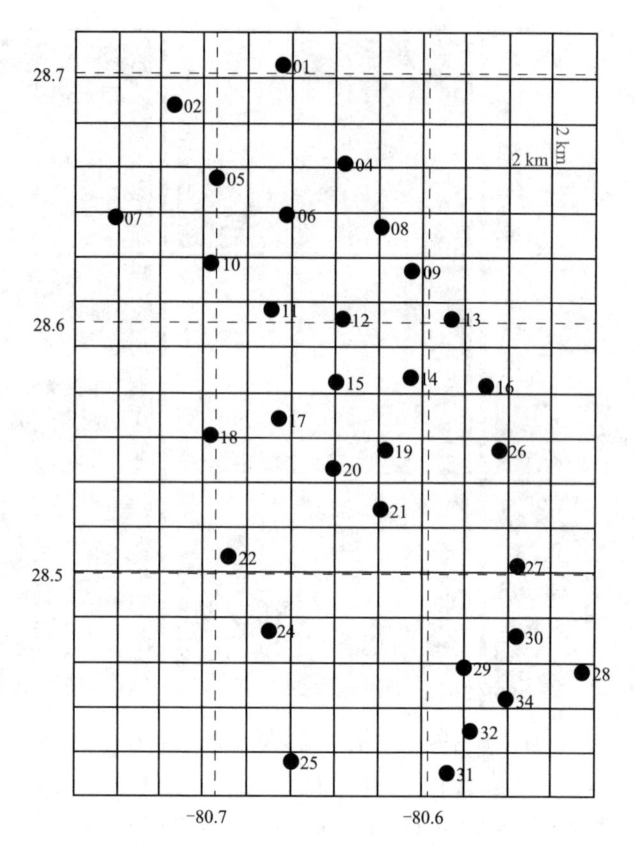

图 3.21　NASA 肯尼迪航天中心雨量计网(圆圈)。这些雨量计的数据用于验证 TRMM 卫星降水估计,其在 2 km×2 km 方形区域。引自 Wang 和 Wolff(2010)。

这些试验性的和永久性的观测网具有各自的站点/仪器[68]间距 Δx,能够在空间上分辨大约 $4\Delta x$ 的长度尺度(见 3.1 节)。这种说法需要特别注意的是,由于选择站址所涉及的很多后勤方面的考虑,因此站点间距很少是完全一致的。这种不均匀性特别可能出现在“机会性”的观测网中,这些观测网由不同机构(或研究人员)运作的观测站组成,并且可能在仪器类型、误差特征等方面有一些变化。因此,在数据分析和解释中需要谨慎。第 3.6 节描述了考虑到数据非均匀性的分析方法。我们将发现这些方法还可以处理 3D 数据,例如在无线电探空仪和多普勒雷达网中收集的数据,并且在融合来自野外试验期间经常部署的混合平台网络数据是必不可少的。

除了观测网的空间特征之外,还必须考虑其测量仪器的时间采样,因为这里感兴趣的中尺度现象会随着时间演变。如第 3.1 节所述,时间采样率 Δt 由天气现象的时间尺度决定。但是,如下述练习所示,Δt 也应该与站点间距和区域大小一致[69]。

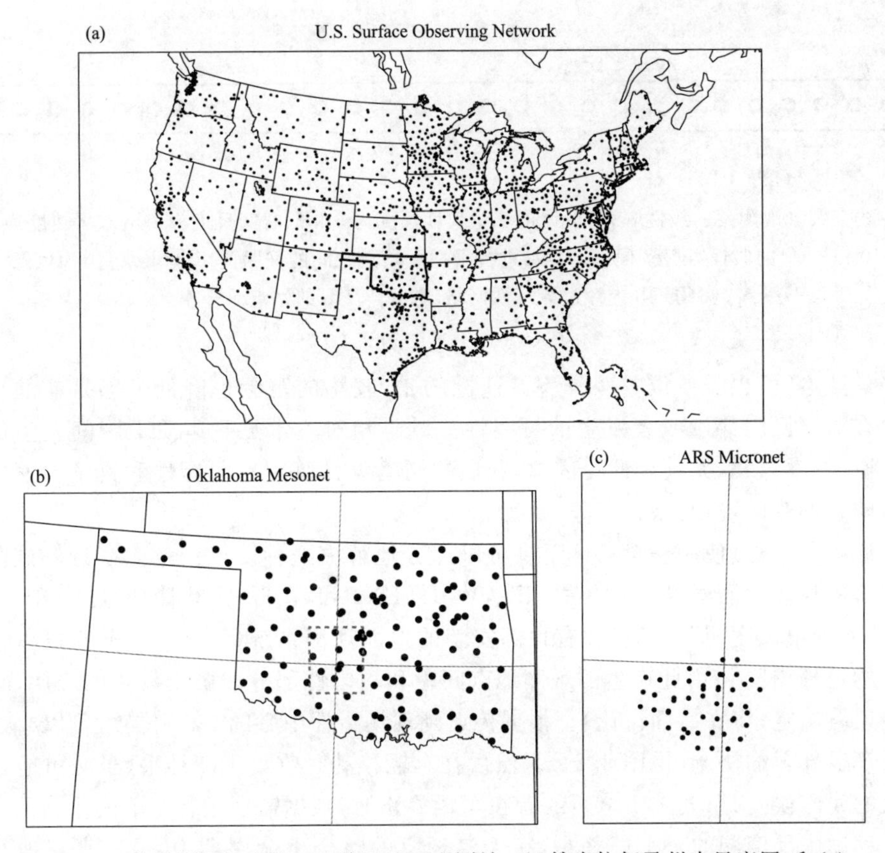

图 3.22 三个观测网的比较：(a)美国地面观测站，(b)俄克拉何马州中尺度网，和(c) ARS 微型网。(c)区域的位置由(b)中的虚线框指示。

假设有一个“风暴”，其长度为 5 km，时间尺度为 1 h，水平速度为 10 m · s^{-1}。我们提出一个水平的站点阵列，$\Delta x = 1.25$ km，足够在某个瞬间分辨出风暴。如果将站点均匀分布在一条 35 km 的直线上，我们可以预期风暴将以 10 m · s^{-1}～1 h 的速度穿过 35×10^3m 这个区域(图 3.23)。如果我们选择一个等于该穿越时间 $1/n$ 的采样率(例如 $\Delta t = 1\ h\ /\ 10 = 0.1\ h$)，我们就可以在风暴处于此区域内时采集风暴的 $n(= 10)$个观测值。此特定的采样率 $\Delta t= 0.1$ h 与假定的时间尺度一致，并且也在大多数现代的仪器能力范围内。因此，我们提议的观测网似乎设计得很好；现在面临的问题是这种观测网的设计是否可行。

仪器的成本和后勤(安装、维护、数据管理等等)确定了观测网的可行性。我们在图 3.23 中的线性阵列有 28 个站点；一个与此相当的方阵(35 km×35 km 范围)将有 784 个站点。可以合理地得出结论，根据所提出的方阵配置 784 个站点的无线电探空仪网是不可行的；对于由 784 个现代的地面观测系统组成的试验网络(第 3.2.1 节)，可能会得出同样的结论。我们可以选择减小观测区域的大小，从而减少站点，

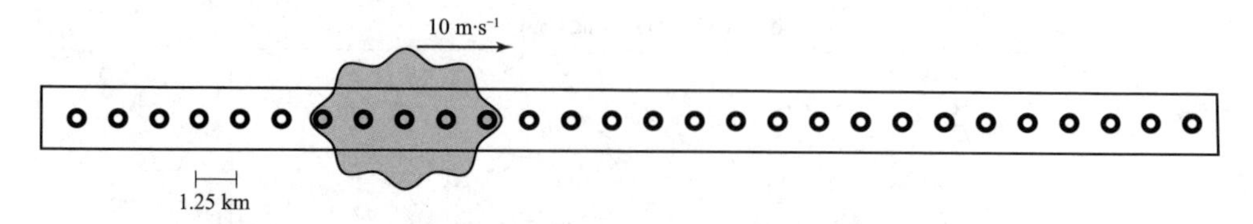

图 3.23　观测站的线性阵列，设计用于对长度尺度为 5 km、时间尺度为 1 h、水平速度为 10 m·s^{-1}的假设“风暴”(阴影区域)进行采样。站点之间的间距为 1.25 km。因为风暴在约 1 h 内穿过该线性网络，选择 0.1 h 的站点采样率。

以降低成本，但也需要调整采样率。遗憾的是，较小的范围也降低了感兴趣的天气现象在观测网内穿过或者发生的可能性。对于相对不常见且本质上瞬间发生的现象，例如龙卷风暴，尤其如此。因此，我们的网络设计练习在可行性和科学价值之间最后陷入两难的境地。

原则上，通过使用移动网络至少可以部分地解决这种困境。考虑在野外试验期间部署的移动地面网络，如 VORTEX，VORTEX2 和“国际 H20 计划”(IHOP)[70,71]。这种“移动中尺度网”的车辆拥有顶部安装的地面观测系统(第 3.2.1 节)，可以开到相关的地理位置[72]；由此产生的观测地点间距和均匀性部分取决于具体的应用(且部分由道路决定；将在后面讨论)。根据传送到现场指挥中心的 GPS 位置，可以半远程进行车辆部署的协调(见图 3.24)。然后在车辆移动时收集观测结果(虽然可能存在更大的暴露误差；第 3.2.1 节)，或者在车辆静止时，根据需要进行车辆的重新部署。

移动中尺度网的一个好处是，在天气现象的整个生命周期中，可以真正地跟踪移动的天气现象，并进行观测。这种观测策略面临的挑战是确定合适的观测地点和合适的道路。例如，农村地区未铺设的道路在潮湿时经常被证明是很危险的；城市地区通常铺设了道路，但建筑物、树木和车辆交通可能会污染观测结果。因此，部署的决策通常借助于利用地理信息系统(GIS)的导航协作软件来进行。特别希望找到均匀网格上的合适道路(如，美国许多农村地区的 1 英里×1 英里(约 1.6 km×1.6 km)道路网格)，因为它们使得观测站点具有潜在的空间均匀性。

沿单个路段放置移动(同时也是便携式的；第 3.2.1 节)观测站点，观测移动天气现象或“风暴”，通过时-空转换产生一组 2D 格点化的观测结果(图 3.25)：使用式(2.4)的离散形式将在时间 t 进行测量的地理位置(x,y)转换为风暴的相对位置(x_s,y_s)

$$\begin{aligned} x_s &= x - u_s \Delta t \\ y_s &= y - v_s \Delta t \end{aligned} \tag{3.34}$$

式中，(u_s,v_s)是参照时间 T_s 的代表性风暴速度。这种技术的基本假设是风暴在 $\Delta t = t - t_s$ 时间区间内没有显著变化。实践中，特定的天气现象限制了 Δt；例如，对快速演变的龙卷风超级单体的研究将其限制为：$|\Delta t| \leqslant 2 \sim 3$ min[73]。

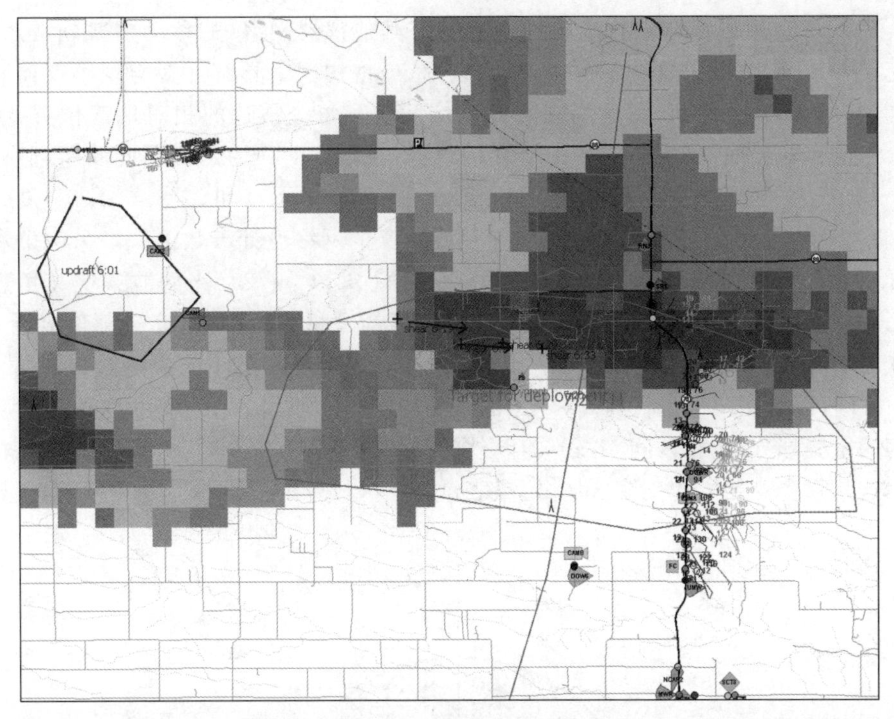

图3.24 2009和2010年VORTEX2期间"强风暴拦截情势感知"(SASSI)软件应用的显示。色斑是雷达反射率叠加图,图标表示当前或最近位置的各种(移动或便携式)观测系统。标记为FC的浅蓝色图标表示野外联络员的位置。承蒙Rasmussen系统有限责任公司的Eric N. Rasmussen博士提供。(详情请见彩图插页)

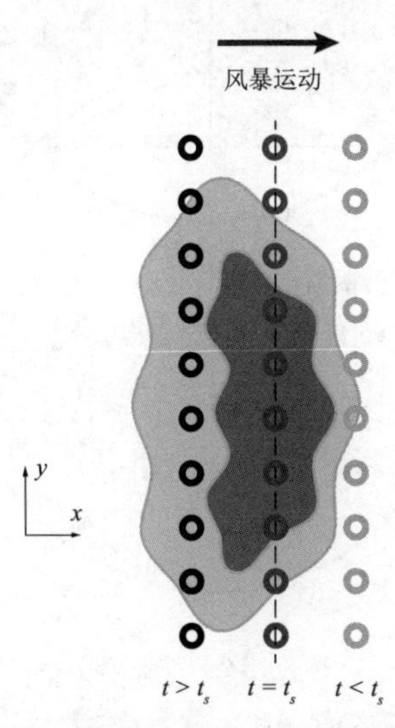

图3.25 将时间-空间转换应用于观测站(虚线上的空心圆)线性阵列的示意图。阴影区域为某个时间 t 移动中的"风暴"的雷达回波。在某个参考时刻 t_s,使用代表性风暴运动,将台站固定位置转换为风暴相对位置。空心圆阴影与观测相对时长成正比。

中尺度观测目标通常要求地面观测网有其他仪器网络(如移动多普勒雷达)来补充,VORTEX2 就是这种情况。移动(和固定)雷达网络具有许多与现场仪器网络相同的设计问题。然而,雷达网独有的一个问题是每个雷达的相对地理位置,因为这会影响风的反演几何(第 3.4.1 节)以及数据收集策略。为了说明此问题,假设有一个双雷达的网,雷达 1 和 2 分别位于($x=+d,y=0$)和($x=-d,y=0$)(图 3.26)[74]。此 $2d$ 的间隔距离,或基线,是用户定义的网络设计参数之一。另一个参数是 β,即两个雷达波束之间的最小可接受交叉角($0\leqslant\beta\leqslant\pi/2$):小的波束交叉角意味着两部雷达观测真实风矢量(散射体运动)的测量是相关的,而波束交叉角接近 $\pi/2$ 意味着对真实风向量的测量是几乎独立的。所有可接受的波束交叉角被约束在$[\beta,\pi-\beta]$区间,因此在两个半径为 $d\csc(\beta)$ 的重叠的圆内。如图 3.26 所示,这两个圆减去它们的重叠部分(包含区间$[\beta,\pi-\beta]$以外的波束交叉点),描述了所谓的双多普勒叶瓣。这是双多普勒风的反演区域,定量表示为

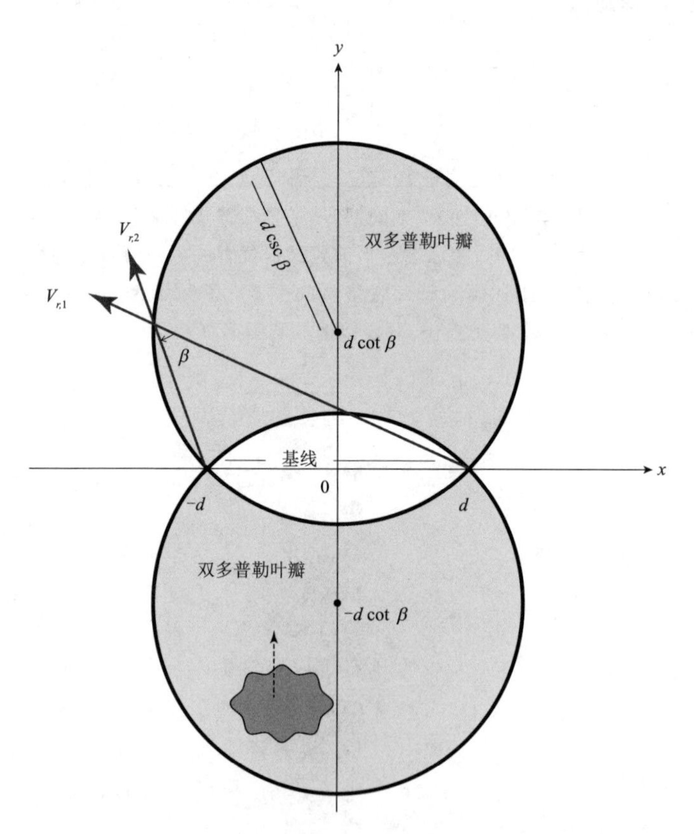

图 3.26　一个双多普勒雷达网,雷达位于($x=\pm d,y=0$),因此基线长度为 $2d$。角度 β 是两个雷达波束之间可接受的最小交叉角。点画表示双多普勒"叶瓣",其对应于可反演风的区域(AR;参见文本)。两个叶瓣以($x=0,y=\pm d\cot\beta$)为中心,并且半径等于 $d\csc\beta$。在南部叶瓣中显示的是从南向北移动的"风暴"。根据 Davies-Jones(1979)。

$$A_R = [d\csc(\beta)]^2[\pi - 2\beta + \sin(2\beta)] \tag{3.35}$$

β减少使得面积A_R增加，但是风的反演几何误差也增加了。基线距离$2d$增加使得A_R增加，但同样增加了波束交叉点的斜距r，由于波束展宽，因此暗示着降低了雷达数据的分辨率。后者根据以下事实：横跨波束的线性距离，以及方位角数据间距Δaz，随$r\theta_b(\pi/180)$而变，式中θ_b是半功率波束宽度（以度为单位）。尽管雷达网的取向不影响A_R的大小，但它确实影响天气现象在双多普勒覆盖区域内的时间和/或空间。例如，沿y轴从南向北（或从北向南）移动的风暴将在图 3.26 所示双雷达网的一个叶瓣中观测到，然后在另一个叶瓣中观测到。显然，雷达网的设计是要最大化可反演风的面积（和时间），同时最大化分辨率及最小化几何误差。

3.6　数据分析与综合

前面的部分向我们展示了中尺度气象观测是在很大的空间和时间间隔内收集的，并且可能具有相应的各种误差和不确定性。刚刚讨论的移动式地面和雷达网产生的观测结果将为这一观点提供充分的支持。本节将探讨综合这些不同（并且庞大）数据的方法。考虑到诊断和预测（或 NWP）目的，我们的重点是空间分析方法，其中观测值被重新映射和/或插值到通用的地理位置和时间点上。这里讨论涉及函数拟合和基于经验且依赖于距离权重平均的方法；统计插值包含在第 4 章，作为数据同化讨论的一部分。

3.6.1　函数拟合

将数学函数（例如多项式）拟合到一组观测值的方法在科学数据的数值分析中是很常见的。在中尺度气象应用中，拟合函数通常是如 850 hPa 温度这样的 2D 面。真实的连续函数$T(x,y)$是未知的，但前提是$T(x,y)$可以通过离散的温度观测来近似。

为便于呈现，我们假设问题是 1D 的，并选择一个线性的近似函数

$$f(x) = a_0 + a_1 x \tag{3.36}$$

需要两个（或通常是$n+1$个）观测值或者数据值来确定一阶（或n阶）多项式的未知系数a。在x_1和x_2这两个点处估算式(3.36)，得到

$$\begin{aligned} f(x_1) &= f_1 = a_0 + a_1 x_1 \\ f(x_2) &= f_2 = a_0 + a_1 x_2 \end{aligned} \tag{3.37}$$

表示为矩阵形式

$$\begin{bmatrix} 1 & x_1 \\ 1 & x_2 \end{bmatrix} \begin{bmatrix} a_0 \\ a_1 \end{bmatrix} = \begin{bmatrix} f_1 \\ f_2 \end{bmatrix} \tag{3.38}$$

或者更为一般的形式是

$$\boldsymbol{XA} = \boldsymbol{F} \tag{3.39}$$

对 $\boldsymbol{X}$ 求逆后可以得到未知系数 a

$$\boldsymbol{A} = \boldsymbol{X}^{-1}\boldsymbol{F} \tag{3.40}$$

对于式(3.38),我们可以发现

$$\begin{aligned} a_0 &= \frac{1}{\Delta}[f_1 x_2 - f_2 x_1] \\ a_1 &= \frac{1}{\Delta}[f_2 - f_1] \end{aligned} \tag{3.41}$$

因此,适用于区间$[x_1, x_2]$的近似多项式(3.36)成为

$$f(x) = f_1\left(1 - \frac{\delta}{\Delta}\right) + f_2\frac{\delta}{\Delta} \tag{3.42}$$

式中,$\Delta = x_2 - x_1$,$\delta = x - x_1$。

式(3.42)是众所周知的线性插值技术的表达式,其仅在数据的局部邻域中给出真实函数的估计。线性差值可适用于 2D(双线性插值)或 3D(三线性插值);从原始球坐标系到笛卡儿坐标网格的雷达数据双线性插值是一个相关的应用[75]。这种技术具有简单和计算成本低廉的独特优势。但是,分析人员不能考虑紧邻分析或网格点的两个数据以外的数据值。该缺点与气象数据尤其相关,因为通常存在比所需函数的阶数多得多的观测结果。这会导致一个超定问题,在第 3.4.1 节已进行了描述。

最小二乘法可以用于解决超定问题。这里,我们寻求将数据分布与其基于多项式近似之间差异的二次方程式最小化

$$J = \sum_{i=1}^{N}[f(x_i) - f_0(x_i)]^2 \tag{3.43}$$

式中,$f_0(x_i)$是 N 个观测的数据分布或集合,而 $f(x_i)$是在观察点 x_i 对近似函数的估计。我们再自由选择近似函数的阶数和形式,现在我们变化一下,考虑二阶多项式

$$f(x) = a_0 + a_1 + a_2 x^2 \tag{3.44}$$

方程(3.43)变为

$$J = \sum_{i=1}^{N}[(a_0 + a_1 x_i + a_2 x_i^2) - f_o(x_i)]^2 \tag{3.45}$$

要确定未知系数 a_n,对式(3.45)取$\partial J/\partial a_n$,将其设为零,然后求解 a_n。得到的正规方程具有现在熟悉的一般形式

$$\boldsymbol{XA} = \boldsymbol{F} \tag{3.46}$$

利用 $\boldsymbol{X}$ 是对称矩阵,将方程(3.46)进行转置可求解系数 $\boldsymbol{A}$。矩阵求逆在 1D 情况是合理的,但在 2D 时很快变得复杂,这是气象数据分析中的常见情况。事实上,要在最小二乘意义上拟合二次多项式曲面,需要在每个网格点处求解 6×6 矩阵。这是一个计算上昂贵的过程,且具有下面描述的一类方法所述的其他缺点。

3.6.2 经验分析:逐步订正方法

逐步订正法(successive corrections method,SCM)是一种经验的迭代数据分析

方法。它具有一般形式[76]

$$f_k^{n+1} = f_k^n + \frac{\sum_{i=1}^{N} W_{i,k}^n (f_o - f_i^n)}{\sum_{i=1}^{N} W_{i,k}^n + e^2} \tag{3.47}$$

式中，f_k^n 是网格点 k 和迭代次数 n 的分析值；f_o 是数据点 i 的观测值；f_i^n 是迭代 n 次后，在数据点 i 估计的分析值；e 是观测误差的度量，如果已知的话；W 是观测 i 在网格点 k 和迭代 n 次的权重。与函数拟合方法不同，SCM 允许在第 0 次迭代时使用"初猜"或"背景"信息

$$f_k^0 = f_k^b \tag{3.48}$$

式中，例如，f_k^b 是在观测的同时有效的模式预报。SCM 的经验性在于后续迭代次数以及权重函数的选择。调查下文献可以很快得到两种常用于中尺度数据分析应用的权重函数公式。

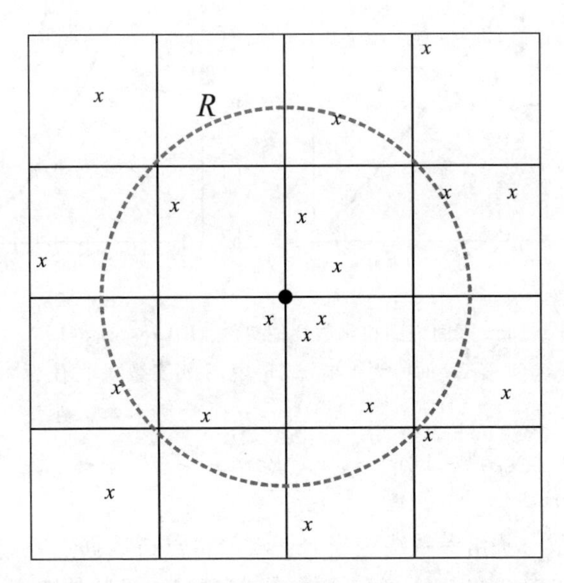

图 3.27　一个格点的周围数据点位置(x)和影响半径 R 图示。显示了 2D 的区域。允许落入给定网格点径向距离 R 内的所有数据影响该网格点处的分析。

第一种权重函数由 G. P. Cressman[77] 写成

$$W_{i,k}^n = \begin{cases} \dfrac{R_n^2 - r_{i,k}^2}{R_n^2 + r_{i,k}^2}, & r_{i,k}^2 \leqslant R_n^2 \\ 0, & r_{i,k}^2 > R_n^2 \end{cases} \tag{3.49}$$

式中，R_n 是迭代 n 的影响半径，$r_{i,k}$ 是数据点与网格点之间的欧氏距离；2D 时，$r_{i,k}$ 为

$$r_{i,k}^2 = [(x_i - x_k)^2 + (y_i - y_k)^2] \tag{3.50}$$

只有落在距离给定格点 R_n 内的观测数据点才会影响该网格点的分析(图 3.27)。由于式(3.49)的函数形式,观测的权重随 R_n 内格点与数据点的间隔距离增加而迅速下降(图 3.28a)。因此,R_n 的大小控制着分析的理想平滑度(或粗糙度)。

前面陈述中隐含了客观分析方法(如 SCM)的根本目的:产生一个数据中具有足够采样空间尺度(或波长)的格点分析,但不包含完全或很少采样的波长。使用 Cressman 方案,可以通过不同 R_n(和 n)的实践过程实现;已经知道,连续较小 R_n 的多次迭代(或通过)可以调优保留的波长范围[78]。式(3.49)中影响半径与谱分析内容之间不存在解析解[79],但可以使用傅里叶变换的数值近似(在后面讨论)确定权重函数的谱响应。

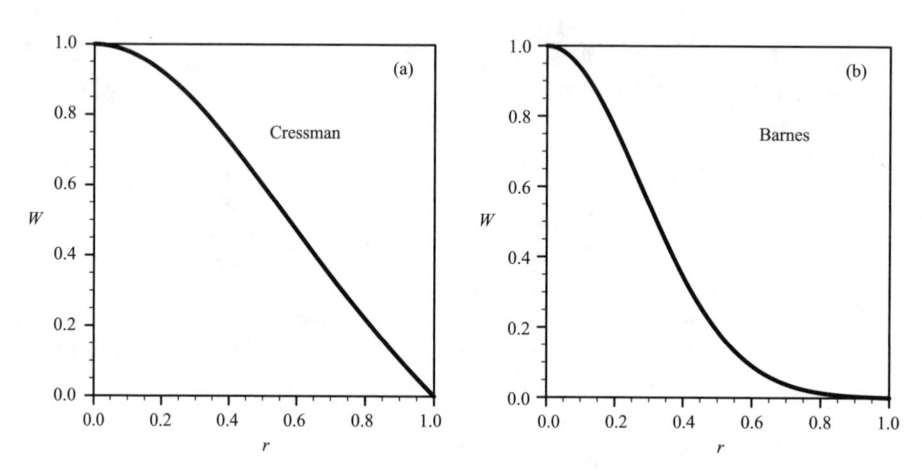

图 3.28 在 $0\geqslant r\geqslant 1$ km 区间内的权函数评估实例:(a)Cressman(1959),(b)Barnes(1964)。(a)中,影响半径 R_n 的值为 1 km。(b)中,平滑参数 κ_n 的值为 0.15 km²。

另一种常用的权重函数归功于 S. L. Barnes[80]写成

$$W_{i,k}^{n} = \exp(-r_{i,k}^{2}/\kappa_n) \tag{3.51}$$

式中,κ_n 为平滑参数。平滑参数决定当 $r_{i,k}\to\infty$(格点一数据点距离变大)时,权重函数渐近于零的速率(图 3.28b)。换句话说,κ_n 控制权重函数的陡度,从而控制分析场的平滑度。

与式(3.49)中的 R_n 一样,κ_n 代表客观分析方法的主观部分。如果审慎地选择了 κ_n,则可以滤除小于奈奎斯特波长的数据尺度并因此从解中去除。为此,谱空间的式(3.51)解析式可以提供参考。考虑与 1D 连续函数相关联的傅里叶变换对

$$\begin{aligned}\Psi(k) &= \int_{-\infty}^{\infty} W(x)\mathrm{e}^{-\mathrm{i}kx}\,\mathrm{d}x \\ W(x) &= \frac{1}{2\pi}\int_{-\infty}^{\infty}\Psi(k)\mathrm{e}^{\mathrm{i}kx}\,\mathrm{d}k\end{aligned} \tag{3.52}$$

式中，$k=2\pi/\lambda$ 为波数[81]。假设 $W(x)$ 是对称的(即 $W(x)=W(-x)$)式(3.52)可写成傅里叶余弦变换对，用式(3.51)替换 $W(x)$，得到

$$\Psi(k)=2\int_{-\infty}^{\infty}e^{(-x^2/\kappa)}\cos(kx)\mathrm{d}x \tag{3.53}$$

式中我们设式(3.51)中的 $r=x$。式(3.53)中的积分可以使用标准积分表估值，给出

$$\Psi(k)=\frac{\sqrt{\kappa}\sqrt{\pi}}{2}\exp(-k^2\kappa/4) \tag{3.54}$$

谱响应通常归一化为

$$D(k)=\frac{\Psi(k)}{\Psi(0)}=\exp(-k^2\kappa/4)$$

然后用波长表示

$$D(\lambda)=\exp(-\pi^2\kappa/\lambda^2) \tag{3.55}$$

简单来说，理论谱响应 D 量化了在应用 Barnes 方案的过程中将滤除哪些数据或输入尺度，以及哪些尺度需要保留。

为更好地理解谱响应函数提供的信息，我们用无量纲平滑参数和波长重写式(3.55)

$$D(\tilde{\lambda})=\exp(-\pi^2\tilde{\kappa}/\tilde{\lambda}^2) \tag{3.56}$$

式中，$\tilde{\lambda}=\lambda/L$，$\tilde{\kappa}=\kappa/L^2$，长度尺度 L 是平均数据点间隔的两倍，即 $L=2\overline{\Delta}$。图3.29中对式(3.56)的评估表明，对于相对较大的平滑参数，比如 $\tilde{\kappa}=1.0$，具有 $\tilde{\lambda}=1=2\overline{\Delta}$ 的输入尺度被完全滤除($D=0$)，从而满足我们先前所述的意图。图3.29也表明了一个两难问题：完全去除没有分辨或很少分辨尺度的好处部分地被求解完全分辨尺度的幅度减小所抵消。例如，波长 $\tilde{\lambda}=4=8\overline{\Delta}$ 的谱响应为 D 约0.5，意味着只保留了该波长幅度的约50%。较小的平滑参数值，如 $\kappa=0.1$，具有更清晰的谱响应，因此产生具有更好求解尺度的更高振幅保持率。不幸的是，这会伴随着保留未分辨尺度的一部分振幅的代价。

这一困境，也是 Cressman 权函数遇到的问题，其可以通过 SCM 方程式(3.47)的多次迭代得到部分解决[82,83]。在多通道 Barnes 方案中，选择连续的 κ_n 值使得 $\kappa_{n+1}=\gamma\kappa_n$，其中收敛参数 $\gamma(0<\gamma<1)$ 具有每次迭代加大权函数陡度的效果。中尺度数据分析中常见的是二次通过实现，得到的谱响应由下式给出

$$D=D_1(1+D_1^{\gamma-1}-D_1^{\gamma}) \tag{3.57}$$

式中，D_1 是与用 κ_1 评估的一通[即式(3.55)]相关的响应(图3.30a)[84]。注意：(1)第0次迭代时应用的背景场(参见式(3.48))通常不能用于中尺度数据分析，误差信息 e 也不能使用，特别是当数据用于诊断目的时；(2)二次迭代期间由式(3.47)评估 f_k^2 需要将当前分析 f_k^1"反向插值"到数据点位置，以允许对 $f_0-f_i^1$ 项的评估。通常使用简单的方法，如双线性插值法。

多通 Barnes 方案的变体是尺度分离或带通客观分析技术[85]。带通分析 b_k 是用

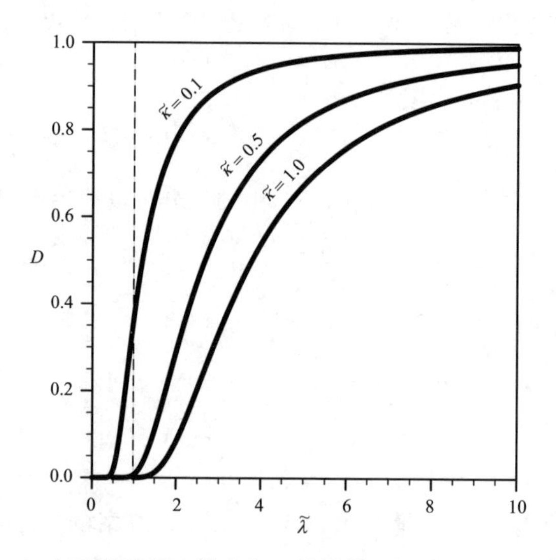

图 3.29 (1D)Barnes 权函数的理论谱响应 D 的评估(对于无量纲平滑参数值 $\tilde{\kappa}=0.1$，0.5 和 1.0，其中 $\tilde{\kappa}=\kappa/L^2$，$L$ 等于平均数据点间距，$L=2\bar{\Delta}$)。横坐标是无量纲波长，$\tilde{\lambda}=\lambda/L$，纵坐标表示分析场中保留的输入波长幅度的分数。垂直虚线表示奈奎斯特波长 $\tilde{\lambda}=1$。

一个 κ 产生的分析 f_k 与一个审慎选择的较大的 κ 产生的分析 g_k 之间的差异。本质上，减法消除了"短"波和"长"波尺度并留下了"中间"尺度。因此，使用带通技术可以从总的场中提取出中尺度扰动(图 3.30)。

关于式(3.56)基于平均数据点间距 $\bar{\Delta}$ 的实际应用和解释，需要在这里进行一下总结。如第 3.5 节所述，大多数观测网中的观测点间隔往往都不是均匀的。这种不均匀性的相关含义是，在分析域的一个部分中未能分辨的尺度实际上可能在域的另一部分得到很好的分辨。事实上，这是天气雷达数据的常见情况，因为(方位的)间

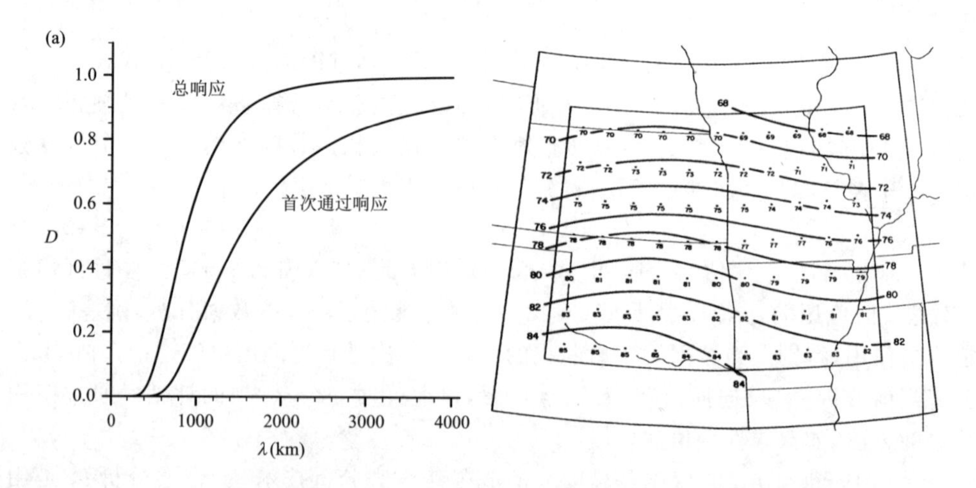

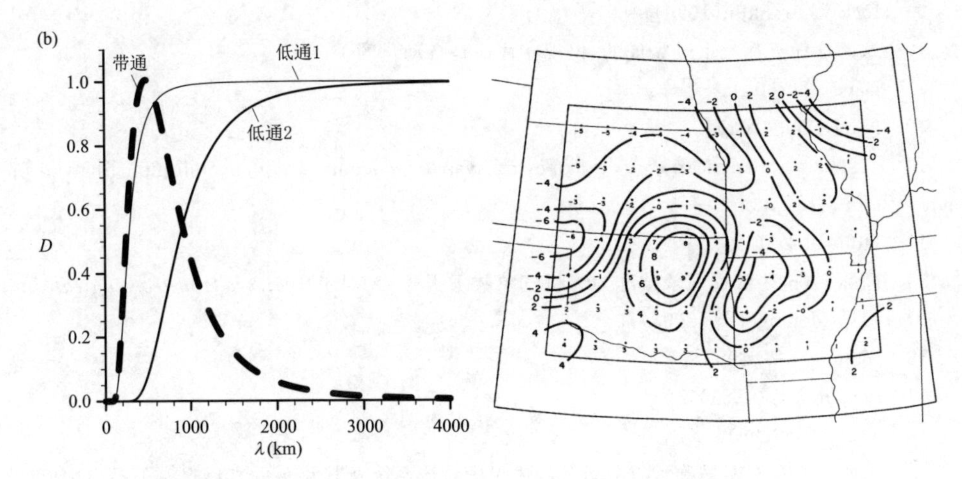

图 3.30　使用客观分析技术生成的大尺度和中尺度扰动地面温度(°F)分析。(a)用于生成大尺度温度场(右图)的双通方案的首通谱响应及总谱响应(左图)。平滑参数为40,000 km^2,收敛参数为0.4。(b)用于产生中尺度扰动温度场(右图)的两个低通分析(两个都是双通方案;左图)的谱响应。两个谱响应之间的"带通"或差异乘以一个常数系数(1.25)。"低通2"如(a)所示。"低通1"的平滑参数为5000 km^2,收敛参数为0.3。保留在该扰动场中的中间尺度具有一个波段范围,中心波长为500 km。参见 Maddox(1980b)。

距随着斜距不断增加。因此,谱响应函数提供的参考应在充分了解基础的数据分布情况下应用,然后进行相应的调整。

补充信息

有关练习、问题及推荐的个例研究,请参阅 www. cambridge. org/trapp/chapter3。

说明

1　因此,观测的分辨率不同于仪器本身的分辨率,后者取决于传感器,电子产品等:Thomson(1986)。

2　有关各种传感器及其误差特征的完整描述,请参阅 Brock 和 Richardson(2001)。

3　Brock 和 Richardson(2001)。

4　Schroeder 和 Weiss(2008)。

5　Brock 等(1987);Winn 等(1999)。

6　Straka 等(1996)。

7　有关各种传感器及其误差特征的完整描述,请参阅 Brock 和 Richardson(2001)。

8　Brock 和 Richardson(2001)。

9 Hock 和 Franklin(1999)。

10 这两项任务都是手工完成的,但现在往往是自动化的。

11 Davis 等(2004)。

12 MacDonald(2005)。

13 参阅 www. eol. ucar. edu/development/avaps-iii/documentation/overall-global-hawkdropsonde-system-description/。

14 Holland(2001)。

15 国际上,这些数据通常被称为飞机气象数据报告(AMDAR:*aircraft meteorological data reports*);参见 Moninger 等(2003)。

16 Moninger 等(2003)。

17 Benjamin 等(1991)。

18 Trapp 等(2006)。

19 一些地面观测网号称可以分辨大的中尺度对流系统及其相关的直线风。但是,这种网络往往并不普遍。此外,它们往往无法分辨较小尺度事件,如微下击暴流。

20 Diffenbaugh 等(2008)。

21 实例参见 Trapp 等(2006)。

22 Dotzek 等(2009)。

23 Long 等(1980)。

24 Palencia 等(2011)。

25 Fujita(1981);Doswell 等(2009)。

26 Toth 等(2012)。

27 建议读者参考 Doviak 和 Zrnic(1993);Rinehart(1997);Battan(1973)对散射理论、信号处理和雷达电子学及组件的深入阐述。

28 参见 Rinehart(1997)对此方程的推导。

29 Rinehart(1997);Battan(1973)。

30 这一非常著名且广泛使用的关系源于描述 Marshall-Palmer(1948)雨滴尺度分布的数据;参见 Battan(1973);Rinehart(1997)。

31 Westrick 等(1999)。

32 Fulton 等(1998)。

33 Stumpf 等(1999);Mitchell 等(1999)。

34 Joss 和 Waldvogel(1970)。

35 Miller 和 Fredrick(1998)。

36 Armijo(1969);Brandes(1977);Kessinger 等(1987)。

37 Gal-Chen(1978);Hane 等(1981)。

38 一个例子是称之为逐次超松弛(SOR)的数值方法。

39 车载多普勒(DOW)雷达是移动地基系统的一个例子;参见 Wurman 等(1997)。

40 还发展了移动 C 波段(5cm 波长)雷达,例如 Biggerstaff(2005)。

41 Jorgensen 等(1983);Hildebrand 等(1994)。

42 Leon 等(2006);Galloway 等(1997)。

43　Zrnic 和 Ryzhkov(1999)。

44　Parsons(1994)。

45　Weber(1990)。

46　Benjamin 等(2004)。

47　Parsons(1994)。

48　Kidder 和 Vonder Haar(1995)。

49　Simpson 等(1988)。

50　关于成像仪和探空仪的列表信息参见例如 Kidder 和 Vonder Haar(1995)。

51　以下材料来自 Wallace 和 Hobbs(2006);Kidder 和 Vonder Haar(1995);Liou(2002)。请读者参考这些参考资料以了解有关辐射传输的更多信息。

52　Kidder 和 Vonder Haar(1995)。

53　与不使用辐射传输方程的统计反演方法相比。

54　或辐射本身,在数据同化技术中采用合适的算子;例如 Derber 和 Wu(1998)。

55　Kelly 等(2008)。

56　Nieman 等(1997)。

57　Neiman 等(1997)。

58　Velden 等(1997)。

59　Kidder 和 Vonder Haar(1995)。

60　Velden 等(2005)。

61　Kidder 和 Vonder Haar(1995)。

62　Bedka 等(2010)。

63　Kidder 和 Vonder Haar(1995)。

64　Schiffer 和 Rossow(1983)。

65　Simpson 等(1988)。

66　Ryzhkov 等(2005)。

67　Brock 等(1995)。

68　我们将在本节中互换使用术语“站点”和“仪器”,尽管严格来说,一个站点是由一种仪器或一组仪器构成。虽然天气雷达和其他遥感设备组成了网络,但大多数仪器还是用于现场测量。

69　下述材料源于 Thomson(1986)。

70　Wurman 等(2012)。

71　Weckwerth(2004)。

72　Straka 等(1996)。

73　Markowski 等(2002)。

74　关于双多普勒网络的讨论可以参见 Davies-Jones(1979)给出的例子。由三部或更多雷达组成的网络参见 Kessinger 等(1987)。

75　参见 Mohr 和 Vaughan(1979),但是也请注意 Trapp 和 Doswell(2000)提出的问题。

76　本节使用 Kalnay(2003)约定。

77　Cressman(1959)。

78　Daley(1991)。

79 Trapp 和 Doswell(2000)。

80 Barnes(1964)。

81 对于 2D 各向同性函数,式(3.52)成为 Hankel 变换。

82 参见 Trapp 和 Doswell(2000)中图 2。

83 Koch 等(1983)。

84 源于 Barnes(1973),但也可见于 Maddox(1980b);Koch(1983)等。

85 参见 Maddox(1980b)。

第4章　中尺度数值模拟

概要：本章提供了设计和实现中尺度数值模式的信息。给出了典型的中尺度模式控制方程及其数值近似。物理过程，例如涉及云和降水微物理的过程被表示为模式变量的简化函数。通过这些过程和其他相对复杂过程的参数化方案展示了基本公式。还对模式空间范围大小、嵌套网格的使用和模式初始化等设计和实现问题进行了讨论。

4.1　引言

本章的目的是向读者介绍中尺度数值模式的基本设计和实现。正如其余各章中将要演示的那样——也许读者已经体验到——这样的模式作为实验和天气预报的工具起着双重作用。某些社区模式，例如天气研究和预报（Weather Research and Forecasting，WRF）模式，确实具有内置功能，可以实现：(1)理想化建模，采用简化的初始条件和边界条件（initial conditions，IC；boundary conditions，BC）；(2)真实数据建模，采用观测得到的IC和BC，从而可以模拟或预测真实事件。本章对中尺度模式的处理采取较为宽泛的定义，这样可以讨论这两种方法。

接下来的讨论集中在适用于深湿对流显式表示的非流体静力学模式上，但要确认必须何时（以及通常如何）进行对流过程参数化。第4.3节包含对参数化及其他特别相关事项的描述。第4.3节中采用的哲学方法贯穿整章：足够详细地涵盖主题，使得读者可以体会到模式设计的复杂性，并理解作为模式用户做出知情选择的需要。因此，本章并不旨在用作模式开发的指南或参考手册。鼓励有兴趣的读者查阅下述的完整技术报告或书籍：中尺度模式；[1] 相关主题，如计算流体力学，数据同化和模式参数化；[2] 以及特定主题，如对流参数化及云和微物理参数化。

4.2　方程和数值近似

4.2.1　连续方程

我们考虑一个与第2章介绍的相关连续方程略有不同的形式，从其中的运动矢量方程开始

$$\frac{\mathrm{D}u}{\mathrm{D}t}=-\frac{1}{\rho}\frac{\partial p'}{\partial x}+F_u \tag{4.1}$$

$$\frac{\mathrm{D}v}{\mathrm{D}t} = -\frac{1}{\rho}\frac{\partial p'}{\partial y} + F_v \tag{4.2}$$

$$\frac{\mathrm{D}w}{\mathrm{D}t} = -\frac{1}{\rho}\frac{\partial p'}{\partial z} + B + F_w \tag{4.3}$$

热力学能量方程

$$c_v \frac{\mathrm{D}T}{\mathrm{D}t} = -\frac{p}{\rho} \nabla \cdot \mathbf{V} + \dot{Q} \tag{4.4}$$

而使用质量连续方程、热力学方程和状态方程形成的气压预报方程为

$$\frac{\mathrm{D}p}{\mathrm{D}t} = -\frac{c_p}{c_v} p \nabla \cdot \mathbf{V} + \frac{p}{c_v T}\dot{Q} \tag{4.5}$$

和前面一样，全导数为 $\mathrm{D}/\mathrm{D}t = \partial/\partial t + \mathbf{V} \cdot \nabla$。在式(4.1)—(4.3)中，$F$ 包括柯氏力项、曲率项及其他显式表达或者通过某些近似产生的影响；湍流涡动混合是一个特别的例子(见 4.3.1 节)。式(4.3)中的 B 是浮力项。式(4.1)—(4.3)中的气压项 p' 表示为在静力平衡状态下的基态(用顶上加横线表示)的偏差(用撇号表示)，正如在许多非静力流数值模式[4,5]中那样，虽然不是所有的模式。水平速度分量也可表达为水平均一、垂直分层的基态($\bar{u} = U(z)$，$\bar{v} = V(z)$，$\bar{w} = 0$)的偏差。这种情况通常为理想状态应用。最后，式(4.4)和式(4.5)中的 $\dot{Q}$ 非绝热加热率保持一般形式，可能存在与水相关的相态变化的潜热、辐射加热及传导的贡献。

湿对流过程模式包括湿空气状态方程

$$p = \rho R_{\mathrm{d}} T \left[\frac{1 + q_{\mathrm{v}}/\varepsilon}{1 + q_{\mathrm{v}}}\right] = \rho R_{\mathrm{d}} T_{\mathrm{v}} \tag{4.6}$$

式中，湿空气密度 $\rho = p/R_{\mathrm{d}} T_{\mathrm{v}}$ 同式(4.1)—(4.5)，水汽和总的云和降水混合比 q_{v} 和 q_{T} 对式(4.3)中的浮力项有贡献(后面再讨论)。此外，式(4.4)和式(4.5)中的比定压(容)热容 $c_v(c_p)$ 替换为 $c_{v\mathrm{m}}(c_{p\mathrm{m}})$，虽然正如此处，我们承认存在一些误差，但常假定 $c_{v\mathrm{m}} \simeq c_v$ 和 $c_{p\mathrm{m}} \simeq c_p$。[6] 湿空气模式同时包括水汽控制方程

$$\frac{\mathrm{D}q_{\mathrm{v}}}{\mathrm{D}t} = S_{q_{\mathrm{v}}} + F_{q_{\mathrm{v}},\mathrm{turb}} \tag{4.7}$$

及所有 j 种所需液态及冻结的云和降水粒子类型方程

$$\frac{\mathrm{D}q_j}{\mathrm{D}t} = S_{q_j} + F_{q_j,\mathrm{turb}} \tag{4.8}$$

对微物理源和汇 S 的描述及具有水物质混合比在次网格尺度(subgrid scale，SGS)的湍流混合 $F_{q,\mathrm{turb}}$ 在 4.3 节阐述。

SGS 对 F_u，F_v 及 F_w 的贡献也在第 4.3 节讨论。这样，我们在这里考虑其他项的贡献，这些在第 2 章中进行了介绍。曲率项的处理

$$F_{u,\mathrm{curv}} = \frac{uv\tan\phi}{r_{\mathrm{E}}} - \frac{uw}{r_{\mathrm{E}}}$$

$$F_{v,\mathrm{curv}} = -\frac{u^2\tan\phi}{r_{\mathrm{E}}} - \frac{vw}{r_{\mathrm{E}}}$$

$$F_{w,\mathrm{curv}} = \frac{u^2 + v^2}{r_E}$$

参考类似于第2章描述的尺度分析方法。对于相对较小的水平域(Lx,Ly 约为几百千米),其通常用于理想化的雷暴模拟等应用,容易证明忽略这些项是合理的。在这么小的域,科里奥利力项

$$F_{u,\mathrm{Cor}} = v2\Omega\sin\phi - w2\Omega\cos\phi$$

$$F_{v,\mathrm{Cor}} = - u2\Omega\sin\phi$$

$$F_{w,\mathrm{Cor}} = u2\Omega\cos\phi$$

同样被忽略,或者简化为

$$F_{u,\mathrm{Cor}} = f_0 v,\ F_{v,\mathrm{Cor}} = - f_0 u, F_{w,\mathrm{Cor}} = 0 \tag{4.9}$$

式(4.9)隐含着 f 平面假设,其中常数 f 分配了一个值,如 $f_0 = 10^{-4}\ \mathrm{s}^{-1}$,该值假定中纬度应用。该简化形式的科里奥利力通常被认为只适用于与水平均匀、垂直分层的基态速度存在偏差的情形。否则,基态速度需要根据热成风方程与基态水平温度梯度进行平衡,大气边界层中的基态廓线则需要满足科里奥利力、水平气压梯度力(PGF)和剪切应力之间的三力平衡(见第4.3节)[8]。

前面的方程用高度 z 显式表达垂直坐标。然而,中尺度模式和NWP模式一般倾向于采用 z 的某种单调函数作为垂直坐标。σ 坐标

$$\sigma = (p - p_T)/(p_S - p_T) \tag{4.10}$$

式中,$p_S = p_S(x,y,t)$ 是地面气压,p_T 是指定的域顶气压。该坐标属于地形跟随垂直坐标的类别。这种坐标的优点是垂直模式层与局地地形保持一致(图4.1),从而允许,例如,更好地表现山地和山谷气流及其相关现象。

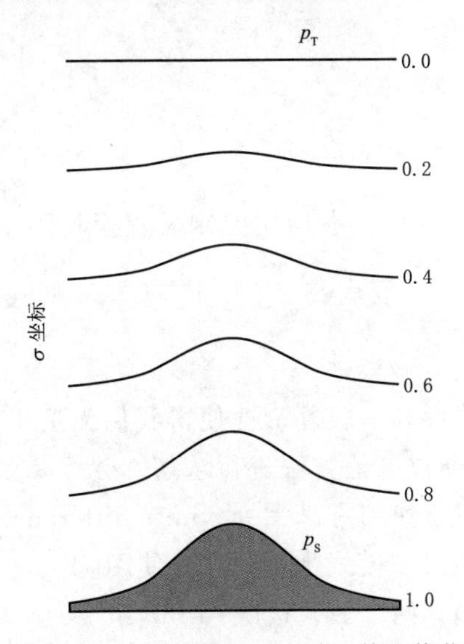

图4.1　地形跟随垂直坐标示例。因为是归一化坐标,其取值范围从地面的1至指定的计算域顶部0。

气压 p 在某些模式方程中也被归一化的、无量纲气压 Π 所取代。这在一定程度上是为了减少计算 p 的有限差分时产生的计算机舍入误差。[10]如果 T 被 θ 所取代，则使用 Π 可消除控制方程中的密度项，从而简化模式系统。因此，考虑

$$\Pi = \left(\frac{p}{p_0}\right)^{R_d/c_p} \tag{4.11}$$

式中，$p_0=1000$ hPa，而 Π 为埃克斯纳函数(Exner function)。将式(4.11)代入式(4.5)及式(4.4)可分别得到

$$\frac{\mathrm{D}\Pi}{\mathrm{D}t} = -\Pi\frac{R_d}{c_v}\nabla\cdot\mathbf{V} + \frac{R_d}{c_p}\frac{1}{c_v\theta}\dot{Q} \tag{4.12}$$

及

$$\frac{\mathrm{D}\theta}{\mathrm{D}t} = \frac{1}{\Pi c_p}\dot{Q} \tag{4.13}$$

其中

$$\theta = \frac{T}{\Pi} \tag{4.14}$$

在式(4.1)—(4.3)中使用式(4.11)、式(4.14)、式(4.6)及设定的分解式 $\Pi = \bar{\Pi}(z) + \Pi'$ 可以给出

$$\frac{\mathrm{D}u}{\mathrm{D}t} = -c_p\theta_v\frac{\partial\Pi'}{\partial x} + F_u \tag{4.15}$$

$$\frac{\mathrm{D}v}{\mathrm{D}t} = -c_p\theta_v\frac{\partial\Pi'}{\partial y} + F_v \tag{4.16}$$

$$\frac{\mathrm{D}w}{\mathrm{D}t} = -c_p\theta_v\frac{\partial\Pi'}{\partial z} + B + F_w \tag{4.17}$$

式中，θ_v 为虚位温，静力平衡的基态现在可表示为

$$\frac{\mathrm{d}\bar{\Pi}}{\mathrm{d}z} = -\frac{g}{c_p\bar{\theta}} \tag{4.18}$$

注意到 $\Pi-\theta$ 系统中，浮力项

$$B = g\left[\frac{\theta_v}{\bar{\theta}_v} - 1 - q_T\right] \tag{4.19}$$

不再包含气压(对比式(2.62))。水物质控制方程保持不变，但源/汇项的表达方式除外。

4.2.2 数值近似

连续控制方程的非线性和一般复杂性使得我们无法得到精确解。但是，可以对方程进行离散近似，然后通过数值方法进行求解。谱方法及有限体积法有时用于此目的，但在此处，我们专注于使用有限差分(finite difference, FD)法，其从概念上讲，FD 法相对简单，在大气中尺度模式中得到广泛使用。[11]

我们从函数 $y=f(x)$ 开始。如果极限

$$\frac{\mathrm{d}y}{\mathrm{d}x} = \lim_{\Delta x\to 0}\frac{f(x+\Delta x)-f(x)}{\Delta x} \tag{4.20}$$

存在且有限，则由中值定理，该极限是 y 对 x 的导数。式(4.20)提供了理解有限差分概念的方法，但 FD 近似自身源于泰勒级数展开。例如

$$f(x+\Delta x)=f(x)+\frac{\mathrm{d}f}{\mathrm{d}x}\Delta x+\frac{\mathrm{d}^2 f}{\mathrm{d}x^2}\frac{(\Delta x)^2}{2!}+\cdots+\frac{\mathrm{d}^n f}{\mathrm{d}x^n}\frac{(\Delta x)^n}{n!} \tag{4.21}$$

为函数 f 在一个偏离 x 很小距离 Δx 处的近似值。如果在 $\mathrm{d}f/\mathrm{d}x$ 项之后截断式(4.21)，然后忽略所有的高阶项，重新整理并通除以 Δx，我们可以得到

$$\frac{\mathrm{d}f}{\mathrm{d}x}=\frac{f(x+\Delta x)-f(x)}{\Delta x}+O(\Delta x) \tag{4.22}$$

式(4.22)称为导数 $\mathrm{d}f/\mathrm{d}x$ 的一阶近似，因为所有截断项共有的 x 的最大幂数为 1。式(4.22)也称为单侧或向前有限差分(FD)近似。阶数符号 O()用于描述截断误差(truncation error，TE)，即完整的泰勒级数与截断的近似值之间的差异，或者等同于连续导数与其有限差分近似值之间的差值。在式(4.22)的情况下，截断误差为

$$|TE|\leqslant a|\Delta x|\text{，当 }\Delta x\to 0\text{ 时}$$

式中，a 为某正的实数常数。因为 O()传达的是当 $\Delta x\to 0$ 时，TE 的变化。[12]

注意 f 的泰勒级数也可被写为偏离 x 的一个小的负值距离

$$f(x-\Delta x)=f(x)-\frac{\mathrm{d}f}{\mathrm{d}x}\Delta x+\frac{\mathrm{d}^2 f}{\mathrm{d}x^2}\frac{(\Delta x)^2}{2!}+\cdots+\frac{\mathrm{d}^n f}{\mathrm{d}x^n}\frac{(-\Delta x)^n}{n!} \tag{4.23}$$

如果我们在式(4.23)和式(4.21)的 $\mathrm{d}^2 f/\mathrm{d}x^2$ 之后截断级数，将结果相减并通除以 Δx，可以得到

$$\frac{\mathrm{d}f}{\mathrm{d}x}=\frac{f(x+\Delta x)-f(x-\Delta x)}{2\Delta x}+O(\Delta x)^2 \tag{4.24}$$

其为导数 $\mathrm{d}f/\mathrm{d}x$ 的“中央”有限差分(FD)近似。在此二阶或 $O(\Delta x)^2$ 近似中，当 $\Delta x\to 0$ 时，TE 以较 $O(\Delta x)$ 的 TE 相对更快的速率接近于 0，意味着 $O(\Delta x)^2$ 近似相对更为准确。

一阶导数的高阶近似源于截断泰勒级数的基本过程，如同高阶导数的近似。例如

$$\frac{\mathrm{d}^2 f}{\mathrm{d}x^2}=\frac{f(x+\Delta x)-2f(x)+f(x-\Delta x)}{(\Delta x)^2}+O(\Delta x)^2 \tag{4.25}$$

是在式(4.21)和式(4.23)的 $\mathrm{d}^2 f/\mathrm{d}x^2$ 项之后截断并将结果相加得到的。

在如式(4.15)的方程中，每个连续导数均使用有限差分进行离散化。借助 1D 线性平流方程，我们可以对此进行简单说明

$$\frac{\partial A}{\partial t}+c\frac{\partial A}{\partial x}=0 \tag{4.26}$$

式中，$A=A(x,t)$ 为某标量函数，c 为风速常数。在离散化式(4.26)的很多方法中，普遍采用

$$\frac{A(x,t+\Delta t)-A(x,t-\Delta t)}{2\Delta t}+c\left[\frac{A(x+\Delta x,t)-A(x-\Delta x,t)}{2\Delta x}\right]=0 \tag{4.27}$$

该中央时间、中央空间有限差分(FD)近似具有二阶精度。该近似经常被称为蛙跳方案,可以表示为

$$A_i^{n+1} = A_i^{n-1} - c\frac{\Delta t}{\Delta x}(A_{i+1}^n - A_{i-1}^n) \tag{4.28}$$

式中,索引 n 对应于时次,Δt 是连续时次之间的时间差(或时间步长),索引 i 对应于空间中的网格点,Δx 是相邻网格点之间的空间差(或网格点间距)。式(4.28)右侧在网格上的实际实现,一般而言,在网格点 $i(j)$ 处的$\partial A/\partial x(\partial A/\partial y)$的中央空间 FD 近似,如图 4.2 所示;将式(4.28)扩展到二维平流需要对 x 和 y 的空间导数进行 FD 近似。

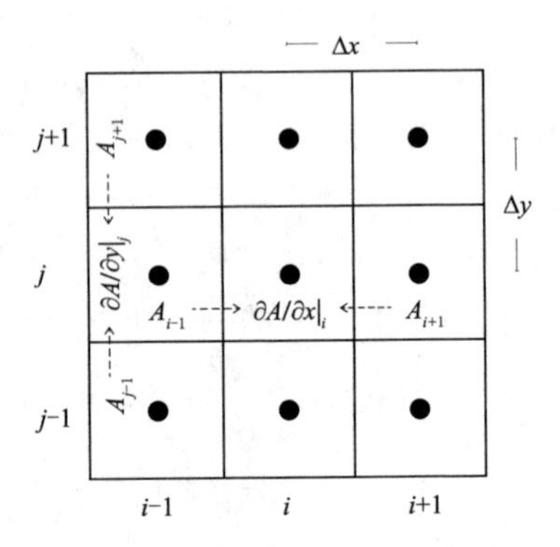

图 4.2　在格点 i 实现$\partial A/\partial x$ 的二阶中央 FD 近似,以及网格 j 处$\partial A/\partial y$ 的中央 FD 近似。实心圆圈是网格点,Δx 和 Δy 表示相应笛卡儿方向上网格点之间的距离。

式(4.28)表示一个简单的数值模式,如指定一个初始和边界条件,在时间上是“前进”的。在没有以下强制约束的情况下,该向前积分的数值解具有可能无限增长的微小误差

$$|c\Delta t/\Delta x| \leqslant 1 \tag{4.29}$$

根据理论分析[13],式(4.29)是式(4.28)数值稳定性的柯朗-弗里德里希斯-列维(Courant-Friedrichs-Lewy,CFL)标准。通过时间步长 Δt,由式(4.29)使用问题特定的 c 和 Δx 计算得出。在将蛙跳方案应用于具有非定常平流风问题时(例如,对在第 4.2.1 节的方程左侧的时间趋势项和平流项),Δx 仍然是给定的,但 Δt 是通过使用特定问题中遇到的最快平流速度($V_{\max}$)的估计(或实际测定)对 CFL 标准进行评估得出的。

数值稳定性在模式设计中至关重要,但也必须考虑其他(可能是同样重要的)因素,包括以下因素[14]:

· 计算效率,即 FD 方案每一时间步长所需的相对计算数量,其与数值天气预报模式关联密切;

· 准确性,其与 FD 近似有关,但可以通过将数值解与理想化问题的解析解进行

比较来量化；

・单调性，或正定性，本质上是方案排除了正值物理量取负值的程度，如水质物混合比；

・数值扩散性，或方案抑制解的程度，这是可取的，因为扩散方案同时也能抑制噪声。

在数值模式的其他方面，如在可压缩性的处理中[15]，或在选择参数化过程复杂性时，需要做出折中处理，我们将在下面看到。

4.3　参数化

本节的目的是说明参数化的基本方法，将复杂的物理过程表示为模式变量的简化函数。通常，这些过程是连续方程中的源和汇。当以一种完整、非简化的方式表达时，这些源/汇通常有自己的方程组，但即使在数值近似时也很难处理，或者计算量太大。因此，我们会发现，大多数参数化方案利用经验关系以绕过额外的方程和/或计算，从而使基本的控制方程组(例如，式(4.1)—(4.8))“闭合”。以下章节将用广泛应用或用特别简单易懂的方案来演示基本公式。[16]某些类型的参数化，例如涉及大气化学的参数化，在这里被排除在外，但在其他地方得到了很好的处理。[17]对于读者和潜在的模式用户来说，重要的是要认识到，在本节中展示的方案并不一定代表认可或建议:用户有责任对方案的能力和局限性、其复杂性(因此，涉及其计算要求)以及其对特定应用的适用性作出明智的决定。

4.3.1　次网格尺度湍流

想象一下正在形成的积雨云。其视觉外观部分地是由于云内及其外围大量的湍流涡旋造成的。这些涡旋同时将环境空气带入云内的垂直气流，并使气流流出到环境大气，这样有助于对流动力学(见第 6 章)。很明显，对这种云及其显著的动力学特征的精确模式模拟需要对各种大小的湍流涡旋的影响进行适当的表示。

其中最大的涡流在间距(Δx)为几百米的模式网格上可以完全分辨。[18]分辨逐渐变小的湍流涡旋，小到充当能量耗散的涡旋，则需要几毫米或更小的网格点间距(以及相应的小的时间步长；式(4.29))。不幸的是，由于计算机资源的限制，目前(并且可以预见)不可能建立一个足够大、但网格点间距为毫米级的对流云模拟计算域。因此，普遍接受的策略是参数化小的涡旋的影响，使用在计算上可行的网格点间距，但能够分辨发展旺盛的大的涡旋。这是*大涡模拟*(Large-eddy simulation，LES)的本质，尽管严格的 LES 假设网格点间距远小于研究对象，远大于耗散涡旋的尺度，且完全在*惯性子区*(inertial subrange)。[19]

通过*雷诺平均*(Raynolds averaging)的简单应用，可以展示一种参数化 SGS 涡旋影响的方法。[20]我们首先将式(4.1)中的平流项展开为

$$\mathbf{V} \cdot \nabla u = - u \nabla \cdot \mathbf{V} + \nabla \cdot (u\mathbf{V})$$

然后利用连续性方程的不可压缩形式将式(4.1)改写为通量形式(flux form)

$$\frac{\partial u}{\partial t} = - \frac{1}{\rho_0} \frac{\partial p}{\partial x} - \nabla \cdot (u\mathbf{V}) \tag{4.30}$$

式中,忽略了 F_u 项(包括内摩擦力)的情况下,ρ_0 是与不可压缩性假设一致的参考密度常数,并且,为便于表示(但不影响物理解释),气压梯度力写成总气压而不用偏差气压。接下来,我们将因变量分解为

$$\begin{aligned} \mathbf{V} &= \langle \mathbf{V} \rangle + \mathbf{V}' \\ p &= \langle p \rangle + p' \end{aligned} \tag{4.31}$$

式中,括号表示应用一个滤波器,通常是一个网格体积平均,撇号表示与该均值的偏差;在湍流研究中,撇号表示时间平均状态下的湍流波动。假设平均量在网格上得到很好的分辨;偏差不能分辨,表示 SGS 过程。

对于体积平均值,符号变量 A 和 a 的关系如下

$$\langle A' \rangle = 0, \langle \langle A \rangle \rangle = \langle A \rangle, \langle \langle A \rangle a' \rangle = 0, \langle \langle A \rangle \langle a \rangle \rangle = \langle A \rangle \langle a \rangle \tag{4.32}$$

重要的是,偏差量乘积的体积平均值不一定为零;因此 $\langle A'a' \rangle \neq 0$ 。将式(4.31)代入式(4.30),然后将体积平均值应用于整个方程得出

$$\begin{aligned} \frac{\partial \langle u \rangle}{\partial t} = & - \frac{1}{\rho_0} \frac{\partial \langle p \rangle}{\partial x} - \frac{\partial}{\partial x}(\langle u \rangle \langle u \rangle) - \frac{\partial}{\partial y}(\langle u \rangle \langle v \rangle) - \frac{\partial}{\partial z}(\langle u \rangle \langle w \rangle) - \\ & \frac{\partial}{\partial x}(\langle u'u' \rangle) - \frac{\partial}{\partial y}(\langle u'v' \rangle) - \frac{\partial}{\partial z}(\langle u'w' \rangle) \end{aligned} \tag{4.33}$$

式(4.33)中的前四项等同于式(4.30)的网格分辨的形式,并使用前面讨论的数值技术积分(见第 4.2.3 节)。其余三项包括不能分辨的涡动动量通量(eddy momentum flux)的散度,[21] 并在 F_u、F_v 和 F_w 中,有效地表示了由小涡引起的摩擦型力。由于这些"涡动混合"项是不能分辨的,它们不能直接进行数值积分,因此需要基于已分辨变量的某种近似(即参数化)。

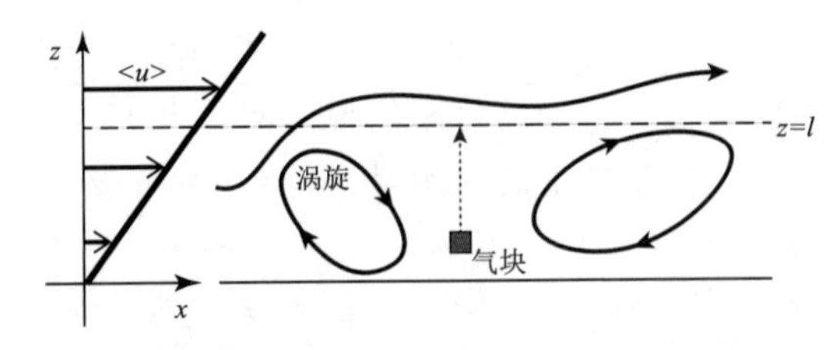

图 4.3 SGS 湍流混合示意图。此例描绘了在长度 l 上湍流涡旋(细箭头线)对气块动量的垂直传输。仅假定 x 动量垂直混合,(网络分辨的)风 $\langle u \rangle$ 廓线为线性。根据混合长理论,混合系数 km 的大小,因而就是动量通量,随着格点分辨的风切变和混合长度 l 的增加而增加。基于 Tennekes 和 Lumley(1972)以及 Stull(1988)。

现在,很方便地用角标符号(index notation)形式重写涡动混合项

$$F_{u_i,\mathrm{turb}} = \frac{\partial \tau_{i,j}}{\partial x_j} \tag{4.34}$$

式中,$i = 1,2,3$,并假定在另一个指数($j = 1,2,3$)上求和。$\tau_{i,j} = -\langle u'_i u'_j \rangle$ 为雷诺应力张量(Reynolds stress tensor),可解释为湍流涡动平均动量传输率(见图4.3)。[22]通过湍流参数化的 K 理论方法,雷诺应力张量表示为

$$\tau_{i,j} = -\langle u'_i u'_j \rangle = K_m D_{i,j} \tag{4.35}$$

式中,K_m 为涡动扩散系数,也称为涡动黏滞率(eddy viscosity)或涡动混合系数(eddy mixing coefficient),$\boldsymbol{D}_{i,j}$ 为变形张量

$$\boldsymbol{D}_{i,j} = \frac{\partial \langle u_i \rangle}{\partial x_j} + \frac{\partial \langle u_j \rangle}{\partial x_i} \tag{4.36}$$

如式中所示,$\boldsymbol{D}_{i,j}$ 由网格分辨的速度确定。因此,现在的任务就是得到 K_m 的近似值,这样方程就可以闭合并进行数值积分。

以最简单的方式,K_m 被视为常数(正值)系数。另外一种方法,仍然是一阶近似,是通过混合长理论(mixing length theory)[23]

$$K_\mathrm{m} = C_\mathrm{m} l^2 \left| D_{i,j} \right| \tag{4.37}$$

式中,C_m 为无量纲常数,l 为混合长度尺度,是网格体积大小的度量值,如

$$l = (\Delta x \Delta y \Delta z)^{1/3} \tag{4.38}$$

如果水平网格点间距与垂直网格点间距大不相同,则使用单独的水平和垂直混合长度,则有不同的水平和垂直涡动扩散系数,因此,为各向异性混合。[24]混合程度由格点分辨的变形量——实际上是三维风切变——驱动,由长度尺度调制(图4.3)。在一些公式中,式(4.37)被修改为包括理查森数因子,该因子解释了浮力对湍流的影响,从而对混合产生影响。

1.5阶湍流动能(turbulence kinetic energy,TKE)闭合近似允许浮力和切变导致的依赖于时间的湍流生成和耗散。[25]雷诺应力张量表示为

$$\tau_{i,j} = K_m D_{i,j} - \frac{2}{3}\delta_{ij} E \tag{4.39}$$

式中,δ_{ij} 为克罗内克函数(Kronecker delta)($i=j$ 时$=1$,$i\neq j$ 时,$=0$),K_m 与SGS TKE的关系为

$$K_\mathrm{m} = C_\mathrm{m} E^{1/2} l \tag{4.40}$$

式中,C_m 和 l 如式(4.37)中所定义,动能 $E = \frac{1}{2}\langle u'_i u'_j \rangle$ 通过一般形式的独立预报方程计算

$$\frac{\mathrm{D}E}{\mathrm{D}t} = -\langle u'_i u'_j \rangle \frac{\partial \langle u_i \rangle}{\partial x_j} + \frac{g}{\theta}\langle w'\theta' \rangle + \frac{\partial}{\partial x_j}\left(K_\mathrm{m} \frac{\partial E}{\partial x_j} \right) - \varepsilon \tag{4.41}$$

式(4.41)中等式右边各项表示切变、浮力、扩散和耗散对 E 的影响。每项都有一个需要单独近似的SGS部分。切变项来自式(4.35),扩散项使用式(4.40),和源自科

尔莫戈洛夫(Kolmogorov)假设的耗散项

$$\varepsilon = \frac{C_\varepsilon}{l} E^{3/2} \tag{4.42}$$

式中，C_ε 是一个常数经验系数。基于干空气的浮力项是湍流涡动热通量，但可扩展到包括湿空气过程，其来源于雷诺平均热力学能量方程。因此，热力学能量方程有一个 SGS 热通量散度

$$F_{\theta,\mathrm{turb}} = \frac{\partial \tau_{\theta,i}}{\partial x_i} \tag{4.43}$$

$\tau_{\theta,i}$ 通过下式近似

$$\tau_{\theta,i} = -\langle u'_i \theta' \rangle = K_\mathrm{H} \frac{\partial \langle \theta \rangle}{\partial x_i} \tag{4.44}$$

式中，混合系数 K_H 遵循 $K_\mathrm{H} = K_\mathrm{m}/Pr$，其中 Pr 是普朗特数。该混合系数也用于水物质方程中的 SGS 项，如

$$F_{q,\mathrm{turb}} = \frac{\partial}{\partial x_i}\left(K_\mathrm{H} \frac{\partial \langle q \rangle}{\partial x_i}\right) \tag{4.45}$$

式中，$q = q_\mathrm{v}, q_\mathrm{r}$，等等。

4.3.2 陆面和大气边界层

大气边界层(atmospheric boundary layer，ABL)内的垂直涡旋是地球表面气象状态与自由对流层耦合的一种途径。这些涡旋在被加热(且具有垂直切变)的 ABL 中得以发展，并在整个 ABL 中垂直混合热量、水分和动量；在某些情况下，其结果是对流云的形成(见第 5 章)。这种混合仍然是次网格尺度的，除非 Δz 明显小于几百米，其不同于自由对流层中的各向同性 SGS 混合和/或垂直 SGS 混合，因此需要单独的参数化。

ABL 参数化方案的一个共同结果是 ABL 内网格柱上垂直 SGS 通量的表达。实现的细节主要取决于采用的是*局地*方法还是*非局地*方法。在局地 ABL 方案中，对某一高度 SGS 通量的参数化计算实际上是根据该高度或该高度附近的模式数据。计算本身通常遵循 K 理论；如

$$-\frac{\partial}{\partial z}\langle w'\theta' \rangle = \frac{\partial}{\partial z}\left[K_\mathrm{H} \frac{\partial \langle \theta \rangle}{\partial z}\right] \tag{4.46}$$

式中，K_H 还是用 $K_\mathrm{H} = K_\mathrm{m}/Pr$ 来描述，K_m 由类似于式(4.37)或式(4.40)的关系来确定。式(4.46)用来近似式(4.13)右侧隐含的 SGS 项。由于混合系数 K_H 和 K_m 必须为正，如前所述，涡动通量被约束为向下梯度(downgradient)。相应地，(热量等的)涡动传输将在与梯度相反的方向上，从而从高值区到低值区。在此约束下，局地方案的结果将是一个充分混合的 ABL。

然而，该结果可被视为局地方案的一种局限，因为超绝热层已知存在于 ABL 中，ABL 水分和动量的垂直梯度也是如此。[26]因此，考虑广泛使用的非局地公式

$$\frac{\partial}{\partial z}\left[K\left(\frac{\partial\langle\theta\rangle}{\partial z}-\gamma_{\theta}\right)\right] \tag{4.47}$$

式中，涡动扩散系数 K 高度依赖于边界层厚度，边界层厚度通过使用类似理查森数的标准进行量化。[27]因子 γ_{θ} 校正了受大涡影响的局地梯度，且为地面垂直 SGS 通量的函数。也许更重要的是，γ_{θ} 允许热量（以及水分和动量）的向上梯度（upgradient）传输。[28]换句话说，通量可以与梯度方向相同，可以使梯度有效增加而不是消除。

正如刚才提到的，来自地表的通量提供了 ABL 参数化的下边界条件。根据离散方程，这些地面通量使得在最低的模式高度层上采用垂直导数近似。在某些类型的理想化模拟实验中，地面通量被指定为常数甚至随机值。在实际数据中尺度模式应用中，通常使用地表交换系数和陆面模式（land-surface model，LSM）的输出来确定。[29]

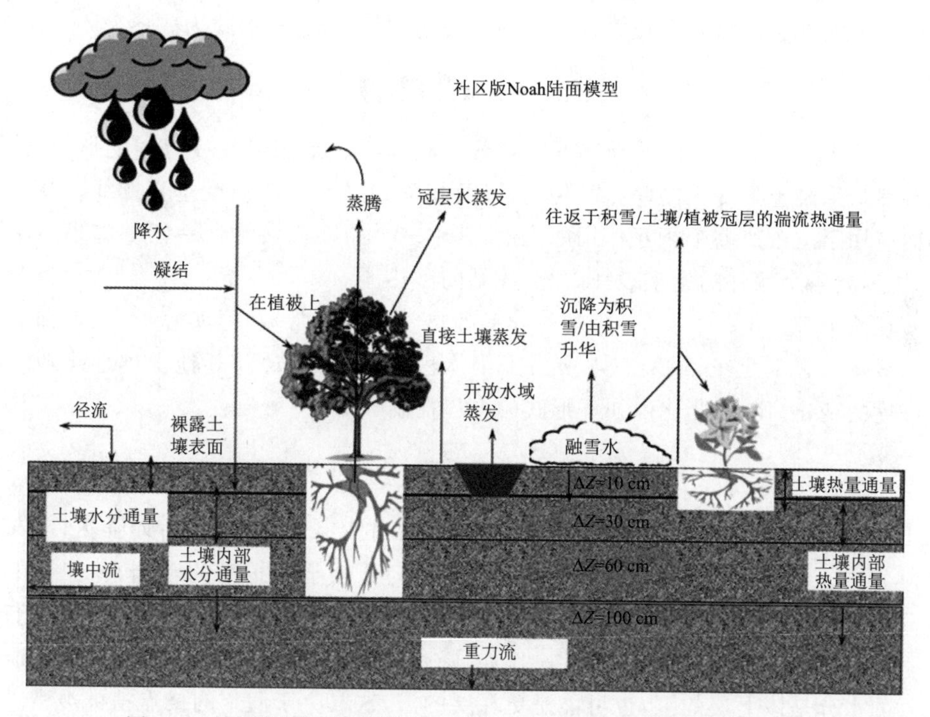

图 4.4　社区版诺亚陆面模式示意图。引自 Chen 和 Dudhia(2001)。

LSM 对地表及其下层土壤性质，以及短波和长波辐射、感热和潜热、降水，最终与上面的大气层之间的相互作用进行了参数化（图 4.4）。LSM 部分基于地表能量收支

$$F_{\mathrm{rad}}^{\mathrm{sfc}}=F_{\mathrm{SH}}^{\uparrow}+F_{\mathrm{LH}}^{\uparrow}+F_{\mathrm{G}}^{\downarrow}+F_{\mathrm{M}} \tag{4.48}$$

其表明净地表辐射通量[30]基于以感热形式损失到大气中的能量（↑SH）、以潜热形式从地表蒸发损失的能量（↑LH）、进入地面的热通量（↓G）平衡，以及与雪或冰（水）

融化(冻结)相关的热通量(M)的平衡。[31]由于式(4.48)中假设的平衡,地表能量储备被忽略。地表净辐射通量

$$F_{\text{rad}}^{\text{sfc}} = F_{\text{SW}}^{\downarrow}(1 - A_{\text{sfc}}) - F_{\text{LW}}^{\uparrow} + F_{\text{LW}}^{\downarrow} \tag{4.49}$$

取决于入射(↓SW)太阳辐射或短波辐射,以及入射(↓LW)和出射(↑LW)地表长波辐射;这些辐射来自于独立的参数化(见第4.3.4节)。地表反照率(A_{sfc})取决于具体的土地利用类型(城市、农田、草地、森林等),这是一个LSM输入变量。LSM共有的一个输出变量是地表温度(表面温度),由式(4.48)通过以下参量提供:

· 地表感热通量:$\sim c_p|\mathbf{V}|(T_{\text{sfc}} - T_{\text{a}})$,其中$|\mathbf{V}|$和$T_{\text{a}}$为模式最低层的风和温度;

· 出射长波辐射通量:$\sim T_{\text{sfc}}^4$,根据Stefan-Boltzmann定律;

· 地面热通量:$\sim T_{\text{sfc}} - T_{\text{soil}}$。

土壤温度通常由一个独立且与时间有关的方程确定,其形式为

$$c_{\text{g}}\frac{\partial T_{\text{soil}}}{\partial t} = \frac{\partial}{\partial z}\left(k_{\text{g}}\frac{\partial T_{\text{soil}}}{\partial z}\right) \tag{4.50}$$

式中,k_{g}和c_{g}分别为土壤的导热率和热容。式(4.50)采用热传导方程的形式,从而控制热量从暖土到冷土的(垂直)传输,以及相应的局部土壤温度垂直廓线。其一维方向应用于两个或多个相互作用的土层,其中一个与地面接触($z=0$)。如果土壤冻结,则需要一个额外的量来表征融化/冻结的潜热。[32]

在简单模式中,式(4.50)中的热导率和热容被视为常数,但实际上,两者都取决于土壤体积含水量(Θ,或液态水所占土壤体积单位的分数)及其他土壤性质随时间和深度的变化。Θ的变化由如下形式的方程控制

$$\frac{\partial \Theta}{\partial t} = \frac{\partial}{\partial z}\left(K_{\Theta}\frac{\partial \Theta}{\partial z}\right) + \frac{\partial k_{\Theta}}{\partial z} + S_{\Theta} \tag{4.51}$$

式中,K_{Θ}是土壤水分扩散率,k_{Θ}是导水率,S_{Θ}包含土壤水的源和汇,如降水、蒸发和径流。[33]与土壤温度方程类似,该方程包含水分向干燥土壤扩散的影响,并控制土壤水分的局地垂直廓线。它同样适用于一维相互作用的土壤层,尽管每层的源和汇可能不同,并且取决于模式的复杂性。例如,降水是与地面相接触的层的源;植物根系吸收的水分是该上层的汇,也可能是更深层的汇,这取决于假定的格点植被类型。

蒸发是上层土壤的水分汇,通过地表潜热通量项$F_{\text{LH}} \sim L_{\text{v}}|\mathbf{V}|[q_{\text{vs}}(T_{\text{sfc}}) - q_{\text{v,a}}]$将地下/地表性质与地表能量平衡联系起来,其中$q_{\text{v,a}}$是模式最低层的水汽混合比,$q_{\text{v,a}}$是饱和水汽混合比,是表面温度的函数;因此,蒸发最终会影响地表水汽混合比,进而影响地表水汽通量。其他的贡献来自于植被的蒸腾作用和植被冠层的液态水蒸发,这同样取决于模式的复杂度(如图4.4)。在云和降水微物理参数化的讨论之后,可能会更加理解,何时使用更多或更少的复杂性取决于模式应用及可用的计算资源。

4.3.3　云和降水微物理

水物质方程以及其中的源/汇项背后的指导原则是在没有 SGS 混合和扩散的情况下，总水量守恒。这些项本身代表了气、液、固态水之间的转换。因为这些转换的副产品是非绝热加热，所以微物理过程影响空气运动。空气运动反过来影响微物理，因为风将水物质输送到整个云体，并从云体内部输送到环境或相反，从而促进进一步的转换。

第 6 章通过使用一维云模式提供了微物理动力学反馈的完整示例。在这里，我们简单地以一种符号表达方式介绍这些转换。尽管人们倾向于绕过冰－液微物理方案（见图 4.5）的复杂性，转而采用简单的纯雨方案，但冰微物理的加入对于大多数中尺度对流过程的精确数值模拟和预测是至关重要的。因此，我们抵制这种诱惑，考虑一组耦合转换[34]，包括水汽、云水（q_c）、云冰（q_i）、雨（q_r）、雪（q_s）和霰/雹（q_h）的混合比

$$S_{qv} = (C_E + R_E + I_S + S_S + H_S) - (C_C + I_I + I_D + S_D + H_D) \quad (4.52)$$

$$S_{qc} = (C_C + I_M) - (C_E + C_B + R_A + R_{Ac} + I_{Hf} + S_{Ac} + H_{Ac}) \quad (4.53)$$

$$S_{qi} = (I_{Hf} + I_I + I_D) - (R_{Ac,i} + I_M + I_S + I_B + S_{Ag} + S_{Ac,i} + H_{Ac,i}) \quad (4.54)$$

$$S_{qr} = (R_A + S_{Ac} + R_{Ac} + S_M + H_M + H_{Sh}) - (R_E + I_{Ac,r} + S_{Ac,r} + H_{Ac,r} + H_{pf}) \quad (4.55)$$

$$S_{qs} = (C_B + R_{Ac,i} + I_{Ac,r} + I_B + S_{Ac} + S_{Ac,r} + S_{Ac,i} + S_D + S_{Ag}) - (R_{Ac,s} + S_M + S_S + H_{Ac,s} + H_{Ag}) \quad (4.56)$$

$$S_{qh} = (R_{Ac,i} + S_{Ac,s} + I_{Ac,r} + S_{Ac,r} + H_{Ac} + H_{Ac,r} + H_{Ac,s} + H_{Ac,i} + H_{Ag} + H_D + H_{pf}) - (H_{Sh} + H_M + H_S) \quad (4.57)$$

式中，按其在式(4.52)—式(4.57)出现的顺序分别为：

C_E 和 R_E 是云滴和雨滴的蒸发率，主要由环境湿度决定，并取决于雨滴大小分布。注意，C_E，R_E 和所有其他直接涉及相变的交换都对热力学能量方程中的非绝热加热 $\dot{Q}$ 有贡献。

• I_S，S_S 和 H_S 分别是云冰、雪和冰雹的升华速率，同样是环境湿度和粒子尺寸分布的函数，但仅在冰点以下温度有效。

• C_C 是水汽凝结成云滴的速率。本质上，对于任何过饱和（$q_v > q_{vs}$）的发生，多余的水蒸汽（$q_v - q_{vs}$）被转换成（特定的）云滴分布。

• I_I 是云冰的开始。与 C_C 类似，当空气相对于冰过饱和，温度低于冰点时，多余的蒸汽转化为（特定的）冰晶分布。

• I_D，S_D 和 H_D 分别是云冰、雪和冰雹的沉积速率。雪和冰雹的沉积代表“干增长”。云冰上的水汽沉积代表了雪的增长。

• I_M 是云冰的融化速率，在高于冰点的温度下发生，并转化为云水。

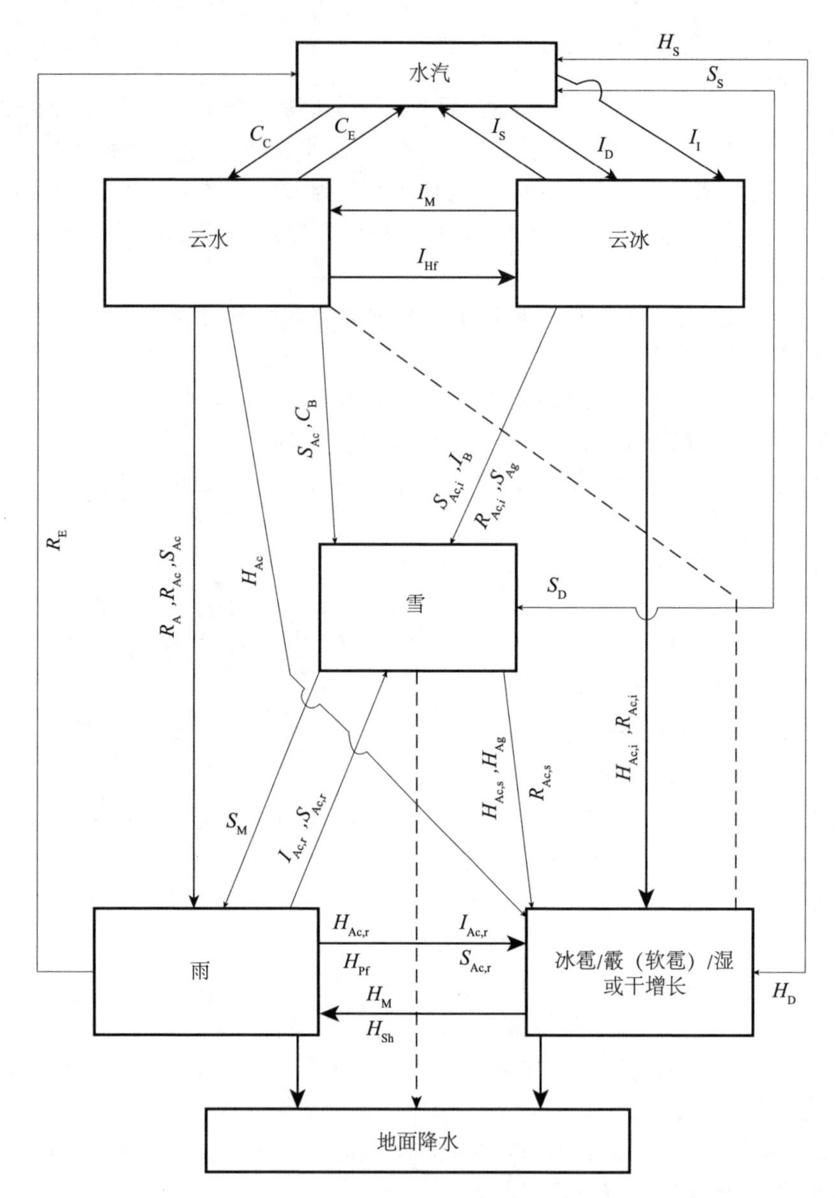

图 4.5　Gilmore 等(2004)提出的冰相和液相微物理方案流程图

• C_B 是云水通过贝吉龙过程(Bergeron process)[35]在冰点以下温度转化为雪的过程。

• R_A 是云水自动转化为雨的过程，当 q_c 超过某个阈值时，这种简单的转化就会激活。

• R_{Ac}，S_{Ac} 和 H_{Ac} 分别表示雨雪和冰雹对云滴的吸积。这些水凝物粒子在穿过云层时收集云滴，其速率主要取决于其直径。在冰点以上温度，雪的吸积是雨水的来源。

・I_{Hf}是云滴均匀冻结成冰晶的速率，设定其在低于－40℃时发生。

・$R_{\mathrm{Ac,i}}$，$S_{\mathrm{Ac,i}}$和$H_{\mathrm{Ac,i}}$分别表示雨、雪和冰雹对云冰的吸积，其发生方式类似于对云滴的吸积。这些水凝物粒子收集云冰的可能性（收集效率）可随温度变化。当雨滴吸附云冰时，会形成冰雹/霰或者雪，具体取决于q_{r}。

I_{B}表征贝吉龙过程活跃时，过冷云中云冰通过沉积和凇附转变为雪。

・S_{Ag}表示冰晶聚集形成雪。从物理上讲，其速率取决于温度和湿度，该速率反过来又控制着冰晶的习性和相互作用方式。在简单的参数化方案中，可以粗略地将其表示为当q_{i}超过某个阈值时激活的转换。

・$\mathrm{S_M}$和H_{M}分别是雪和冰雹融化形成雨滴的速率。

有别于H_{M}，H_{Sh}是雨滴从冰雹上脱落的速率；这两个过程都发生在“湿生长”期间。

・$I_{\mathrm{Ac,r}}$，$S_{\mathrm{Ac,r}}$和$H_{\mathrm{Ac,r}}$分别代表云冰、雪和冰雹对雨的吸积，类似于其他粒子吸积的方式。这是“湿增长”的一种形式。在$I_{Ac,r}$情形下，云冰对雨滴的吸积导致雪或冰雹的产生，而非云冰的增加。

・H_{Pf}是雨滴冻结形成冰雹的（概率）速率。

・$R_{\mathrm{Ac,s}}$和$H_{\mathrm{Ac,s}}$分别表示雨和冰雹对雪的吸积。

・H_{Ag}表示雪积聚形成冰雹，类似于S_{Ag}的表示。

虽然未明确列出，水凝物降落或沉积同时也贡献于水物质的速率变化，其一般形式为$1/\rho\partial/\partial z(\bar{V}_{f,j}\rho q_j)$，其中$(\bar{V}_{f,j})$是第$j$种水凝物的平均降落速度。

式(4.7)和式(4.8)以及式(4.52)—式(4.57)共同组成了一个整体微物理方案。在整体方案中，预测的是每个网格点相关体积内云和降水粒子的分布，而非单个粒子本身。粒子尺寸分布(drop size distribution，DSD)的一般形式受如下函数约束

$$N_j(D) = N_{0j}\mathrm{e}^{-\lambda_j D_j} \tag{4.58}$$

式中，$N_j(D)$是单位体积直径在$(D, D+\mathrm{d}D)$区间内粒子的浓度；N_{0j}为指定常数，称为截距（字面意思为分布曲线截取y轴时N_j的值；即当D_j为零时）；$j=r$，s或h表示粒子类型。式(4.58)通常称为马歇尔-帕尔默分布(Marshall-Palmer distribution)。分布的斜率λ为平均直径的倒数，或

$$D_{Nj} = \lambda_j^{-1} = [\rho q_j/(\pi\rho_j N_{0j})]^{1/4} \tag{4.59}$$

式中，ρ_j为雨、雪或冰雹的密度，并设定为常数。则总粒子数浓度为

$$N_{j0j}D_{Nj} \tag{4.60}$$

因此，通过式(4.59)预测粒子在每个网格点的混合比q_j可以决定局部粒子尺寸分布的斜率和平均直径。其与总粒子数浓度N_j，可用于评估如增长率这样的一些转换条件。这些速率用于计算式(4.8)混合比的局地变化，然后用新的q_j值重新估计新的平均直径，依此类推。

本例中,假设云滴大小是单谱分布,或换句话说,云滴总体具有均匀的直径

$$D_c = \left(\frac{m_c}{\rho_w}\frac{6}{\pi}\right)^{1/3} \tag{4.61}$$

且有均一的粒子质量

$$m_c = q_c\rho/N_{ccn} \tag{4.62}$$

由云水混合比及设定的云凝结核数量(N_{ccn})决定;假设所有核均已活化。因此,每个网格点的云水混合比决定了局地云滴分布的质量和(具有尺寸限制的)直径。这些信息被用来估计转换项,例如吸积率,其通过式(4.8)导致 q_c 的局地变化,得到新的 q_c,然后是新的直径和质量。对于假定的单谱云冰分布,D_i,m_i 和 q_i 之间的关系也可同样用于预测 q_i。

替代前面的单矩整体方案(single-moment bulk scheme)的另一种方法是预测混合比和数浓度。在双矩整体方案(double-moment bulk scheme)中,以下附加方程控制数浓度变化率

$$\frac{DN_j}{Dt} = S_{N_j} + F_{N_j} \tag{4.63}$$

式中,F_{Nj} 为 SGS 混合,且 S_{Nj} 为源/汇项。[36]尽管基础的 DSD 受函数约束,如马歇尔-帕尔默函数,式(4.63)仍有助于得到随时间变化的 DSD 斜率和截距值

$$\lambda_j = \left[\frac{\Gamma(1+d_j)c_jN_j}{\rho q_j}\right]^{1/d_j}$$
$$N_{0j} = N_j\lambda_j \tag{4.64}$$

式中,Γ 为伽马函数。对于特定水凝物粒子,参数 c_j 和 d_j 遵从质量与直径关系 $m_j = c_jD^{dj}$。[37]双矩方案的优势是 DSD 在物理上有更为真实的演变:例如,它允许由于小雨滴被大雨滴收集而导致分布中小的尺寸耗尽,从而导致分布中较低尺寸相应向上移动。这种改进的 DSD 处理不仅影响交换项,还影响降水率、非绝热加热量和微物理动力学反馈。当然,代价是额外的计算。

另外一种选择,尽管计算成本更高,是显式微物理参数化。显式方案需要额外的方程来控制单位间隔 dD 中水凝物粒子直径的变化,因此不受指定分布函数的约束。[38]与高矩整体方案一样,显式微物理方法的优点需要与其计算开销和其他参数化过程固有的开销、域大小、网格点间距等进行权衡。这种权衡的实际需求对数值模式用户来说将是长期存在的挑战性工作。

无论参数化方案的选择如何,将模式输出与观测值进行比较的方法可以用于模式的评估,也有助于对结果进行解释。虽然在野外试验期间,DSD 的观测是从机载和地基平台收集的,但一个更容易获得有关降水结构定量信息的来源是天气雷达(见第 3 章)。可以将预测的分布转换为雷达反射率因子,如下所示

$$Z_{er} = 720N_{0r}\lambda_r^{-7} \times 10^{18} \tag{4.65}$$

$$Z_{es} = 161.3N_{0s}\lambda_s^{-7}\left(\frac{\rho_s}{\rho_w}\right)^2 \times 10^{18} \tag{4.66}$$

$$Z_{eh} = 161.3 N_{0h} \lambda_h^{-7} (\frac{\rho_h}{\rho_w})^2 \times 10^{18} \tag{4.67}$$

式中，Z_e 为等效反射率因子。[39]对各种水凝物类型求和

$$Z_e = Z_{er} + Z_{es} + Z_{eh} \tag{4.68}$$

然后转换为 dBZ 得到

$$SRF = 10\log(Z_e) \tag{4.69}$$

即模拟雷达反射率因子(radar reflectivity factor，SRF)。第 10 章给出了高分辨率数值天气预报模式中 SRF 的应用实例。

4.3.4　大气辐射

地表短波辐射和长波辐射通量是地表能量收支的关键组成部分，因而也是 LSM 的关键组成部分；更广泛地来说，F_{SW} 和 F_{LW} 对整个大气起非绝热加热作用。尽管太阳是大气辐射的来源，但辐射通量并非常数，即使在较短的时间尺度上也是如此：它们取决于云和降水、大气的化学成分、地理位置、一年中的季节、一天中的时间等等随时间变化的细节。本节提供了一个例子，说明如何在辐射通量的参数化中考虑其中一些因素。

我们从入射的短波通量开始

$$F_{SW}^{\downarrow}(z) = S_0 \cos(Z) - \int_z^{top} (\mathrm{d}\,F_{SW}^{cs} + \mathrm{d}\,F_{SW}^{ca} + \mathrm{d}\,F_{SW}^{s} + \mathrm{d}\,F_{SW}^{a}) \tag{4.70}$$

式中，S_0 为太阳常数，$\mathrm{d}F_{SW}^{a}$，$\mathrm{d}F_{SW}^{ca}$，$\mathrm{d}F_{SW}^{s}$ 和 $\mathrm{d}F_{SW}^{a}$ 分别是由于云层散射、云层吸收、晴空散射和晴空吸收引起的短波通量的微分变化。[40]太阳天顶角 Z(见图 4.6)由下式定义

$$\cos(Z) = \cos(\varphi)\sin(\delta_s) + \cos(\varphi)\cos(\delta_s)\cos(t_s) \tag{4.71}$$

式中，φ 为纬度，δ_s 为太阳赤纬角，是一年中某一天的函数，t_s 为当地太阳时间，取决于经度。[41]云的散射和吸收由 $\cos(Z)$、受 $\cos(Z)$ 影响的垂直积分液态水路径以及网格是否有云(即云量为 0 或 1)决定。天顶角的增加导致通过多云大气的辐射路径增加，从而导致吸收和散射的增加。晴空散射与大气质量的路径积分成正比。最后，假设晴空吸收仅由水汽引起，因而是水汽路径积分的函数。晴空和云的吸收是造成非绝热加热的唯一短波因素

$$\dot{Q}_{SW} = \frac{1}{\rho c_p} \frac{\partial}{\partial z} [\int (\mathrm{d}\,F_{SW}^{ca} + \mathrm{d}\,F_{SW}^{a})] \tag{4.72}$$

正如所讨论的每种参数化情况，可以通过包含其他晴空成分的吸收、大气气溶胶散射以及取决于有效的云特性类型(冰与液态粒子、浓度等)的散射，来增加短波辐射通量表示的复杂性。

地球表面向上长波辐射的参数化相对简单

$$F_{LW}^{\uparrow} = \varepsilon_{sfc} \sigma_{SB} T_{sfc}^4 \tag{4.73}$$

式中，T_{sfc}^4 (K)为如前所述的地面或地表温度，$\sigma_{SB} = 5.67 \times 10^{-8}\,\mathrm{W \cdot m^{-2} \cdot K^{-4}}$ 为斯

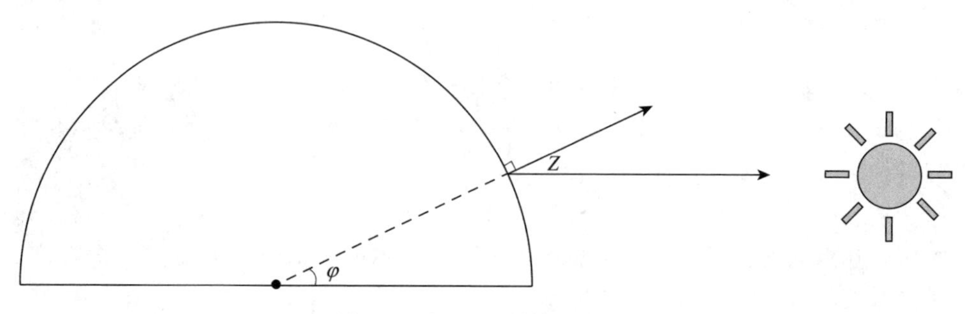

图 4.6　太阳天顶角图形描述

蒂芬-玻尔兹曼(Stefan-Boltzmann)常数，ε_{sfc} 为地面发射率。[42] 发射率取决于陆面；对于地球上的大多数表面，ε_{sfc} 范围为 0.9～0.99。

云和大气成分如二氧化碳和水汽也会影响长波发射。因此，地面辐射通量只是整个大气柱辐射通量积分的一部分。从概念上讲，[43] 有

$$F_{LW}^{\uparrow} = \int B(T)\,d\varepsilon_u$$
$$F_{LW}^{\downarrow} = \int B(T)\,d\varepsilon_d \qquad (4.74)$$

式中，B 为普朗克函数，当在所有波长上积分时，它具有式(4.73)中的温度依赖性(见第 3 章)。式(4.74)中的向上(u)和向下(d)发射率要复杂一些，因为它们依赖许多特征，包括高度、大气质量路径积分(特别是考虑液态水和水汽)、云特性，以及电磁辐射光谱长波部分波长间隔(或波段)内的大气吸收量。吸收本身是特定大气成分的函数。本质上，辐射参数化方案在如何处理如式(4.74)中的积分的细节上有所不同。这些方案可以计算输出长波对非绝热加热的贡献

$$\dot{Q}_{LW} = \frac{1}{\rho c_p}\frac{\partial}{\partial z}\left[F_{LW}^{\downarrow} - F_{LW}^{\uparrow}\right] \qquad (4.75)$$

4.3.5　对流云

深对流云的上升气流和下沉气流在对流层中输送热量、水汽和动量。整体上，这种输送使对流层上部局部环境增温、增湿，对流层下部环境冷却、干燥。云和降水过程产生的凝结和冻结潜热的释放为高空环境提供了额外的增暖；降水融化和/或蒸发吸收潜热进一步冷却了低层环境，尤其是云底以下。当水平格点间距超过几千米时，积云对流翻转运动的水平范围通常变成 SGS，相关的非绝热过程也是如此。[44] 因此，有必要用网格分辨的量表示 SGS 对流混合和加热。

从基础层面来看，对流参数化方案寻求估计以下垂直变化量

$$Q_{1c} = -\frac{1}{\rho}\frac{\partial}{\partial z}(\langle \rho w's' \rangle) + L_v(\langle C\rangle - \langle E\rangle) + \dot{Q}_R \qquad (4.76)$$

$$Q_{2c} = -\frac{1}{\rho}\frac{\partial}{\partial z}(\langle \rho w' q_v' \rangle) - (\langle C \rangle - \langle E \rangle) \tag{4.77}$$

式中，下标 c 表示用在积云区，$s=c_p T + gz$ 表示干静力能量，$\dot{Q}_R$ 是辐射引起的加热率（例如，由式(4.72)和式(4.75)确定），$C(E)$是凝结（蒸发）率。式(4.76)和式(4.77)遵循应用于热能和水汽守恒方程的雷诺平均，忽略了水平涡动输送。[45] Q_{1c}通常被称为视热源，是热力学能量方程的右侧项。Q_{2c}被称为视水汽汇，是控制水汽混合比方程的源/汇项。这些项对网格分辨的热力学变量的调整可能导致水汽转化为雨水，称之为对流降水 P_c。

可用的方案在 Q_{1c}、Q_{2c}和 P_c 的参数化方案以及激活或触发参数化的方式上有很大的不同。例如，Kain-Fritsch 方案[46]通过上升（下沉）气流质量通量表示式(4.76)和式(4.77)中的垂直通量，其足以消减（大部分）对流有效位能（convective available potential energy，CAPE）

$$\mathrm{CAPE} = \int_{z_1}^{z_2} B \mathrm{d}z \tag{4.78}$$

式中，B 为浮力（见第 5 章）。该方案的激活是基于对候选“气块”热力学稳定性的评估（第 5 章），基本模拟了真实大气中对流云的形成。

4.4　模式设计与实现

4.4.1　初始与边界条件

耦合方程组（例如，式(4.1)—式(4.8)）的数值解需要初始和边界条件（ICs，BCs）。在对流风暴的理想化模拟中使用的 ICs 通常假设垂直分层但水平均匀的大气。这种初始状态用探空或其理想化模型来描述，用来表示对流风暴环境。环境的区域范围由模型的水平域定义，$0 \leqslant x \leqslant L_x$，$0 \leqslant y \leqslant L_y$；在大多数研究中，$L_x$和 L_y 的范围从几十千米到几百千米不等。而 BCs 是在侧边界（$x=0$，L_x）和（$y=0$，L_y）的初始状态。具体而言，如果仅在侧边界内诊断到入流（如，$u|_{x=\Delta x} > 0$），则该边界处的变量则被赋值为环境值。如

$$T|_{x=0} = \overline{T}, q_v|_{x=0} = \bar{q}_v, \cdots$$

如果诊断到出流，则以一维平流方程式(4.26)的形式施加辐射边界条件，使得变量信息可以自由地传递到域外。理想化的模式应用需要一个具有封闭侧“墙壁”区域，假定垂直于墙壁的流动具有不渗透条件，以及与墙壁相切的流动采用自由滑动条件

$$u|_{x=0} = 0 \quad 且 \quad \partial v/\partial x|_{x=0} = 0$$

这种条件也适用于域的上（$z = L_z$）、下（$z = 0$）边界。最后，周期性边界条件

$$u|_{x=0} = u|_{x=Lx}$$

是通道流理想化模拟的首选边界条件，特别是当这些条件与沿通道壁的自由滑动条件耦合

$$\partial u/\partial y|_{y=0} = 0 = \partial u/\partial y|_{y=L_y}$$

在中尺度模式的实际数据应用中，ICs/BCs均直接来自观测或更大尺度模式的输出（以下称为大尺度“驱动”）（图4.7）。主要是将这些信息插入到模式网格中。如果使用数据，实际实施涉及如第3章所述的分析技术，去除未能较好分辨的尺度。[47]如第4.4.2节所述，如果需要从数据中提取或以其他方式转换模式预测量，则需要额外的技术。

模式初始化（同样见第4.4.2节）后，更大尺度的演变通过BCs传送到域内部。通常情况下，来自观测或更大尺度驱动的数据以固定的时间间隔内插到模式域边界以形成边界条件BCs。值得模式使用者注意的一个后果是，内部解始终受指定边界条件的约束。因此，例如，域内部某些特征的向东行进必须与特征遇到域边界时在更大尺度数据中的行进相匹配（如图4.7）。

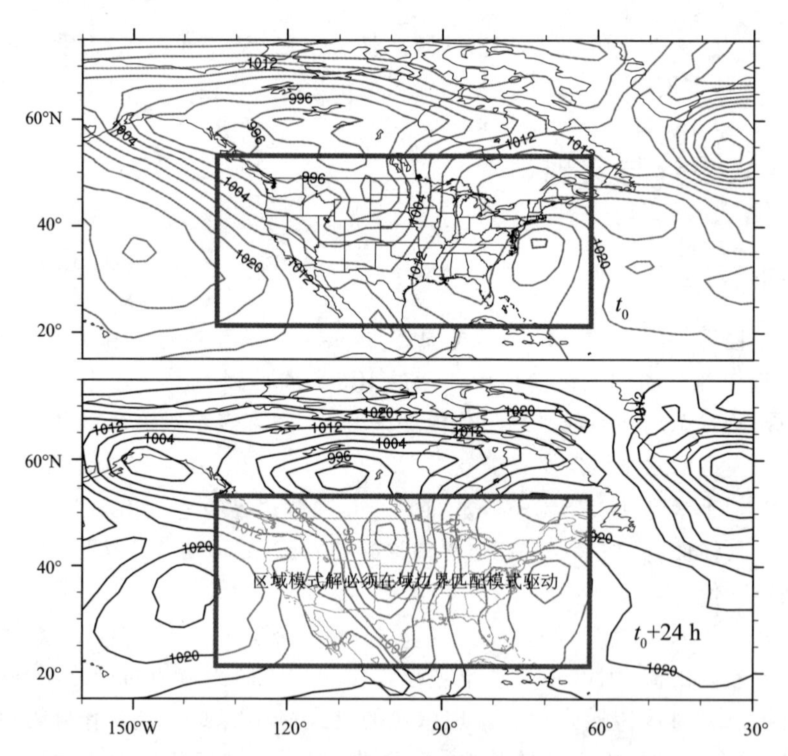

图4.7 区域模式域的初始和边界条件示例。等高线（黑色、灰色）为模式驱动在两个时次（t_0，t_0+24 h）的平均海平面气压（hPa）；灰色线表示初始条件（t_0）。域内部的区域模式解可以自由演变，但必须始终在边界（粗线）处匹配模式驱动。

4.4.2　数据同化

即使在前向积分开始之后，也有可能在模式解中引入观测的大气状态更新。这种方法属于数据同化(data assimilation，DA)的大范畴。根据本章的理念，本节将仅提供 DA 方法和功能的基本概述。

公认的 DA 技术包括三维(或四维)变分数据同化(3DVAR;4DVAR)和集合卡尔曼滤波(EnKF)。其主要目标是使模式解与观测状态相匹配，从而产生一个更新的状态变量估计；期望随后的模式积分将产生更为准确的解。本质上，同化的作用是对模式重新初始化；事实上，DA 技术用于生成初始条件 IC 并提供更新。

下面的简单示例说明了 DA 的基本组成部分。[48]我们考虑对模式预报变量(如温度)的估计或分析

$$T_a = T_t + \varepsilon_a \tag{4.79}$$

尽管我们将把它推广到一个三维网格场，但现在假设 T_a 是一个标量，并且表示一个点上的单个估计。我们首先认识到 T_a 总是包含一些相对于真值的误差 ε_a。设计 DA 方法的目的是尽量减少这种误差，通过最小二乘法完成，以下列表达式形式给出

$$T_a = T_b + W[T_o - T_b] \tag{4.80}$$

式(4.80)表明，分析是背景值 T_b 和背景与观测值 T_o 之差的加权(W)线性组合。这一差值被称为*观测增量*或*更新*。背景，或“初猜”，通常来自于先前的模式对分析时刻的预报。从概念上来说，式(4.80)与第 3 章中的数据分析方程式(3.47)是一致的。

式(4.80)中假设观测量与分析/预报量相同。然而，许多观测系统产生的数据必须转换为预报量：第 3 章的一个例子是卫星辐射，从中可以反演出温度。考虑到这一点，同化方程写为

$$T_a = T_b + W[O - H(T_b)] \tag{4.81}$$

式中，H 为观测算子，这里将背景转换为观测的形式(O)。H 还可以解释这样一个事实，即观测结果常常与背景不在同一地点。

式(4.80)或式(4.81)中的最优权重为

$$W = \frac{\sigma_b^2}{\sigma_b^2 + \sigma_o^2} \tag{4.82}$$

式中，σ_o^2 是与观测相关的误差方差(即 $\varepsilon_o = (T_o - T_t)$)，$\sigma_b^2$ 是与背景相关的误差方差(即 $\varepsilon_b = (T_b - T_t)$)。在当前示例中，假设平方误差 ε_o^2 和 ε_b^2 与变量 T 相关的误差分布的方差一致。[49]观测误差方差和背景误差方差与分析误差方差的关系如下

$$\frac{1}{\sigma_a^2} = \frac{1}{\sigma_b^2} + \frac{1}{\sigma_o^2} \tag{4.83}$$

式中，每个单项分别代表背景和观测的准确性。

EnKF 和 3DVAR 的简单标量版本的主要区别在于背景误差方差的处理，更普

遍的是同化方程的实现。两者都可以用当前分析初始化预报模式，并按时间向前积分以获得新的预报，因此，背景

$$T_{\mathrm{b}}^{n+1} = M(T_{\mathrm{a}}^{n}) \tag{4.84}$$

式中，M 表示预报模式应用。按其名称，EnKF 需要一个由许多模式积分的集合，每个模式积分都是在时间层 n 上用观测分析加上一个小的随机扰动来初始化(见第 10 章)。扰动解用于计算在时间层 $n+1$ 的新的背景误差方差 σ_{b}^2。假设观测误差方差为常数 σ_{o}^2，根据观测系统信息估计得到，新的背景误差方差与 $n+1$ 处的新的观测和背景相结合，以计算新的分析，然后再用于另一个向前模式积分。该同化循环重复多次，时间增量与可用的观测数据一致。最后，模式向前积分直至完成，无需进一步同化。

在 3DVAR 的各种实现中，σ_{b}^2 通常是根据相同时间有效的不同预报估计的。[50] 否则，同化周期基本上与刚才描述的相同。4DVAR 是 3DVAR 的一个扩展，它的目的是引入同化周期时间间隔内不同时间的观测值。

当为三维网格场编写同化方程时，EnKF 和 3DVAR 的最优权重公式会出现差异：权重现在将表示为矩阵，并且涉及观测和背景误差协方差矩阵之间的运算，而非误差方差。[51] 然而，同化周期本身与前面概述的基本相同。

本章中特别相关的数据同化应用涉及雷达数据的使用。从雷达反射率反演预报的各种水凝物变量，从多普勒速度(和雷达反射率)反演三维风。在开始向前积分之前，这些观测值在若干周期内被同化。[52] 雷达 DA 不一定与对流风暴的初始形成有关，特别是因为初始风暴的反射率很弱，但一旦风暴正在进行，它确实能够代表风暴的降水及动力结构。

4.4.3 其他设计问题

在高分辨率的真实数据模式模拟中，对流风暴的产生可归因于 IC/BC 中存在的过程(如天气尺度锋)，虽然参数化过程(如地表能量交换和 SGS 混合)也会影响对流风暴的产生。使用理想化方法对对流风暴进行数值模拟时，如何在静止的水平均匀环境中触发积云对流是一个实验设计问题。尽管意在表示真实大气中的过程(见第 5 章)，但迄今为止使用的启动步骤仍有一些人为的因素。[53] 一个常见的步骤是设定一个脉冲“热气泡”。气泡通常是三维(扰动)温度的球状分布，在 $t=0$ 时刻引入(图 4.8)。自由设定的参数，如气泡尺寸、气泡中心达到的最大增温和离地面的距离，取决于模式应用和环境均匀性。我们将在第 5 章和第 6 章中学习，气泡的大小影响风暴的大小。这推动了替代启动步骤的发展，其中一个例子涉及给定模式地面温度和水汽混合比的随机扰动，旨在模拟白天加热并帮助产生边界层环流[54]。

另一个问题是如何协调可用的计算机资源与参数化方案的复杂度、积分长度、域的大小和网格点间距。网格嵌套方法在一定程度上解决了这个问题。与俄罗斯套娃类似，嵌套网格是位于彼此内部的计算子域(尽管不一定居中)(图 4.9)。较小的子域具有相应较小的网格点间距和相应较小的时间步长

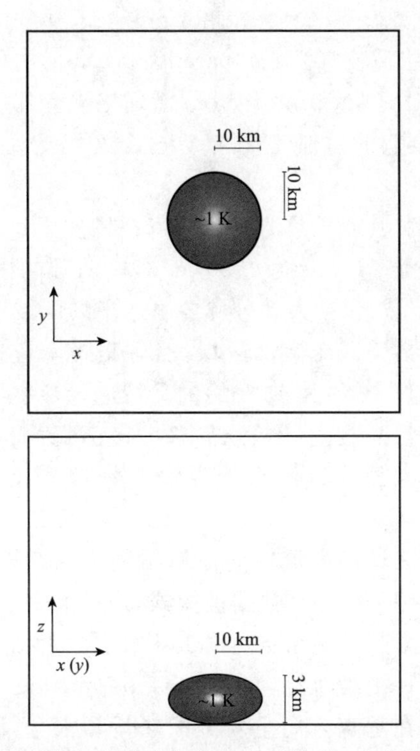

图 4.8　理想化数值模拟中热气泡对流启动的示例说明。灰色阴影表示温度等级，气泡中心最大增温约为 1 K。此例中，气泡在水平截面上是圆形的，半径为 10 km；在垂直截面上，气泡呈椭圆形，短轴半径为 1.5 km。

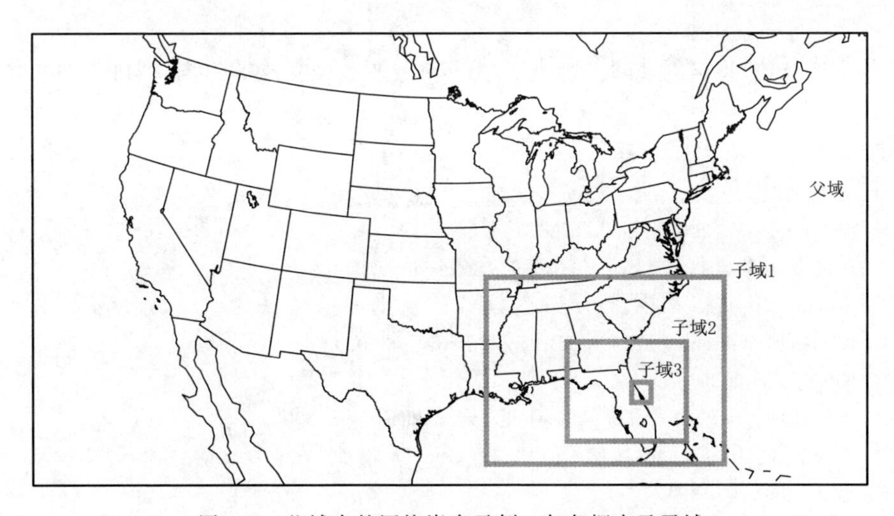

图 4.9　父域中的网格嵌套示例。灰色框表示子域

$$\Delta x_{\mathrm{n}} = \Delta x_{\mathrm{p}} / nc_{\mathrm{n}} \text{ 和 } \Delta t_{\mathrm{n}} = \Delta t_{\mathrm{p}} / nc_{\mathrm{n}} \tag{4.85}$$

式中，Δx_{p} 和 Δt_{p} 分别是主域或“父”域(“parent” domain)的网格点间距和时间步长，n 是子域增量，c_{n} 是嵌套因子(nesting factor)。[55]网格嵌套的一个显著优点是，相对精细的网格可以只用于需要它的物理区域，只有这个区域受到相关的较小时间步长的限制。

考虑图 4.9 中的示例，其动机是清楚地分辨在佛罗里达海风锋之前引发的对流风暴。[56]该配置包括高分辨率(Δx 约为 250 m)海岸西部的内部子域；一个允许对流(Δx 约为 1 km)的中间子域，包括大部分佛罗里达半岛区域；另一个允许对流(Δx 约为 4 km)的中间子域，包括美国东南部区域；然后是一个覆盖美国大部分地区的父域。因为对流是在相对粗(Δx 约为 16 km)的父域进行参数化，有可能通过该参数化形成一个对流降水区域，然后越过子域边界移动，直到对流过程得到显式表达。此过程和其他过程的隐式到显式过渡可能导致非物理演化，这是网格嵌套的目的之一。[57,58]

网格嵌套运行，可以只让信息流单向地从粗网格到细网格传递。或者，它也可以允许网格之间的双向交互：粗网格数据被模式方程用来在一个时间增量上进行细网格积分，然后将这些数据升尺度在粗网格上积分。这种双向交互甚至是气候模式设计特征的基础，其中允许二维对流(convective-permitting)的模式被嵌入到气候模式网格单元中，其功能是在垂直方向重新分配热量和水分，而不是采用典型的对流参数化方案。[59,60]这种超参数化是资源和设计妥协的又一个例子，这种妥协贯穿于所有的数值模拟。

补充信息

有关练习、问题及推荐的个例研究，请参阅 www. cambridge. org/trapp/chapter4。

说明

1 Skamarock 等(2008)；Pielke(2002)。

2 Anderson 等(1984)；Lewis 等(2006)；Stensrud(2007)。

3 Straka(2009)；Kessler(1969)。

4 Klemp 和 Wilhelmson(1978)；Bryan 和 Fritsch(2002)。

5 Xue 等(2000)。

6 未作此种近似的模式方程示例，参见 Bryan 和 Fritsch(2002)。

7 Klemp 和 Wilhelmson(1978)。

8 Skamarock 等(1994)。

9 其他垂直坐标的讨论请参见 Haltiner 和 Williams(1980)；Kalnay(2003)。

10 舍入误差是所有计算机内存有限的必然结果：无论内存多少，真实数值总是会在某个小数点处被舍入。

11　Kalnay(2003)。

12　Anderson 等(1984)；Jacobson(2005)。

13　这种分析称为 von Neumann 或 Fourier 稳定性分析，包括将一般形式的假设误差分布 $\exp(ikx+at)$ 代入有限差分方程，然后评估误差随时间增长的条件(如果有的话)。如前所述，这些条件是按柯朗数(Courant number)来计算的；参见 Anderson 等(1984)。

14　感兴趣的读者可参考计算流体力学的参考资料，如 Anderson 等(1984)，以及 Haltiner 和 Williams(1980)；Kalnay(2003)；Jacobson(2005)中的章节。

15　不可压缩假设或滞弹性近似的替代方法是保持大气的可压缩性，但采用时间分裂法；参见 Klemp 和 Wilhelmson(1978)。

16　Stensrud(2007)；Straka(2009)；Jacobson(2005)和其他学者提供了其他方案及其完整的推导过程。

17　Jacobson(2005)。

18　Bryan 等(2003)。

19　参见 Bryan 等(2003)及其参考文献。

20　Anderson 等(1984)。

21　通量是单位时间内某一物理量穿过单位面积的运动。此种情况下，通量是动量通过单位面积的传输速率。

22　Kundu(1990)。

23　以下来自 Emanuel(1994)。

24　Xue 等(2000)。

25　Klemp 和 Wilhelmson(1978)。

26　Stensrud(2007)。

27　Hong 和 Pan(1996)。

28　Pielke(2002)。

29　下面的大部分讨论基于 Chen 和 Dudhia(2001)。

30　在此情况下，通量是单位面积上能量传递的速率。

31　Peixoto 和 Oort(1998)。

32　Stensrud(2007)。

33　Chen 和 Dudhia(2001)；Stensrud(2007)。

34　Gilmore 等(2004)的补编中描述了这一特殊方案。有关云和降水微物理参数化方案的概述和更详细的信息可以在 Straka(2009)找到。

35　在仍含有液态水的低于冰点的云(过冷云)中，冰晶将通过水汽扩散而不是过冷云滴来增长，却以过冷云滴为代价。这一过程甚至会消耗水滴，形成完全由冰组成的云。参见 Pruppacher 和 Klett(1978)。

36　Ferrier(1994)。

37　关于分布函数的一般表达式，参见 Ferrier(1994)。

38　Kogan(1991)。

39　Kain 等(2008)；Koch 等(2005)。

40 Dudhia(1989)。

41 Stensrud(2007)。

42 同上。

43 Dudhia(1989)。

44 尽管这是一个有争议的问题，但一般认为，当网格点间距在几千米以下时，关键的对流过程在网格尺度上得被充分分辨(Weisman 等，1997)。然而，这些过程在网格点间距约为 100 m 或以下时才能完全分辨(Bryan 和 Fritsch 2002)。

45 Stensrud(2007)。

46 Kain 和 Fritsch(1990)。

47 更多讨论参见 Haltiner 和 Williams(1980)。

48 遵循 Kalnay(2003)。

49 正如 Kalnay(2003)所讨论的，这是根据 $E[\epsilon^2]=\sigma^2$ 的事实得出的，其中 E 为期望值。

50 更多讨论参见 Kalnay(2003)。

51 感兴趣的读者可参考 Kalnay(2003)和其他材料，以获得关于这些表达式的完整形式的更多细节。

52 Dowell 等(2011)。

53 Loftus 等(2008)。

54 Balaji 和 Clark(1988)。

55 嵌套因子通常设置为 3 或 4，但在物理上不受这些特定值的限制。

56 从概念上讲，这种模式区域配置适用于世界各地的许多地区。

57 Warner 和 Hsu(2000)。

58 动态网格自适应替代方法消除了这种过渡问题，因为网格到处都是平滑变化的。然而，这种方法的一个局限是，受最小网格间距约束的同一时间步长要用于整个域；参见 Fiedler 和 Trapp(1993)。

59 在此情况下，这些模式通常被称为云系统分辨模式。

60 Randall 等(2003)。

第 5 章　深对流云的初生

概要：本章考虑湿空气如何形成正的浮力，然后以深对流云的形式自由上升的基本问题。在对气块理论进行回顾之后，本章大部分内容讨论气块被"抬升"一段垂直距离以使其具有正浮力的方法。天气尺度过程提供弱的抬升，但主要是作为热力学环境的前提条件。地形抬升是典型的例子，当空气块遇到倾斜的地形时，将被迫上升。其他抬升机制包括水平对流卷涡、重力波、由其他对流风暴引起的水平出流，以及相对较大尺度的锋、干线和海风锋。如文中所示，这些机制可以单独作用或协同作用。

5.1　气块理论

最为重要的对流过程研究是深厚积云的起源，这些深厚积云随后会形成对流风暴。对流初生(convection initiation，CI)在这里会单独处理，而后面的章节中将使用一些概念来解释风暴的维持和寿命。

用最为简单的话来说，对流初生问题是确定湿空气如何变为具有正浮力然后自由上升的问题。通常通过比较假设的空气"气块"的热力学性质与周围或环境空气的性质来估计浮力。有两点规定：(1)气块不与环境混合并保持其特性；(2)环境不会产生运动以补偿气块运动，气块理论为此类评估提供了理论手段[1]。

尽管认识到该理论架构的弱点，理解如何通过垂直运动方程的简化版本式(2.18)来表示气块运动仍然是一个值得的练习

$$\frac{Dw}{Dt}=\frac{d^2 z}{dt^2}=-\frac{1}{\rho}\frac{dp}{dz}-g \tag{5.1}$$

式中忽略了黏性力、科里奥利力的垂直分量，以及浮力项中水物质的影响。限制在垂直轴上的运动假定发生在静力平衡环境(用上划线表示)内

$$d\,\overline{p}/dz=-\overline{\rho}g \tag{5.2}$$

同时假设气块气压迅速调整到环境气压，因此式(5.1)中的气压梯度力(PGF)可以用静力气压重写为

$$\frac{d^2 z}{dt^2}=-\frac{1}{\rho}\frac{d\,\overline{p}}{d\,z}-g$$

然后使用式(5.2)清除，得到

$$\frac{d^2 z}{dt^2}=g\,\frac{(\overline{\rho}-\rho)}{\rho} \tag{5.3}$$

将状态方程式(2.9)代入式(5.3)中替换 ρ 以及 $\bar{\rho}$,根据上述假设,注意到 $p=\bar{p}$,式(5.3)可表示为

$$\frac{\mathrm{d}^2 z}{\mathrm{d}t^2}=g\frac{(T-\overline{T})}{\overline{T}} \tag{5.4}$$

式(5.4)表明,当气块温度超过环境温度时,其将经历一个局地的垂直加速。该式还考虑了在有温度递减率的情况下,气块位移的(流体)静力稳定性。[2] 因此,我们将气块温度展开为泰勒级数如

$$T=T_0+\left.\frac{\mathrm{d}T}{\mathrm{d}z}\right|_0(z-z_0)+\frac{1}{2}\left.\frac{\mathrm{d}^2 T}{\mathrm{d}z^2}\right|_0(z-z_0)^2+\cdots \tag{5.5}$$

式中,气块的初始状态用下标 0 表示,并假定位于 z_0 高度。环境温度可同样扩展为

$$\overline{T}=\overline{T}_0+\left.\frac{\mathrm{d}\,\overline{T}}{\mathrm{d}z}\right|_0(z-z_0)+\frac{1}{2}\left.\frac{\mathrm{d}^2\,\overline{T}}{\mathrm{d}z^2}\right|_0(z-z_0)^2+\cdots \tag{5.6}$$

在式(5.5)和式(5.6)中,如果现在表示为 $\delta z=z_0$ 的位移比较小的话,二阶和高阶项可以忽略。将式(5.5)和式(5.6)的截断代入式(5.4),得到

$$\frac{\mathrm{d}^2(\delta z)}{\mathrm{d}t^2}\simeq\frac{g(\gamma-\Gamma)\delta z}{\overline{T}_0-\gamma\delta z} \tag{5.7}$$

式中, $\gamma=-\mathrm{d}\,\overline{T}/\mathrm{d}z$ 是环境递减率, $\Gamma=-\mathrm{d}T/\mathrm{d}z$ 是(干燥、绝热)气块递减率,且 $T_0=\overline{T}_0$,这是基于气块理论假设,气块条件最初等于环境条件。因为 δz 要小, $\gamma\delta z/\overline{T}_0$ 也会很小,因此式(5.7)中的分子可以用式(2.24)二项式级数展开近似得到

$$\frac{\mathrm{d}^2(\delta z)}{\mathrm{d}t^2}\simeq\frac{1}{\overline{T}_0}(1+\frac{\gamma\delta z}{\overline{T}_0})(\gamma-\Gamma)=g\delta z\frac{g}{\overline{T}_0}\left[(\gamma-\Gamma)\delta z+\frac{(\gamma-\Gamma)\gamma(\delta z)^2}{\overline{T}_0}\right]$$

或

$$\frac{\mathrm{d}^2(\delta z)}{\mathrm{d}t^2}+\frac{g}{\overline{T}_0}(\Gamma-\gamma)\delta z=0 \tag{5.8}$$

式中,又一次忽略了 δz 的二阶项。当系数为常数(即气块和环境递减率为常数)时,式(5.8)为一线性二阶微分方程。我们认识到,根据我们在第 2 章中的结果,该微分方程具有下列形式的解

$$\delta z=z_0\exp(-\mathrm{i}\,\sigma t) \tag{5.9}$$

式中, $\sigma^2=(\Gamma-\gamma)g/\overline{T}_0$ 。因此,从式(5.9)我们可以发现:

(1)如果 $\Gamma>\gamma$,气块位移是稳定的,气块在 z_0 高度层附近以一个频率 $\sigma=\pm\sqrt{(\Gamma-\gamma)g/T_0}$ 振荡;

(2)如果 $\Gamma=\gamma$,气块位移是中性的,不会随时间变化;

(3)如果 $\Gamma<\gamma$,气块位移随时间增长而不稳定。当满足该条件时,气块自由上升,说明了深对流为什么被认为是由不稳定引起的。

气块理论的应用借助于热力学图(图 5.1),在热力学图上,假设气块在初始抬升或垂直位移时干绝热冷却,然后在初始抬升导致气块内水汽凝结时湿绝热冷却。因此,前面的静力稳定性条件实际上取决于气块是否具有干绝热递减率

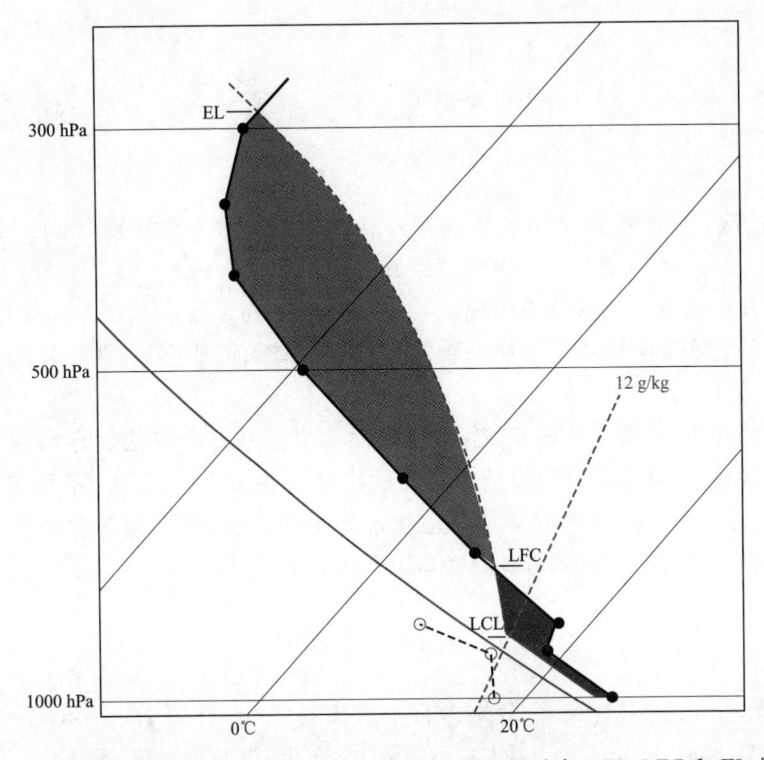

图 5.1　热力学示例图(温度对数气压斜交图 $T-\ln p$)，显示含 LCL，LFC 和 EL 的探空观测。CAPE 为正值区(橘红色区)，CIN 为负值区(紫色区)。粗黑线为探空温度，虚线为露点探测段。橙色实线为干绝热线，橙色虚线为相关的湿绝热线，绿色虚线是混合比线。(详情请见彩图插页)

$$\Gamma = \Gamma_{\mathrm{d}} = \frac{g}{c_p} \tag{5.10}$$

其根据绝热条件下干空气的热力学第一定律式(2.10)的形式，或湿(饱和)绝热递减率

$$\Gamma = \Gamma_{\mathrm{s}} = \frac{g}{c_p}\left[\frac{1+\frac{L_{\mathrm{v}}}{R_{\mathrm{d}}}\frac{q_{\mathrm{v,s}}}{T}}{1+\frac{\varepsilon L_{\mathrm{v}}^2}{c_p R_{\mathrm{d}}}\frac{q_{\mathrm{v,s}}}{T^2}}\right] \tag{5.11}$$

其根据绝热条件下饱和空气的热力学第一定律的形式，式中，$q_{\mathrm{v,s}}$是饱和时的水汽混合比，$\varepsilon = R_{\mathrm{d}}/R_{\mathrm{v}}$，所有其他变量如第 2 章所述。[3] 由于凝结潜热释放，湿上升过程中的冷却率小于干上升过程中的冷却率；该过程本身假设气块刚好保持饱和状态。稳定性条件[4] 变为

$\gamma<\Gamma_{\mathrm{s}}$，绝对稳定

$\gamma=\Gamma_{\mathrm{s}}$，饱和中性

$\Gamma_s < \gamma < \Gamma_d$，条件不稳定 (5.12)

$\gamma = \Gamma_d$，干中性

$\gamma > \Gamma_d$，绝对不稳定

另一个条件适用于饱和大气

$\gamma_s > \Gamma_s$，绝对不稳定 (5.13)

式中，γ_s 是饱和环境的递减率。描述这种状态的湿绝对不稳定层(moist absolutely unstable layers，MAULs)是由中尺度区域的非浮力抬升(参见第 5.2 节)形成的，已知会在某些中尺度对流系统中出现。[5] 对比湿绝对不稳定要求气块和环境饱和，条件不稳定性状态实际上取决于气块是否饱和；因此，有人可能会说，条件不稳定性并不是真正的不稳定。[6]

这里需要指出，按严格的定义，不稳定性需要在基态中有能量存储及一个不稳定基态的扰动，并且该扰动可以获得存储的能量。[7] 在重力(或浮力)不稳定的特定情况下，大气柱或大气片层中的势能是由扰动产生的，这种扰动表现并增长为垂直翻转运动。存储的能量为对流有效位能(CAPE；单位 $\mathrm{J \cdot kg^{-1}}$)

$$\mathrm{CAPE} = \int_{z_{\mathrm{LFC}}}^{z_{\mathrm{EL}}} B\mathrm{d}z \tag{5.14}$$

式中，积分下限 z_{LFC} 和上限 z_{EL} 分别为自由对流高度(level of free convection，LFC)和平衡高度(equilibrium level，EL)。在热力学图上，这是由 LFC 和 EL 之间的环境和气块曲线包围的“正面积”(参见图 5.1)。此处，顺便引入下沉 CAPE(DCAPE；$\mathrm{J \cdot kg^{-1}}$)，其量化了饱和下沉期间的位势(负)浮力能量

$$\mathrm{DCAPE} = \int_{z_p}^{z_0} -B\mathrm{d}z \tag{5.15}$$

式中，z_p 是气块源的高度，z_0 是地面高度。[8] 式(5.14)和式(5.15)中浮力 B 的确切形式故意被含糊处理，尽管 B 通常用虚温表示为热浮力

$$B = g\,\frac{T_{\mathrm{v}} - \overline{T}_{\mathrm{v}}}{\overline{T}_{\mathrm{v}}} \tag{5.16}$$

其来自式(5.3)，并代入湿空气状态方程式(2.48)。[9]

非零 CAPE 的存在可被视为不稳定性的必要条件，尽管不是充分条件。[10] 不充分是因为无法保证扰动获得储存的能量。从字面上来说，在 LFC 以下限制获得能量的一层或多层中浮力是负值。这样的对流抑制(convective inhibition，CIN；$\mathrm{J \cdot kg^{-1}}$)可以量化为

$$\mathrm{CIN} = \int_{z_0}^{z_{\mathrm{LFC}}} B\mathrm{d}z \tag{5.17}$$

其在热力学图上是由环境和气块曲线包围的“负面积”，因此与 $B<0$ 的层有关(图

5.1)。在某种意义上,CIN 可能是对流初生可能性的预报参数:CIN 越大,实现 CAPE 所需的大尺度失稳和/或气块抬升就越多。这两种机制将在下面的章节中讨论。

尽管在教学意义上仍然有用,但气块理论经常被批评对积云对流过于简化。[11]气块理论的一个反对意见是式(5.4)中忽略了气块气压及其垂直梯度(见第 2 章)。一个相关的反对意见是式(5.4)的应用没有显式表达质量连续性。如第 6 章的更多描述,暗含对气块上升或下沉存在高估。

5.2　对流环境的天气尺度调整

在这一节中,我们重点讨论天气尺度过程是如何在热力学上影响对流环境的;天气尺度风场对对流组织的影响将在后面的章节中讨论。让我们从一个简单的例子开始。假设在静力稳定性较低的大气中存在典型的 1 $cm \cdot s^{-1}$ 准地转(quasi-geostrophic, QG)垂直运动。仅在这种强迫上升的情况下,一个地面气块将在大约 42 h 内到达一个假设的 1500 m 的 LFC。这显然是一个不太可信的气块抬升和对流初生时间间隔,特别是考虑到天气尺度热力环境将在这段时间内发展演变,可能会改变静力稳定度的事实;在 42 h 的上升过程中,气块浮力也会显著降低,即使不会完全消失(第 6 章)。10 $cm \cdot s^{-1}$ 的强天气尺度垂直运动可以让一个气块在 4 h 内到达 1500 m 高度的 LFC。这是更为合理的气块抬升和对流初生的时间间隔。然而,由于 QG 垂直运动通常在对流层中部达到最大值,目前尚不确定这种量级的抬升是否真的会发生在对流层的最低层内。[12]

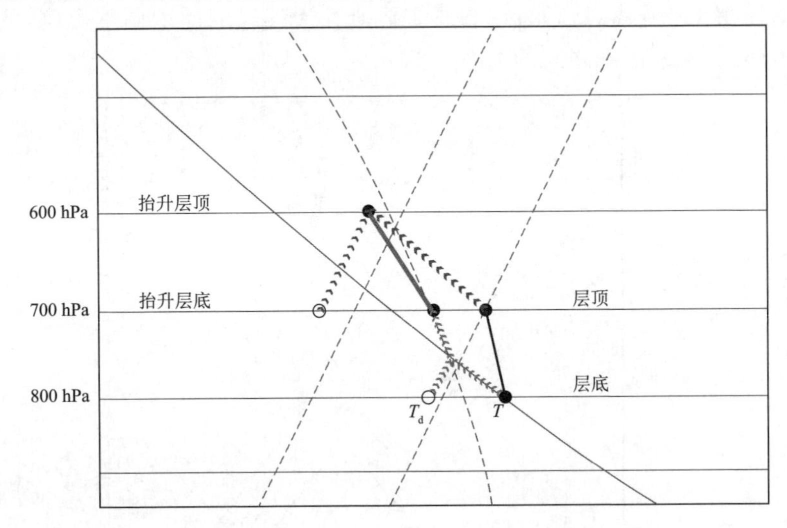

图 5.2　上升过程中层结热力学失稳图解。粗黑色线为原始探空温度,粗灰色线为后续修正。红色实线为干绝热线,红色虚线是湿绝热线。浅蓝色箭头线表示与气层底部抬升相关的气块过程,深蓝色箭头线表示与气层顶部抬升相关的气块过程。(详情请见彩图插页)

简单的计算表明,QG 垂直运动不太可能成为通常所说的对流“触发器”。[13]然而,微弱但持续的上升运动确实能通过绝热冷却改变对流环境。图 5.2 说明了垂直层在上升过程中是如何失去稳定性及有效变湿的。通过计算环境的相当位温,可以评估气层抬升时的不稳定位势。标准是

$$\begin{aligned}\partial\theta_e/\partial z < 0&,\text{位势不稳定}\\ \partial\theta_e/\partial z > 0&,\text{位势稳定}\end{aligned} \tag{5.18}$$

天气尺度不稳定通常与地面的太阳辐射加热相耦合,感热通过传导和浅对流传递到紧贴地面上方的空气中(图 5.3)。后者是公认的过程,通过这一过程夜间逆温在白天逐渐减弱。

天气尺度调整作用的传统观点是从对流层中上层槽(脊)轴线下游的 QG 上升(下降)来进行的。通过使用位势涡度(potential vorticity,PV)提供了另一种观点,定义为

$$P = g(\zeta_\theta + f)(-\partial\theta/\partial p) \tag{5.19}$$

式中

$$\zeta_\theta = \left(\frac{\partial v}{\partial x} - \frac{\partial u}{\partial y}\right)_\theta \tag{5.20}$$

式中,ζ_θ是在等熵面(用下标 θ 表示)上计算的涡度矢量的垂直分量,$-\partial\theta/\partial p$ 表示静力稳定度。局部大(因此是正异常)的 PV 需要异常下方(上方)的向上(向下)的等熵面位移(图 5.4;另见式(5.19))。在 PV 保持不变的异常迁移过程(见第 10 章)中,这一要求转化为在异常之前(之后)沿等熵面的上升(下降),并相应地转化为上游抬升(下游下沉)的不稳定性(稳定性)。读者可能已经认识到,这与 QG 的观点是一致的。然而,通过了解 PV 观点,我们可以根据 PV 研究天气尺度前期调整个例,从而研究观测到的 PV 与雷暴活动之间的关系。[14]

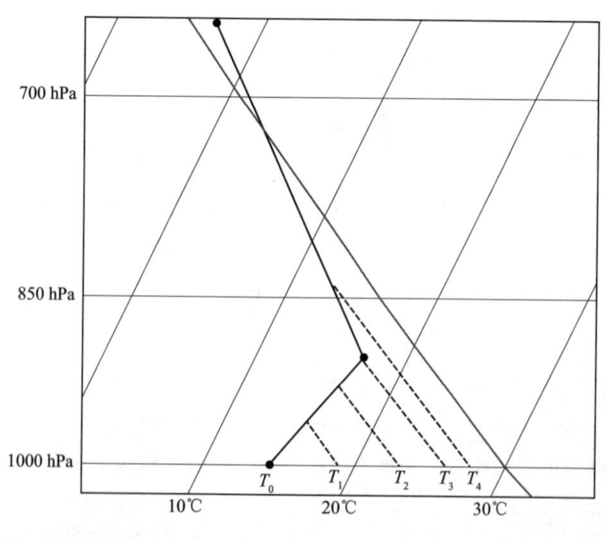

图 5.3 太阳加热造成大气边界层热力失稳图解。粗黑线表示原始探空温度,虚线表示其后的修正,伴随地表温度 T 的变化。橙色实线是干绝热线。(详情请见彩图插页)

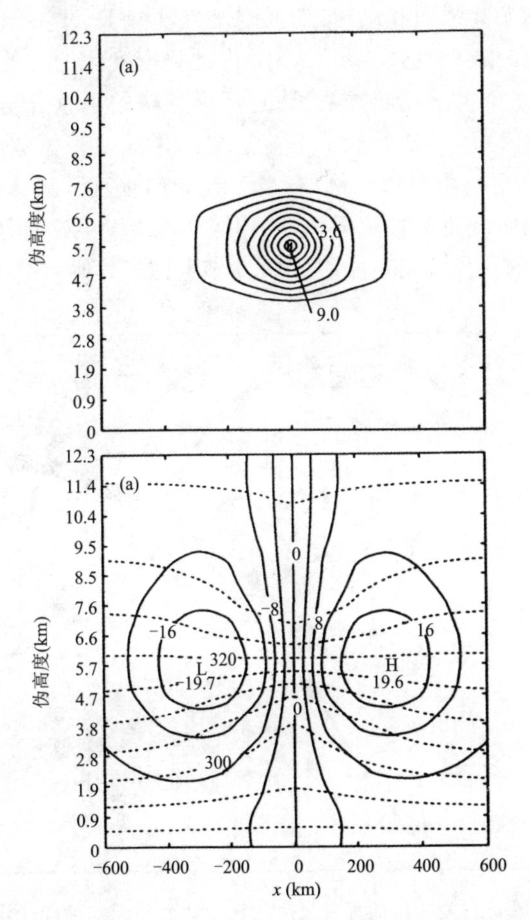

图 5.4 垂直面中的理想正 PV 异常(上图),及相关位温场(虚线等值线)和切向水平风场(实线等值线)(下图)。负切向风值表示流出平面的水平流。引自 Davis(1992)。

例如,美国大平原 1999 年 5 月 3 日爆发的恶名远扬的龙卷风。[15]在此期间,在对流层上层 PV 异常(急流)之前的对流层中低层抬升具有刚才所说的失稳效应。同时,与同一异常相关的对流层上部抬升导致卷云的发展。卷云遮蔽的有趣结果是它减少了太阳辐射和地表加热,从而限制了低层大气的失稳效果。卷云阻止了大范围的 CI,但遮蔽中的缝隙使得局部产生 CI。事实上,在中尺度抬升(参见第 5.3 节)的帮助下,孤立的对流风暴最终在这些缝隙下方生成,其中一些风暴很快成为超级单体雷暴(第 7 章)。

从这个个例研究得出的一般结论是:天气尺度过程与 CI 有多种直接或间接的相关影响。尚未考虑的是一个典型天气尺度温带气旋(extratropical cyclone,ETC)暖区的正的温度和湿度平流(见图 5.5)。使对流层下部增暖、增湿的温度和湿度平流具有失稳作用,类似于高空较干、较冷的空气平流的作用。当平流风集中在急流(图

5.5)区时，这些影响尤其强烈和迅速，如低空急流(low-level jet，LLJ)的情况，它的形成与天气尺度强迫和/或大气边界层(ABL)内的昼夜变化的力的平衡有关。[16] LLJ 和其他平流气流并非完全水平，有时可能具有不可忽略的垂直分量。这些倾斜气流的一个后果是绝热上升冷却部分抵消了平流造成的增暖。根据坡度和风速，另一个可能的后果是气块抬升至自由对流。例如，当 LLJ 走向垂直于暖锋或准静止锋面边界，并且等熵(或相当等熵)面上的气块运动守恒时，就可能发生这种情况。等熵上滑是天气尺度锋对 CI 贡献的一种可能途径；第 5.4.1 节考虑了其他问题。

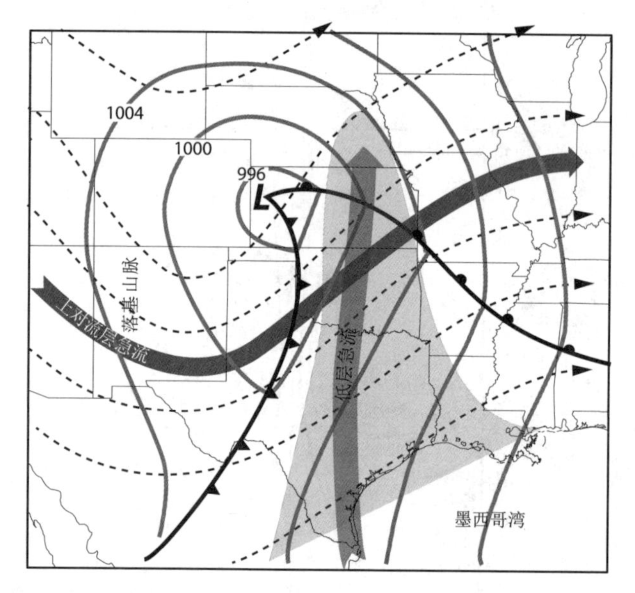

图 5.5　与强对流风暴有关的特征天气尺度气流。地面的天气尺度气旋由地面锋面位置(粗黑线)和平均海平面气压等压线(粗灰线)确定。相关的高空槽用高空流线(虚线)表示。高空急流(黑色条带)表示急流的集中区域。同样，低空急流(LLJ；灰色条带)显示出对流层低层气流特别强且集中的地方，浅灰色阴影表示由于强烈的低层平流而产生的低层水汽舌。改编自 Newton(1976)。

平流的净影响部分地取决于地理环境。在美国落基山脉以东移动的 ETC 可以从墨西哥湾获得丰富的低层水汽(图 5.5)；特别强烈的系统可以将水汽从墨西哥湾向极地输送，直到相当远的北纬地区。大平原的对流环境也受到来自墨西哥中部高原半干旱地区的空气的影响。由于干燥，太阳暴晒导致高海拔地表的高感热(平均海拔约为 1800 m)。当边界层空气从地势较高地区向东输送时，它会越过地势较低地区相对较冷、较为潮湿的边界层，从而导致“覆盖逆温”。海拔较高的空气层通常具有接近干绝热递减率和恒定的混合比(图 5.6)，与充分混合的边界层结构相一致，因此可称为*抬升混合层*(elevated mixed layer，EML)，尽管这种层可能并不总能很好地得以混合。[18]

抬升混合层属于“帽”或“盖”一类，发现于世界各地支持深湿对流的环境中。一些地区的地理特别与美国相似，比如西班牙高原干热空气产生的EML（“西班牙羽流”），就抑制了法国南部的对流。[19]当稳定和干燥的平流层空气通过对流层顶的褶皱进入时，盖子也会产生。[20]无论其来源如何，都有助于防止大范围且相对较浅的对流，有利于使局地环境通过上述大尺度过程随时间推移积累CAPE。然后，CAPE的释放需要足够深厚和强大的抬升机制，会在下面的章节描述。

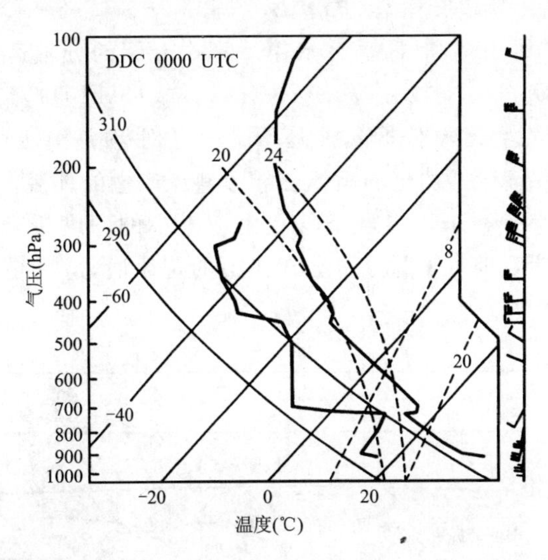

图5.6　堪萨斯州道奇市探空中的抬升混合层（EML）和相关“封盖”或“覆盖逆温”。EML为700～450 hPa。引自Stensrud(1993)。

5.3　局地或近场中尺度抬升机制

本节描述了CI在气块抬升的源附近的发生机制。这些通常可以解释在太阳辐射加热的昼夜循环早期观测到的第一次雷达回波。由此产生的对流单体被平流（并传播）远离其初生源，然后为昼夜循环后期的后续或二次对流的初生提供了一种途径。第5.5节讨论这种“远场”CI。

5.3.1　地形抬升

一些典型的抬升机制与区域地理特征有关。*地形抬升*，或与倾斜的地形相关的气团上升，就是一个例子；第5.4节提供了其他示例。地形抬升的典型描述为机械强迫上坡流，CI位于迎风侧。山谷和其他复杂地形也有助于机械强迫，导致CI相应的复杂形态。

山顶附近的CI通常是由热强迫的上坡气流引起的：由于高处的地表面相对于附

近同一高度的大气有更大的(辐射)加热,会形成密度的水平梯度,驱动具有上坡分支的螺线管或斜压环流(图 5.7)。这种垂直环流——以及本章将要遇到的其他类似环流——由一个方程来解释,该方程控制着垂直于该平面的涡度分量随时间的非黏性变化

$$\frac{D\xi}{Dt} = -\xi\left(\frac{\partial u}{\partial x}+\frac{\partial w}{\partial z}\right)-\frac{\partial B}{\partial x} \tag{5.21}$$

式中,$\xi = j \cdot \nabla \times \mathbf{V} = \partial u/\partial z - \partial w/\partial x$,$B = -g\rho'/\bar{\rho}$。式(5.21)假设一个限制在 x-z 平面上的理想化二维山体和气流,并从第 2 章中介绍的分量运动方程的缩减版本导出,其中从$\partial/\partial x(D_u/D_t)$中减去$\partial/\partial x(D_w/D_t)$。式(5.21)中第一个右手项是水平拉伸项,表示现有相对涡度 y 分量的放大;第二个右手项是斜压项。注意,当环境处于静止状态,如图 5.7 所示,加热的山体会导致斜压产生的环流,其强度相等,但在山峰两侧方向相反。这有利于边界层空气在山坡上空的深度抬升,CI 将位于山峰上空。[22]当环境气流不为零时,CI 更可能出现在山的背风面,这里是热强迫上坡气流与山脊顶部风汇合的地方。

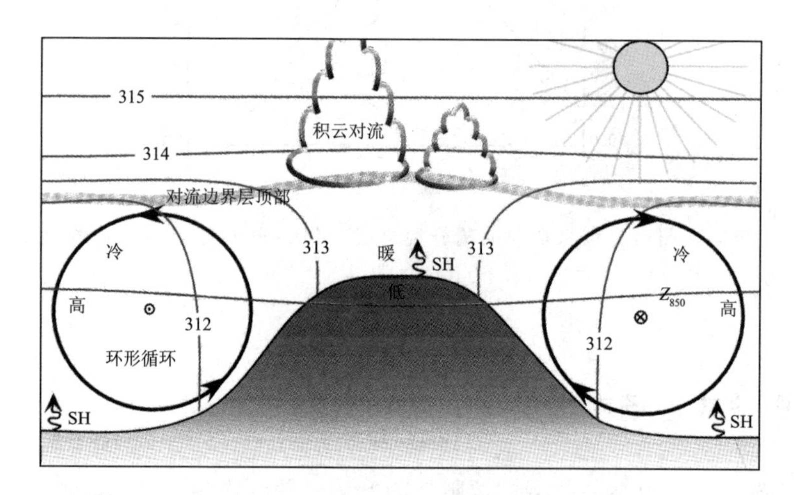

图 5.7 理想加热山体上对流初生的描述。细线是等熵线或 850 hPa 等压面高度(标记为 Z_{850}),粗灰线是对流边界层顶,带箭头的圆圈表示斜压产生的环流。这是静态流的情况;对于非零流,CI 更可能出现在山体背风面,该处热强迫上坡气流会与山脊顶部的风会合。引自 Geerts 等(2008)。

前述文中暗示:地形引发的对流是机械和/或热力强迫上升单一作用的结果。而图 5.8 则显示了在上坡气流的帮助下,一系列浮力"热泡"产生的深对流。[23]每个热泡沿前一个的尾流上升:因为相继的热泡吸收潮湿的尾流空气而不是干燥的环境空气,所以它们具有更大的浮力,上升更自由,并依次到达更高的高度(见第 6 章)。这种形式的大气调节可以是局部的,也可以是大范围的,且适用于借助于其他机制的抬升,如通过在大气边界层中组织的水平对流卷(horizontal convective roll,HCR)环流。

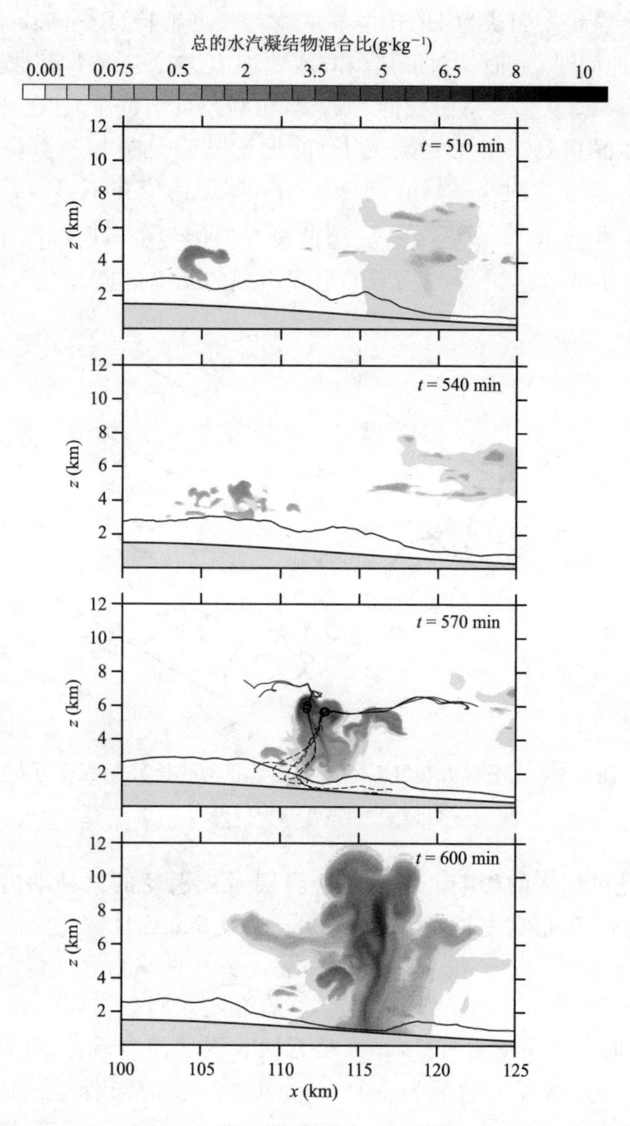

图 5.8 弱切边环境中理想加热山体上空对流初生的高分辨率模拟。灰色阴影是总的水凝物(云和降水)混合比。单条实线表示边界层顶。t =570 min 时的系列线条显示气块轨迹。引自 Kirshbaum(2011)。

5.3.2 水平对流卷

HCR 是径向涡动(图 5.9),通常呈现为浅的、顶部卷曲的积云带或"云街",熟知为 ABL(大气边界层)内热量和水分垂直混合的一种方式。HCR 是在存在环境垂直风切变和热浮力的情况下形成的。具有垂直切变的 ABL 的普遍存在相对于较少出现的云街可能会导致人们认为 HCR 主要是瑞利一贝纳特(Rayleigh-Bénard)不稳定的一种表现,与此同时,地面辐射加热(和/或地面上方冷空气平流)提供了基态温度廓线 $\gamma=-\mathrm{d}\,\overline{T}/\mathrm{d}z$。从第 2 章中我们了解到,瑞利一贝纳特对流(在切向速度分量的自由滑动条件和静止基态的特定情况下)的理论基础是当瑞利数超过临界瑞利数 $Ra_{\mathrm{c}}=27\pi^4/4$ 时,会发生对流。然而,回想一下,该理论值并不参考特定的水平方向(即,其基于水平波数 $K=\sqrt{k^2+l^2}$),因此没有提供关于不稳定性在开始时是以六角形单体($k=l$)还是卷动($k=0$ 或 $l=0$)形式出现的明确信息。

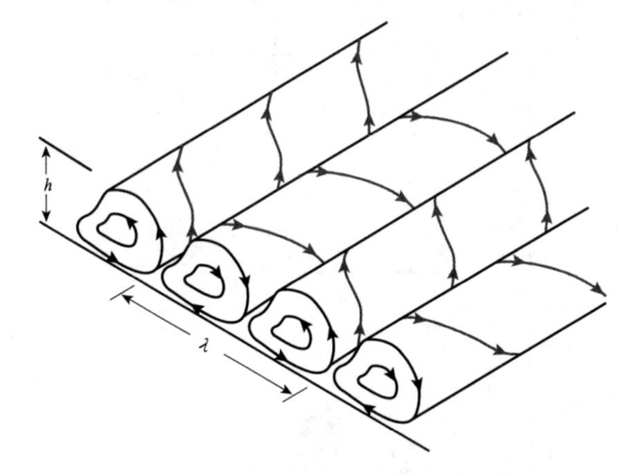

图 5.9　水平对流卷(HCR)的描述。卷动波长为 λ,深度为 h
根据 Weckwerth 等(1997)

几何形状受风切变的影响。考虑对边界层对流涡动的这种动力和热力影响的一个参数是莫宁一奥布霍夫长度(Monin-Obukhov length)L

$$L=-\frac{(\overline{u'w'})^{3/2}}{\overline{w'B'}} \tag{5.22}$$

式中,$u'w'$ 是近地表涡动动量通量,$w'B'$ 是近地表涡动浮力通量,顶划线表示水平均值。[24] 根据惯例,当地表浮力通量为正时,L 为负,这是加热边界层的情况。物理上,$|L|$ 表示地面以上浮力产生的湍流大于垂直切变产生湍流的高度,但这里我们将其与边界层深度 z_i 进行比较,来探讨 HCR 的发生问题。具体来说,无量纲比 $-z_i/L$ 作为 ABL 稳定性参数,当 $0<-z_i/L<21$ 时,不稳定性以(观测到的)卷动对流的形式出现。[25] 卷的纵横比(水平/垂直比)也与 $-z_i/L$ 成正比,观测值和模拟值一般为 2～4。因此,1.5 km 厚度 ABL 的标称卷动波长为 3～6 km。我们会在第 5.3.2 节中看到,HCR 和重力内波之间的相互作用可以在对流初生的过程中调节该波长。然而,让我们在这里考虑一个问题,即在没有这些相互作用的条件下,HCR 本身是否能够提供足够强且深厚的抬升,以启动积云对流。

尽管在对诸如前面提到的 1999 年 5 月 3 日龙卷爆发等事件的分析中暗示了对

这个问题的肯定答案，[26]对观察到的 HCR 结构的量化提供了更为令人信服的证据。例如，单多普勒雷达数据已用于确定 HCR 的存在，并且，通过分析空间自相关场，雷达数据还可用于估计卷动的波长(图 5.10)。[27]邻近探空提供了 z_i 和 LFC 的相应评估结果。综合起来，这些数据表明，通过 HCR 启动对流确实是可能的，但并不奇怪，只有当卷动的深度几乎等于 LFC 时(图 5.11)才有此可能。

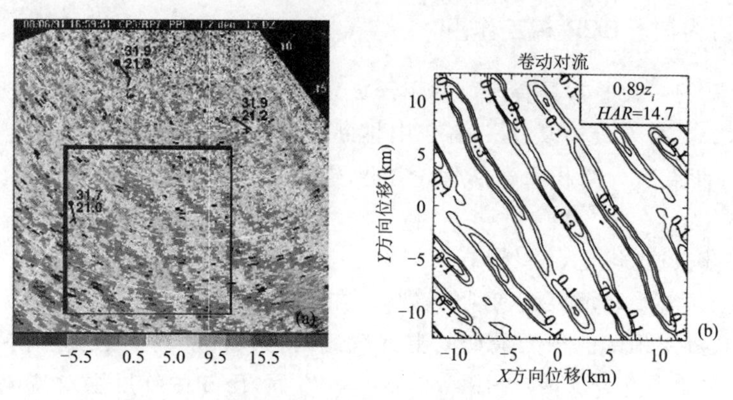

图 5.10　使用天气雷达数据推断 HCR 结构的示例。(a)PPI 低仰角等效雷达反射率；(b)(a)中所示子域的基于(a)的空间自相关场。引自 Weckwerth 等(1997)。(详情请见彩图插页)

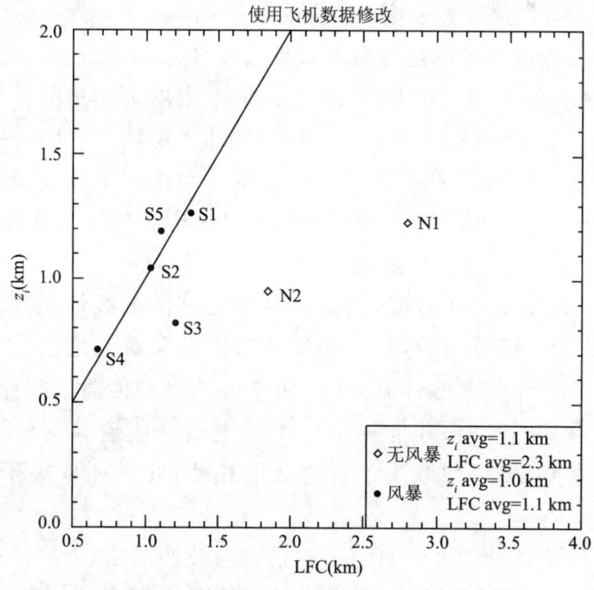

图 5.11　有无对流初生的 HCR 个例对比。这里，z_i 为 ABL 深度。LFC 是用飞机和地面数据修正的探空数据计算的，这样探空观测就代表了卷流上升气流的条件。作为参考，图 5.10 所示的个例是“无风暴”(N1)。线条是 LFC 与 z_i 之间的一对一关系。注意，对流初生(或缺乏对流)是用雷达回波 $Z>35$ dBZ 的标准来确定的。引自 Weckwerth(2000)。

如前所述，HCR 具有更一般的边界层混合功能，在本章的上下文中，这等同于改变局部环境。事实上，在卷流上升气流区，湿润的地面空气向上输送的结果是水汽混合比的增强（约 $1 \sim 2\ g \cdot kg^{-1}$）。[28]因此，应在卷流上升气流内评估积云对流的可能性。对于 CI 的精确预测，这是一个重大的挑战，因为 HCR 时间和空间尺度都很小，表明卷流上升气流的可预报性有限。

5.3.3 重力内波－HCR 相互作用

对流活跃的一天通常具有浅薄的积云场发展特征，随后演变成数量较少但尺度较大的浓积云。有人可能从这一演变中推断出，大气偏向或者选择一定尺度的积云，以便进一步发展为浓积云。从理论角度看，选定的尺度代表着不稳定增长最快的模态。

我们假设在这么一天，积云在 HCR 之上形成。如前所述，HCR 在尺度上由 $-z_i/L$ 决定，主要受环境温度和风的影响。在中纬度典型条件下，卷动的波长为 3～6 km，因此边界层顶部的积云最初的上升气流约为该长度的一半（即，在构成 HCR 波长的相邻卷流上升分支内；见图 5.9）。另一方面，已知中纬度强对流风暴的上升气流直径约为 10 km。[29]可以说，中尺度抬升机制至少须为相同量级，因为更为狭窄的深厚云体增长将很容易受到小的湍流涡动夹卷的不利影响（见第 6 章）。[30]上升气流的尺度自然也依赖于其他因素，如环境温度、湿度和风切变等廓线。然而，在理想化的雷暴模式中，抬升的尺度和云增长尺度之间的基本关系是经常得以满足的（在这些模式中，与使用约 10 km 半径的热泡引发对流风暴的实际情况一致；见第 4 章）。

为了理解这种关系如何更为自然地产生，请考虑以下理想的环境（或基态）温度 $\bar{\theta}(z)$，其中相关的（干）静力稳定度分为三层：(1)边界层，$S \equiv \partial \ln\bar{\theta}/\partial z = 0$；(2)自由对流层，$S$ 为常数 $S_T > 0$；(3)平流层，$S = S_S > S_T$。自由对流层支持重力内波。当卷流上升气流扰动或使边界层顶部有垂直位移时，HCR 会激发出重力内波。在模拟研究和观测中，都证实了主导波动（或增长最快的模态）具有的波长≥10 km。[31,32]如图 5.12 所示，这些相对较大尺度的重力波与 HCR 之间的非线性相互作用导致卷流加宽，以至于波长较长的 HCR 具有足够的尺度来推动深对流增长。有利于增长的少数云团的选定可以用重力波相对于 HCR 场平流的水平传播来解释：只有当卷流上升气流与重力波上升同步时，才能提供一个深度抬升通道。这种同步耦合取决于静力稳定度的垂直变化，因此取决于重力波的相速，此外还取决于垂直风切变（见第 2 章）。

虽然在真实大气中观测到了 HCRs 和重力内波的耦合，但缺乏令人满意的观测证据表明这种机制引发了深对流云。[33]部分地是因为在特定的一天，往往存在多种中尺度抬升机制，而且更强、更深的抬升会掩盖其他的影响。因此，让我们现在把注意力转向这些更强大的中尺度强迫。

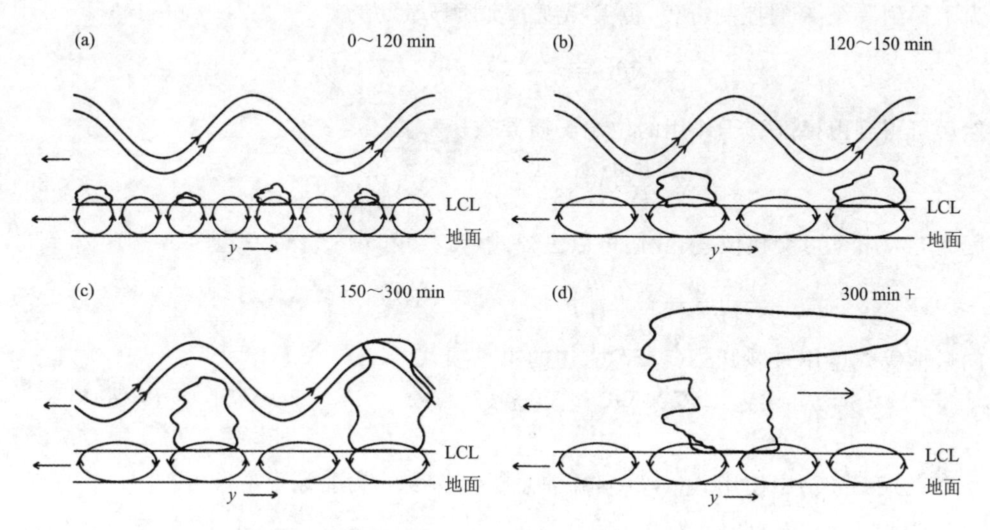

图 5.12　导致深对流云初生的 HCR 和重力内波之间的相互作用图解
引自 Balaji 和 Clark(1988)

5.4　中尺度斜压环流

5.4.1　锋生

本节重点讨论冷锋引发深对流的可能性。但应理解，以下理论也适用于其他锋面和锋面类型系统。典型的沿冷锋的长度（几百千米）属于天气尺度，但跨越冷锋几十千米的距离完全在中尺度范围内。特别感兴趣的是响应温度梯度变化的跨锋面或横向垂直环流。锋生函数 F 给出了这种锋生作用的定量表征。传统上，F 被定义为随气块运动的水平位温梯度大小的变化率

$$F \equiv \frac{\mathrm{D}\ (\nabla_h \theta)}{\mathrm{D}t} \tag{5.23}$$

这可以在等压面上进行评估，但这里我们将假设在恒定高度进行评估。存在各种形式的 F 并取决于是否假设实质导数与二维或三维气块运动有关，是否在地面（假设为平坦的水平面）对 F 进行评估，以及是否考虑位温沿锋面的变化。也可以用自然坐标，以及根据准地转和半地转原理，用风来表示。所有这些都可以从式(5.23)的三维矢量形式中进行简化。

根据定义，矢量锋生函数为

$$\boldsymbol{F} \equiv \frac{\mathrm{D}\ (\nabla \theta)}{\mathrm{D}t} \tag{5.24}$$

为了得到一个 $\boldsymbol{F}$ 的控制方程，位温梯度的实质导数写为

$$\frac{\mathrm{D}}{\mathrm{D}t}(\nabla\theta) = \frac{\partial}{\partial t}(\nabla\theta) + \mathbf{V} \cdot \nabla(\nabla\theta) \tag{5.25}$$

然后可得到由梯度算子作用的位温实质导数

$$\nabla\left(\frac{\mathrm{D}\,\theta}{\mathrm{D}\,t}\right) = \nabla\left(\frac{\partial\theta}{\partial t}\right) + \nabla(\mathbf{V} \cdot \nabla\theta) \tag{5.26}$$

因为$\partial/\partial t$ 和∇可交换位置，我们可以去掉式(5.25)和式(5.26)右边的第一项，得到

$$\frac{\mathrm{D}\,\nabla\,\theta}{\mathrm{D}t} = \nabla\left(\frac{\partial\theta}{\partial t}\right) + (\mathbf{V} \cdot \nabla)\,\nabla\theta - \nabla(\mathbf{V} \cdot \nabla\theta) \tag{5.27}$$

向量恒等式可用来展开式(5.27)右边的第三项

$$\nabla(\mathbf{V} \cdot \nabla\theta) = \mathbf{V} \times (\nabla \times \nabla\theta) + \nabla\theta \times (\nabla \times \mathbf{V}) + (\mathbf{V} \cdot \nabla)\,\nabla\theta + (\nabla\theta \cdot \nabla)\mathbf{V} \tag{5.28}$$

在式(5.27)中使用式(5.28)，并注意标量梯度的旋度等于零，得到

$$\frac{\mathrm{D}\,(\nabla\,\theta)}{\mathrm{D}\,t} = \nabla\dot{\theta} - \nabla\theta \times (\nabla \times \mathbf{V}) - (\nabla\theta \cdot \nabla)\mathbf{V} \tag{5.29}$$

式(5.29)表明，非绝热加热梯度、涡度对温度梯度方向的调整以及温度梯度的压缩和倾斜都会对矢量锋生产生影响。[34]

如前所述，式(5.29)可用于获得特定的，锋生方程的简化形式。例如，作用于 $y-z$ 平面锋面的 x 方向的锋生，可通过对式(5.29)取 i 点乘

$$\frac{\mathrm{D}}{\mathrm{D}t}\left(\frac{\partial\theta}{\partial x}\right) = F = \frac{\partial}{\partial x}(\dot{\theta}) - \frac{\partial u}{\partial x}\frac{\partial\theta}{\partial x} - \frac{\partial v}{\partial x}\frac{\partial\theta}{\partial y} - \frac{\partial w}{\partial x}\frac{\partial\theta}{\partial z} \tag{5.30}$$

对式(5.30)的进一步简化可以忽略其沿锋面的变化，或者忽略垂直运动(即，应用于地面附近)。

这些简化形式足以满足我们当前目标，因为我们关心的不是锋生的细节，而是由此产生的环流及其相对强度。考虑一个沿 y 方向的锋面，通过流函数 ψ 表示它的垂直环流

$$u = \frac{\partial\psi}{\partial z}, \quad w = -\frac{\partial\psi}{\partial x} \tag{5.31}$$

这样

$$\nabla^2\psi = \xi \tag{5.32}$$

式中，$\xi = \partial u/\partial z - \partial w/\partial x$ 是平行于锋面的涡度分量。去掉式(5.21)推导过程中的二维限制，可以得到一个更为完整的方程，该方程控制 ξ 随时间的无黏性变化

$$\frac{\mathrm{D}\xi}{\mathrm{D}t} = f\frac{\partial v}{\partial z} - \left(\frac{\partial v}{\partial z}\frac{\partial u}{\partial y} - \frac{\partial v}{\partial x}\frac{\partial w}{\partial y}\right) - \xi\left(\frac{\partial u}{\partial x} + \frac{\partial w}{\partial z}\right) - \frac{\partial B}{\partial x} \tag{5.33}$$

式中，右侧前两项代表行星涡度倾斜和相对涡度 x 分量的贡献，第三项代表相对涡度 y 分量水平拉伸的贡献，第四项代表斜压产生或螺线管项。由于式(5.31)，导致拉伸项消失，如果流动限制在 $x-z$ 平面，倾斜项消失，得到

$$\frac{\mathrm{D}}{\mathrm{D}t}\nabla^2\psi \simeq -\frac{g}{\bar{\theta}}\frac{\partial\theta}{\partial x} \tag{5.34}$$

式中，我们把浮力近似为 $B \simeq g(\theta - \bar{\theta})/\bar{\theta}$，其中，$\bar{\theta} = \bar{\theta}(z)$（见第 2 章）。

式(5.34)和式(5.30)共同表示一个跨锋面垂直环流将被锋生加强,其在温度梯度的暖侧有一个上升分支,在冷侧有一个下沉分支。精通天气尺度动力学的读者会知道,这种物理联系传统上是通过 Sawyer-Eliassen 方程(沙-艾方程)推导出来的,[35]该方程基于半地转原理,求解确定一个类似的跨锋面流函数。

为了更真实地评估跨锋面环流引发深对流的潜势,我们需要重新引入在前面的分析中隐含或显式忽略的效应,例如地面摩擦和湍流混合。包含这些影响的数值模式模拟了地面以上约 2 km 范围内环流垂直风速≥10 cm·s^{-1}的情况(如图 5.13)。如第 5.2 节所述,环流上升分支中的层结抬升将有助于大气不稳定。但是,因为气块在约 2～3 h 内可以抬升通过厚度约 2 km 的高度,与锋面相关的深积云对流触发也是合理的。[36]

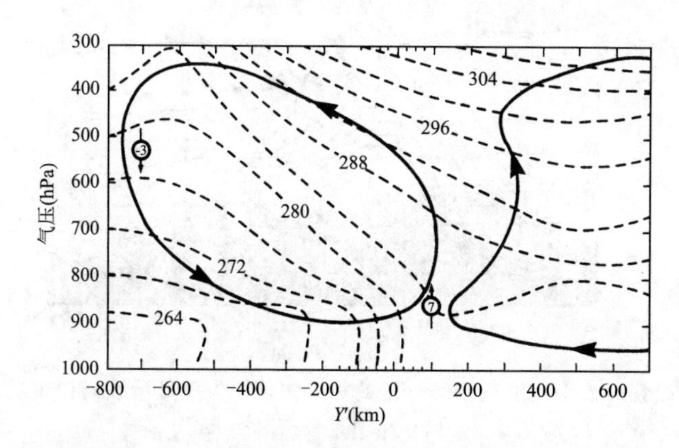

图 5.13　数值模拟锋面中的热力直接横向环流(粗体箭头线)。等值线表示位温,小圆圈表示上升和下沉垂直运动幅度(cm·s^{-1})的示例。引自 Koch(1984)。

在未明确考虑锋面向前运动影响的情况下,具体的抬升机制为垂直环流。冷空气中的低层跨锋面风有助于维持温度梯度,从而有助于锋生环流。锋面速度有可能超过低层风速,表明锋面传播及非平衡风场,而且冷锋——特别是浅层冷锋——有时会表现为密度流(第 2 章)。这意味着,如第 5.5.1 节中将进一步讨论的,在这些气流前缘形成的非静力高压导致垂直气压梯度能够在低层强迫形成强烈的垂直加速度。[37]

类似于第 5.3 节中描述的耦合近场机制,众所周知,在锋面环流上升支与其他中尺度环流(如与干线相关的环流)相互作用的时间和地点,会发生 CI。[38]为了更充分地理解这种相互作用,现在需要对干线进行解释。

5.4.2　干线

干线是一个拉长的(约 500～1000 km)狭窄(约 1～20 km)且相对浅薄(约 1～2 km)的集中湿度和温度变化区。[39] 4—6 月期间美国大平原地区干线日约为 30%,是由于(1)暖湿空气从墨西哥湾向北流动,如在半永久性的百慕大高压西侧;(2)来自墨西哥高原的干热空气(见第 5.1 节)在主导的中纬度西风带中向东流动。[40,41] 干线通常取南北方向,平均位置接近 101°W。[42]

干线特征与当前讨论的CI的主要关联也是垂直横向环流。大平原干线环流由湿润的低层东风气流、向东倾斜的水平辐合带内存在上升支、高空西风回流及水汽梯度东侧的补偿下沉支组成(图 5.14)。评估沿线涡度方程(例如,式(5.33),其中 $B = g(\theta_v - \bar{\theta}_v)/\bar{\theta}_v$)揭示了斜压性在驱动这种热力直接环流中的重要性(图 5.14)。[43]

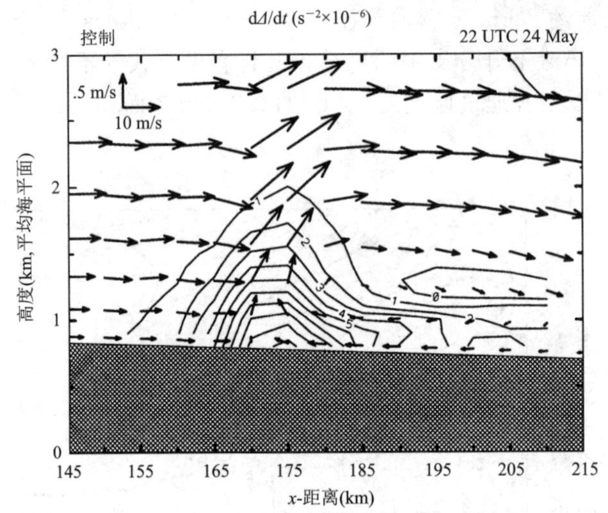

图 5.14　螺线管对水平涡度沿干线分量的贡献评估。矢量显示该模拟干线的横向环流

引自 Ziegler 等(1995)

影响斜压性的湿度和温度梯度与太阳加热的日循环密切相关。具体来说,这些梯度,事实上即干线形成本身,部分取决于地表感热差异(西—东)。感热对从西向东的土壤湿度增加以及土地利用和植被格局的水平变化特别敏感,[44,45] 此外还取决于地形高度向西增加,即湿层深度向西减小:由于西部浅薄的夜间逆温受到白天加热的侵蚀,相应的浅薄层水分被深度混合,产生相对干的 ABL。同时,东部较深厚湿层的混合产生相对湿的 ABL;因此,地形的综合影响导致自西向东的水平湿度增加。

边界层混合也会导致向下的动量输送,并伴随着低层西风及其水平梯度的增强(即,$\partial u/\partial x$)有助于形成干线。由下式可以看到这一效应

$$F_{x,q_v} \simeq \frac{\partial}{\partial x}(\dot{q}_v) - \frac{\partial u}{\partial x}\frac{\partial q_v}{\partial x} - \frac{\partial w}{\partial x}\frac{\partial q_v}{\partial z} \tag{5.35}$$

该式为式(5.30)的水汽混合比版本。式(5.35)中的右侧项表示与非绝热过程和混合相关的水汽变化、水平水汽梯度的水平辐合和垂直水汽梯度的垂直倾斜的各自贡献。对数值模拟干线的分析(图 5.15)表明,辐合项对 $F_{x,q_v} > 0$ 有贡献,从而有助于低层锋生。[46] 相反,倾斜项对 $F_{x,q_v} < 0$ 及 ABL 上方的锋消有贡献。考虑到这两项,我们发现干线强度随高度增加而减小,其限制了环流的深度,并且隐含着对干线引发对流的限制。

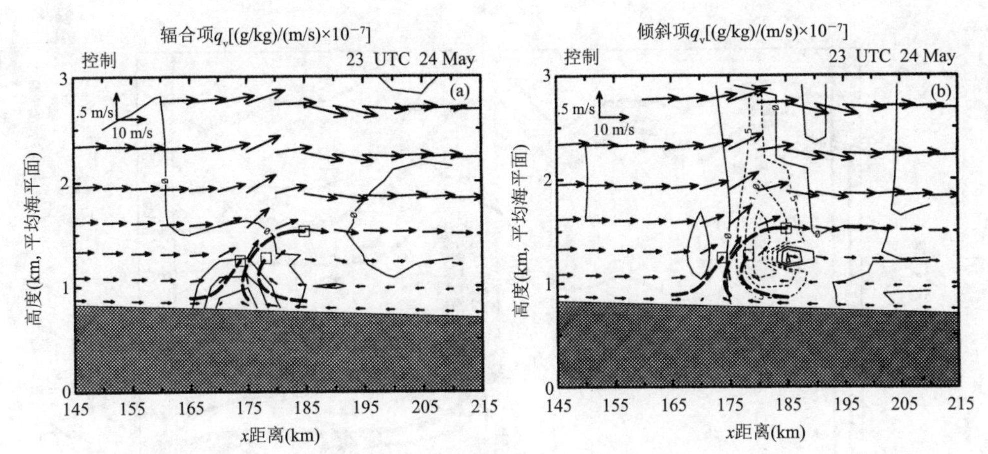

图 5.15 模拟干线中水汽混合比锋生的评估：(a)辐合项和(b)倾斜项(见正文)。粗体虚线显示源自地面层的空气块轨迹。矢量显示了该模拟干线的横向环流。引自 Ziegler 等(1995)。

如前所述，有利于干线形成的基本的风和湿度分布与区域自然地理条件有关。然而，天气尺度过程可以补充水汽和风的梯度，为更强烈的干线创造条件。[47]例如，平均而言，西得克萨斯州上游的高层短波槽使得西得克萨斯州的强干线得以加强，相关的 ETC 集中在得克萨斯州狭长地带和新墨西哥州东部。相反，当西得克萨斯上游发现一个高层脊轴，并且在美国西南部和落基山脉背风面存在大范围低压时，就会出现弱干线。人们可能会希望得出这样的结论：在强干线和相关的天气尺度强迫条件下，特别是考虑到在干线环流中几米·秒$^{-1}$的垂直运动，对流很容易发生。[48]现在，从前面几节的讨论中我们可以发现，相对于局部热力学环境，必须检查这种外部强迫的强度(和深度)。

事实上，中尺度上升气流的深度需要达到一定高度，使随上升气流的气块在离开中尺度上升气流之前被抬升至其 LCL 和 LFC(图 5.16)。[49]该要求有一限定，即在此情况下，干线环流上升支的深层抬升也有助于破坏大气稳定，局部降低了 LCL 和 LFC，并使 CIN 减少。

深对流云一旦触发，其最常在水汽梯度前缘西侧约 10 km 和东侧约 40 km 之间观测到。[50]尽管干线环流隐含着二维特征，但深对流很少沿干线的经向方向均匀发展，而是沿干线有相当大的变化。显然，中尺度抬升(和/或热力环境)的局部增强增加了 CI 的局部概率。可能的解释包括：(1)干线的局部水平隆起，导致水平辐合的局部增强；(2)干线－重力内波相互作用；(3)沿干线的中尺度低压区，显然是由非绝热加热的局部差异造成；(4)天气尺度锋和/或其他边界与干线之间的相互作用，特别是在所谓的*三分点*处；(5)干线和 HCR 之间的交叉/相互作用。[51]每种解释的共同点是补充机制的上升和干线中尺度上升气流之间的有益的或正的相位关系。我们用上述(4)和(5)来说明这一效果，记住基本概念适用于所有五种机制。

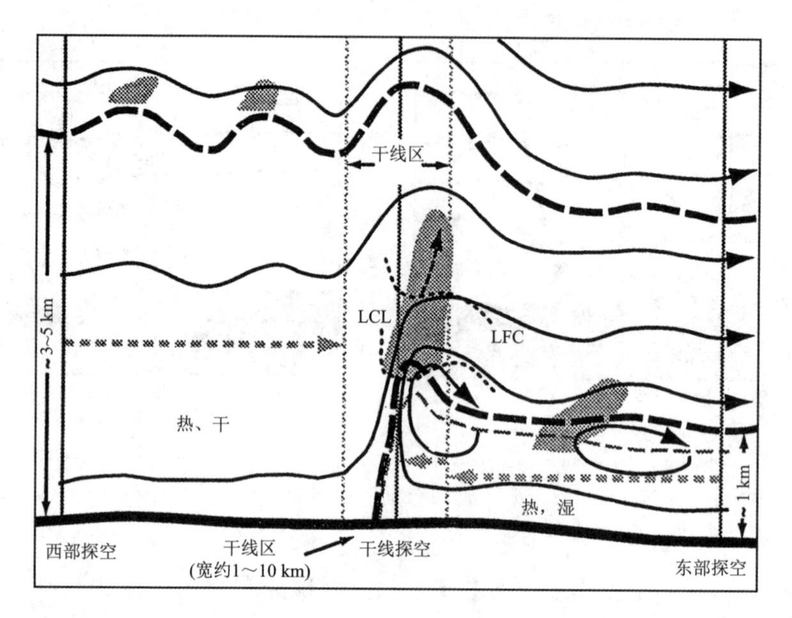

图 5.16　干线对流初生的概念模型。引自 Ziegler 和 Rasmussen(1998)。

首先回顾一下，有利于更强干线的天气环境可能也同时具有沿其气候路径穿越南部大平原的 ETC(温带气旋)。[52]取决于气旋的精确移动、相关锋的方向和范围以及干线的移动，热、湿边界可能会发生相互作用。相互作用的性质取决于边界的相对位置和走向。考虑一个太平洋冷锋的具体例子，当冷锋从西部接近干线时，其大致平行于干线。[53]冷锋有一个横向的热力直接环流，当其接近干线时，会对弱的对流云产生强迫作用(图 5.17a)。高空的锋前下沉抵消了干线上升气流，因此最初抑制了对流。随后相对于干线的锋面运动使得两个环流的上升支合并，干线前端空气深度抬升导致了 CI。

干线和与干线垂直的热边界(冷锋，冷空气出流边界等)之间的相互作用很常见(图 5.17b)。这种情况下，相互作用的点被称作三分点，表示干线以东的湿热空气、干线以西的干热空气以及热边界以北的冷(干)空气的分隔点。CI 易发生在三分点附近，这里低层辐合达到最大。干线环流也可能在向南推进的热边界以上被抬高，因而局地加深干线的抬升并促进 CI 发展。[54]

众所周知，升高的抬升也可在环流(如 HCR)中发生。图 5.17c 很好地说明了这一点，其描绘了一个 HCR 场，其轴与干线有一个非零的交角。[55]当天，干线在午后 3 时左右向西(或逆向)移动，随后与 HCR 相交。许多局地交叉点都伴随着干线以东的云层形成，如可见光卫星云图所示，雷达数据中也显示了增强的雷达反射率值。云的形成本身是由于干线对 HCR 的局部抬升：卷流上升气流和干线上升气流的叠加效应导致了比 HCR 或干线单一作用可能产生的更深抬升。因此，沿干线的变化与HCR间距相当;随后的变化产生于降水对流引入的冷池,冷池与干线进一步相互作用。尽管HCR与干线的相互作用是由一条向西移动的干线引起的,但这种相互作用和对流初生在向东移动的干线和干线以东的HCR中已有记载。

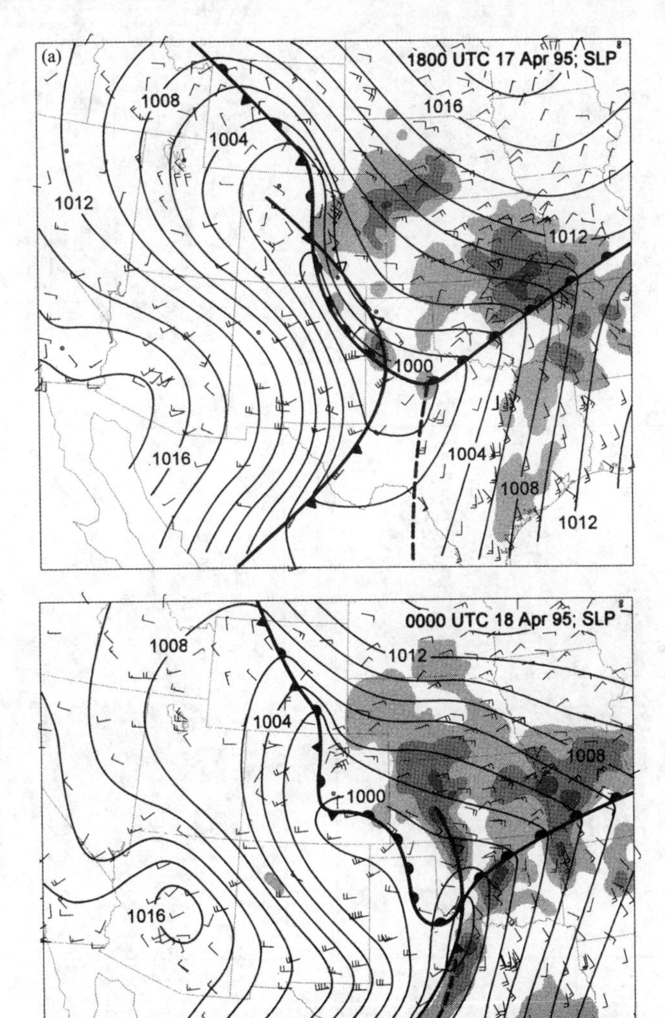

图5.17　导致对流初生的三个干线相互作用示例。(a)冷锋和干线之间的平行相互作用,其中两个环流的上升支合并(Neiman和Wakimoto 1999)。(b)三分点热力边界和干线之间的垂直相互作用(Weiss和Bluestein 2002)。(c)HCR-干线相互作用(Atkins等,1998)。在(a)和(b)中,等值线分别为海平面气压和露点温度。(a)中,阴影为雷达反射率因子,而在(c)中,阴影是雷达反射率因子(左)和空间自相关(右)。在(b)和(c)中,干线用圆齿状线条表示,在(a)中用虚线表示。

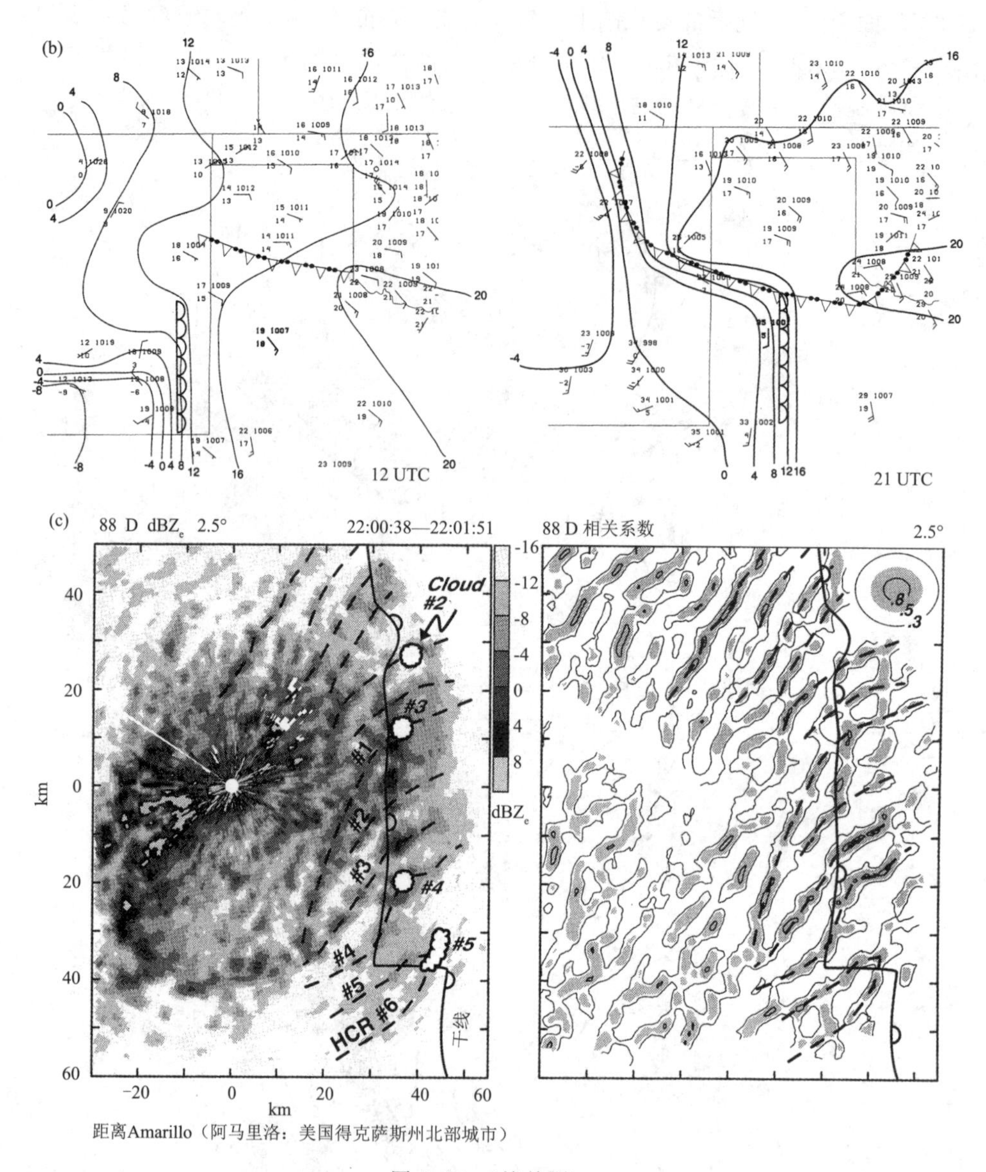

图 5.17 （接前图）

5.4.3 海风锋

HCR-干线(dryline)相互作用使得抬升增强显然起源于对佛罗里达雷暴的研究，其中对流初生归因于 HCR 与海风锋(sea-breeze front，SBF)之间类似的相互作用。与干线一样，海风与区域自然地理有关，特别是与大的水体(海洋、湖泊)及相邻陆地有关。[57]在最初无云的天空下，由于水的比热较高，陆地表面的加热速度比水快。

陆地表面的静力气压降低，并且作为对所产生的水平气压梯度的响应，会形成朝向陆地的风。这就是海风。

海风是横向环流的低层分支。

虽然我们可以再次应用水平涡度方程来说明这种环流的斜压起源，但我们也可以用环流定理来论证

$$\frac{D\,\Gamma}{D\,t} = -\oint R_d T \mathrm{d}\ln p \tag{5.36}$$

式中，Γ 为环流，定义为

$$\Gamma = \oint \boldsymbol{V} \cdot \mathrm{d}\boldsymbol{l} \tag{5.37}$$

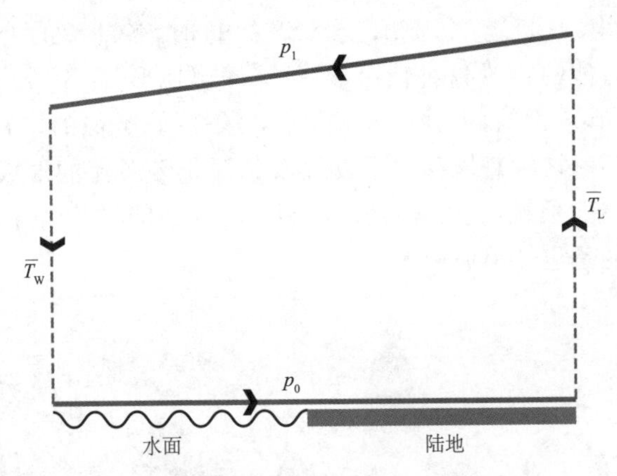

图 5.18　海风环流示意图。粗线表示等压面 p_0 和 p_1（其中 $p_1 < p_0$）。陆地垂直平均温度为 $\overline{T}_L$，水面垂直平均温度为 $\overline{T}_W$（其中 $\overline{T}_W < \overline{T}_L$）。改编自霍尔顿(2004)。

在垂直于海岸线的垂直面内沿闭合路径进行线积分，$\boldsymbol{l}$ 是与闭合路径局部相切的向量。[58] 如果我们设该环路的顶部和底部段分别为等压面 p_1 和 p_0，式(5.36)意味着只有环路上的垂直部分对环流变化有贡献（见图 5.18）。如果我们分别用垂直平均温度 $\overline{T}_L$ 和 $\overline{T}_W$ 来近似陆地和水域上方的温度，式(5.36)可积分得到

$$\frac{D\Gamma}{Dt} = R_d \ln\left(\frac{p_0}{p_1}\right)(\overline{T}_L - \overline{T}_W) \tag{5.38}$$

该式忽略了许多影响实际海风环流的因素，例如表面摩擦和海岸线的细节，但它确实提供了一个基本结果，即环流的产生必然取决于水平温度差异。

在环流的前缘是 SBF，它也标志着由较冷的海洋空气和较暖的内陆空气引起的热力对比的前缘。SBF 在其运动中表现为密度流（见第 2 章）。以下关于这一运动的经验公式是根据实验室和理论研究改编的

$$V_{\mathrm{SBF}} = b\sqrt{gd\,\frac{\Delta\rho}{\rho}} - 0.59V_s \tag{5.39}$$

式中，b 是经验常数（$=0.62$），d 是海风环流的深度，V_s 是对流层低层天气尺度风的穿岸分量。[59]式(5.39)中隐含的惯例是：向陆（离岸）风由 $V_s<0(>0)$ 给出，因此向陆 V_s 将起到增强 SBF 运动的作用。式(5.39)隐含地提供了一些关于对流初生的初始信息：向陆天气尺度的风会导致更快移动（和深入内陆）的 SBF，但通常较弱且更易扩散。[60]离岸的天气尺度的风会减缓 SBF 的移动，但会导致与海风的水平辐合增强，即锋生作用，并最终导致更强的海风环流。

已观测到云带平行于 SBF 生成，但与干线一样，深积云对流沿 SBF 的位置是可变的。如第 5.4.2 节所述，这种可变性的一种解释是：HCR 正交于 SBF，且在前进中的 SBF 环境中；假定有离岸天气尺度的风，因此有更为深厚的 SBF。[61]被 SBF 抬高的卷流环流导致更深的抬升，从而导致更高的 CI 潜势，其中卷流上升气流与海风环流的上升分支同相（图 5.19）。[62]当 HCR 与 SBF 平行时，各环流的上升分支相互增强时，对流初生也是可能的。[63]在这种情况下，虽然局部地形、海岸线形状和地表的变化会对沿锋面的变化有所贡献，但并没有得到严格解释。类似的，当 SBF 与来自其他地方的对流风暴的阵风锋“碰撞”时，可以观察到深积云对流的形成。这显然不是对初始对流初生的解释，但确实为我们转入“远场”机制的讨论提供了一个适当的时机，其中特别显著的是包括出流边界。

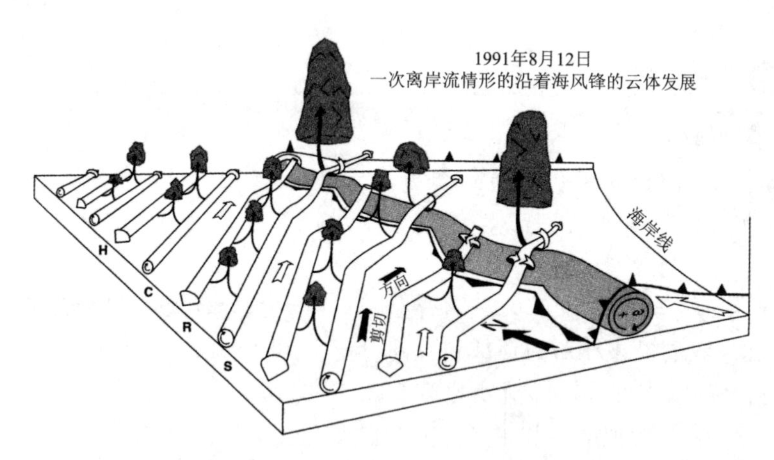

图 5.19　HCR-海风相互作用导致对流初生示意图。引自 Atkins 等(1995)。

5.5　非局地源抬升机制

我们现在关注抬升机制，它们本身是通过对流产生的，移自其各自源区，然后最终在距离其源的某个距离（和时间）开始产生对流。雷暴出流和重力波是这种非局地过程的著名例子。尽管多种（局部和非局部）机制可能协同作用以引发对流，但每种机制将单独进行讨论。事实上，这是本章反复出现的主题之一。

5.5.1　对流风暴阵风锋

典型的降水对流风暴产生一个在地面横向扩散的蒸发冷却空气池。在冷池的前缘，相关的出流就是阵风锋。在这一节中，我们将探讨与 CI 有关的阵风锋和冷池的一些特征；对流出流动力学的更一般的解释会在第 6 章中给出。

阵风锋通常包含在更一般的边界层辐合线中。通俗地可称之为边界，这些边界在可见光卫星图像中显示为云弧线，在雷达数据中显示为雷达反射率细线（以及低层多普勒速度辐合）（见第 2 章）。高时间分辨率的卫星和雷达数据的可用性促进了与边界相关的 CI 相对频率的量化。例如，在对科罗拉多州东部对流风暴的研究中，418 次对流风暴事件中有 79%都归因于边界。可分类的 91 次边界中有 59%实际上被确定为阵风锋。其中，61%引发了风暴："风暴"的客观定义是在离地面约 1 km 高度，存在一个具有雷达反射率因子$\geqslant$ 30 dBZ 的新雷达回波。使用稍微不同的方法和不同的地理区域，一项单独的研究发现，大约 25%（基于地表）的初生事件与阵风锋有关，尽管在这些统计数据中，排除了与正在进行的活跃对流相关的阵风锋。[65]然而，我们仍可以从这些研究和其他研究中有把握地得出结论，阵风锋是中尺度抬升和 CI 的一个不可忽视的来源。[66]

本章迄今为止讨论的现象中，阵风锋与密度流最具有相似性，因此，自然可以想到理论密度流速度

$$V_{dc} = k\sqrt{gd\,\frac{\Delta\rho}{\rho}} \tag{5.40}$$

式中，我们注意到在第 2 章推导过程中所做的许多假设。如式(5.40)所示，并在实验室和数值模拟实验中得到证实，较深的冷池(d)与较快移动的阵风锋有关。它还会导致更强烈的阵风锋面上升气流，模拟和观测的上升气流值约为 1～10 $\mathrm{m \cdot s^{-1}}$。[67]

CI 的潜势不仅取决于深度和速度，还取决于其与环境风廓线的关系。当最低层几千米内的环境风切变矢量朝向阵风锋面运动方向，因而通常垂直于阵风锋面方向时，对于深度抬升最为有利。特别有利的风廓线具有"导向层"（地面以上高度约 3 km）风，其速度大致等于阵风锋速度，可以使初生单体垂直竖立，且随阵风锋移动。[68]相反，当低层风切变矢量与阵风锋移动方向相反时，阵风锋上方向上移动的气块将具有较浅的坡度，在阵风锋面后方缓慢逐渐上升（图 5.20）。这一概念也适用于正在进行的对流风暴的维持，并在第 8 章阵风锋速度和环境风切变之间的关系中被称为 RKW 理论（Rotunno-Klemp-Weisman theory）。

科罗拉多州东部观测研究的一个令人信服的发现是，327 个边界引发的风暴中有 64 个是由两个或多个边界之间的碰撞引起的。[69]初生风暴本身（可能）在碰撞点或附近，伴随的风暴往往相对更强烈。"迎头"碰撞，或那些涉及碰撞时几乎相互平行边界的碰撞，被证明最容易产生 CI。这种碰撞很容易在理想化的框架中模拟（图

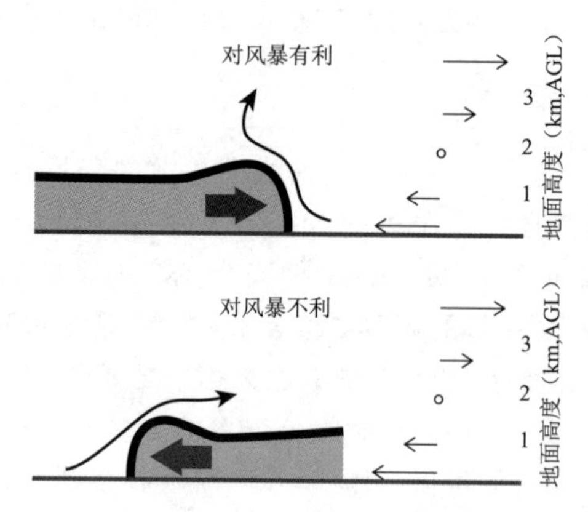

图 5.20　阵风锋与环境风切变之间有利与不利关系示意图。根据 Wilson 等(1998)。

5.21a)。模拟的对流云首先在碰撞锋面之间垂直扩散的空气中形成，但随后的云随着出流沿碰撞面横向扩散而形成(图 5.21b)。新形成的云的命运和强度取决于低层环境湿度以及环境风廓线。[70]

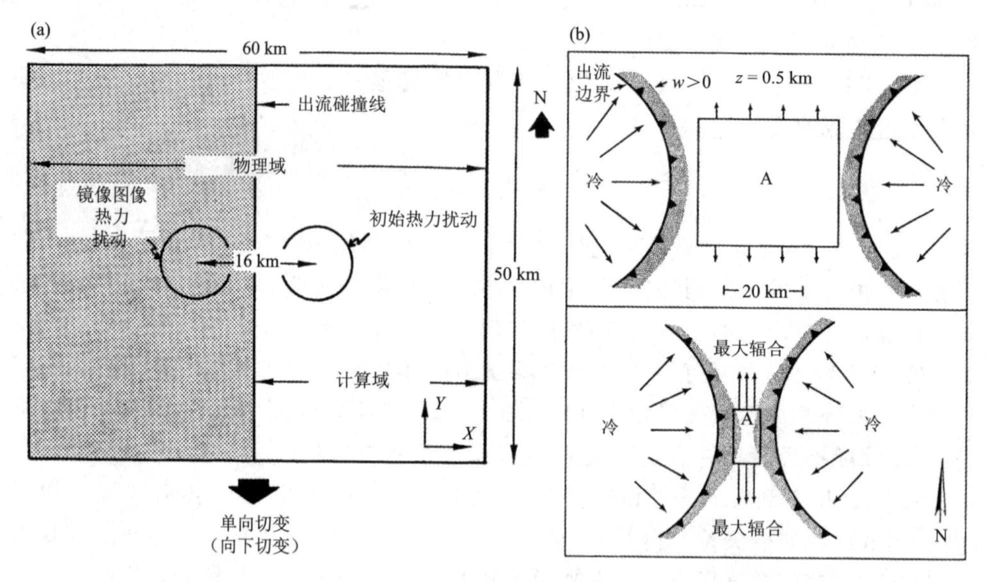

图 5.21　碰撞阵风锋的数值模拟。(a)模拟过程；(b)冷池相互作用的概念模型。引自 Droegemeier 和 Wilhelmson(1985a)。

迄今为止，讨论受阵风锋支持的 CI 的重点隐含着阵风锋有不可忽略的速度，并与发展中的对流风暴有关。作为对比，现在考虑受残余的准静止边界支持的 CI，这些边界在天气尺度强迫相对较弱的夏季月份尤其频繁。[71]其通常以夜间对流风暴开始，在清晨减弱，但其后留下冷池以及横向扩散的出流。[72]在没有对流源的情况下，冷池和密度梯度在时间上逐渐减弱，意味着阵风锋运动减慢（如式(5.40)）及斜压环流减弱（如式(5.33)）。然而，准静止并不妨碍 CI，如图 5.22 卫星图像序列所示。除气块抬升外，准静止边界还可增强低层水平水汽辐合，这有助于在局部聚集水汽，从而有助于环境失稳。[73]如第 9 章所示，这样的边界过程甚至可以在风暴的后期演变中起到有助于初生的作用。

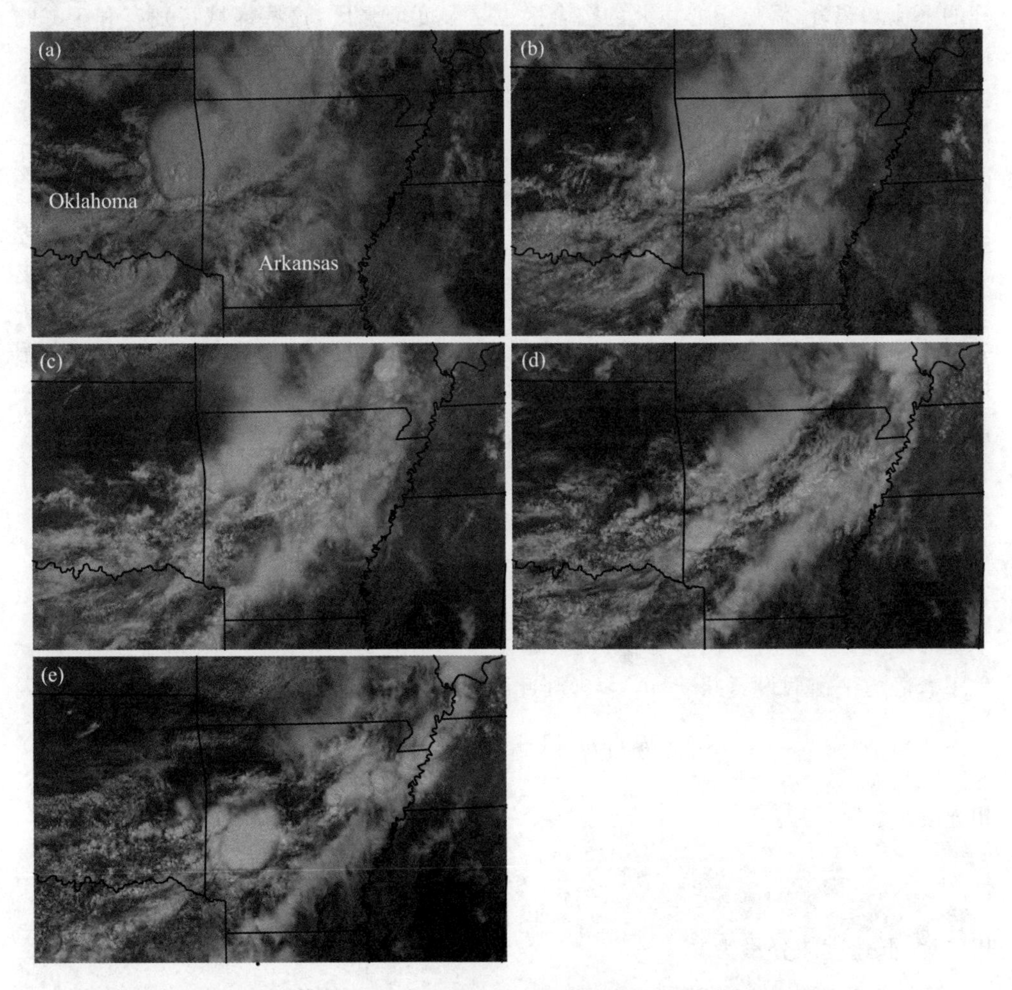

图 5.22 2012 年 4 月 30 日的卫星图像序列，显示缓慢移动阵风锋的对流初生。(a)—(b)从阿肯色州中北部延伸至俄克拉何马州东部的阵风锋，其与世界时 14:45—15:45 的对流风暴有关。(c)风暴在世界时 16:45 消散，残余出流主要在阿肯色州西部。(d)—(e)世界时 17:45，新的对流在阿肯色州东南部开始，就在出流边界以南（也由地面风确定；未显示）。

与边界相关的CI也表现出空间变异性。与干线一样,造成这种变异性的潜在原因有很多,但小气旋(misocyclone,译者注:水平尺度小于4 km)的具体作用(见第1章和第8章)尤其引人注目,值得在此提及。由于水平切变不稳定的释放,这是一种开尔文-亥姆霍兹不稳定(见第2章),已知沿着边界形成一系列间距大致相等的涡旋。它们在CI中的作用是间接的,例如一个南北向阵风锋的理想例子。在背景切变流存在的情况下,单个小气旋环流会导致涡旋中心之间的水平辐合区。[74] 由于环境空气的平流和辐合,涡旋中心以北的辐合区也是湿度增强区:这些区域特别有利于CI。由于小气旋往往从地面开始,强度随高度增加而降低,其中心与下沉气流重合,这是由于向下的气压梯度强迫(另见第7章):这些位置不适合CI。因此,在小气旋中心以北出现上升气流形态。从这种形态到非超级单体龙卷的演变本质上是第8章讨论的非超级单体龙卷发生机制。

5.5.2 重力波

正如第2章的数学推导,重力波是由稳定分层流体中垂直空气位移的重力恢复力形成的。本章(第5.3.2节)已经讨论了重力内波在对流初生中的可能作用。其背景是一种局部或近场抬升机制,其中重力波由HCR在ABL上方发起,然后与HCR耦合,产生边界层气块的深度抬升。本节中,我们考虑由一个活跃的对流云或类似方法产生的重力内波,从该源头水平传播,并随后生成新的积云对流。由重力波引起的非局地CI受到所需时间(也即距离)的限制,重力波失去大部分振幅,从而衰减。重力波支持的CI还取决于波振幅集中的垂直位置,从而取决于垂直波数。

我们从一些简化形式开始,这将有助于更清楚地说明相关概念。[75] 假设目前未受干扰的环境处于静力平衡和静止状态($\overline{u}=U_0=0$),波的运动限制在x-z平面,频率σ为正。静力平衡假设意味着$m^2 \gg k^2$,因此频散关系式(2.97)可写为

$$\sigma = Nk/\left[m^2\left(1+\frac{k^2}{m^2}\right)\right]^{1/2} \simeq Nk/m \tag{5.41}$$

相速度为

$$c_x = \frac{\sigma}{k} = \frac{N}{m}$$

$$c_z = \frac{\sigma}{m} = c_x \frac{k}{m} \tag{5.42}$$

相应地,群速度的分量为

$$c_{g,x} = \frac{\partial \sigma}{\partial k} = \frac{N}{m} = c_x$$

$$c_{g,z} = \frac{\partial \sigma}{\partial m} = \frac{-Nk}{m^2} = -c_x \frac{k}{m} \tag{5.43}$$

式(5.42)和式(5.43)提醒我们重力波是色散的,并且揭示了垂直波长最长(波数最小)的波具有最快的水平相位和群传播。在垂直方向上,向下的相位传播意味着向上的群传播。然而,对于"静力"重力波,其中$c_x \gg c_z$,波传播主要是水平的(在对

流层;平流层中水平和垂直传播均会发生)。

一种常见的做法,特别是在理想的数值模拟研究中,假定对流层顶为一刚性顶盖[76],从而将波限制在对流层,并阻止能量垂直传播到平流层。垂直波数可以用垂直模或对流层顶高度 $z=Z_T$ 的整型分数表示

$$m = \frac{n\pi}{Z_T} \tag{5.44}$$

当第 n 个垂直模的波长为 $\lambda_z = 2Z_T/n$ 时,相位和群传播变为

$$c_x = \frac{NZ_T}{n\pi} = c_{g,x} \tag{5.45}$$

这里,隐含着 $c_z \approx 0$。垂直模 $n=1,2,3$ 对功率谱的贡献最大,且波从生成的云处传播出去,传播速度足够快(约几十米·秒$^{-1}$)、足够远(约几十千米),以致影响到云的环境。[77]

图 5.23 描绘了在二维数值模式中重力波对不断增长的对流云的响应。[78]不考虑云及其相关的非绝热过程,可以使用扰动位温来确定垂直位移,负扰动表示空气向上移动(绝热冷却),正扰动表示空气向下移动(绝热升温)。重力波的色散性质在此过程中得到了很好的说明,其中 $n=1$ 模迅速传播到域的东侧(x 约 160~170 km),$t=$ 40 min,然后 $n=2$ 模,$t=60$ min,然后 $n=3$ 模,$t=80$ min。注意到 $n=1$ 模在对流层区域由波谷(向下位移)表示,波谷在高度约为 $Z_T/2$ 处具有最大振幅。因此,$n=1$ 模具有热力学稳定效应,主要表现为 CAPE 的减小。$n=2$ 模同样具有净稳定效应,特别是在 $Z_T/2$ 以下高度绝热升温,CIN 随之增加。另一方面,$n=3$ 模的影响是由于 $Z_T/3$ 以下高度的向上位移(包括 ABL)引起的热力学失稳。在这个特殊的模式实现中,$n=3$ 模与 CIN 的减弱有关,因此对对流初生最为重要。

CI 和特定的重力波模之间的关系部分地取决于对流层(上例中的 Z_T)和 ABL 各自的深度,这决定了波模各自向上(和向下)位移的垂直位置。[79]如前所述,这种机制可进一步应用的相对源的距离取决于模在经历显著衰减之前可以传播多远。天气尺度动力学通过罗斯贝变形半径 $\lambda_R = c_x/f$ 施加了一个限制,这里将其视为波减小到其振幅的 1/e 的距离。[80]对于中纬度的典型条件,N 约为 0.015 s^{-1},发现对应于 $n=1$ 模的 λ_R 约为 500 km。现在,回顾 c_x 相对于垂直模的量级成比例减少(式(5.45)),我们进一步发现,移动速度逐渐变慢的高阶模在其水平传播的程度上越来越有限,因此它们影响云的远场环境的能力也越来越有限。

水平重力波的传播也受到垂直风通过波陷(wave trapping)的影响。可使用斯科勒参数 ℓ(Scorer parameter,大气重力波波动方程)来预测

$$\ell^2 = \frac{N^2}{(U-c)^2} - \frac{\mathrm{d}^2U/\mathrm{d}z^2}{(U-c)} \tag{5.46}$$

这里给出了 x 方向传播(见第 2 章)。在 $\ell^2 < k^2$ 的垂直层中,相应的波数随高度呈指数衰减;当相位传播与平均风(U)相反时,以及当这种平均风以急流的形式垂直分布

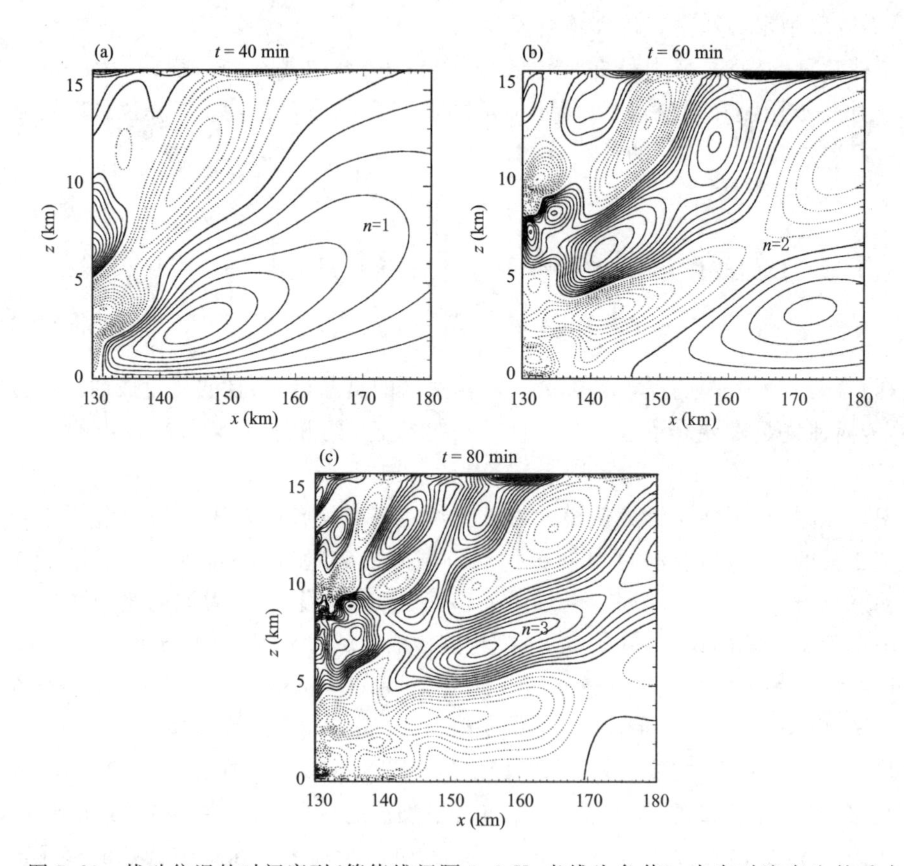

图 5.23　扰动位温的时间序列(等值线间隔 0.2 K;虚线为负值),来自对流产生的重力波的二维模式模拟(a) $t=40$ min;(b)$t=60$ min;(c)$t=80$ min。在 $x<130$ 处剪切原始图像,以强调重力波的响应。引自 Lane 和 Reeder(2001)。

时,满足波陷的标准。将此放在本章的上下文中,当通过 ABL 向上位移的模被困陷在该层内时,CI 受到限制。对流的优先生成(抑制)与顺风(逆风)传播的 $n=3$ 模有关,这是波陷不对称效应的一个例子。[81]

5.5.3　大气涌潮

大气涌潮是一种特殊类型的受陷重力波。其普遍存在于高度稳定的夜间边界层(nocturnal boundary layer,NBL)中,通常在对流风暴出流(或类似过程)进入夜间环境并将空气向上移位时产生(图 5.24)。由此产生的(大振幅)重力内波在具有高度静力稳定性的气层传播,其水平速度等于甚至超过密度流的速度。

涌潮发生的相关变量包括对流出流深度 d、NBL 深度 h_0、NBL 静力稳定性 N_1 和 NBL 上覆层的静力稳定性 N_2(图 5.25)。[82]与涌潮相关的典型 NBL 值为 N_1 约为

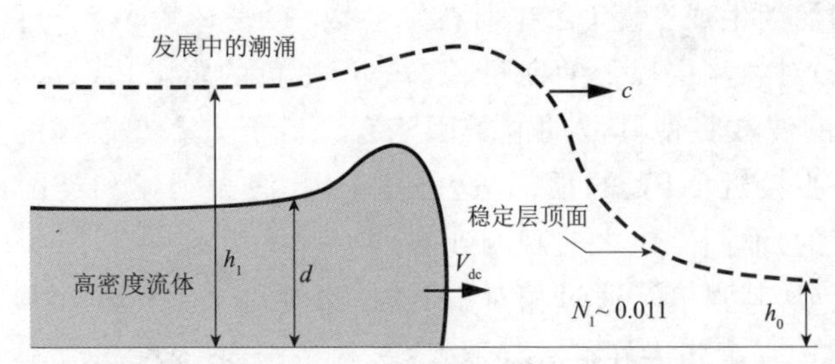

图 5.24　图 5.25 所示的发展中的大气潮涌示意图。图中所示为：对流出流深度 d，NBL 深度 h_0，NBL 静力稳定度 N_1 和潮涌深度 h_1。引自 Knupp(2006)。

0.015 s^{-1}，覆盖层要小得多，如 N_1/N_2 约为 3～4。与出流深度相比，NBL 深度较浅，模拟和观测的涌潮一般出现在 1.5≤ d/h_0 ≤2.5 范围内。

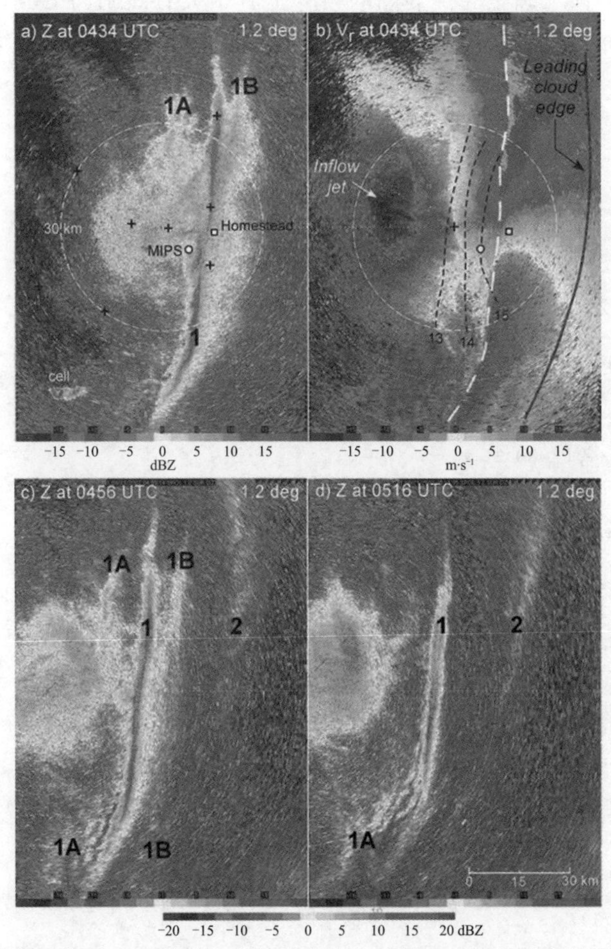

图 5.25　多普勒天气雷达观测到的大气涌潮演变示例。雷达反射率因子(Z)如图(a)、(c)和(d)所示，径向速度如(b)所示。引自 Knupp(2006)。(详情请见彩图插页)

另一相关的涌潮生成变量(含在斯科勒参数中)是环境风。与重力波运动相反的急流廓线$U(z)$对急流层以上的斯科勒参数产生负的贡献(式(5.46))。急流层以上,满足$l^2<k^2$的波数将使其波的能量困陷在急流下方。在涌潮的具体情况下,急流轴将位于或至少接近NBL的顶部,这是在美国、澳大利亚和英国评估的一些(虽然肯定不是所有的)涌潮发生之前观测到的。[83]

一旦涌潮形成,其强度可通过相对于NBL深度h_0的(平均)涌潮深度h_1进行量化;有记录的涌潮[84]强度集中在$2 \leqslant h_1/h_0 \leqslant 3.5$范围内。注意,$h_1$给出了NBL垂直位移的高度(图5.25),意味着涌潮强度和潜在的次级夜间对流初生之间可能存在的关系。由此产生的对流风暴最初(甚至一直存在)的流入空气,主要来源于NBL之上。因此,涌潮是引发抬升对流的可能机制之一。

虽然在"国际H20计划"期间的15 d内发现了24次大气涌潮,表明其相对普遍,但科学文献中尚未确定大气涌潮的频率。[86]其中只有3个与CI有关,表明涌潮驱动的CI的频率相对较低。当然,与本章讨论的其他机制一样,已观察到涌潮与各种类型的中尺度边界一同促进气块向自由对流高度LFC的深度抬升。

补充信息

有关练习、问题及推荐的个例研究,请参阅www.cambridge.org/trapp/chapter5。

说明

1 此处采用Hess(1959)的处理方法。

2 也见Shultz等(2000)。

3 Emanuel(1994)。

4 也见Rogers和Yau(1989)。

5 Bryan和Fritsch(2000)。

6 Sherwood(2000)。

7 同上。

8 Emanuel(1994),Gilmore和Wicker(1998)。

9 Doswell和Rasmussen(1994)。

10 该表达取决于CAPE的精确计算——具体而言,气块是否来自地表(SB);基于充分混合层(mixed layer,ML;通常是探空的最低100 hPa)特征;或来自产生最不稳定气块的气层(most-unstable parcel,MU;一个具有最大相当位温)。

11 Doswell和Markowski(2004)。

12 Smith(1971)。

13 如Doswell(1987)所述;另见Doswell和Bosart(2001)。

14 Griffiths等(2000)。

15　Roebber 等(2002)。

16　见 Doswell 和 Bosart(2001);Stensrud(1996a)的评论。

17　Bluestein(1993)。

18　Carlson 等(1983);另见 Stensrud(1993)。

19　Carlson 和 Ludlum(1968)。

20　Russell 等(2008)。

21　Banta 和 Schaaf(1987)。

22　Kirshbaum(2011);Geerts 等(2008);Banta 和 Schaaf(1987)。

23　Kirshbaum(2011)。

24　此处使用的简单形式来自 Emanuel(1994);其他形式可在如 Etling 和 Brown(1993)及 Weckwerth 等(1997)中找到。

25　该范围存在一些不确定性,大涡模拟(LES)的数值模拟研究显示的数值范围稍小,观测研究表明的上限更大(如 Weckwerth 等,1997;Etling 和 Brown 1993)。

26　Thompson 和 Edwards(2000)。

27　Weckwerth 等(1997)。

28　Weckwerth 等(1996)。

29　这是整体上升气流的直径。垂直风速最强的原型上升气流核约为该直径的一半;见第 6 章。

30　Balaji 和 Clark(1988)。

31　Balaji 和 Clark(1988);Redelsperger 和 Clark(1990)。

32　Bohme 等(2007)。

33　Weckwerth 等(2008)。

34　Davies(1994)。

35　Bluestein(1993)和 Holton(2004)。

36　Koch(1984)。

37　Shapiro 等(1985)。

38　Neiman 和 Wakimoto(1999);Wakimoto 和 Murphey(2010)。

39　Ziegler 等(1995);Ziegler 等(2007)。

40　在世界其他地区,如澳大利亚北部,也发现了干线,见 Arnupand Reeder(2007)。

41　Hoch 和 Markowski(2004)。

42　同上。

43　Ziegler 等。(1995)。

44　同上。

45　Pielke 等(1997)。

46　Ziegler 等(1995)。

47　Schultz 等(2007)。

48　Parsons 等(1991)。

49　Ziegler 和 Rasmussen(1998);Ziegler 等(2007)。

50　Ziegler 和 Rasmussen(1998)。

51 Weckwerth 和 Parsons(2006)。

52 Schultz 等(2007)。

53 Neiman 和 Wakimoto(1999)。

54 Weiss 和 Bluestein(2002);Ziegler 等(2007)。

55 Atkins 等(1998)。

56 Peckham 等(2004)。

57 Pielke(1974)。

58 Holton(2004)。

59 Miller 等(2003)。

60 Arritt(1993)。

61 HCR 也可存在于向岸流中,但由于 SBF 较浅,组合的抬升相对较浅。

62 Atkins 等(1995) 观察到了这一点,随后 Dailey 和 Fovell(1999) 对此进行了模拟。

63 Atkins 等(1995)。

64 边界识别要求雷达细线/辐合气流长度大于 10 km,持续时间至少为 15 min;Wilson 和 Schreiber(1986)。

65 Wilson 和 Roberts(2006)。

66 Lima 和 Wilson(2008)。

67 Droegemeier 和 Wilhelmson(1987)。

68 Wilson 等(1998)。

69 再次注意,边界包括但不限于阵风锋;Wilson 和 Schreiber(1986)。

70 Droegemeier 和 Wilhelmson(1985a);Droegemeier 和 Wilhelmson(1985b)。

71 Stensrud 和 Fritsch(1994)。

72 Weaver 等(2002)。

73 Banacos 和 Schultz(2005)。

74 Lee 和 Wilhelmson(1997),Marquis 等(2007)。

75 下面的大部分内容来自于 Lane 和 Reeder(2001)。

76 数值模式中,刚性顶边界条件通常设定在标称对流层顶以上几千米处,因为对流运动能够垂直超过稳定的对流层顶。为防止波的反射,采用一些方法来阻尼和吸收对流层顶和顶边界之间的波的运动。

77 Lane 和 Reeder(2001);Mapes(1993);Marsham 和 Parker(2006)。

78 Lane 和 Reeder(2001)。

79 例如,Nicholls 和 Pielke(2000) 表明 $n = 2$ 模可提供弱的抬升。

80 Mapes(1993)。

81 Marsham 和 Parker(2006)。

82 Knupp(2006)。

83 Crook(1988)。

84 Knupp(2006)。

85 Marsham 等(2011)。

86 Wilson 和 Roberts(2006)。

第6章　基本对流过程

概要：对流启动之后，发展成的深对流云可能演变成降水对流风暴。基本的风暴过程是上升气流和下沉气流。本章描述了它们的动力结构，以及与上升气流和下沉气流密切相关的风暴出流的动力结构。然后，在最低等级的单个风暴和多单体风暴背景下，考虑风暴演变。

6.1　对流风暴谱系概述

一旦开始，对流云可能演变为深对流风暴，产生地面降水、地面阵风，有时还产生冰雹、闪电和龙卷。风暴的持续时间、强度和伴随的天气现象类型在很大程度上与风暴形态或对流模态有关。可观测的结构特征可用于将风暴分类为：

(1)离散的单体风暴，包括超级单体风暴；

(2)多单体风暴；

(3)中尺度对流系统(MCS)。

该分类借鉴了生物科学，有天气雷达和卫星观测的充分支持，对流单体被视为对流风暴的基本组成部分。对流单体有一个明确的边界(可见云边缘)但多孔，就像生物细胞壁一样。对流单体也可能分裂成两个单体(分裂超级单体)，与其他单体相遇并合并成一个更大的单体(MCS)，具有多个"核"(多单体)，并根据其环境中可以获得的"营养物质"(如大气湿度)而衰变或生长。

这些分类并不非常清晰。例如，MCS本质上是多单体的，但其约100 km的水平长度尺度名义上——也许是人为地(用于将其与多单体分开来(第8章)。事实上，在对流风暴谱系中，可能的风暴形态是连续的。然而，我们仍然发现，根据特定的、反复出现的形态来讨论风暴是有用的，如果没有其他原因，只因某些危险天气的概率随模态而变化这一事实：超级单体会产生更多的龙卷，MCS被视为在一个长的条带范围内产生破坏性地面直线风的发生器。正如我们将看到的，主导的动力学在模态之间也有所不同，超级单体主要由旋转动力学驱动，而MCS强度与对流系统冷池相关的动力学密切相关。对流模态在很大程度上取决于中尺度和天气尺度环境的某些特征，如垂直风切变的多少和对流有效位能(CAPE)。因此，在某些情况下，环境参数的值可以作为对流模态的预测指标(甚至可以表征对流模态；见第9章)，当然也有一定程度的不确定性。

第7章介绍了超级单体风暴，它是单体风暴中一类重要而特殊的风暴。第8章讨论MCS，在用雷达观察时，其通常具有线性或至少准线性的形态。以下章节将对寿命较短的单体风暴和较为松散的多单体风暴进行总结。

6.2 组件:上升气流和下沉气流

构成对流单体的是上升气流和下沉气流,它们是垂直面上截然不同的局地气流。尽管气压的垂直梯度在更有组织的对流风暴(如超级单体)的气流中起着重要的动力学作用,这两种气流通常都是由浮力驱动的。这两种气流对于单体都至关重要。

6.2.1 上升气流

我们从观测到的上升气流特征来开始本节。这些特征可以通过多种方式加以确定,例如通过在固定高度飞行的飞机携带仪器进行现场测量;无线电探空仪观测;使用风廓线仪或其他垂直指向雷达进行遥感测量;以及多个多普勒雷达观测和相关的三维风场反演(见第3章)。在美国,这些数据主要是在中西部、大平原和东南部地区收集的,这些地区还进行了大规模的野外试验。热带(海洋和大陆)地区的几次野外试验提供了更多的对流云和风暴数据;这些将在稍后用于探索上升气流(和下沉气流)特性的全球差异。

在中纬度地区,典型的积雨云上升气流速度约大于 10 $m \cdot s^{-1}$,在成熟的强雷暴中可以发现最大上升气流速度可超过 40 $m \cdot s^{-1}$。[1,2]图 6.1 显示了一个龙卷风暴的上升气流剖面。图 6.1 中显示在平均海平面高度 7 km(mean sea level,MSL)处最大上升气流速度接近 50 $m \cdot s^{-1}$,在此高度以下,速度随高度单调增加。[3]

该上升气流廓线源自无线电探空仪的上升速率,但在图 6.1 中与使用气块热浮力计算的廓线 $w(z)$ 进行比较

$$w(z) = [2\mathrm{CAPE}\ (z)]^{1/2} = \left[2\int_{z_{\mathrm{LFC}}}^{z} B\mathrm{d}z\right]^{1/2} \tag{6.1}$$

式中,B 为热浮力,z_{LFC}为自由对流的高度(见第5章)。通过这种比较,特别是考虑到第5章中列举的简化形式,证明了与气块理论惊人的一致性。特别注意,图 6.1 暗示有相对来说未被环境空气稀释的上升气块的抬升。

在蒙大拿州一个超级单体中层收集的飞行高度层数据提供了相对来说未稀释上升的进一步证据。[4] 约 6 km 宽的超级单体核心,上升气流速度超过 30 $m \cdot s^{-1}$,θ_e 和液态水含量(liquid water content,LWC)具有各自的最大值(图 6.2)。湍流强度(涡动耗散率)在单体核内最小,但在核外有峰值。因此,尽管这表明在上升气流侧边存在大量湍流混合,但核本身似乎相对孤立,不受夹卷(entrainment)的影响。

气块稀释的程度,以及因此带来的夹卷影响,可以通过比较某个高度处测得的 LWC 与绝热液态水含量(adiabatic liquid water content,ALWC)来量化。ALWC 是在没有降水或蒸发的情况下,假设绝热上升的凝结水量(根据气块理论)。[5] 在某个高

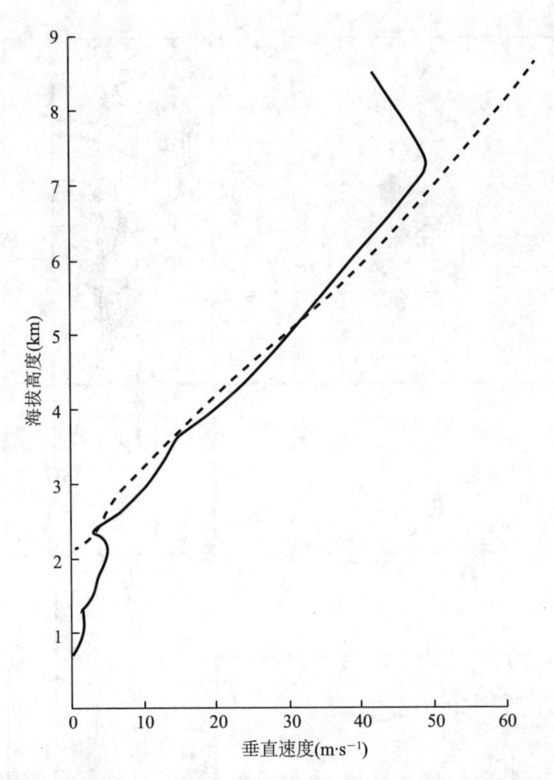

图 6.1　垂直速度的垂直廓线：根据气球上升速率计算(实线)和根据同一探空计算的气块浮力$[2CAPE(z)]^{1/2}$(虚线)计算。探测是在得克萨斯州加拿大人城附近的一次龙卷风暴上升气流中进行的。引自 Bluestein 等(1988)。

度，ALWC 的计算非常简单

$$ALWC(z)=\rho[\bar{q}_{v,s}|_{z_b}-q'_{v,s}(z)] \tag{6.2}$$

式中，$\bar{q}_{v,s}$ 是根据云底高度 z_b 的环境探空确定的饱和混合比；而 $q'_{v,s}$ 是从云底抬升到评估高度 z 的未稀释气块的饱和混合比。在蒙大拿超级单体中，云底温度和气压分别为 13 ℃和 730 hPa，产生 4.5～5 $g \cdot m^{-3}$ 的飞行高度层 ALWC。上升气流中 LWC/ALWC≥0.5 的部分，通常被视为未被稀释的核。如图 6.3 所示，这种相对较高的 LWC/ALWC 比率适用于几乎 6 km 上升气流的一半。[6]

在较无组织的对流风暴上升气流中，特别是在热带上升气流中，实践证明很难观察到存在未稀释的“绝热”核。热带海洋云中的最大 LWC 很少超过 0.4×ALWC。[7] 此外，典型的最大上升气流速度(15～20 $m \cdot s^{-1}$)，往往远低于由气块理论基于典型 CAPE 值(即 1500～2000 $J \cdot kg^{-1}$，将产生 55～63 $m \cdot s^{-1}$的最大上升气流速度)所预测的值。[8]

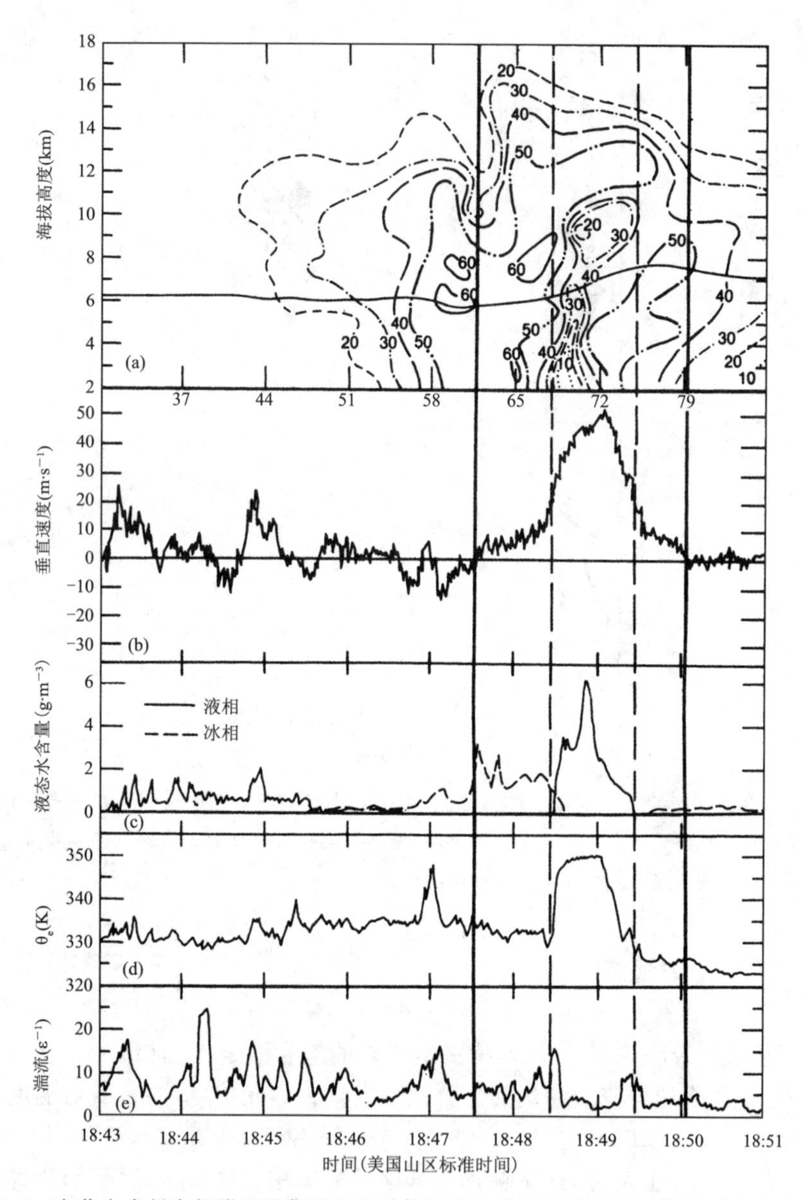

图 6.2　在蒙大拿州东部附近收集的超级单体雷暴中层雷达反射率时间序列和相应的飞行高度层数据。粗体垂直线表示上升气流的外部范围，虚线垂直线表示上升气流核和弱回波区(weak echo region，WER)的边界；核和 WER 的水平范围约为 6 km。引自 Musil 等(1986)。

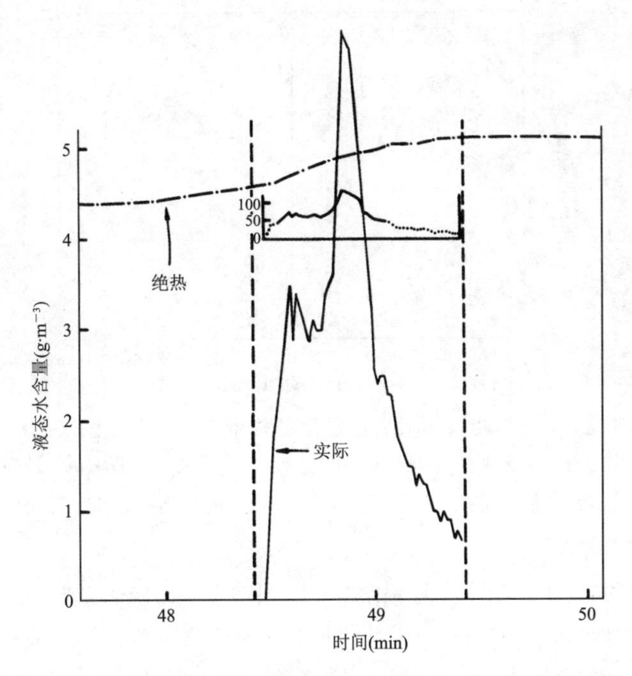

图 6.3　同图 6.2,但仅显示上升气流核内测量的 LWC 和相应的 ALWC(见正文)。插图显示同一航段上的 LWC/ALWC(%),实线表示比率超过 50%的飞行数据部分。引自 Musil 等(1986)。

热带对流中相对较高的夹卷量可以解释这些差异。如下文所述,夹卷率是上升气流直径的反函数。现在考虑图 6.4,它比较了热带太平洋、热带大西洋和俄亥俄及佛罗里达州地区在雷暴项目期间采样的最强 10%上升气流直径(见第 1 章)。显然,雷暴项目期间热带海洋风暴中的上升气流比大陆风暴中的上升气流要窄。[9]

我们在这里停下来问一问,为什么地理位置可能与上升气流直径有关。有一种解释涉及大气边界层(ABL)的深度,其在热带海洋约 500 m,佛罗里达中部(亚热带)约 1～2 km,高平原(大陆中纬度)约 2 km。[10]在第 5 章中,我们了解到 ABL 深度等于水平对流卷(HCR)的深度,HCR 深度与 HCR 宽度成正比(纵横比约为 2～4)。因此,更深的 ABL 产生更宽的 HCR,有可能引发更大范围的湿对流,并可能引发更大范围的上升气流。尽管令人信服,但目前尚不清楚这种物理联系是否如此直接,特别是在可能由多个单体合并而成的对流系统情况下。此外,正如我们所看到的,对流初生通常由许多抬升机制引起,这些机制可能包括也可能不包括 HCR。

刚刚提到的上升气流直径和夹卷率的反比关系根本上取决于假定的生长中的积云行为,即热泡、羽流或急流。[11]我们考虑积云是热泡的情况,特别是那些在其尾部“洒落”出云物质的情况(图 6.5)。[12]本质上,热泡是一个分离的浮体,其从一些低层含水区释放出来,然后上升,直到其流体被稀释,不再具有浮力。在实验室里,通过将

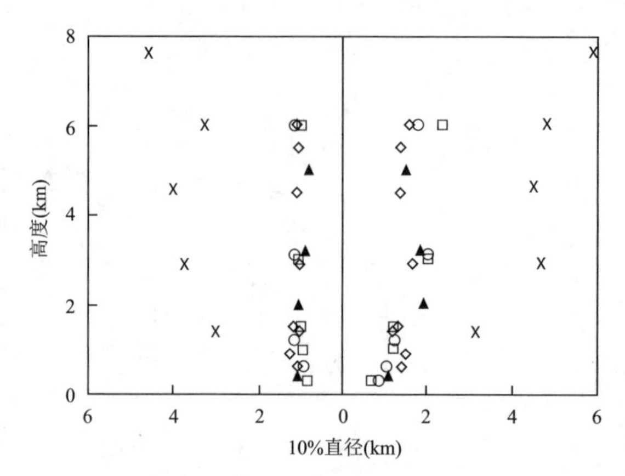

图 6.4 从热带大西洋(圆圈)、澳大利亚沿海的热带太平洋(三角)、中国台湾附近(方形)、飓风雨带(钻石)以及俄亥俄州和佛罗里达州(十字)采集的样本中,最强的 10%上升气流(右图)和下沉气流(左图)的核直径对比。引自 Lucas 等(1994)。

盐溶液单元引入水箱中,然后及时跟踪,可以很容易地对热泡进行模拟。也开发了低阶数值模式,例如我们将在下一步使用的模式,以说明对积云夹卷的简单处理。[13]

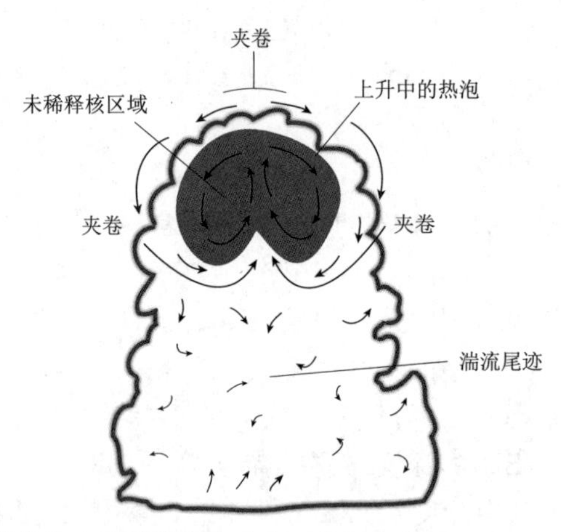

图 6.5 以洒落热泡表示的增长中的积云的概念模型。基于 Blyth 等(1988),依据 S. Lasher-Trapp(个人通信,2011)做了修改。

通过垂直运动方程的简化形式,在一维拉格朗日模型中表示热泡的稳态垂直偏移

$$\frac{\mathrm{D}w}{\mathrm{D}t} = w\frac{\mathrm{d}w}{\mathrm{d}z} = B - P^{*} - \Lambda w^{2} \tag{6.3}$$

* 译者注:经与原作者(Trapp)商议,原书式(6.3)中的右手项 D 改为 P,以下均作相应修改。

式(6.3)右侧，B 为热浮力（$=g(T_v-\overline{T}_v)/\overline{T}_v$，其中 T_v 为虚温，顶划线表示环境值)，P 等同于垂直气压梯度力(PGF)项。由于该模型未明确将气压作为因变量，因此 PGF 通常参数化为 $P=-0.33B$，其被解释为置换热泡前面的置换空气所需的浮力量(另见下文式(6.18)的讨论)；这一项经常被忽略，浮力项中的气压效应也是如此(见第 2 章)。第三个右手项是由于夹卷和混合导致的垂直动量减少。在一维模型中，夹卷率为

$$\Lambda=\frac{1}{m}\frac{\mathrm{d}m}{\mathrm{d}z} \tag{6.4}$$

表示了环境和上升(和/或下沉)体之间质量 m 的交换。对于某流体性质 A，夹卷的一般效应

$$\frac{\mathrm{d}A}{\mathrm{d}z}=\left(\frac{\mathrm{d}A}{\mathrm{d}z}\right)_j+\Lambda(\overline{A}-A) \tag{6.5}$$

式中，下标 j 表示在无夹卷的情况下，对 A 的拉格朗日变化的贡献。对核半径为 r_c 的热泡特例，其夹卷率为

$$\Lambda=\frac{3\alpha_\varepsilon}{r_c} \tag{6.6}$$

这是基于实验室试验的结果，实验表明上升热泡沿径向膨胀

$$r_c=\alpha_\varepsilon z \tag{6.7}$$

式中，$\alpha_\varepsilon=0.2$ 为一经验常数。

与运动方程耦合的是一个控制热泡核温度 T 拉格朗日变化的方程

$$\frac{\mathrm{d}T}{\mathrm{d}z}=-\frac{g}{c_p}-\frac{L_v}{c_p}\frac{\mathrm{d}q_v}{\mathrm{d}z}+\Lambda\left[(\overline{T}-T)+\frac{L_v}{c_p}(\overline{q}_v-q_v)\right] \tag{6.8}$$

式中，T 和 q_v 上的顶划线表示基于探空观测的环境值。式(6.8)源于湿静力能量守恒

$$h=c_pT+gz+L_vq_v \tag{6.9}$$

包括式(6.5)中的环境交换项。还包括其他方程控制水汽 q_v 的拉格朗日变化

$$\frac{\mathrm{d}q_v}{\mathrm{d}z}=-\frac{C}{w}+\Lambda(\overline{q}_v-q_v) \tag{6.10}$$

和水物质(云凝结物、雨和冰，取决于预期的复杂程度)的拉格朗日变化

$$\frac{\mathrm{d}q_i}{\mathrm{d}z}=\frac{S_i}{w}+\Lambda(\overline{q}_i-q_i) \tag{6.11}$$

式中，C 为净蒸发率($C<0$)或凝结率($C>0$)，而式(6.11)中的 S_i 表示第 i 类水物质各自的源/汇；如第 4 章所述，这些可进行参数化。通过浮力项，式(6.8)、式(6.10)和式(6.11)可与式(6.3)进行耦合。

假设所有因变量在热泡核半径内始终具有礼帽式径向廓线。因此，所有变量都会因夹卷和随后的混合而发生均匀且瞬时的变化；这是对实际情形的重大简化。由式(6.3)，我们可以看到夹卷总是减少垂直动量，因为环境中的静止空气稀释了热泡

中上升的空气。夹卷对热力学变量的改变取决于它们在给定高度的环境值。例如，相对较冷、较干燥的环境将减小 T 和 q_v，从而减小浮力，最终减小垂直动量。在积云的情况下，夹卷影响积云的生长高度及其液态水含量。

根据式(6.6)，参数化的夹卷率随热泡核半径而减小，因此随高度而减小。对这一参数化的一种物理解释是，随着热泡核的变宽，热泡的环形环流(其在很大程度上驱动着夹卷，见图 6.5)变得越来越不活跃；稍后我们将重新讨论这种解释。

通过对夹卷率和式(6.8)和式(6.10)中其他一些项的微小改变，可以调整模式公式，将积云视为浮力急流或羽流。[14]这些处理方法中的每一种都假定夹卷和云核半径之间存在反向关系，且三者(热泡、急流及羽流)都假定对夹卷空气的均匀混合有如下基本假设，即：

- 发生在侧向；
- 对浮体有均匀影响；
- 稀释是瞬间发生的；
- 在所有高度上是连续的。

真实积云中的混合有时相当不均匀，这样就违反了剩下的假设。[15]因此，这并不太令人惊讶，1D 模型很难再现观测到的云顶高度和 LWC(图 6.6)。[16]

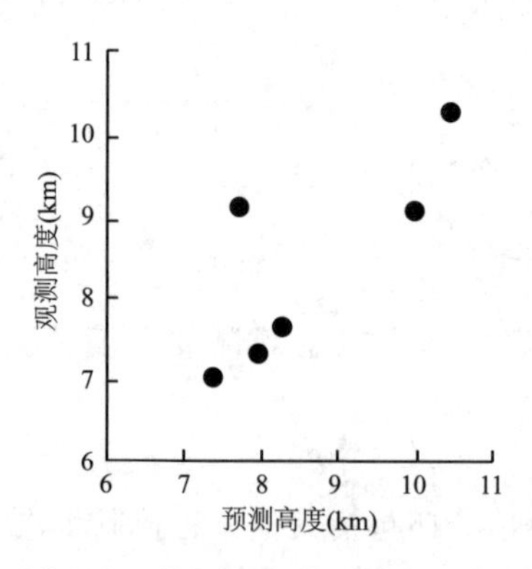

图 6.6　云顶观测值与 1D 模型预测值的比较。引自 Warner(1970)。

因此，我们参考二维和三维云分辨模式(CRM)，它们能够更真实地表示夹卷和混合。CRM 模式和补充观测进一步支持积云表现为热泡的观点，此外，还支持夹卷归因于环境和热泡之间侧向界面处的环形环流的观点。[17]事实上，图 6.7 显示(热力相关)空气运动沿热泡外围向下、并沿其中心线进入热泡底部向上。这个主要的涡旋使环境空气从热泡顶部上方循环，然后从下方将其注入热泡。这种夹卷和混合稀释了浮体空气，从而降低了浮力梯度和涡旋作用力(见式(5.33))。随着时间的推移，环状涡旋随着热泡膨胀而拉伸变形；在没有浮力梯度的情况下，涡旋最终会因摩擦而消散。

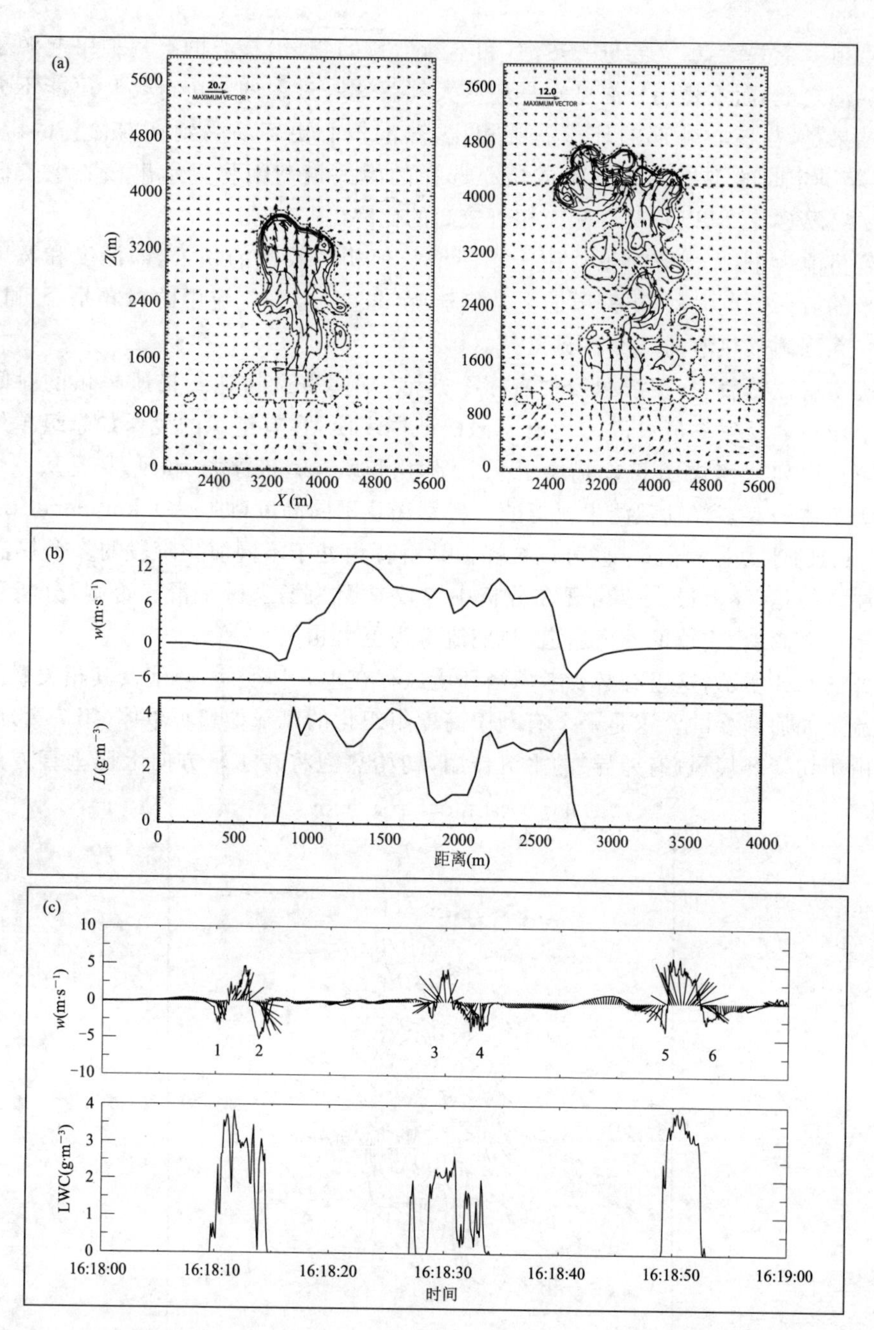

图 6.7　(a)三维云分辨模式模拟的一个佛罗里达积云在两个时间点垂直剖面。等值线为云 LWC(等值线间隔为 1 g·m^{-3}),矢量表示平面中的气流。(b)沿(a)中右图剖面中虚线的云上升气流速度(m·s^{-1})和云液态水含量(g·m^{-3})的模拟特性。(c)根据飞行轨迹数据观测到的佛罗里达积云特性,显示上升气流速度和风矢量及 LWC。引自 Blyth 等(2005)。约翰·威利父子出版公司许可使用。

重申一个关键点：夹卷进入热泡（和不断增长的积云）核心的空气似乎起源于热泡或热泡之上，而不是同一高度水平环境大气。这一过程的一个奇怪且可能不太直观的结果是，与核心外部的环形涡旋相比，热泡核心更容易受到夹卷稀释的影响。因此，精准定时的飞机穿越试验或精心选择的模式横截面将显示出核心中较低的LWC/ALWC 比率，以及核心侧面相对较高的比率（图 6.7）。[18]

到目前为止，大部分讨论适用于不断增长但相对较浅的积云，即深度和宽度为几千米的云。但更强烈、更深厚的上升气流呢？这些上升气流中的夹卷是否可以归因于一系列洒落热泡的环形涡旋呢？

确实有证据表明，在浓积云中有多个热泡，如多普勒雷达扫描所提供的时间和空间上明显的反射率最大值。[19]也有有限的证据表明，在有组织的风暴如超级单体中存在热泡序列。[20]考虑图 6.8，描绘了一个浮力（和风）场，该浮力（和风）场是从一个龙卷超级单体的双多普勒观测中获得的。特别注意不同高度（即 $z=1$ km，$z=3$ km 和 $z=7$ km）的浮力最大值；这些可以被谨慎地解释为处于不同演化阶段的多个热泡。[21]值得注意的是，浮力最大值出现在分析中仅仅是因为场未做平滑。否则，分析可能会显示一个倾斜、连续的浮力通道，与羽流行为更为相似。

如图 6.8 所示，这里有必要考虑当环境风存在垂直切变时，热泡及其相关联的上升气流是如何演变的？这是一个有利于高度组织化的风暴如超级单体（第 7 章）的条件。由于切变环境风（有差异）的平流作用，初始热泡将在水平方向上比垂直方向上

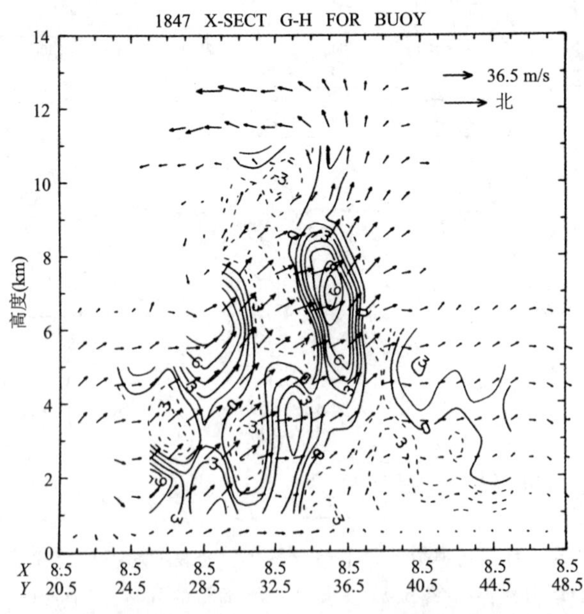

图 6.8 超级单体雷暴反演的浮力垂直剖面。这是一个超级单体入流的南北剖面，从后侧翼阵风锋开始，终止于前侧翼出流。浮力场未做平滑处理，不作为相对于环境探测的扰动。引自 Hane 和 Ray(1985)。

传播更远(或至少相当),在达到相当高的高度之前,通过夹卷失去浮力。而在初始热泡的顺切变侧(downshear side)产生的新热泡将在先前热泡的云尾流中增长并夹卷(图 6.9)。[22]尽管该热泡及随后的新热泡的平流同样存在差异,它们还是能够上升到越来越高的高度,因为它们的浮力比生长在可能更为干冷环境大气中的热泡的浮力稀释得更少。

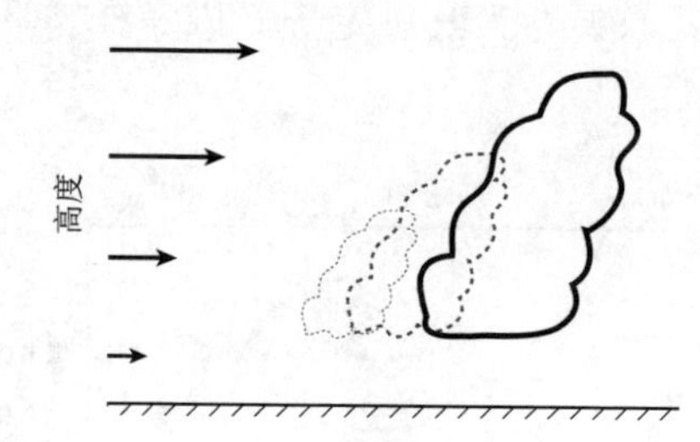

图 6.9　垂直风切变中积云的增长。粗线显示在早期热泡云迹(虚线)的顺切变区发展起来的热泡和相关云体轮廓

此外,上升气流的动力效应通过运动方程中的 PGF 项表示为

$$\frac{\partial \mathbf{V}}{\partial t} = -\frac{1}{\bar{\rho}}\nabla p' + B\boldsymbol{k} - \mathbf{V}\cdot\nabla\mathbf{V} \tag{6.12}$$

式中,当忽略摩擦力和科里奥利力时,$B=-g\rho'/\bar{\rho}$ 现在是浮力的最基本形式,p' 是扰动气压。为了揭示这些效应,我们利用滞弹性质量连续性方程

$$\nabla\cdot\bar{\rho}\mathbf{V} = 0 \tag{6.13}$$

对式(6.12)取$\nabla\cdot$,通乘 $\bar{\rho}$,然后对式(6.13)使用$\partial/\partial t$,消除结果方程的左侧项,得到

$$\nabla^2 p' = -\frac{\partial(\bar{\rho}B)}{\partial z} - \nabla\cdot(\bar{\rho}\mathbf{V}\cdot\nabla\mathbf{V}) \tag{6.14}$$

该式也可写为

$$\nabla^2 p' = F_B + F_D \tag{6.15}$$

式(6.15)中,隐含着将扰动气压分解为浮力气压强迫(F_B)和动力气压强迫(F_D)的贡献,即

$$p' = p'_B + p'_D \tag{6.16}$$

式中,p'_B为浮力气压,p'_D 为动力气压。

动力气压强迫将在第 7 章中详细讨论,但是这里我们考虑一下浮力气压强迫

$$\nabla^2 p'_B = \frac{\partial(\bar{\rho}B)}{\partial z} \tag{6.17}$$

如果做一个近似 $\nabla^2 p' \sim -p'$,当 p' 为正弦函数时成立,会发现

$$p'_B \sim -\frac{\partial(\bar{\rho}B)}{\partial z} \tag{6.18}$$

我们假设存在一个空间有限的对流单元,例如一个热泡,其中心具有最大(即

正)浮力。根据式(6.18),单元顶部(底部)的浮力气压为高(低)值(图 6.10)。浮力气压的垂直梯度,或更具体地说,垂直浮力气压梯度力 $VP_BGF=-1/\bar{\rho}(\partial p'_B/\partial z)$,在单元中为负值。换句话说,垂直浮力气压梯度会导致减速,从而抵消浮力引起的加速度。减速是由于空气必须在热泡上升之前侧向位移。因此,随着浮力单元(或上升气流)尺寸的增加,侧向位移的空气量和相应的减速也随之增加。[23]实际上,这给上升气流尺寸设定了上限,就像夹卷为其设定了下限一样。下一节中,这两个论点将扩展到下沉气流。

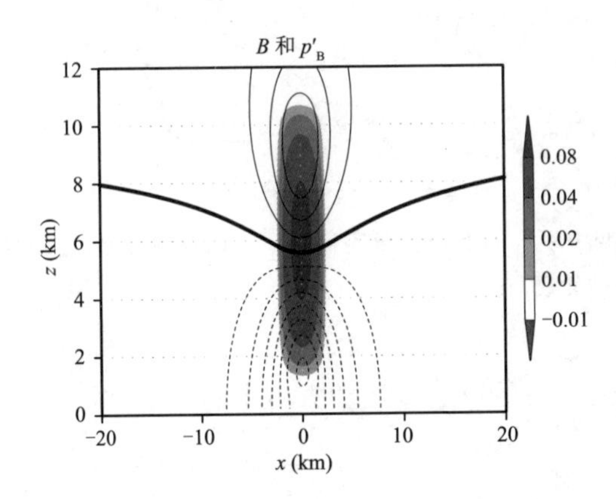

图 6.10　理想二维浮力单元(如图所示填色区域;$m \cdot s^{-2}$)的垂直剖面及相应的浮力气压扰动(等值线间隔 10 Pa,粗体等值线表示 $p'_B=0$,虚线等值线表示 $p'_B<0$)。引自 Parker(2010)。(详情请见彩图插页)

我们以讨论降水微物理可能如何影响上升气流特性结束这一部分。热带海洋积雨云很好地说明了这一点。在 $T<-5$ ℃或至少 $T<-15$ ℃层,上升气流中的水凝物开始冻结。潜热的释放有助于气块浮力的增加,可由式(6.8)—式(6.11)导出,部分抵消了夹卷和混合造成的浮力损失。[24]在较低高度,上升气流内的降水析出降低了降水负荷的不利影响,也可能有助于抵消夹卷。因此,尽管有稀释了的并非真正"热"的窄核,但由此产生的对流塔仍然足够深厚,能够到达热带对流层顶并有可观的强度。

6.2.2　下沉气流

与上一节关于上升气流的内容形成鲜明对比的是,我们有必要在本节开始时讨论下沉气流与降水微物理的关系,因为它们在很大程度上是不可分割的。

最简单地说,当起促进作用的水凝物粒子增长到足以使其下降速度(V_f)超过包含这些水凝物的空气的上升速度时,降水下沉气流就开始了。随后的下沉气流演变需要明确考虑以下因素:水凝物相态(液态、冻结)、种类和大小分布;水凝物粒子下落经过的热力学环境;绝热和潜热加热。理想化的模式绕过了云形成的细节,就像下面介绍的一样,可以用来分离这些因素的影响。

斯利瓦斯塔瓦模式(Srivastava model)是一个一维、时变的降雨下沉气流模式。[25] 这里将使用它定量说明影响下沉气流形成和强度的各种过程。我们从一个方程开始模式描述,该方程分别通过水汽扩散和云凝结物捕获来控制雨滴质量的变化

$$\frac{\mathrm{D}m}{\mathrm{D}t} = 4\pi r C_{\mathrm{v}} D_{\mathrm{v}} (\bar{\rho}_{v} - \rho_{v}) + \pi r^{2} V_{\mathrm{f}} \bar{\rho} q_{\mathrm{c}} \tag{6.19}$$

式中,D_{v} 是水汽在空气中的扩散率,C_{v} 是通风系数,ρ_{v} 是雨滴表面的水汽密度,$\bar{\rho}_{v}$ 是环境水汽密度,$\bar{\rho}$ 是环境空气密度,q_{c} 是云水混合比。系数 C_{v} 和 D_{v} 由经验公式确定,下落速度近似为

$$V_{\mathrm{f}} = C_{1} r^{1/2} \tag{6.20}$$

式中,C_{1} 也是一个经验系数,r 是液滴半径。[26] 因为半径为 r 的球形水滴质量 $m = \rho_{\mathrm{w}}(4/3)\pi r^{3}$,$\rho_{\mathrm{w}}$ 是液态水的密度,式(6.19)可以用另一种形式表示

$$\frac{\mathrm{D}r_{i}}{\mathrm{D}t} = \frac{\partial r_{i}}{\partial t} = w\frac{\partial r_{i}}{\partial z} = \frac{C_{\mathrm{v},i} D_{\mathrm{v}}}{r_{i}\rho_{\mathrm{w}}} (\bar{\rho}_{\mathrm{v}} - \rho_{\mathrm{v}}) + \frac{V_{\mathrm{f},i}}{4\rho_{\mathrm{w}}} \bar{\rho} q_{c} \tag{6.21}$$

式中,符号 i 指的是一个雨滴大小,更准确地说,是一个以 r_{i} 为中心的离散的尺寸间隔。每个间隔都有一个数浓度 n_{i},或单位干空气质量的粒子数。在没有夹卷、雨滴破碎和其他雨滴收集的情况下,雨滴总数是守恒的。因此

$$\frac{\partial (n_{i} \bar{\rho})}{\partial t} + \nabla \cdot [n_{i} \bar{\rho} (\mathbf{V} - \mathbf{V}_{\mathrm{f},i})] = 0 \tag{6.22}$$

式中,出于说明目的,守恒方程以 3D 表示。借助滞弹性连续性方程式(6.13)展开后,然后包括夹卷效应,式(6.22)可写为 1D 形式

$$\frac{\partial n_{i}}{\partial t} + (w - V_{\mathrm{f},i}) \frac{\partial n_{i}}{\partial z} = -|w| \Lambda n_{i} + n_{i} \left(V_{\mathrm{f},i} \frac{\mathrm{d} \ln \bar{\rho}}{\mathrm{d} z} + \frac{\partial V_{\mathrm{f},i}}{\partial z} \right) \tag{6.23}$$

式中,Λ 仍是夹卷率,但由于假设的急流状行为,现在定义的系数略有不同

$$\Lambda = \frac{2\alpha_{\varepsilon}}{r_{c}} \tag{6.24}$$

实验室急流实验建议 $\alpha_{\varepsilon} = 0.1$。由于缺乏关于降水下沉气流柱半径如何随高度或时间变化的物理指导,模式假定 r_{c} 恒定。在式(6.23)的夹卷项中,隐含了在下沉柱中瞬时均匀地添加无液滴的环境空气,稀释了数浓度;在 w 上使用绝对值可确保浓度减少,而与垂直空气运动的方向无关。

夹卷也会影响下沉气流温度,并包含在基于湿静力能量守恒的方程中

$$\frac{\partial H}{\partial t} + w\frac{\partial H}{\partial z} = -w\frac{g}{c_{p}} + |w| \Lambda \left[(\bar{T} - T) + \frac{L_{\mathrm{v}}}{c_{p}} (\bar{q}_{\mathrm{v}} - q_{\mathrm{v}}) \right] \tag{6.25}$$

这里有

$$H = T + \frac{L_{\mathrm{v}}}{c_{p}} q_{\mathrm{v}} \tag{6.26}$$

式(6.25)中,干绝热过程的贡献在右侧第一项中单独表示。下沉气流中的热力学变化通过下式与垂直速度变化相耦合

$$\frac{\partial w}{\partial t}+W\frac{\partial w}{\partial z}=B-\Lambda w^{2} \tag{6.27}$$

浮力现在定义为

$$B=g\left(\frac{\Delta T}{T}+0.61\Delta q_{\mathrm{v}}-q_{\mathrm{r}}-q_{\mathrm{c}}\right) \tag{6.28}$$

式中，Δ 表示下沉气流中的变量（T,q_{v}）超出环境相应变量的部分。值得注意的是，式(6.27)中忽略了 PGF，我们将在后面探讨其有效性。

一种模式实现策略是在模式域的上边界指定雨滴大小分布，然后让雨连续地落在该域中。假定指定的雨核（其作用是启动下沉气流）具有不随时间变化的水平尺寸 r_c。雨的总体特性通过雨水混合比来表示

$$q_{\mathrm{r}}(z,t)=\frac{4\pi\rho_{\mathrm{w}}}{3}\sum r_i^3 n_i \tag{6.29}$$

雨水混合比与云水和水汽混合比结合，构成水物质总量 $q_{\mathrm{TW}}=q_{\mathrm{r}}+q_{\mathrm{c}}+q_{\mathrm{v}}$，在没有源和汇的情况下保持不变。当包含夹卷时，控制总水物质的方程为

$$\frac{\partial q_{t_{\mathrm{w}}}}{\partial t}+(w-V_*)\frac{\partial q_{t_{\mathrm{w}}}}{\partial z}=|w|\Lambda[(\bar{q}_{\mathrm{v}}-q_{\mathrm{v}}-q_{\mathrm{r}})+q_{\mathrm{r}}(V_*\frac{\mathrm{d}\ln\rho}{\mathrm{d}z}+\frac{\partial V_*}{\partial z})] \tag{6.30}$$

式中，V_* 是分布中雨滴的质量加权下落速度；假定云滴的下落速度可忽略不计。

在定量使用斯利瓦斯塔瓦模式之前，定性检查与下沉气流形成和强度相关的模式过程和交换是有指导意义的。从式(6.27)中可以直接推断，该模式中表示的向下空气加速度是由负浮力引起的。雨水通过降水负荷产生负浮力；冰相水凝物粒子的混合比同样会产生降水负荷效应。由于式(6.29)中 q_{r} 与 r 的三次方关系，最大负荷与最大液滴相关。雨滴大小，也即降水负荷因蒸发而减小，蒸发对于较小雨滴的作用速度更快（见式(6.21)），这主要是因为相对于其质量，雨滴的表面积较大。q_{r} 减小、q_{v} 相应增加以及蒸发潜热的吸收有助于下沉气流的冷却。这会通过式(6.25)和式(6.26)传递到温度，最终通过式(6.27)中的 B 传递到垂直速度。蒸发冷却量不仅取决于液滴大小，还取决于相对于下沉气流柱的环境温度和湿度。尚未考虑的另一个影响是绝热升温：根据气块理论，（不饱和）下沉空气的温度以干绝热率增加（即式(6.25)中的右侧第一项）。绝热升温与蒸发冷却和降水负荷相反，但蒸发和降水负荷本身是负相关的。夹卷会改变所有这些过程。

对环境条件和规定的降水量进行调整，通过斯利瓦斯塔瓦模式试验揭示了定量效应。在图 6.11 所示的实验结果中，环境温度递减率为 8 ℃ · km^{-1}，环境相对湿度为常数 70%。[27]这两个条件都应用于一个相对较深的云下气层，云底高度约为 3.7 km 地面以上高度，云底温度、相对湿度、气压和垂直速度分别为 0 ℃、100%、550 hPa 和 −1 m · s^{-1}。降雨在云底指定，其分布由下式确定

$$N(D)=N_0\mathrm{e}^{-\lambda_{\mathrm{r}}D} \tag{6.31}$$

回想一下，该式称为 Marchall-Palmer（马歇尔-帕尔默）分布，式中 $N(D)$ 是在直

径间隔(或库)$(D, D+dD)$范围内,单位体积直径为D的液滴的数浓度,N_0是截距,在本实验中设置为0.08 cm^{-4}。斜率λ_r控制小液滴相对于大液滴的数量。使用斜率$\lambda_r = 20\ cm^{-1}$,由下式计算相当于$q_r = 2.22\ g \cdot kg^{-1}$

$$q_r = \frac{1}{\rho}\int_0^\infty m(D) N_0 e^{-\lambda_r D} dD \tag{6.32}$$

式中,m为式(6.19)中定义的质量。

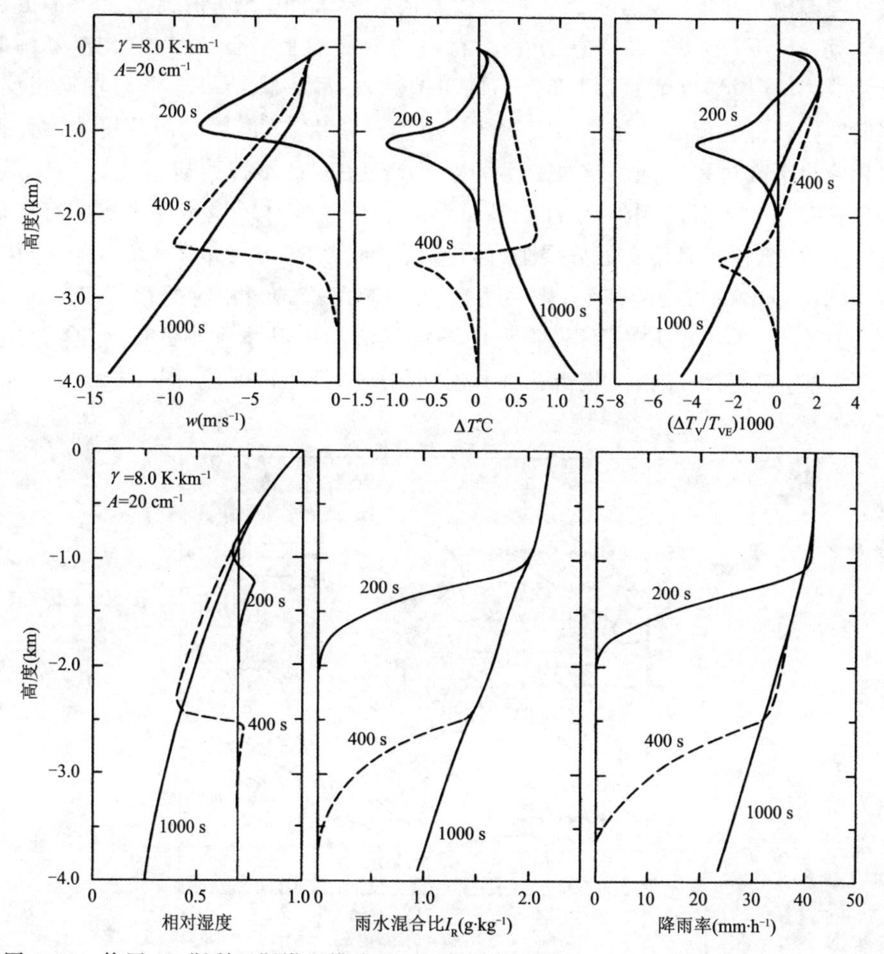

图6.11 使用1D斯利瓦斯塔瓦模式的下沉气流数值模拟。云底/边界条件为$q_r = 2.22\ g \cdot kg^{-1}$,$T = 0℃$,RH=100%(从中确定$q_v$),$p = 550$ hPa,$w = -1\ m \cdot s^{-1}$。结果来自于忽略夹卷的模拟。引自Srivastava(1985)。

如图6.11所示,负的垂直速度的尖峰滞后于热泡浮力峰值及前进中的雨核。随着时间推移,蒸发将雨核减小到其云底值的一半,但负垂直速度的峰值继续增强。这在一定程度上可以解释,因为降水负荷对垂直加速度而非垂直速度的贡献是明确的。当蒸发冷却超过绝热加热时，热泡浮力也有助于向下加速空气。值得注意的是，绝热加热和干燥导致下沉气流在核实际到达地面时比其环境更暖、更干（虽然1D模式中开放下边界在某种程度上导致大的近地面量值；稍后讨论）。尽管有持续的降水负荷，温度过高似乎与存在强的下沉气流相矛盾。然而，回想一下，浮力项解释了湿度和温度偏差，因此，相对干燥的下沉气流导致其实际上比其环境更冷，如扰动虚温的演变廓线所示。

仅考虑雨水蒸发（即无冰），该实验和其他实验表明，下列情况下会产生更强的下沉气流：（云下）环境递减率急剧变化，特定的云底雨水混合比增加，构成降雨的雨滴尺寸减小，环境湿度增加（尽管仍远低于饱和）。后一种结果似乎与直觉相反，因为人们期望较低的湿度会增加蒸发冷却。虽然这是事实，但较高的环境湿度允许在非饱和绝热下降过程中随着空气变得干燥而产生更强的虚拟冷却。

尽管有几个显著的例外，由冰粒子驱动的下沉气流对环境和降水参数有类似的依赖性。首先，在相对稳定的分层中（如，递减率约为 6 ℃ · km^{-1}），最强的下沉气流是由于冰雹融化和随后的蒸发；极端情况是*湿下击暴流*和相应的微下击暴流。[28]其次，在接近干绝热递减率的深层，强烈的下沉气流是由升华和小的低密度雪粒子的融化/蒸发造成的；极端情况是*干下击暴流*和相应的微下击暴流（图 6.12）。[29]

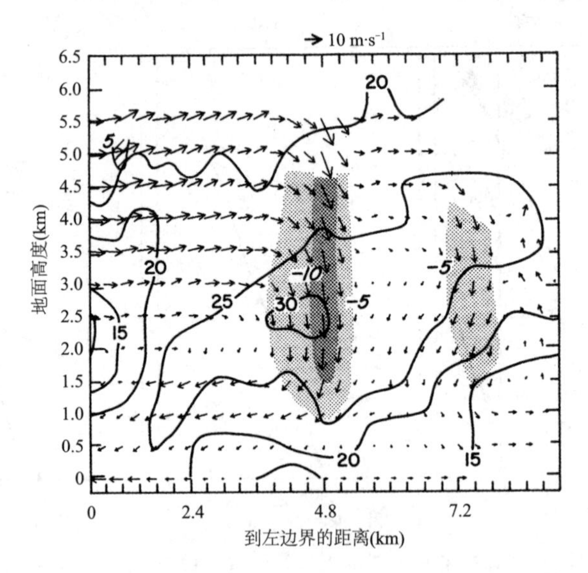

图 6.12　干微下击暴流中风和雷达反射率因子的垂直剖面。由双多普勒雷达分析导出。引自 Hjelmfelt 等(1989)

尚未明确说明的是降水驱动下沉气流的*启动*。一旦正的热泡浮力被降水负荷所抑制，就会出现向下的加速，最为有效的有如冰雹或软雹等大的冻结水凝物粒子。[30]这通常发生在云层中部，而不是云顶附近。[31]水凝物粒子最初可能会通过云层空气下落，但大部分云凝结物会被水凝物粒子所收集并添加到其上(见式(6.20))。因此，降水区域和相关下沉气流在视觉上与云层截然不同。[32]

初始降水区域的大小，以及初始下沉气流核，在下击暴流的特殊情况下为几千米(图 6.12)。[33]由于引发下沉气流的水凝物粒子是在相关的上升气流中生长的，因此预期下沉气流和上升气流核的大小之间存在对应关系是合乎逻辑的。事实上，根据天气雷达扫描和飞机现场取样编制的统计数据证实了这一点(图 6.4)。[34]因此，相对于中纬度大陆对流中较大尺度的气流，热带海洋对流往往具有较窄的下沉气流和上升气流。应该注意的是，许多上升气流/下沉气流观测来自于弱切变环境中的对流云。在强的环境垂直风切变中，水凝物的差异性平流会扩大降水区域。然而，即使在超级单体风暴中，下沉气流核的尺寸仍然与上升气流核尺寸相关。[35]

正如在上升气流中一样，对于较窄的下沉气流，夹卷率更大，根据式(6.23)、式(6.25)、式(6.27)和式(6.30)静止无降水空气的夹卷降低了下沉气流强度。在斯利瓦斯塔瓦模式的 1D 框架中，“较窄”等同于核的直径<2 km。这一特定阈值存在不确定性，因为它取决于规定的夹卷率 α_ε 和 r_c 不随高度变化的假设。[36]下击暴流的二维模式模拟，采用湍流混合参数化，而不是与 $1/r_c$ 成比例的简单夹卷项，建议最佳的核直径约为 725 m：直径较小的下沉气流因夹卷而强度减弱，直径较大的下沉气流强度则因浮力气压的垂直梯度而减弱。直径较大下沉气流减弱的原因可用其在下沉气流逐渐增大之前，必须横向位移越来越多的空气这一事实来解释。换句话说，如第 6.2.1 节中关于较大上升气流的类似情况表明，大的下沉气流产生正的垂直浮力气压梯度力(VP_BGF)，抵消了浮力产生的负的或向下的力。

这里可以回顾一下与上升气流相关的浮力气压，因为该气压及其垂直梯度的一个结果实际上是上升气流顶部附近的下沉气流。我们认为这是一个动力驱动下沉气流的例子；其他的将在第 7 章和第 8 章中描述。当与降水驱动的下沉气流一起考虑时，动力驱动的上层下沉气流会在负垂直速度廓线中形成双峰分布(图 6.13)。[37]图 6.13 显示，一些上层下沉气流相当强，速度超过 $-10\ m \cdot s^{-1}$，并与较低层的下沉气流相当。此外，它还表明，陆地上对流的上层下沉气流相对比热带海洋上的下沉气流更为强烈，鉴于我们之前的讨论建立的地理、上升气流大小及浮力－气压梯度大小之间的关系，这一点也不会太令人惊讶。

为结束本节，并提供到下一节的过渡，我们注意到，下沉气流柱下方地球表面的存在会产生额外的气压效应。该刚性边界以及 $w=0$ 的相应边界条件要求空气在边界上方减速。空气减速通过向上的气压梯度力实现，在 2D 和 3D 中表现为基于地面的高压穹顶(图 6.14)。[38]相应的水平气压梯度力使空气从下沉气流柱径向向外加速，从而形成水平出流。垂直减速隐含着有额外的时间蒸发冷却。因此，在 2D 和 3D 模式中，地面下沉气流柱中不会出现温度过高现象，尽管在高空有此可能。[39]

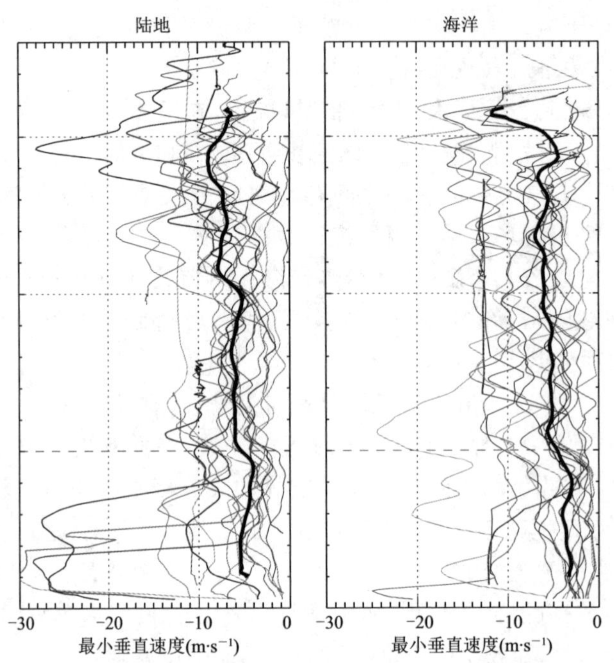

图 6.13　大陆和海洋区域上各种对流风暴中最小垂直速度的垂直廓线。这些廓线获自高空机载多普勒雷达(EDOP)。引自 Heymsfield 等(2010)。(详情请见彩图插页)

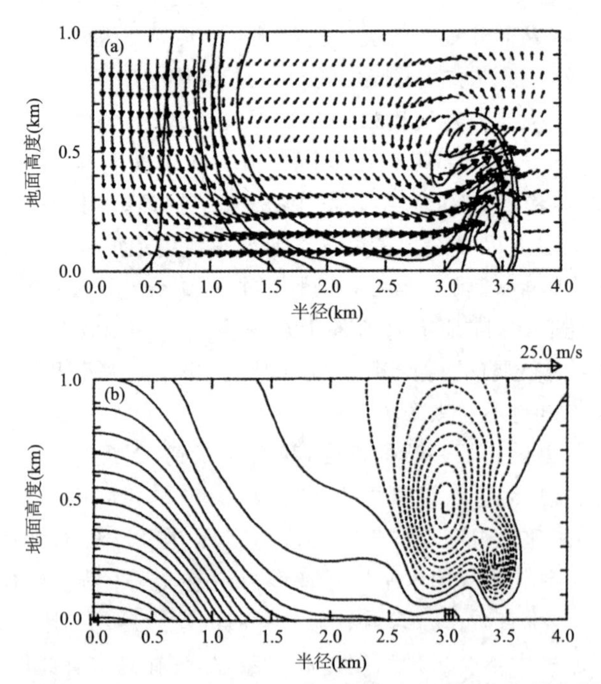

图 6.14　(a)风和模拟的雷达反射率等值线;(b)湿微下击暴流二维数值模拟的扰动气压。引自 Proctor(1988)。

6.3　对流出流

下沉气流空气到达地面时，会从侧面向外扩散开形成出流。出流随后可以移动的潜在距离，或等效地是风暴特征传回到环境的范围，部分地取决于下沉气流中的负的浮力大小。该论点的基础是第 2 章中推导的密度流的理论稳态速度

$$V_{dc} = k\sqrt{gd\frac{\rho'}{\rho_0}} \tag{6.33}$$

以及特别是 ρ' 对 V_{dc} 的贡献，即气流和环境各自密度之间的差异；回顾式(6.33)在第 2 章给出的严格假设下是有效的，ρ_0 是环境的均匀密度，d 为特征深度，在 V_{dc} 理论上限的情况下，$k=\sqrt{2}$，对流出流被视为与密度流存在动力相似性；然而，实际出流中的最大风速往往快于气流的等效稳定速度

$$|V|_{max} \approx 1.5V_{dc} \tag{6.34}$$

使用观测数据由经验公式确定。

如图 6.15 所示的对流出流原型中，环境空气的垂直位移(阵风锋抬升)相对于头部发生，局部深度大于主体深度 d。靠近地面处，头部具有鼻状结构，这是因为摩擦阻碍了地面出流的前进。头部还包含一个与阵风锋有关的斜压生成环流，正如水平涡度方程所预测的那样，其活跃程度与跨锋面浮力不足成比例。[41] 头部环流中产生的低扰动气压(见图 6.14)增加了近地面水平气压梯度，并有助于远在阵风锋后面产生

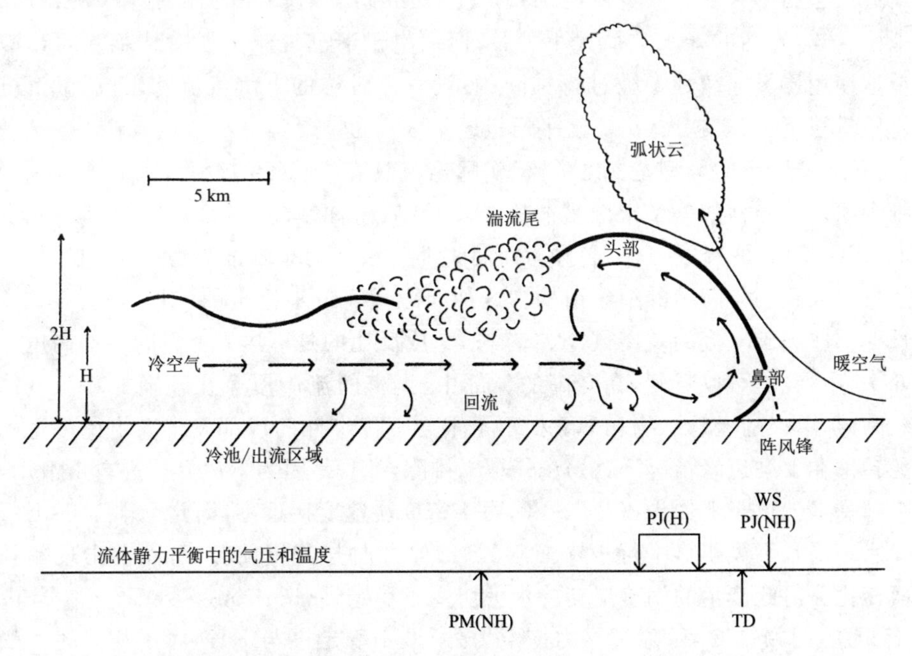

图 6.15　对流出流垂直剖面示意图。引自 Droegemeier 和 Wilhelmson(1987)。

一个水平加速度。这是对在风(方向和速度)的初始锋后跃变后面观察到第二个风的最大值的一种解释。[42]与风的跃变相关的是水平地面辐合的最大值。辐合最大值反过来与局部高的、非静力(动力)扰动气压有关(图 6.15)。

头部后方是湍流涡漩区域。湍流涡漩起源于开尔文-亥姆霍兹(K-H)波,形成于头部的出流环境边界,然后向后或向下游传播,然后破裂。回顾第 2 章,K-H 不稳定性(Kelvin-Helmholtz instability,KHI)出现在两个(基本上)速度 U 均匀的上覆流体之间的密度分层的切变层中。不稳定的出现可由理查森数(Ri)预测,Ri 是浮力与惯性力的无量纲比[43]

$$Ri = -\frac{\left(\frac{g}{\rho}\right)\left(\frac{\partial \bar{\rho}}{\partial z}\right)}{\left(\frac{\partial U}{\partial z}\right)^2} \tag{6.35}$$

虽然不充分但必要的条件是 $Ri < 0.25$,可以很好地解释模拟和观测的出流中存在 K-H 波。K-H 波和相关的湍涡非常重要,因为它们会夹卷环境空气,并稀释出流的多余密度。

头部后再远一点是出流体。这里,风速小于头部,尤其是地面上方,因为地面摩擦会导致潜流或回流。出流体内的扰动气压达到由出流冷空气中的密度分层所决定的流体静力值。出流体深度等于或接近特征值 d。从式(6.33)中,我们想到 d 影响速度,ρ' 也是如此。此外,正如我们在第 5 章中所了解到的,深度可以有效地帮助阵风锋产生新的对流云或者帮助维持产生该出流的风暴。有必要指出,在 2D 模式模拟中,d 与施加的降水负荷大小无关,但取决于下沉气流半径 r_c。[44]后者可以非常简单地使用质量连续性参数进行推断:假设一个对称的下沉气流和出流,下沉气流垂直质量通量 $\rho w r_c$ 越大,出流水平质量通量 $\rho U d$ 也越大。

图 6.15 所示的原型是二维的,但实际出流具有沿锋面的变化,因此严格来说是三维现象。变异性的一个来源是裂缝和波瓣(后简称裂瓣)不稳定性(cleft and lobe instability,CLI)的释放,这一名称与锋面头部一系列的裂瓣很贴切(图 6.16)。裂缝源于具有大致均匀间距的细丝结构。这种间距代表最不稳定的波长,该波长与 CLI 增长率都取决于气流的雷诺数(Re)。[45]与 Re 成反比的是下边界上方的头部高度。从图 6.15 中,我们可以看到,在升高的鼻部中,稠密的流体覆盖在较轻的环境流体之上。因此,单个的丝状结构和裂缝揭示了重力不稳定性的局部发生和由此产生的对流翻转。在下列边缘情况下:(1)$Re \to \infty$,排除 CLI,是因为下边界接近自由滑动,因此鼻部基本上位于下边界;(2)$Re \to 0$,由于密度流速度接近零,因此也排除 CLI。

当环境水平风明显平行于锋面后的风,但方向与其相反时,可能会出现额外的锋面变化。由此产生的涡旋层支持水平切变不稳定性(horizontal shearing instability,HSI)。回顾第 2 章,除了浮力恢复力外,该不稳定性与 KHI 属于相同的一般流体动力不稳定性类别。如数值模拟表明的,不稳定切变带(垂直涡旋层)可能会受到

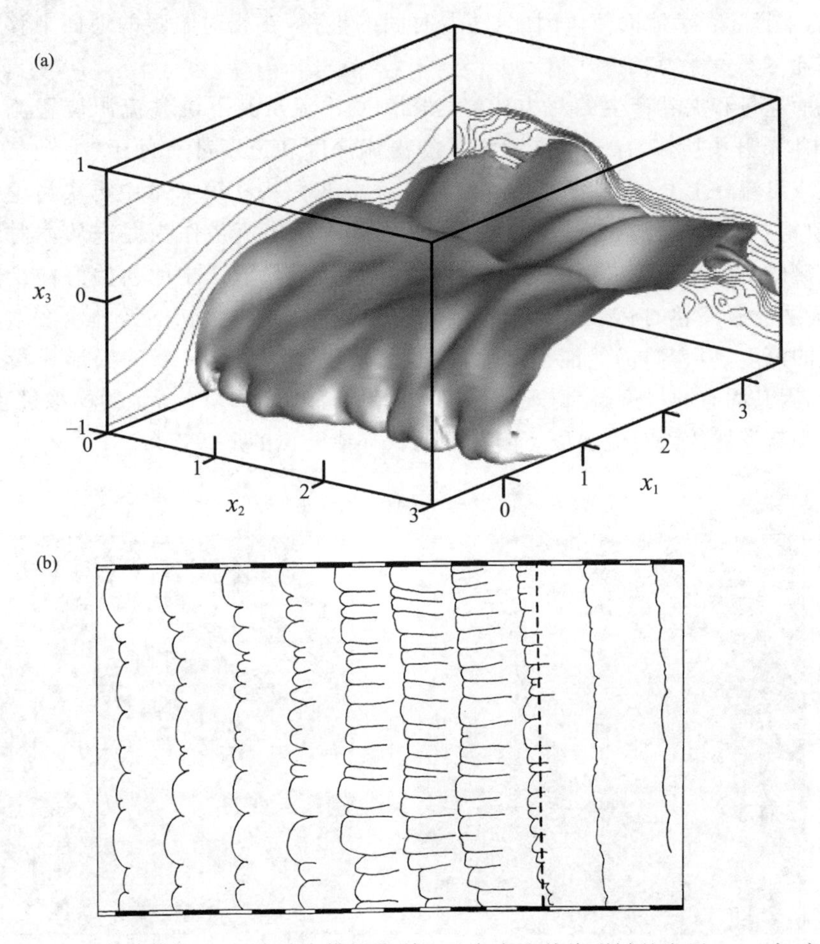

图 6.16　(a)数值模拟和(b)实验室模拟分别显示密度流前缘裂瓣的发展。(a)中，灰色阴影是密度等值面($\rho=0.5$)，线条是瞬时流线。(b)中，线条在平面图中以 1/3 s 的间隔显示裂瓣结构的草图。引自 Hartel 等(2000)。经剑桥大学出版社许可使用。

裂瓣的扰动，从而形成垂直涡度的一系列等间距的最大值。[46] 其间距，也即最不稳定波长，与涡度带的厚度有关。涡度最大值已被证明发生相互作用并合并，从而产生小气旋尺度的涡旋，进而有助于对流初生(第 5 章)，并可能加剧为龙卷风(第 8 章)。

在沿阵风锋产生空间变异性的同时，这两种机制还可通过环境空气的水平(HSI)和垂直(CLI)混合稀释出流的负浮力。K-H 波也扮演着类似的角色。每一种机制都与密度流的基本动力学有关。环境中的异质性导致进一步的可变性和稀释。考虑非均匀地面，其虚温与正在接近/覆盖的出流不同。来自地面的热量和水汽通量将改变出流的负的热浮力。[47] 这些通量可通过总体空气动力学公式进行近似计算，由此产生的稀释率可表示约为$(VC_d/d(\theta_{v,s}-\theta_v)$，其中$V$为出流速度，$C_d$为空气动力学拖曳，下标 s 表示地面值。因此，随着时间的推移，在相对温暖的地面上移动的冷出流将耗尽其负浮力。

表面通量和夹卷产生的浮力稀释也限制了出流从其下沉气流源位置流出的距离。[48]如本节开头所述，穿透范围和相关的出流深度和速度都有助于“上升气流→下沉气流→出流→上升气流”的理想化物理联系。我们将在第 9 章中再次讨论这种联系，但值得在这里结合热带情况讨论一下，因为对流出流是作为促进从浅对流向深对流过渡的一种途径而提出的。[49]基本前提是边界层热泡产生的初始海洋云的尺寸太小，无法克服夹卷的有害影响(第 6.2.1 节)。虽然这些最初的云并没有增长到一个可观的深度，但它们仍然能够产生降雨，因此也产生出流。新的云形成沿出流边界组织，因其固有的尺度，使得现在可以深度增长。在图 6.17 所示的模拟过渡中，出流边界和新发展的深对流云以不断扩展的云环或云弧的形式出现。

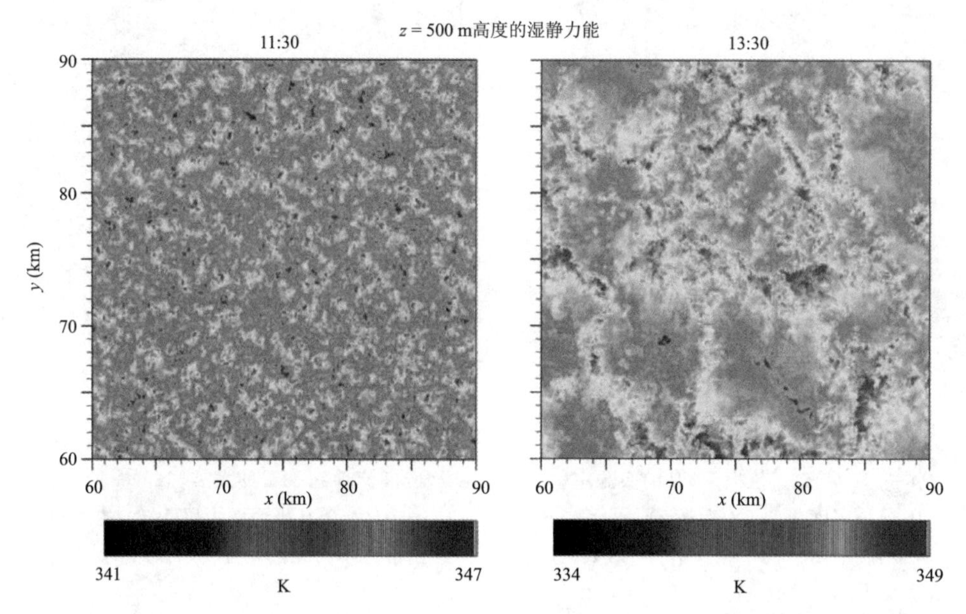

图 6.17　模拟的浅对流云向深对流云的过渡示例。图中所示为湿静力能的水平截面(500 m 处)。引自 Khairoutdinov 和 Randall(2006)。(详情请见彩图插页)

热带以外，一个深对流云形成和消亡周期并不需要这个涉及浅薄积云的独立过渡阶段。确实有可能分辨出大约 1 h 内完成一个周期演变的明显不同的浓积云/积雨云。在前面提出的对流模态谱中，这些是单个单体的对流风暴，我们现在要更详细地考察。

6.4 单个单体的对流风暴

典型的"普通"或单个单体对流风暴的持续演变经历三个阶段：塔状积云阶段、成熟(积雨云)阶段和消散阶段(图 6.18)。[50]塔状积云阶段在对流初生后不久出现。从结构上看，生长的单体有一个正在加深的上升气流，下面有辐合的水平气流，上面有辐散的水平气流。降水粒子——冻结的和液态的——在此上升气流中生长，但尚未达到超过上升气流速度的下落速度。

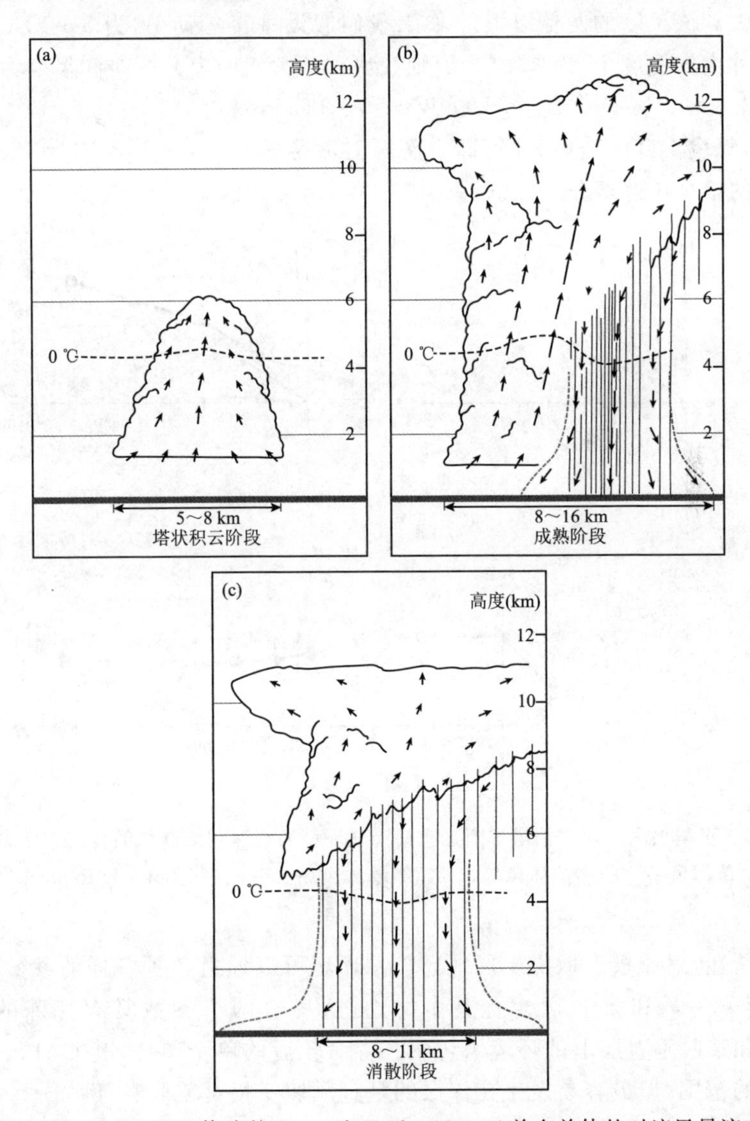

图 6.18 经 Doswell(1985)修改的 Byers 和 Braham(1949)单个单体的对流风暴演变示意图

在成熟积雨云阶段发现更大、下落更快的粒子。正如刚才所解释的，它们在负浮力下沉气流中落向地面。在这一阶段，地面开始形成冷池，导致对流出流横向扩散。降水正在侵蚀云的下部（即，它看起来不再像是云），但上部的云仍然存在，并包含上升运动。

在消散阶段，整个风暴被下落的降水淹没（因此也是被下沉气流所淹没），伴随着相关联的地面出流扩大。云的其余部分被侵蚀；然而，风暴砧的残余在升华和/或蒸发之前可能还会继续存在一段时间。

整体而言，一个充分发展的单个单体风暴的水平尺度约为 10 km，但产生的出流可能会扩大到该尺度的两倍以上。[51] 如果我们假设垂直运动 W 为 $5\sim10\ \mathrm{m\cdot s^{-1}}$，对于一个标称大气深度 H 约为 10 km，则气块在该大气中上升的时间尺度为

$$H\ /\ W\approx16\sim33\ \mathrm{min}$$

因此，气块上升和随后下降（即一次深对流翻转）的时间尺度约为 1/2～1 h，这与观测到的单个单体寿命一致。

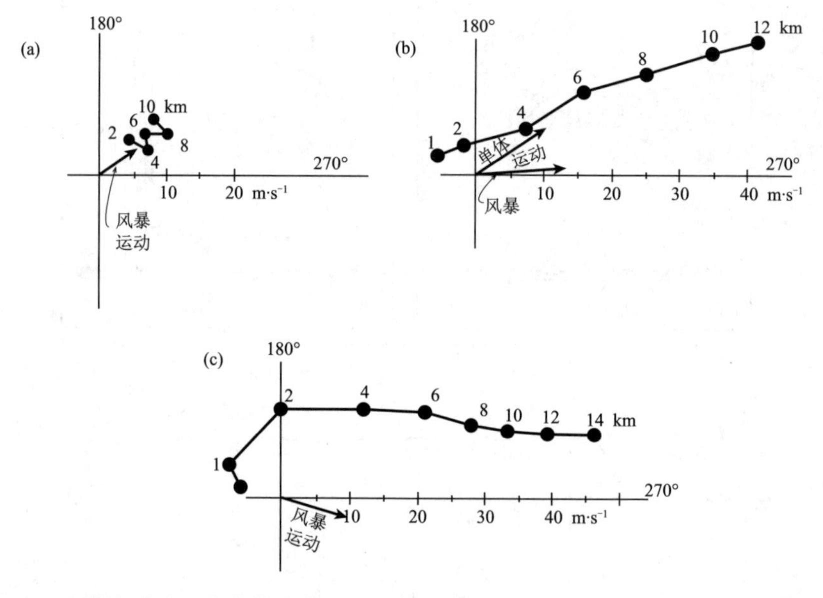

图 6.19　根据加拿大阿尔伯塔省附近雹暴天气环境的观测结果制作的合成速度矢端图。(a)单个单体风暴，(b)多单体风暴，(c)超级单体风暴。引自 Chisholm 和 Rennick(1972)。

如前所述，对流模态取决于局地环境。环境可以通过各种各样的参数进行定量描述，尽管第 7 章和第 8 章会有更多讨论，这里有两个参数具有特殊的相关性：CAPE 值和某些垂直层上的环境风切变。寿命较短的单个单体，其 CAPE 值可以有一个较大的范围，但最容易发生在深层的垂直风切变相对较低时，例如

$$|\boldsymbol{S}_{0-6}|=S_{06}\leqslant10\ \mathrm{m\cdot s^{-1}}$$

式中，$\boldsymbol{S}_{0-6}=\boldsymbol{V}_6-\boldsymbol{V}_0$，且其中的 $\boldsymbol{V}_6$ 和 $\boldsymbol{V}_0$ 分别是地面以上 6 km 和近地面层的代表性平均值(见图 6.19a)。[52]尽管不是严格的阈值，但风切变的一般条件很好地解释了物理行为：弱的切变和风暴相关的中层风允许水凝物粒子下落并抑制上升气流，从而将该单体限制在一个对流周期。

6.5　多单体对流风暴

有组织的多单体风暴实际上是由许多单体组成的，每个单体处于不同的发展阶段。就这一点而言，MCS 是一种多单体风暴，尽管它往往规模大、寿命长，并具有一些独特的动力学特性。因此，本节将作为第 8 章的部分引言。

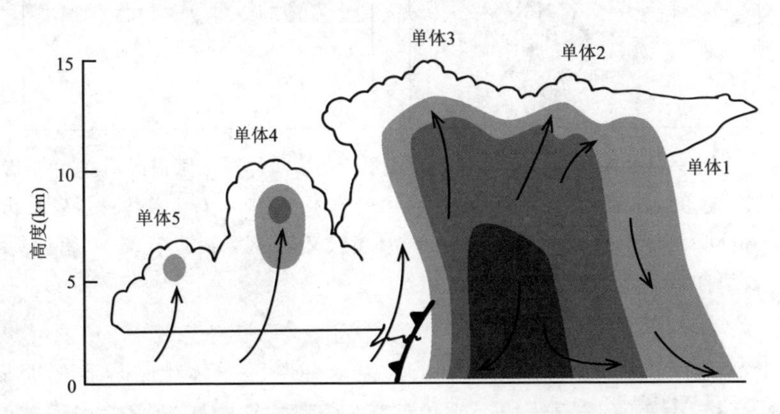

图 6.20　多单体风暴示意图，改编自 Doswell(1985)。灰色阴影表示雷达反射率因子。环境垂直风切变矢量从右指向左。

图 6.20 中的多单体风暴示意图显示了一个有着充分发展降水下沉气流的成熟单体，其逆切变侧(upshear flank)有正在消亡的单体，顺切变侧有正在生长的单体。图 6.20 还表明，这种类型的对流是自我维持的，顺切变单体的启动借助于多个单体的总体出流前缘的抬升。因此，这种对流模态比单个单体的对流寿命更长。

风暴维持的关键是存在中等的环境风切变，$5\leqslant S_{06}\leqslant 15\ \mathrm{m\cdot s^{-1}}$(图 6.19b)和足够大的 CAPE 值。[53]与单个单体的风暴一样，这些不是严格的阈值。[54]事实上，这两个参数组合起来要比其单独使用与对流模式关联得更好。考虑整体里查森数(bulk Richardson number，BRN)

$$\mathrm{BRN}=\frac{\mathrm{CAPE}}{(1/2)\left[(\Delta U)^2+(\Delta V)^2\right]} \tag{6.36}$$

与 Ri 一样，BRN 是浮力与惯性力之比，但也可以视为环境势能与动能之比；在分母中，ΔU 和 ΔV 是深层平均垂直风切变分量的某种量化。[55] BRN 约$\geqslant$35 支持多单体对流，尽管不是非常明确。其他因素，如环境风的方向切变、天气尺度强迫(QG 垂直运动、锋面环流)、中尺度边界等也在对流风暴组织中发挥作用。

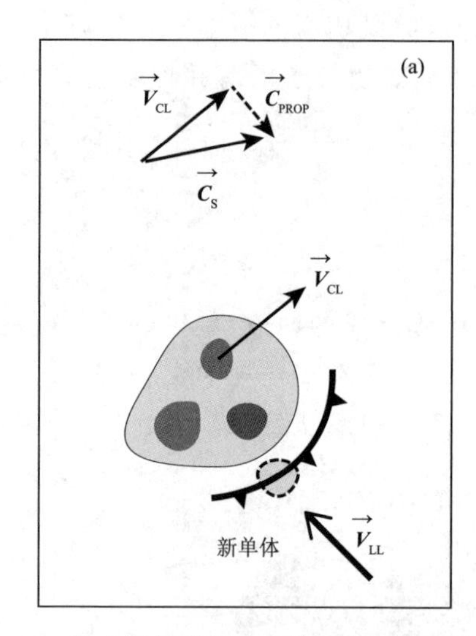

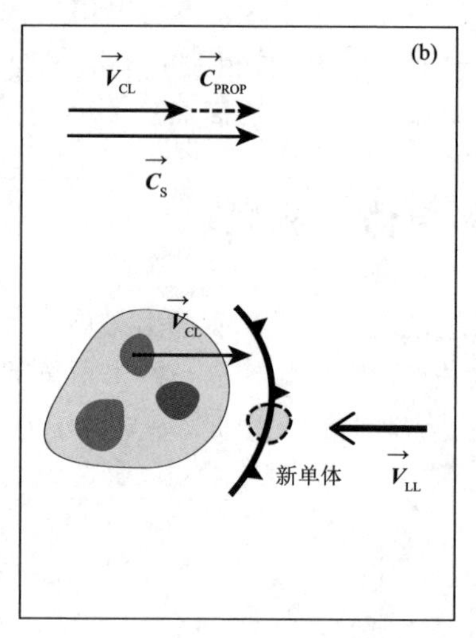

图 6.21 构成风暴的单个单体运动和生长背景下的多单体对流风暴运动 C_S。阴影表示雷达回波。这里,V_{CL}是含云的环境风矢量,影响单体的运动。新生单体的位置影响传播 C_{PROP},部分取决于相对于阵风锋运动的低层环境风 V_{LL}。风暴运动 C_S 是 V_{CL}和 C_{PROP}的矢量和。改编自 Houze(1993)。

多单体对流风暴表现出离散传播,或风暴侧翼新的单体生长导致的明显风暴运动。[56]这与(最初)由于平流导致的个别单体运动不同,平流运动倾向于沿着对流层含云层上的平均环境风方向(例如,850～300 hPa;见第 8 章)。因此,多单体风暴运动取决于单个单体运动和新单体产生位置的综合结果(见图 6.21)。新单体的首选生成位置往往在与阵风锋相关的最强(和最深)抬升附近,而阵风锋又反过来取决于低层环境风。图 6.21 展示了两种情况:(1)新单体在风暴右翼生成,低空风垂直于云层风;(2)新单体在风暴前翼生成,低空风平行于但与云层平均风向相反。[57]隐含的是,风暴运动还取决于阵风锋运动本身:如果阵风锋运动比单体运动要快得多(这可能是由热力学环境的变化引起的),那么抬升和新单体的生成将在距离现有单体渐远的顺切变处逐渐发生,离散传播最终停止。

对多单体风暴事件的深入研究将揭示单体的周期性生长及消亡。对这种行为的一种解释是,当新的单体从阵风锋分离并被向后推离时,它们引入的垂直环流有效地将其隔离。单体环流不仅抑制附近的对流运动,还会使环境入流紊乱,从而加速单体消亡。[58]理想化模拟表明,这种行为是环境切变的函数:对于中等切变和强切变,分别以简单和更为复杂的方式实现,但往往发生这样的情况,即单体之间的时间约为 13～15 min。[59]

补充信息

有关练习、问题及推荐的个例研究，请参阅 www.cambridge.org/trapp/chapter6。

说明

1　对于本次讨论，中纬度是指 30°和 60°N(或 S)。

2　Lucas 等(1994)。

3　Bluestein 等(1988)，Davies-Jones(1974)。

4　Musil 等(1986)。

5　Rogers 和 Yau(1989)。

6　该表述附加警告，即图 6.3 中的窄的尖峰处，测量的 LWC 超过 ALWC 的理论阈值是值得怀疑的。这可归因于 LWC 的测量误差，或在 ALWC 的计算中使用了不具代表性的云底条件。

7　Zipser(2003)。

8　May 和 Rajopadhyaya(1999)，Lucas 等(1994)。

9　本研究中(Lucas 等，1994)，在飞行高度层数据段中，至少在 500 m 距离范围 $w>1\ \mathrm{m \cdot s^{-1}}$ 时，定义为一个“核”。

10　Lucas 等(1994)。

11　Houze(1993)对这三种气流进行了深入的讨论，并对其应用于大气对流的科学辩论进行了回顾。

12　见 Blyth 等(1988)；热力循环和相关环形循环的概念来自 Scorer 和 Ludlam(1953)。

13　源于 Houze(1993)，但部分基于 Malkus 和 Scorer(1955)开发的模式。

14　Houze(1993)。

15　同上。

16　Warner(1970)。

17　Blyth 等(2005)。

18　Blyth 等(2005)，Damiani 等(2006)。

19　Damiani 等(2006)。

20　Doswell(2001) 也对此进行了概念化。

21　必须谨慎，部分原因是该解释基于一次过程的一个剖面。

22　Hess(1959)；另见 Scorer 和 Ludlam(1953)，他们认为新的增长应该得益于前面热泡的逆风切变侧。

23　另见 Houze(1993)及 Yuter 和 Houze(1995)的讨论。

24　Zipser(2003)。

25　这是基于 Srivastava(1985)开发的模型。

26　例如，对于半径间隔 $0.6\ \mathrm{mm}<r<2\ \mathrm{mm}$，$C_1=2.01\times10^3\ \mathrm{cm^{1/2}\cdot s^{-1}}$；见 Rogers 和 Yau (1989)。

27　Srivastava(1985)使用高度不变的环境混合比(可以更好地表示混合良好的边界层)进行

的后续实验给出了与下文所述相同的定性结果，但下沉气流强度有所降低。

28 Srivastava(1987)，Proctor(1989)。

29 Proctor(1989)。

30 Hjelmfelt 等(1989)。

31 见 Wakimoto(2001)，特别参考雷暴项目的结果。

32 参见 Doswell(2001)，也参考了雷暴项目结果。

33 与上升气流一样，下沉气流“核心”的定义是其具有超过 $-1\ \mathrm{m \cdot s^{-1}}$ 的(负)垂直运动。

34 Lucas 等(1994)。

35 Klemp 和 Wilhelmson(1978)。

36 Doswell(2001)指出，降水下沉气流可能表现为羽流，尽管热泡行为也很明显。

37 Yuter 和 Houze(1995)，Heymsfield 等(2010)。

38 注意，1D 斯利瓦斯塔瓦模型中排除了动力和浮力气压效应，部分原因是式(6.27)中排除了 PGF 项，但也因为下边界被认为是开放的。

39 Proctor(1989)。

40 Mahoney(1988)，Goff(1976)。

41 Droegemeier 和 Wilhelmson(1987)。

42 同上。

43 Drazin(2002)。

44 Proctor(1989)。

45 Härtel 等(2000)。

46 Lee 和 Wilhelmson(1997)。

47 Ross 等(2004)。

48 Tompkins(2001)。

49 Khairoutdinov 和 Randall(2006)，Tompkins(2001)。

50 见 Byers 和 Braham(1949)，以及 Doswell(2001)提出的附加修改。

51 这适用于中纬度对流；对于热带海洋对流，典型的尺度会更小。

52 Chisholm 和 Renick(1972)，Weisman 和 Klemp(1982)。

53 Chisholm 和 Renick(1972)，Weisman 和 Klemp(1982)。

54 事实上，特别是在基于数值模拟研究的情况下，这些值可以通过其他模式方面进行调整，例如下边界条件的处理，以及微物理和湍流参数化的类型(例如，Bryan 等，2006)。

55 例如，Weisman 和 Klemp(1982)，ΔU 是密度加权的 0～6 km 层平均风和地面风之间的 x 分量差。

56 Marwitz(1972)。

57 Houze(1993)。

58 Fovell 和 Tan(1998)。

59 Fovell 和 Dailey(1995)。

第7章 超级单体：一类特殊的长寿命旋转对流风暴

概要：本章深入讨论被称为超级单体的这类雷暴。超级单体的一个标志是长寿命的旋转上升气流。这种中气旋旋转影响超级单体动力学，进而影响超级单体的强度、寿命、运动和结构。旋转在地面附近产生，然后集中起来形成龙卷。本章介绍了导致龙卷发生的一系列过程，并总结了有助于量化超级单体环境的参数。对与超级单体具有某些相同特征的热带对流现象作了一些总结。

7.1 超级单体雷暴特征：概述

20世纪50—70年代的天气雷达观测表明，存在持续数小时的单一的大型雷暴，时间比想象中的典型时间长得多。[1] 同时也观察到这些强烈的风暴有非典型的运动—向云层环境风的右侧和/或左侧移动，而不是平行于云层环境风。最后，雷达可以看到风暴有一个持续的内部环流，该环流将主要的上升气流与下沉气流以及绕垂直轴的旋转耦合在一起。

这种特殊类型或特殊模态的浮力对流被称为超级单体对流，再次借鉴了生物科学：除了其特有的长寿命、异常运动和强度外，这些(细胞)单体还经历分裂，并具有明显的自主性。这种特性很大程度上归因于独特的超级单体动力学，其强烈地受超级单体环境中的风、湿度和温度的控制。

相较于普通的对流风暴，典型的超级单体(图7.1)强度更高，尺度更大，但有共同的组成部分(见第6章)。考虑上升气流，在生物科学词汇中代表了超级细胞的核。上升气流扩展穿过对流层，但向与深层垂直风切变矢量相反的方向略微倾斜。在静力稳定的对流层顶，超级单体气流在水平方向上发散，尽管不对称且偏向高层环境风方向。上升气流中特别强烈的部分可能会超过对流层顶，这在高分辨率的可见光卫星图像中非常明显。[2]

与普通的对流风暴一样，超级单体中的降水在上升的空气中产生，然后被抬升到风暴中的高处。随后，中、高层与强风暴相关联的风有助于排出超级单体上升气流中抬升的水凝物粒子，使其下落到上升气流之外，而不是穿过上升气流(图7.2a)。因此，如水平和垂直雷达扫描所示，上升气流核是一个雷达反射率相对较弱的区域，由此产生了弱回波区、有界弱回波区和弱回波穹顶等特征(图7.2b)。下落的降水导致下沉气流，尤其是在上升气流的前方和后方(图7.3)。前翼下沉气流(forward-flank downdraft，FFD)和后翼下沉气流(rear-flank downdraft，RFD)得益于潜在的冷的环境空气，这些空气进入风暴的中层，然后帮助蒸发和升华。定义明确的界面，或阵风锋，存在于这些下沉气流的冷出流空气和较暖的环境空气之间。

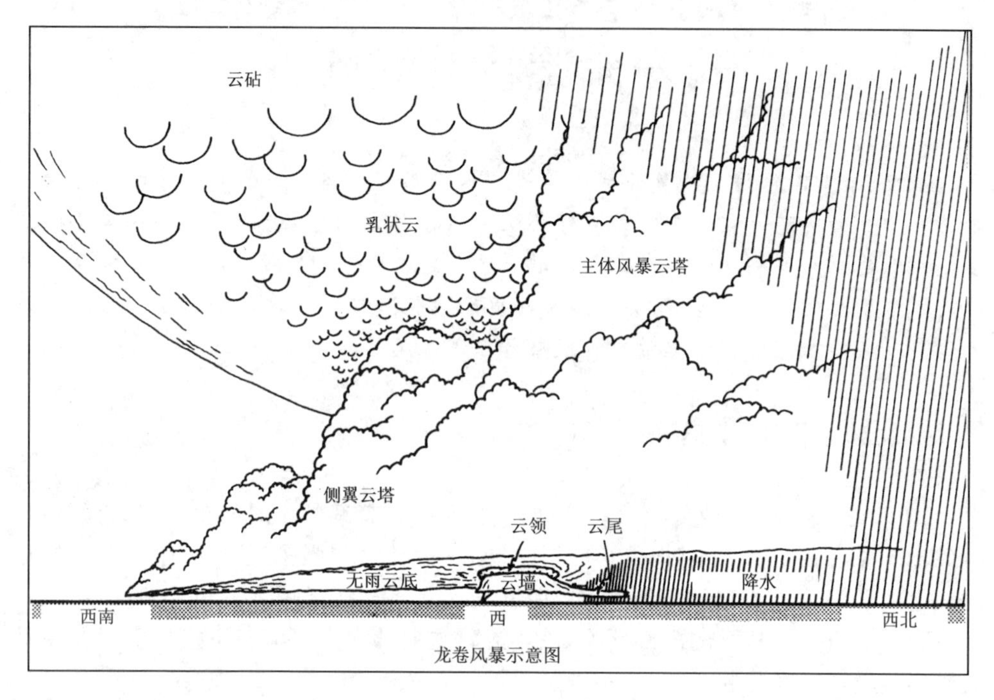

图 7.1　龙卷超级单体风暴视觉效果示意图。引自 Doswell(1985)。

在普通对流风暴中没有发现的超级单体成分是*中气旋*。这种气旋性旋转的垂直涡旋的典型直径为约 5～6 km，尽管直径在极少数情况下可能远大于 10 km。[3,4] 典型的切向风速为每秒几十米，垂直涡度约为 0.01 s^{-1}；后者通常被用作数值模拟中中气旋识别的标称阈值。中气旋不是孤立存在的，而是耦合三维气流的一部分。例如，在成熟的超级单体中层，基本的 3D 气流是一个旋转的上升气流；在低层，气流更为复杂，旋转的空气既上升又下沉，从而形成一个“分裂”的中气旋。[5] 中气旋的形成和演变与其他超级单体成分有关。图 7.4 揭示了这一时间演变的一些基本特征，并支持下文所做的区分：(1)*低层中气旋*，或从近地面延伸到地面以上约 1 km 高度的中气旋；(2)*中层中气旋*，或可能跨越对流层其余部分但倾向于以对流层中部为中心(约地面以上 5～6 km)的中气旋。区别主要体现在形成机制方面，如下几节所示。

前面的文本描述了一个原型。然而，如第 6 章所述，真实大气对流所假设的物理形式跨越了一个连续的范围。常见的对流风暴具有一个或多个超级单体状特征，但不受第 7.3 节所述动力学的控制。事实上，从本文所采取的方法来看，风暴是否是超级单体的试金石是它的中气旋旋转影响其动力学的程度，进而影响其强度、寿命和运动。

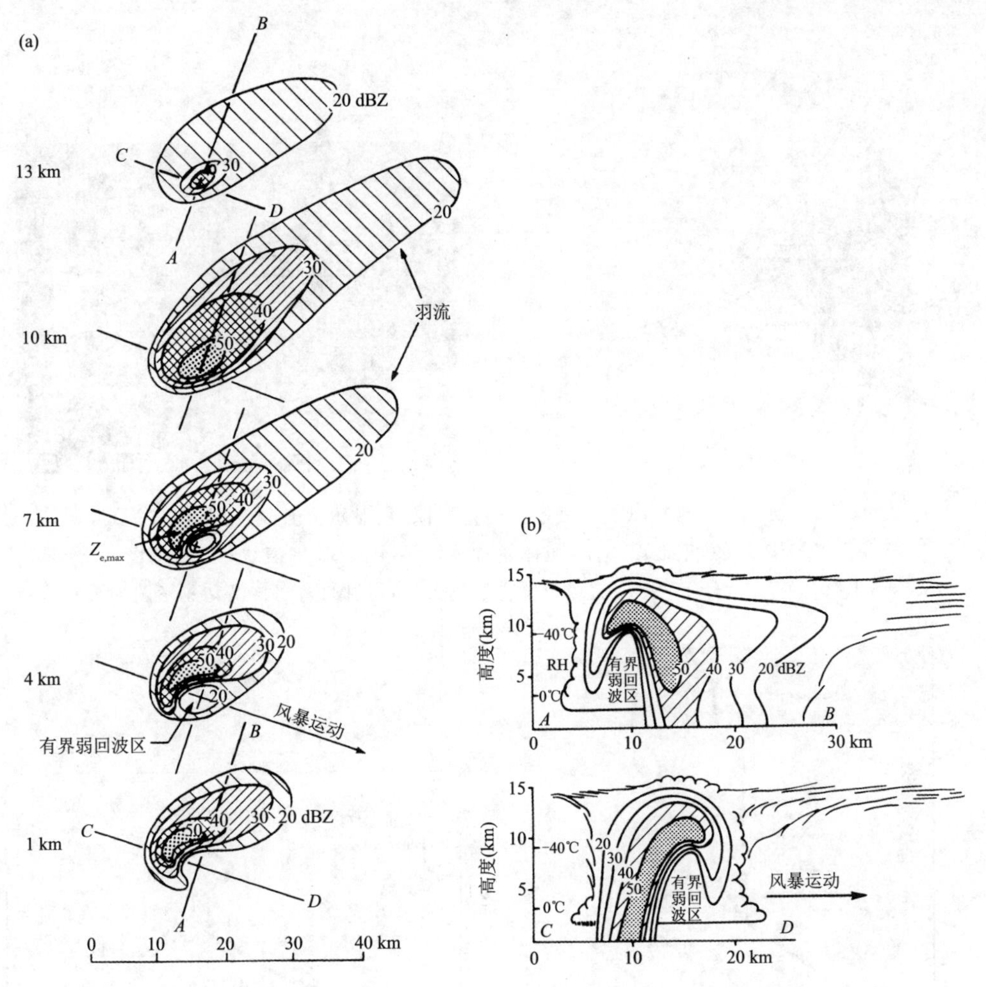

图 7.2　理想超级单体的天气雷达图。(a)不同高度雷达反射率因子的水平截面(阴影和点画;标注了数值);(b)反射率垂直剖面显示风暴上升气流区域及无回波穹顶。在图(a)中标识出了图(b)中的剖面。引自 Chisholm 和 Renick(1972)。

7.2　超级单体早期的中层中气旋生成

本节的目标是解释超级单体发展早期垂直涡度的初始产生。名义上,“早期”指深对流开始后最先的约 30 min 的演变;这一阶段的中气旋生成发生在风暴的中层(图 7.4)。如第 6 章所述,超级单体及其组成部分的快速增长是由对流层深层上的大的垂直风切变环境促成的(见第 7.7 节)。环境垂直风切变对超级单体的影响有多种相互交织的方式,但我们首先要考虑它在中层中气旋生成中的作用。

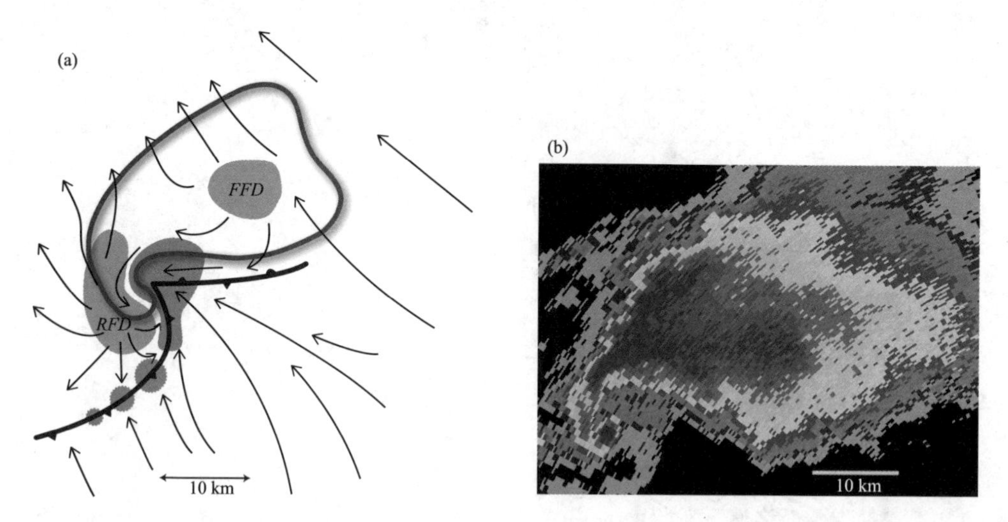

图 7.3 (a)超级单体雷暴的低层平面示意图；浅(深)色显示上升气流(下降气流)区域，流线为(相对于风暴的)近地面气流，粗体轮廓显示约 40 dBZ 等值线；改编自 Lemon 和 Doswell(1979)。(b)实际(龙卷)超级单体雷暴的天气雷达图像。(详情请见彩图插页)

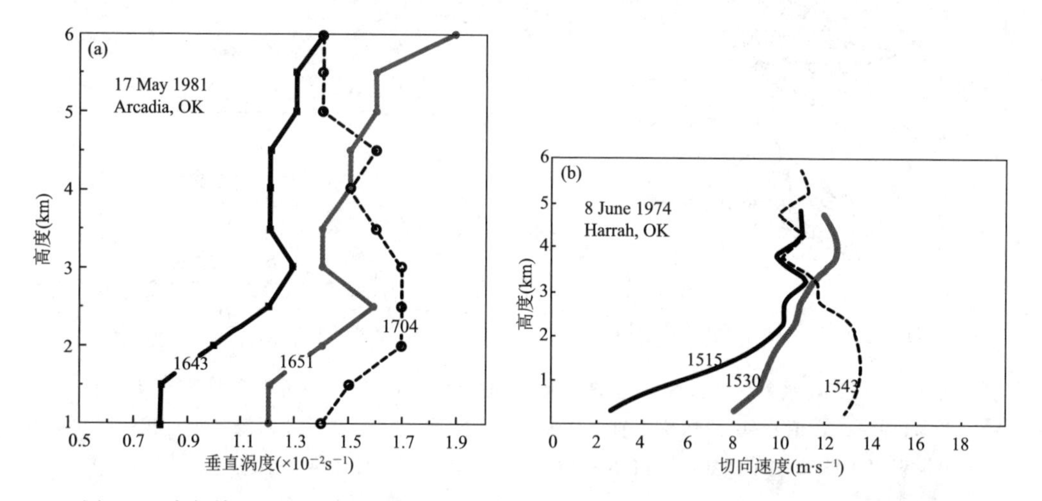

图 7.4 中气旋相关的垂直廓线。(a)1981 年 5 月 17 日俄克拉何马州的阿卡迪亚(Arcadia,OK)龙卷超级单体的垂直涡度(引自 Dowell 和 Bluestein,1997)。(b)1974 年 6 月 8 日俄克拉荷马州的哈拉(Harrah,OK)龙卷超级单体切向速度(来自 Bandes,1978)。阿卡迪亚龙卷开始于约 1700 CST,哈拉龙卷开始于约 1546 CST。

我们从第 2 章中介绍的矢量运动方程的一种形式开始

$$\frac{\partial \mathbf{V}}{\partial t} + \mathbf{V} \cdot \nabla \mathbf{V} = -\frac{1}{\bar{\rho}} \nabla p' + B\boldsymbol{k} \tag{7.1}$$

其中忽略了摩擦力和科里奥利力，$\bar{\rho} = \bar{\rho}(z)$，$p'$ 是相对于静力基态的扰动气压，B 是

浮力。取式(7.1)旋度的垂直分量[6]，得到涡度 ζ 的垂直分量的变化率方程

$$\frac{D\zeta}{Dt}=\boldsymbol{\omega}_{H}\cdot\nabla_{m}-\zeta\nabla\cdot\boldsymbol{V}_{H} \tag{7.2}$$

式中，$\boldsymbol{\omega}$ 是涡度向量，下标 H 表示仅具有水平分量的向量；例如

$$\boldsymbol{\omega}_{H}=\left(\frac{\partial w}{\partial y}-\frac{\partial v}{\partial z}\right)\boldsymbol{i}+\left(\frac{\partial u}{\partial z}-\frac{\partial w}{\partial x}\right)\boldsymbol{j} \tag{7.3}$$

式(7.2)的两个右侧项分别为“倾斜”项和“拉伸”项。

通过将速度分解为基本态和相对于该基本态的初始小扰动之和，可以更好地处理式(7.2)

$$\begin{aligned}u&=\overline{U}(z)+u'\\v&=\overline{V}(z)+v'\\w&=w'\end{aligned} \tag{7.4}$$

这里，扰动表示风暴，基本态为水平均匀但存在垂直变化的环境。将式(7.4)代入式(7.2)，然后假设扰动量的乘积相对于方程中的其他项小得可以忽略，垂直涡度方程的线性化版本可写为

$$\frac{\overline{D}\zeta'}{Dt}=\frac{\partial\zeta'}{\partial t}+\overline{U}\frac{\partial\zeta'}{\partial x}+\overline{V}\frac{\partial\zeta'}{\partial y}=-\frac{d\overline{V}}{dz}\frac{\partial w'}{\partial x}+\frac{d\overline{U}}{dz}\frac{\partial w'}{\partial y}=\boldsymbol{\Omega}_{H}\cdot\nabla w' \tag{7.5}$$

式中，$\zeta'=\partial v'/\partial x-\partial u'/\partial y$，$\boldsymbol{\Omega}_{H}$是环境水平涡度矢量。我们的线性化过程去除了拉伸项，拉伸项控制着涡度放大的指数关系，也即具有高度非线性的过程(见第 7.6 节)；当存在垂直涡度时，这一过程最为相关，因此在研究中气旋起始时忽略这一过程是可以接受的。式(7.5)中保留的是倾斜过程，现在表示为环境垂直风切变和风暴垂直运动场的函数。

考虑单方向西风环境风廓线的典型情况，并假定扰动垂直运动呈圆形对称上升气流的情况。式(7.5)变为

$$\frac{\overline{D}\zeta'}{Dt}=\frac{d\overline{U}}{dz}\frac{\partial w'}{\partial y} \tag{7.6}$$

且表明，在此种情况下，上升气流核的南(北)翼的某层上其垂直涡度的速率变化是正(负)的。向下游看，这意味着在北半球上升气流的右(左)翼产生气旋(反气旋)性垂直涡度(如图 7.5a)。然后，这种涡度的时间累积贡献导致对称的垂直涡旋对的存在，这也是常被观测和数值模拟得到的结果。

在超级单体发展的早期阶段，在单方向环境垂直风切变的一般情况下，围绕中层上升气流的平均旋转(及净环流)为零。上升气流气旋性旋转会受到非线性超级单体动力学的影响，如第 7.3 节所述。与此描述相关的是涡度矢量的“顺流性”，或者风矢量——更具体地说，是风暴相对风矢量($\boldsymbol{V}-\boldsymbol{C}$)如何与环境水平涡度矢量相匹配。这里，我们利用环境切变矢量

$$\boldsymbol{S}=\frac{d\overline{U}}{dz}\boldsymbol{i}+\frac{d\overline{V}}{d\,z}\boldsymbol{j} \tag{7.7}$$

与环境水平涡度矢量有如下关系的事实

$$\boldsymbol{\Omega}_H = \boldsymbol{k} \times \boldsymbol{S} \tag{7.8}$$

如我们当前的西风单向环境风廓线示例所示，$\boldsymbol{\Omega}_{\mathrm{H}} = \mathrm{d}\,\overline{U}/\mathrm{d}z\boldsymbol{j}$。由于初始风暴相对运动是西风(由于平流)，因此可以直接得到

$$(\boldsymbol{V} - \boldsymbol{C}) \cdot \boldsymbol{\Omega}_H = 0 \tag{7.9}$$

换句话说，风暴相对风矢量最初垂直于环境水平涡度矢量，从而定义横向水平涡度(图 7.5a)。相对照的情况是，风暴相对风矢量与环境水平涡度矢量平行，因此定义了顺流水平涡度(图 7.5b)。后者的一个例子是相对向南运动的风暴，但仍处于西风切变环境中。在此情况下，正如我们现在所研究的，气旋性环流旋转上升气流的发展也严重依赖于超级单体的动力学。

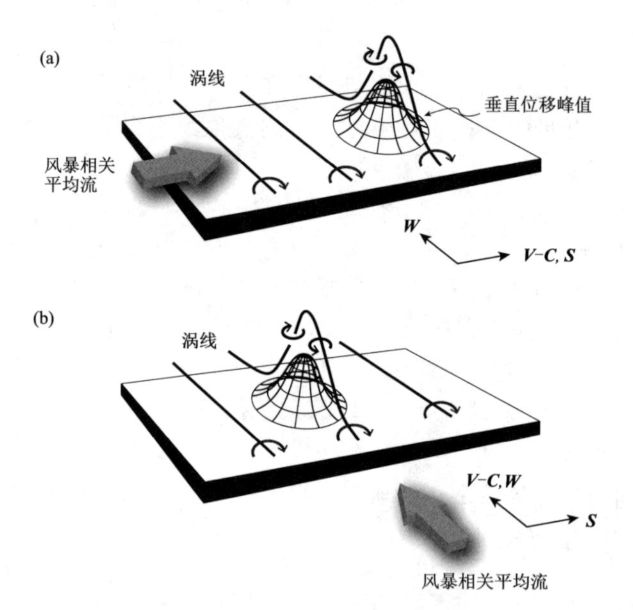

图 7.5　风暴相关风矢量相对于环境水平涡度矢量的两个对照走向的特征。(a)横向水平涡度；(b)顺流水平涡度。$\boldsymbol{V}$ 是风矢量，$\boldsymbol{C}$ 是风暴运动矢量，$\boldsymbol{\Omega}$ 是(水平)涡度矢量，$\boldsymbol{S}$ 是风切变矢量。

7.3　超级单体动力学

通过垂直运动方程可以揭示超级单体动力学的本质。对该方程的分析解决了以下问题：是什么导致超级单体上升气流在空间和时间上发生变化？假设摩擦力和科里奥利效应产生的力相对较小，答案肯定包含在浮力和垂直气压梯度力(VPGF)中。VPGF 本身具有双重作用，因为动力效应和(非静力)热力学效应都会影响气压。事实上，回想一下第 6 章中介绍的扰动气压分解

$$p' = p'_B + p'_D \tag{7.10}$$

在垂直运动方程中使用式(7.10)得到

$$\frac{Dw}{Dt} = -\frac{1}{\bar{\rho}}\frac{\partial p'_D}{\partial z} - \left(\frac{1}{\bar{\rho}}\frac{\partial p'_B}{\partial z} - B\right) \tag{7.11}$$

式中，$-(1/\bar{\rho})(\partial p'_D/\partial z)$ 被视为动力气压强迫，且 $-(1/\bar{\rho})(\partial p'_B/\partial z - B)$ 为浮力气压强迫。

p'_B 和 p'_D 的表达式如下

$$\nabla^2 p' = \frac{\partial(\bar{\rho}B)}{\partial z} - \nabla \cdot (\bar{\rho}\mathbf{V} \cdot \nabla \mathbf{V}) \tag{7.12}$$

该式如第 6 章所述，源自运动矢量方程和滞弹性质量连续方程。我们之前已证明，式(7.12)的右侧第一项对浮力气压的贡献为

$$\nabla^2 p'_B = \frac{\partial(\bar{\rho}B)}{\partial z} \tag{7.13}$$

展开式(7.12)的右侧第二项，重新排列，然后应用滞弹性连续方程，我们可以写出动力气压诊断方程

$$\nabla^2 p'_D = -\bar{\rho}\left[\left(\frac{\partial u}{\partial x}\right)^2 + \left(\frac{\partial v}{\partial y}\right)^2 + \left(\frac{\partial w}{\partial z}\right)^2 - \frac{d^2 \ln\bar{\rho}}{d z^2}w^2\right] - 2\bar{\rho}\left[\frac{\partial v}{\partial x}\frac{\partial u}{\partial y} + \frac{\partial w}{\partial x}\frac{\partial u}{\partial z} + \frac{\partial w}{\partial y}\frac{\partial v}{\partial z}\right] \tag{7.14}$$

或为

$$\nabla^2 p'_D = -\bar{\rho}\left(d_{i,j}d_{i,j} - \frac{d^2 \ln\bar{\rho}}{d z^2}w^2\right) + \bar{\rho}\left(\frac{|\boldsymbol{\omega}|^2}{2}\right) \tag{7.15}$$

式中，$d_{i,j} = (\partial u_i/\partial x_j + \partial u_j/\partial x_i)/2$ 是用求和符号表示张量变形率。[7] 式(7.14)中，对动力气压的贡献分别来自流体膨胀和流体剪切，与式(7.15)中的“平流”项和“旋转”项等价。

超级单体动力学中特别有趣的是旋转效应，如式(7.14)中的流体剪切项或式(7.15)中的旋转项所示。为说明起见，我们假设在固体旋转中的一个二维水平流(如，$v=ax$，$u=-ay$，其中 a 是某个常数)。式(7.14)或式(7.15)可近似为

$$\nabla^2 p'_D \sim \zeta^2 \tag{7.16}$$

或

$$-p'_D \sim \zeta^2 \tag{7.17}$$

式中，使用了附加的近似 $\nabla^2 p' \sim -p'$（见第 6 章）。[8] 式(7.17)表明垂直旋涡内的气压相对较低；由于在式(7.17)垂直涡度为平方项，气旋和反气旋旋转都会有低气压发生。预期会有动力气压的一些垂直变化，因为在一个正在发展的超级单体中，垂直涡度和因此而来的压降最初在对流层中部达到最大值(见图 7.4)。因此，相应的垂直气压梯度和近似动力气压强迫为

$$\frac{\partial p'_D}{\partial z} \sim \frac{\partial}{\partial z}(\zeta^2) \tag{7.18}$$

在对流层下部为正，导致中层垂直涡度中心下方的局部垂直加速。

7.3.1 直线速度矢端图案例

我们将式(7.18)和相关假设应用于单向环境风廓线的情况。我们在这里顺便停下来提一下，当绘制在速度矢端图上时，这样的风廓线表示为一条直线；按照惯例，我们将此廓线和相关曲线称为直线速度矢端图(straight(line) hodograph)。如图7.6a所示，直线速度矢端图不限于单向廓线。所有直线速度矢端图的一个特性是环境风切变矢量$\boldsymbol{S}$不随高度改变方向。这是从式(7.7)得出的，表明风切变矢量处处与速度矢端迹线相切。由于环境水平涡度矢量Ω_H的方向与切变矢量正交并指向于其左侧(见式(7.8))，因此环境水平涡度向量处处垂直于速度矢端迹线。因此，当速度矢端迹线为直线时，$\boldsymbol{S}$和$\boldsymbol{\Omega}_H$都不会随高度改变方向。

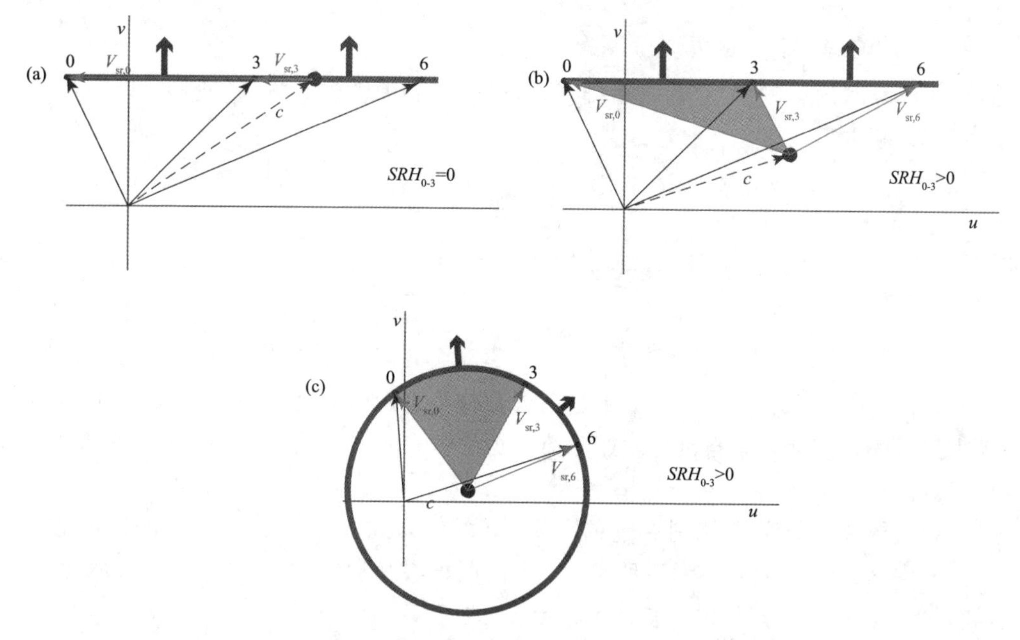

图7.6 环境风(紫色箭头)的速度矢端迹图(粗体灰线)。环境水平涡度矢量(红色箭头指示的方向)处处垂直于切变矢量，因此垂直于速度矢端迹线。在(a)和(b)中，速度矢端图的形状是一条直线，因此环境水平涡度矢量不随高度变化。(a)风暴运动(蓝色虚线箭头)位于速度矢端图上，且将其作为原点(蓝色圆圈)，风暴相关风(橙色矢量)处处垂直于水平涡度矢量。在此情形下，$SRH_{0-3}=0$。(b)风暴运动偏离了速度矢端迹线，由此产生的风暴相关风与水平涡度矢量不垂直。在此情形下，$SRH_{0-3}>0$，其幅值等于$-2\times$[0～3 km之间风暴相关风矢量扫过的标注区域(阴影区域)]。(c)在圆心有风暴运动的圆形速度矢端图。此种情形下，风暴相关风(橙色矢量)处处平行于水平涡度矢量，从而最大化$SRH_{0-3}>0$。(详情请见彩图插页)

回想第 7.2 节,在以直线速度矢端图描述的环境中,中层“气旋-反气旋涡旋对”最初通过倾斜过程在上升气流中产生。正的(旋转)动力强迫(式(7.14);另见式(7.18))促进垂直加速和随后在涡对两个成员下方新的上升气流增长(图 7.7;另见图 7.11)。低层入流被导向到新的增长点,有效地削弱了已有的上升气流,最终让位于降水下沉气流。结果是风暴分裂,在初始上升气流的(北部和南部)两侧形成新的上升气流。这两个新的上升气流相对于平均风切变矢量是对称的——或者说是镜像(图 7.7、图 7.8)。随时间推移,通过第 7.2 节所述的倾斜过程,每个新的上升气流都会形成自己的中层涡对,从而导致随后的分裂。这一循环可能会重复多次,由此产生的风暴的累积轨迹类似于一棵有许多树枝的树。

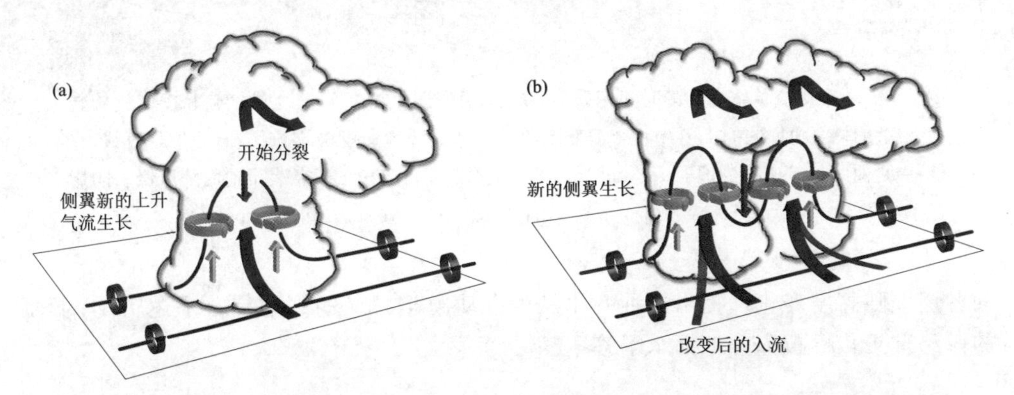

图 7.7　显示动力(旋转)诱导的垂直气压梯度强迫对超级单体演变的位置和影响的示意图。(a)初始中层涡对(灰色条带)在初始上升气流(红色条带)两侧产生正的垂直气压梯度强迫和随后的垂直加速(黄色箭头)。在降水下沉气流(蓝色箭头)的推动下,初始单体随之分裂。(b)单体分裂过程产生了两个新单体,每个单体产生一个新的中层涡对,并伴随着一个改变后的低层流入(红色条带)。正的垂直气压梯度强迫再次出现在每个涡旋的下方;降水下沉气流阻碍了内侧涡旋的抬升,因此在外侧涡旋下方有利于新的上升气流生长。改编自 Klemp(1987)。(详情请见彩图插页)

图 7.7 和 7.8 表明,风暴分裂只是旋转动力强迫的影响之一。另一作用是关于风暴传播:强迫和新的上升气流增长中的位置变化导致风暴运动相对于初始上升气流(以及云层环境风)运动的左右偏转。换句话说,旋转诱导的垂直气压梯度力(VPGF)导致向左移(left-moving,LM)和向右移(right-moving,RM)的风暴。

7.3.2　曲线速度矢端图案例

在观测到的气旋性旋转(和龙卷)雷暴环境中,垂直风廓线通常具有顺时针弯曲的速度矢端图,尤其是在对流层低层(见图 6.19c 和图 7.9)。[9] 遵循第 7.3.1 节中给出的论点,这意味着这些环境的风切变矢量和水平涡度矢量的方向在速度矢端曲线

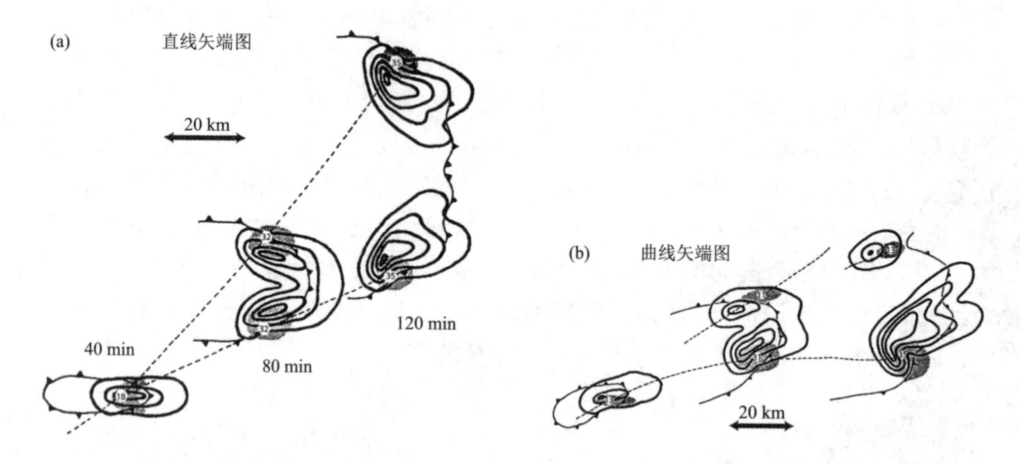

图 7.8　一个对流单体分裂的时间序列。形成：(a)两个镜像风暴，演变成气旋和反气旋旋转的超级单体；(b)两个单体，其中一个演变成超级单体。环境速度矢端迹图在(a)中是直线，在(b)中是曲线。等值线为地面 1.8 km 处的雨水混合比，带三角的线条表示地面阵风锋。阴影显示中层(4.6 km)上升气流超过 5 m·s^{-1}的区域。引自 Weisman 和 Klemp(1986)。

的各层上随高度变化。提出这种变化是否有动力学含义的问题是合乎逻辑的；下面的一组理想化模拟部分地揭示了答案。

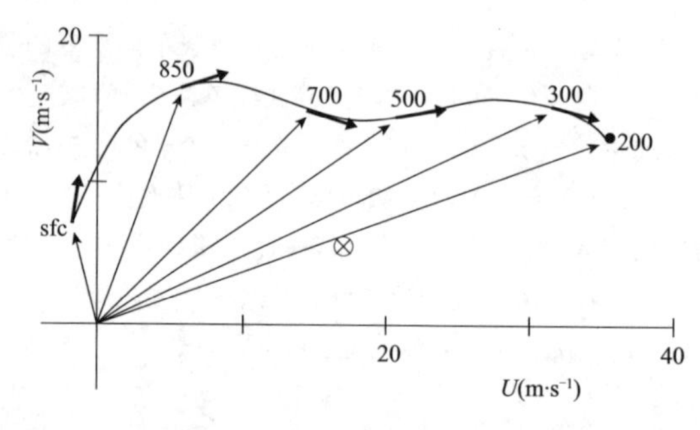

图 7.9　基于无线电探空观测的 62 次龙卷风暴事件环境中的合成速度矢端图。合成图通过平均每层相对于估计的风暴运动来制作。粗箭头表示每层风切变矢量的方向(以 hPa 表示)。(估计的)平均风暴运动用×表示。引自 Weisman 和 Rotunno(2000)，改编自 Maddox(1976)。

考虑在一个以“半圆”速度矢端图为特征的环境中生成的风暴(其中，一个半圆被例如 0～6 km 的环境风顺时针方向扫过)[10]。由图 7.10 注意到，这一风暴不会像直线速度矢端图那样分裂成相同的 RM 和 LM 风暴。相反，它分裂成一个主要的 RM 风暴和一个更弱、寿命更短的 LM 风暴(也见图 7.8)。[11]还请注意，与直线速度矢端图情况下的 RM 上升气流相比，这里的 RM 上升气流在其生命周期中更早地获得

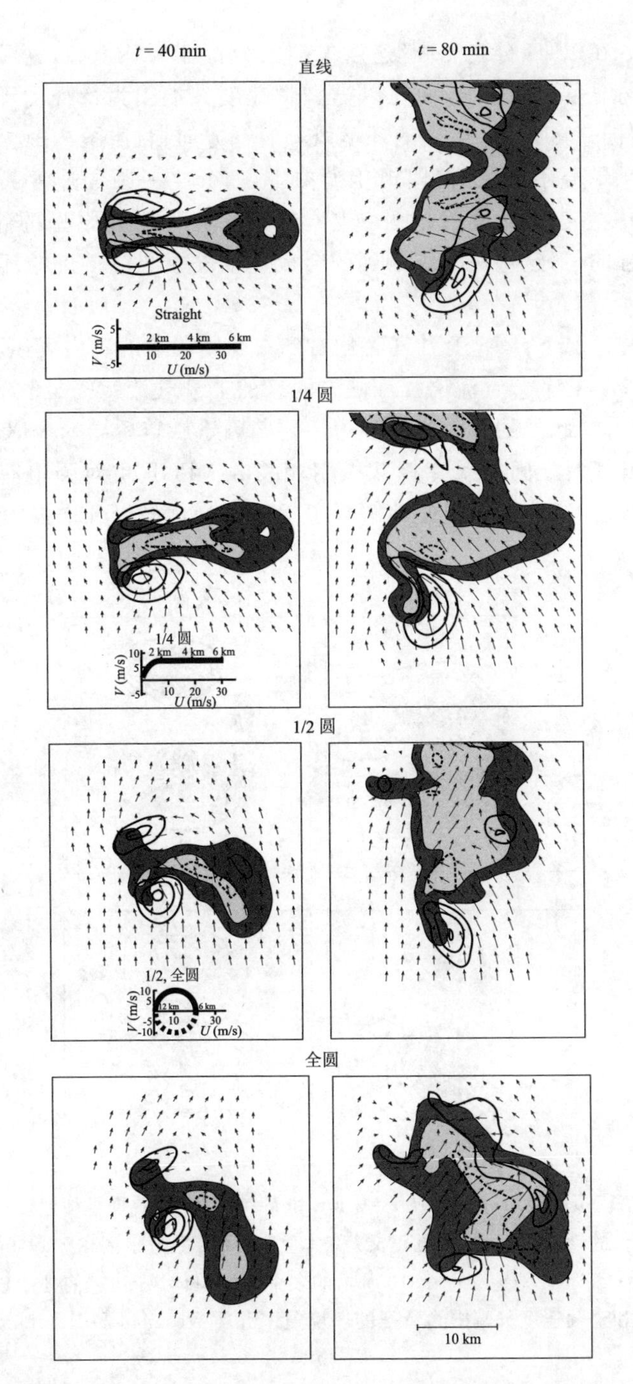

图 7.10　以直线、四分之一圆、半圆和全圆风速矢端图为特征的风环境中超级单体风暴的理想化模式模拟(见插图)。垂直速度(等值线间隔 6 m·s^{-1}，虚线表示下沉气流)，雨水混合比(深灰色填充区，1～4 g·kg^{-1}；浅灰色填充区，＞ 4 g·kg^{-1})以及水平风矢量显示了 t＝40 min 和 t＝80 min 的风暴中层(z＝3 km)结构。引自 Weisman 和 Rotunno(2000)。

净气旋性旋转。在以“四分之一圆”速度矢端图为特征的环境中，这种气旋性旋转的RM风暴的优先增强不太明显，而在以“全圆”速度矢端图为特征的环境中更为明显（一个完整的圆被0～12 km层上的环境风顺时针方向扫过；图7.10）。然而，增强并不一定等同于风暴寿命也长：在理想化模拟中，四分之一圆的速度矢端图支持具有相对更强和更持久上升气流的超级单体，同时也是最接近原型的超级单体（见图7.3）。并非巧合的是，这也是与观测到的合成速度矢端图最接近的环境（见图6.19c和图7.9）。[12]

在上述各种情况下，RM上升气流从右到右前侧翼上的动力气压强迫达到最大，继而导致该侧翼上的上升气流增强和随之而来的上升气流传播（图7.11）。因此，与单向切变情况一样，此处的动力气压强迫主要归因于旋转诱导的VPGF。然而，与环境风切变和上升气流之间的线性相互作用相关的VPGF也对强迫有贡献。如下面的第7.3.3节所述，这些效应很好地解释了RM风暴优先得到增强的原因。

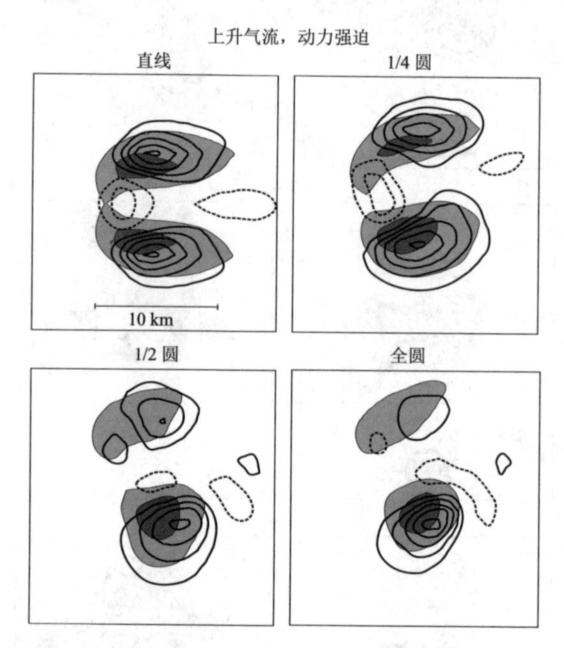

图7.11　数值模拟超级单体风暴在$z=3$ km和$t=40$ min时的垂直加速度（等值线间隔0.002 m·s^{-2}）的动力压力强迫（见正文）和垂直速度（浅色阴影区，4～14 m·s^{-1}；深色阴影，>14 m·s^{-1}）。对应于图7.10所示的多个超级单体风暴，它们处于以直线、四分之一圆、半圆和全圆速度矢端图为特征的环境中。引自Wesiman和Rotunno(2000)。

7.3.3　线性动力气压强迫

为了分离对分压的线性贡献，我们回到向量运动方程（式7.1），将其关于基态速

度线性化(式(7.4)),然后取结果的散度。忽略浮力的贡献,可以得到线性动力学的诊断气压方程

$$\nabla^2 p'_{LD} = -2\bar{\rho}\left[\frac{\mathrm{d}\bar{U}}{\mathrm{d}z}\frac{\partial w'}{\partial x} + \frac{\mathrm{d}\bar{V}}{\mathrm{d}z}\frac{\partial w'}{\partial y}\right] \tag{7.19}$$

由式(7.19)的倒数并对结果取垂直微分可以得到线性动力气压强迫。[13]物理上,强迫来自环境风切变和上升气流之间的相互作用;上升气流侧翼的强迫和气压最大。为了更清楚地说明这一点,我们重写式(7.19)为

$$\nabla^2 p'_{LD} = -2\bar{\rho}\boldsymbol{S}\cdot\nabla w' \tag{7.20}$$

或近似为

$$p'_{LD} \sim \boldsymbol{S}\cdot\nabla w' \tag{7.21}$$

如果我们再次进行合理的简化,即垂直速度分布围绕上升气流轴呈圆对称,式(7.21)表明,在该层环境风切变矢量方向上,穿越上升气流会出现由高到低的气压变化。因此,该气压的垂直梯度[和 $VP_{LD}GF$。译者注:VP(vertical pressure)是垂直气压,GF(gradient force)是梯度强迫,LD(linear-dynamic)是线性动力]将主要取决于切变矢量的垂直变化。

通过回顾 **S** 处处与速度矢端迹线相切我们可以定性地评估 $VP_{LD}GF$。在直线速度矢端图情况下,式(7.21)要求在所有高度层,上升气流的逆切变侧线性动力气压相对较高,在相应高度层,顺切变侧的线性动力气压相对较低(图7.12a)。如果 **S** 的大小随高度增加而增加,线性动力气压的影响也会增加,因此,由于高空较高(较低)的 p'_{LD},下沉(上升)会被迫在逆切变(顺切变)侧翼上进行。逆切变下沉和顺切变上

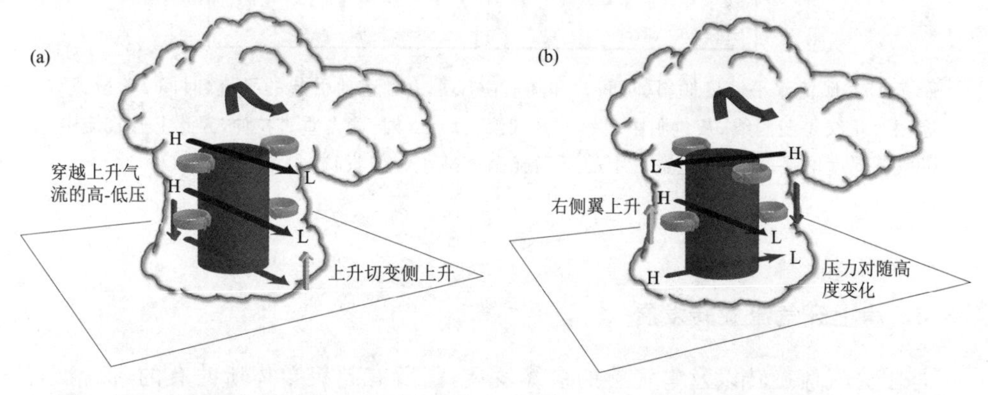

图7.12　线性动力引起的气压(H为高压,L为低压)位置和影响的定性描述,以及响应相关垂直气压梯度的加速度。红色圆柱体表示上升气流,扁平箭头表示相应层的切变矢量方向。作为参考,还显示了这些层上垂直涡旋的位置(灰色条带),其描述了非线性动力气压效应。(a)中,超级单体是在具有直线速度矢端图环境中形成的。线性动力强迫导致上升气流顺切变(逆切变)侧翼上的向上加速和上升(向下加速和下沉)。(b)中,超级单体是在对流层下半部具有弯曲速度矢端图(半圆)环境中形成的。线性动力强迫导致在上升气流右侧(左侧)上升(下沉)。改编自 Klemp(1987)。(详情请见彩图插页)

升的综合影响有助于风暴向前传播，加强风暴入流，并对发展中的上升气流产生净的顺切变倾斜，但无助于促进右侧或左侧上升气流侧翼的优先增强。

现在考虑图 7.12b 中所示的情况。环境风切变矢量随高度顺时针旋转，形成一个半圆速度矢端图。**S** 的这种方向变化导致具有相应高度变化的高一低气压对（图 7.12b）。对流层中下部的相关 $VP_{LD}GF$ 在上升气流的右（左）翼为正（负），因此迫使在该翼上升（下沉）。

在这种弯曲速度矢端情况下，线性动力气压强迫也增强（抑制）了上升气流右（左）侧翼上的非线性旋转动力强迫。这是由于切变引起的气压对轴线垂直于倾斜产生的垂直涡度对轴线。线性和非线性动力强迫的这种排列的动力学结果是，在具有曲线速度矢端图的环境中，气旋性旋转的 RM 超级单体会优先得到增强。

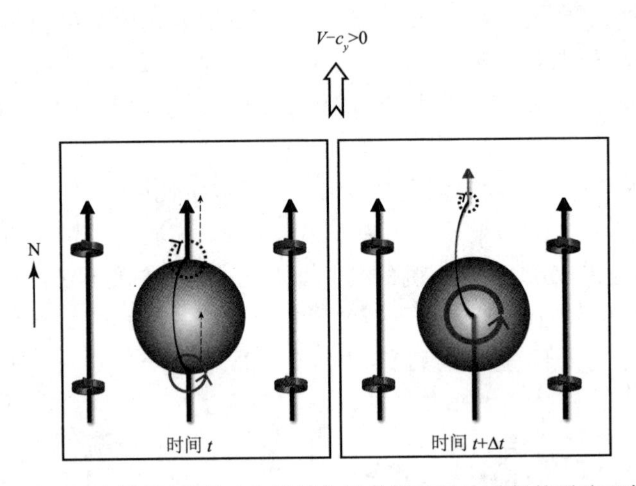

图 7.13　顺流水平涡度倾斜（时间 t）和随后由风暴相对运动引起的平流（时间 $t+\Delta t$）示意图。粗线是漩涡线，灰色阴影表示上升气流。$t+\Delta t$ 时，隐含垂直拉伸，因此上升气流中的气旋涡度增强，垂直静止空气中的反气旋涡度减小。假设该过程适用于 $(\bar{U}-c_x)=0$ 的高度。

7.3.4　净上升气流旋转发展

净上升气流旋转以及中气旋的最终发展，是所有超级单体所共有的，但精确的发展路径是环境速度矢端图特征的函数。我们再一次用直线速度矢端图来说明这一点，回顾一下，在单向西风的具体情况下，非线性动力气压强迫会导致 RM(LM) 风暴向南（向北）传播（见图 7.7b）。随着时间推移，这种诱导传播导致相对风暴运动的一个与环境水平涡度矢量平行分量。这是*顺流环境水平涡度*（见图 7.5 和图 7.13）。线性化的垂直涡度方程式(7.5)显示其在中气旋发展中的重要性，该方程应用于固定在移动风暴中的参考框架[14]

$$(\overline{U}-c_x)\frac{\partial\zeta'}{\partial x}+(-c_y)\frac{\partial\zeta'}{\partial y}=\frac{d\overline{U}}{dz}\frac{\partial w'}{\partial y} \tag{7.22}$$

式中,$\boldsymbol{C}=c_x\boldsymbol{i}+c_y\boldsymbol{j}$,对于这种情况,环境风矢量$\boldsymbol{V}(z)=\overline{U}(z)\boldsymbol{i}$ 。为说明此例,在式(7.22)中假设(RM或LM)风暴已达到稳定状态,并以恒定速度$\boldsymbol{C}$移动。在$\overline{U}-c_x=0$的临界高度,[15]式(7.22)简化为

$$-c_y\frac{\partial\zeta'}{\partial y}=\frac{d\overline{U}}{dz}\frac{\partial w'}{\partial y} \tag{7.23}$$

式(7.23)表示环境水平涡度倾斜与风暴相对水平风平流之间的平衡。当式(7.23)沿气块轨迹积分时,平衡结果可以表示为

$$\zeta'=\frac{d\overline{U}}{dz}\frac{w'}{(-c_y)} \tag{7.24}$$

实际上,对于$c_y<0$的RM风暴,通过顺流水平涡度倾斜产生的反气旋性垂直涡度立即平流到空气中,几乎没有垂直运动,而气旋性垂直涡度则被平流到上升气流中(图7.13)。[16]上升气流和气旋性涡度在空间上呈现出相关性;这种旋转上升气流最终增强为中气旋是由于垂直拉伸,这是从式(7.23)中排除的一个非线性过程。

我们可以通过在自然坐标系中表示式(7.5)的稳定形式,仍然固定在移动风暴上,将顺流水平涡度和净上升气流旋转之间的这种联系归纳为

$$U_s\frac{\partial\zeta'}{\partial s}=\Omega_s\frac{\partial w'}{\partial s}+\Omega_n\frac{\partial w'}{\partial n} \tag{7.25}$$

式中,s表示处处与风暴相对流动相切的方向(s),$\boldsymbol{n}$表示处处垂直于水平流的方向($\boldsymbol{n}=\boldsymbol{k}\times\boldsymbol{s}$),$\boldsymbol{\Omega}_H=\boldsymbol{\Omega}_s\boldsymbol{s}+\boldsymbol{\Omega}_n\boldsymbol{n}$,$\boldsymbol{V}(z)-C=U_s\boldsymbol{s}$ 。如果假设环境水平涡度是纯顺流的,式(7.25)可简化且类似地积分为

$$\zeta'=\frac{\boldsymbol{\Omega}_s}{U_s}w' \tag{7.26}$$

式中,$\boldsymbol{\Omega}_s=U_s d\overline{\Psi}/dz$,且$\overline{\Psi}=\tan^{-1}(\overline{V}/\overline{U})$为环境风的方向(角度),逆时针增加。[17]

7.3.5　风暴相对环境螺旋度

式(7.26)有一个可以量化环境水平涡度顺流性的用途。本节中,我们将介绍一种运动学测量方法,同时也将介绍另一种预测对流上升气流中旋转发展的方法。

我们从螺旋度开始,此处定义[18]为三维速度和涡度向量之间内积的体积积分

$$H=\int h dV \tag{7.27}$$

式中,h为螺旋度密度,由下式给出

$$h=\boldsymbol{\omega}\cdot\boldsymbol{V} \tag{7.28}$$

由式(7.27)和式(7.28)中可以清楚地看出,具有大螺旋度的流体也具有大的顺流涡度(回忆图7.5b)。然而,如前所述,顺流涡度的定量表征取决于评估的参考系。就我们的目的而言,物理上最相关的参考系是固定在稳定风暴上的参考系,该参考

系以假定的恒定速度 $\boldsymbol{C}$ 移动。[19] 如果假设风暴相对环境风的螺旋特性可以被视为水平平均值,从而被视为某(例如中尺度)区域上的水平积分量,式(7.27)可简化为垂直积分

$$\mathrm{SRH} = \int_{Z_B}^{Z_T} [\boldsymbol{V}(z) - \boldsymbol{C}] \cdot \boldsymbol{\Omega}_H \mathrm{d}z \tag{7.29}$$

即为风暴相对环境螺旋度(storm-relative environmental helicity,SRH)($\mathrm{m^2 \cdot s^2}$),式中 $\boldsymbol{V}(z) = \overline{U}\boldsymbol{i} + \overline{V}\boldsymbol{j}$ 与之前一样是环境风矢量,其中的积分上下限值 z_B 和 z_T 在实践中被取为地面及约 3 km 高度;这些界限值代表着风暴入流的高度。

大(正)的 SRH 相当于风暴相对入流中的大的环境顺流涡度,反过来又对应于气旋性旋转上升气流的可能性(假设在此环境中出现上升气流)。[20] 式(7.29)的应用中默认假设对超级单体的预测/诊断是通过倾斜将水平顺流性转换为垂直顺流性,其源于螺旋度守恒,尽管它在正压、无黏和不可压缩流中才严格有效。[21] 注意,通过式(7.2)表示的基本涡旋动力学体现在螺旋度的应用中;区别在于如何量化环境涡度。

为了评估 SRH,有必要知道风暴运动矢量 $\boldsymbol{C}$。后验地,这可以通过跟踪观测到的风暴在某个时间间隔内的雷达回波直接确定。而先验的方法,通常只能使用基于观测(或预测)的环境风经验公式估算风暴运动。下面是一个广泛使用的公式示例

$$\boldsymbol{C}_{RM} = \boldsymbol{V}_{0-6} + \delta_s \left(\frac{\boldsymbol{S}_{0-6} \times \boldsymbol{k}}{|\boldsymbol{S}_{0-6}|} \right) \tag{7.30}$$

式中,如前所述,RM 表示向右移动的超级单体;$\boldsymbol{V}_{0-6}$ 是 0～6 km 层平均环境风;δ_s 是超级单体运动与平均风的偏差大小,根据经验确定为 $7.5\ \mathrm{m \cdot s^{-1}}$。$\boldsymbol{S}_{0-6}$ 是 0～6 km 层平均环境切变矢量,简单定义为 $\boldsymbol{S}_{0-6} = \boldsymbol{V}_6 - \boldsymbol{V}_0$,其中 $\boldsymbol{V}_6$ 和 $\boldsymbol{V}_0$ 分别是 6 km 和近地表层局地平均值。[22] 左移超级单体运动公式可将式(7.30)中的加号替换为减号。请注意,由于传播(式(7.30)第二个右手项)对估计风暴运动的影响基于垂直风切变,因此 Bunkers 运动[23] 的计算对速度矢端图方向不敏感。换句话说,该方法为伽利略不变量,如图 7.14 所示。

因为依赖于风暴运动,SRH 自身缺乏伽利略不变性。为理解 SRH 这一特性的重要性,我们提出了以下问题:直线速度矢端图是否具有非零 SRH? 答案是肯定的,但它取决于 $\boldsymbol{C}$,因此取决于风暴相对环境风廓线。我们可以通过变换速度矢端,使 $\boldsymbol{C}$ 的终点成为原点,以图形方式证明这一点。[24] 请注意,在图 7.6 中,速度矢端图的形状不随该变换而改变,也不随 $\boldsymbol{\Omega}_H$ 的局部方向而改变。在直线速度矢端图风暴运动的情况下(例如,运动仅由平流引起),在速度矢端图的所有点上$(\boldsymbol{V} - \boldsymbol{C}) \cdot \boldsymbol{\Omega}_H = 0$,因此 SRH=0。如果风暴运动偏离直线速度矢端图(图 7.6b),通常是运动带有传播分量的超级单体的情况,那么 $\boldsymbol{V} - \boldsymbol{C}) \cdot \boldsymbol{\Omega}_H \neq 0$,且 SRH≠0。SRH 量值随相关大气层中风暴相对风和水平涡度矢量变得更加平行而增加。等效地,SRH 量值随层(此处为积分上下限;见图 7.6b)中风暴相对风矢量在速度矢端图上扫出的面积的增加而增加。[25] 如图 7.6c 所示,具有弯曲速度矢端图的环境风廓线可能具有较大的 SRH 值

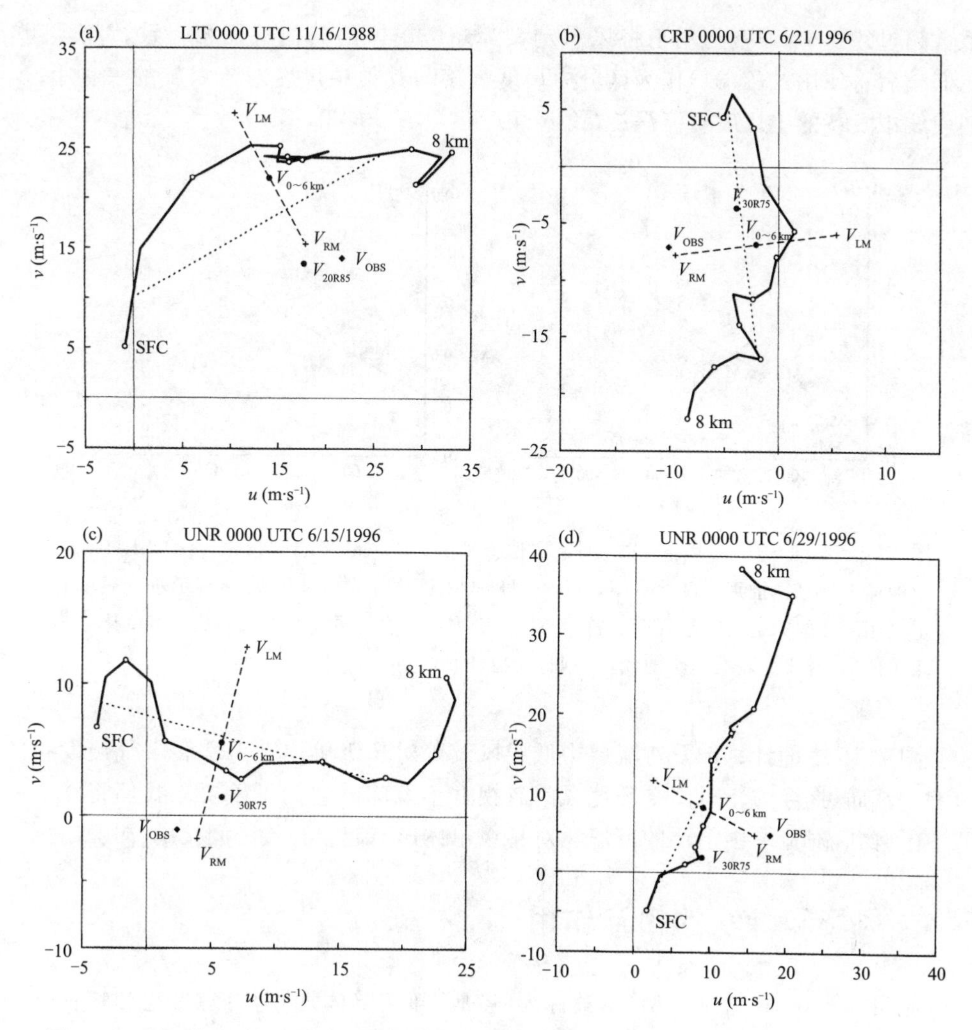

图 7.14　基于"Bunkers"公式的超级单体运动计算示例。引自 Bunkers 等(2000)

(另见图 7.9)。一个极端的例子,即环境流线涡度最大化的例子,是一个在圆心处有风暴运动的圆形速度矢端图。

式(7.29)中的理论预期是在一个大的正 SRH 环境中有一个气旋式旋转上升气流。这在数值模拟的对流风暴中得以实现,并被 SRH 与结果风暴中产生的最大(中层)垂直涡度之间的强统计关系(图 7.15a),以及 SRH 与垂直涡度和垂直速度之间的空间一致性之间同样强的关系(图 7.15b)所证实。这种空间一致性本身被量化为相关系数

$$r(w',\zeta')=\frac{\langle w'\zeta'\rangle}{(\langle w'^2\rangle\langle\zeta'^2\rangle)^{1/2}} \tag{7.31}$$

式中,〈 〉表示水平平均值,r 值是在风暴的某些高度上取的平均值。[26] 垂直平均相关

系数超过约 0.75 通常与用于将风暴定义为超级单体的其他特征相一致。[27] 事实上，我们稍后将使用式(7.31)作为区分中尺度气旋与其他中尺度对流涡旋的一种手段，如飑线中发现的中尺度对流涡旋(第 8 章)。

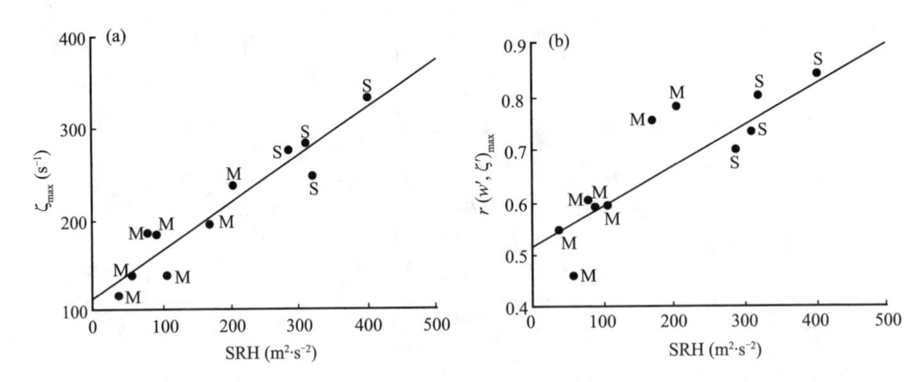

图 7.15　不同 SRH 环境下 SRH 对于数值模拟的对流风暴影响的量化。(a) SRH 和相应的最大(中层)垂直涡度散点图。(b)SRH 和相应 $r(w',\zeta')$ 散点图，r 表示垂直涡度和垂直速度之间的空间一致程度。符号 M 和 S 表示被模拟风暴的对流模式(多单体或超级单体)。直线是数据拟合的线性回归。引自 Droegemeier 等(1993)。

图 7.15 中的计算涉及对流层中低层风及其对超级单体动力学和中气旋发生的影响。然而，迄今为止对高空环境风的忽视并不意味着它们不重要。我们将在下一节中了解到，对流层中上层的环境风对超级单体形态起着直接和间接的作用。

7.4　风场和降水的相互作用

到目前为止，相对于原型(也被称为"经典"超级单体)的动力学过程和特征结构已经进行了描述。仔细研究成熟超级单体的天气雷达扫描将很快表明，真实的风暴在某种程度上偏离了这一原型，特别是在相对于上升气流的降水量和分布方面。正如这里和第 7.5 节进一步讨论的，这主要归因于降水和内部/环境气流之间的相互作用，且隐含超级单体在地面附近产生持续中气旋甚至龙卷的能力。

为了描述降水分布的性质，引入了以下超级单体分类：弱降水(low-precipitation,LP)、典型降水(classic,CL)和强降水(high-precipitation,HP)。[28] 与所有对流风暴的谱一样，该超级单体谱也是连续的。LP 超级单体与相对较少的降水有关，尽管在上升气流的下风方向会出现大冰雹(图 7.16a)。作为超级单体，它们仍然表现出风暴尺度的旋转，但产生龙卷的概率相对较低。在谱的另一端，HP 超级单体与强降水有关，强降水将延伸进入到上升气流的后翼区域，并占据中气旋的一个重要区域(图 7.16b)。HP 超级单体更有可能引发龙卷和其他恶劣天气灾害，此外，HP 超级单体还会产生暴雨，导致山洪暴发。CL 超级单体的降水量和分布介于 LP 和 HP 超

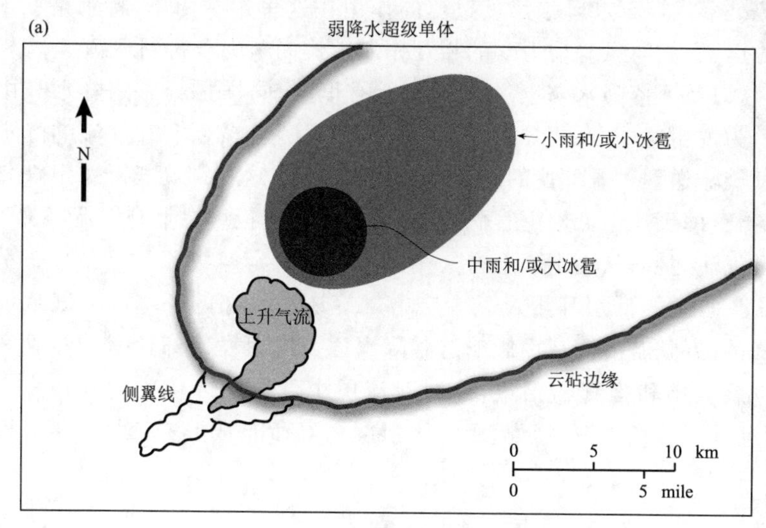

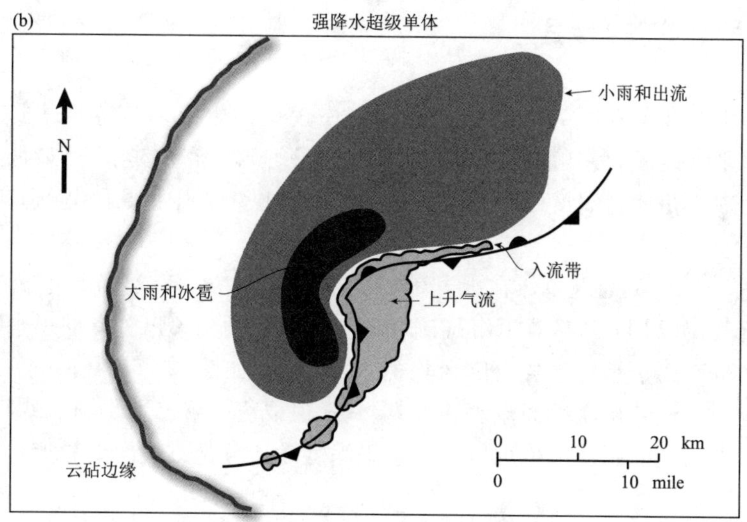

图 7.16　(a)弱降水和(b)强降水超级单体平面示意图
引自 Moller 等(1994)

级单体之间。

对流层中上部风暴相对环境风的大小在确定超级单体降水特征方面起着一个可能的作用。[29] 例如,研究表明,LP 超级单体最有可能在云砧高度(例如,地面以上 9~10 km 高度)相对风较强的环境中形成。这些风将水凝物粒子输送到上升气流的下风远处,限制了水凝物粒子通过上升气流的再循环,从而限制了其进一步增长。相比之下,HP 超级单体似乎更适合于云砧高度风暴相对风较弱的环境,使得水凝物粒子经历后续增长。这种对流层上部微弱的风也使这些水凝物粒子下落并在更为接近上升气流处蒸发。云和降水尺度过程的作用在这里过于简单，特别是在水凝物形成和增长方面，它们与风暴动力学的相互作用方式尚未完全得到理解。

环境风，以及下落降水与上升气流靠近的程度，同样也会影响降水与中气旋的相互作用。为说明这一点，想象一下，一些落在下游但靠近上升气流的降水是如何被中层中气旋输送到上升气流的左侧，然后是后部。这种螺旋式降水下沉气流导致冷空气出流，有助于产生低层垂直涡度(第 7.5 节)，但也可在上升气流底部下方移动并穿过上升气流底部，从而削弱上升气流的潜在不稳定空气源；[30]净效应部分地取决于相对于出流强度的低层环境风。中层中气旋还将潜在的环境冷空气从风暴后部输送到风暴的前部和左侧，从而影响这些降水区域的蒸发冷却速率。[31]这两种输送都是中层中气旋大小和强度的函数，这与对流层中低层的环境垂直风切变有关。因此，较大深度的环境风细节对于超级单体强度和寿命非常重要，因而，正如刚才提到的，其与低层中气旋生成密切相关。[32]

7.5 低层中气旋生成

我们在第 7.2 节和第 7.3 节中确定，中层中气旋的生成很容易通过上升气流引起的环境水平涡度倾斜来解释。在本节中，我们了解到云底及其下方(最低约 1 km)的中气旋生成也是通过涡度倾斜过程产生的，尽管这一过程主要取决于下沉气流的存在。

回想图 7.3，原型超级单体在上升气流的前方和后方都有显著的下沉气流。这些前翼下沉气流(FFD)和后翼下沉气流(RFD)区域中的相关出流有助于水平浮力梯度，相应地，也有助于平行于各自阵风锋的水平涡度(如图 7.17)。穿过浮力梯度进入上升气流的入流气块获得顺流水平涡度，其量值取决于梯度大小和风暴相对速度。

顺流水平涡度的斜压产生可以通过水平涡度顺流分量方程的无黏形式来估计

$$\frac{\mathrm{D}\omega_s}{\mathrm{D}t} = \omega_n \frac{\mathrm{D}\Psi}{\mathrm{D}t} + \boldsymbol{\omega} \cdot \nabla u_s + \frac{\partial B}{\partial n} \tag{7.32}$$

式中，$\boldsymbol{V} = u_s \boldsymbol{s} + w\boldsymbol{k}$ 是(半)自然坐标系中的风矢量，$\Psi = \tan^{-1}(v/u)$ 是风的方向(角度)，逆时针方向增加，且

$$\boldsymbol{\omega} = \left(-u_s \frac{\partial \Psi}{\partial z} + \frac{\partial w}{\partial n}\right)\boldsymbol{s} + \left(\frac{\partial u_s}{\partial z} - \frac{\partial w}{\partial s}\right)\boldsymbol{n} + \left(-\frac{\partial u_s}{\partial n}\right)\boldsymbol{k} \tag{7.33}$$

是(半)自然坐标系中的涡度矢量。[33]式(7.32)的左侧第一项表示横向和顺流涡度之间的交换，第二项表示倾斜和拉伸的影响。如果我们分离出左侧第三项，即斜压生成，并假设在水平面上处于稳定状态，式(7.32)可以近似为

$$\Delta\omega_s \approx \frac{\Delta B}{\Delta n}\frac{\Delta s}{u_s} \tag{7.34}$$

式中，Δs 是与风暴相对气流相切的距离增量，$\Delta B/\Delta n$ 是垂直于气流的浮力梯度，u_s

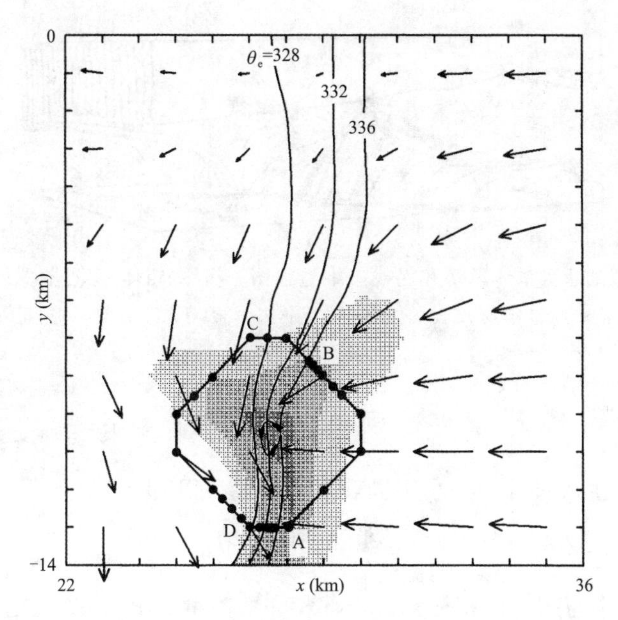

图 7.17　$z=0.25$ km 处超级单体数值模拟的水平涡度(矢量)、相当位温(等值线;K)和垂直速度(阴影部分;m・s^{-1})。闭合流线显示了最大垂直涡度的位置,从而显示了发展中的低层中气旋位置。粗线和圆点表示环流分析中使用的实质曲线及其伴随的气块位置。引自 Rotunno 和 Klemp(1985)。

是风暴相对气流的速度。[34]现在,假设式(7.34)中 FFD 或 RFD 出流的浮力梯度主要由温度变化引起,因此可以近似为 $g/\theta_0(\Delta\theta/\Delta n)$,并且风暴相对气流平行于等熵线。然后,例如,假设位温梯度为 $\Delta\theta/\Delta n=1$ ℃・km^{-1},且沿平行于等熵线移动的低层气块的(风暴相对)速度为 $u_s=15$ m・s^{-1}。我们从式(7.34)中发现,在 $\Delta s=5$ km 的距离上,这些气块获得的水平涡度为 $\Delta\omega_s=10^{-2}$ s^{-1},相当于或甚至超过典型环境水平涡度。

一旦气块遇到垂直速度(上升气流或下沉气流)的水平梯度,这种顺流斜压涡度就会向垂直方向倾斜(如图 7.18)。由此产生的垂直涡度随后通过涡旋拉伸而放大,从而在低层形成中气旋。

无降水蒸发的理想化数值模拟试验为水平斜压涡度和低层中气旋生成之间的联系提供了支持。[35]这些试验中仍然产生了降雨 FFD(和 RFD),但缺少蒸发排除了冷出流,因而也排除了地面斜压性的存在。与理论一致,由此产生的风暴中没有显著的低层垂直涡度。野外试验观测数据集提供了额外的支持。[36]事实上,使用 FFD 出流中收集的地面数据对式(7.34)进行评估,得出的 $\Delta\omega_s$ 值的范围为 0.2×10^{-2} s^{-1} 至 1.5×10^{-2} s^{-1}。这种斜压水平涡度是在低层具有显著垂直涡度的风暴中观测到的,尽管这种风暴不一定随后会产生龙卷;第 7.6 节将探讨仅低层中气旋不足以形成

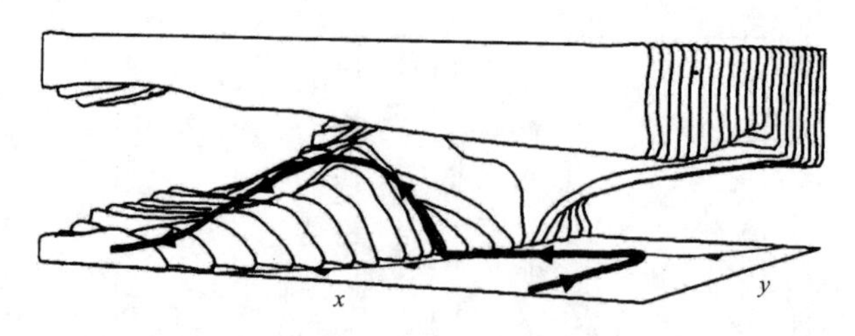

图 7.18　模拟的超级单体风暴和涡线三维透视图。涡线(粗体)穿过前翼斜压区以及最大垂直涡度位置。风暴本身被表示为相当位温(θ_e=331 K)等值面。引自 Rotunno 和 Klemp(1985)。

龙卷的可能原因。

对于中气旋生成过程的一个不同观点,我们参考环流定理

$$\frac{\mathrm{D}\Gamma}{\mathrm{D}t} = \oint B\boldsymbol{k} \cdot \mathrm{d}\boldsymbol{l} \tag{7.35}$$

回顾 $\boldsymbol{l}$ 是一个与闭合的积分廓线局部相切的向量。[37]式(7.35)在没有科里奥利效应和无黏性、不可压缩流体的情况下有效;它与第 5 章中用来解释海风环流的表达式略有不同,但两个表达式都只包含斜压生成项。环流

$$\Gamma(t) = \oint \mathbf{V} \cdot \mathrm{d}\boldsymbol{l} \tag{7.36}$$

沿一条物质曲线积分,根据定义,该物质曲线始终由相同的流体气块组成。[38]因此,分析式(7.35)时经常采用的策略是在水平面上用一条曲线环绕低层中气旋(见图 7.17),然后评估曲线(向后)随时间的变化过程、相关环流以及其生成。

考虑图 7.19 所示的理想物质曲线,这是基于模拟超级单体中中气旋生成分析的实际曲线。[39]在早期(t_0-15 min),注意曲线所围的面积比初始时间的面积大得多(t_0;图 7.19c)。还请注意,曲线的一部分位于垂直面内,并穿过一个基于地面的负浮力空气池(图 7.19a)。由式(7.35),环流仅通过积分的垂直部分产生;在如图 7.19a 所示情况下,DE 段和 BC 段有助于净正环流。在中间时间($t_0-7.5$ min;图 7.19b),因为曲线主要位于水平面,斜压生成减少。这种几何变化是由构成曲线垂直部分的气块下沉引起的。换句话说,曲线被下沉气流压平了。[40]随后曲线内面积的减少(图 7.19c)表明曲线所包围流体的平均垂直涡度增加。这也意味着气块的水平辐合,使得曲线在此最后时刻处于上升气流之下。

低层中气旋生成的环流观点等同于涡度观点,如 Stokes 定理在式(7.36)中的应用所示

$$\Gamma = \iint \nabla \times \mathbf{V} \cdot \mathrm{d}\boldsymbol{A} \tag{7.37}$$

式中,A 是由物质曲线包围的区域。环流是垂直于区域 A 并在区域 A 上积分的涡

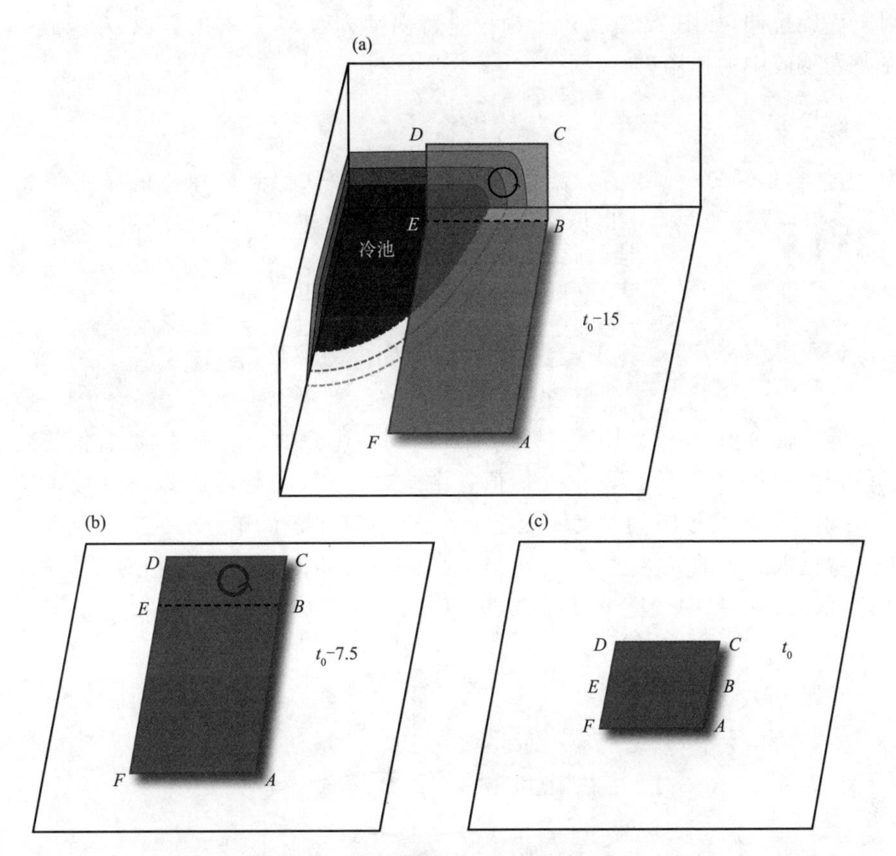

图 7.19　初始时刻(t_0)包围低层垂直涡度最大值的物质曲线的三维演变(黑色曲线)。字母表示单个气块，并相应地表示物质曲线的线段。(a)中，灰色阴影和轮廓具有浮力，表示冷池。

度。在图 7.19a(图 7.19b,c)中，正环流与垂直于垂直(水平)面的水平(垂直)涡度矢量有关。图 7.19a 到图 7.19b 的几何变化对应于倾斜；图 7.19b 到图 7.19c 的变化(面积缩小)对应于拉伸。

这些观点仅提供了有关中气旋尺度的旋转如何在地面附近产生的信息。我们现在知道，这是龙卷发生的必要条件，但非充分条件。[41]任何对龙卷发生的成功解释都必须解决这一不充分问题。

7.6　龙卷生成

龙卷生成在这里被视为一个多步骤过程的顶点，其中深层中气旋垂直涡度(ζ 约为 $10^{-2}\,s^{-1}$)被集中于具有 ζ 约为 $10^0\,s^{-1}$ 的龙卷涡旋。垂直涡度增加 10^2 数量级主要

归因于涡旋拉伸，如图7.20所示。根据垂直涡度方程式(7.2)的近似，对涡旋拉伸及其在龙卷生成中的作用进行量化

$$\frac{1}{\zeta}\frac{\mathrm{D}\zeta}{\mathrm{D}t}\approx-\nabla\cdot\boldsymbol{V}_{\mathrm{H}} \tag{7.38}$$

式中，为数学处理方便，我们分离了涡旋拉伸项，并认识到所忽略的倾斜项相对较小，但即使在成熟的龙卷中也仍然不为零。沿气块轨迹积分式(7.38)得出

$$\ln\left[\frac{\zeta(t)}{\zeta_0}\right]=-\int_0^t\nabla\cdot\boldsymbol{V}_{\mathrm{H}}\mathrm{d}t \tag{7.39}$$

然后假设水平辐合 $d=\nabla\cdot\boldsymbol{V}_{\mathrm{H}}>0$ 在积分区间内为常数，有

$$\zeta(t)=\zeta_0\exp(\mathrm{d}t) \tag{7.40}$$

设低层辐合为 $\mathrm{d}=5\times10^{-3}\,\mathrm{s}^{-1}$，这是观测到的风暴的合理取值，然后将初始垂直涡度设为 $\zeta_0=10^{-2}\,\mathrm{s}^{-1}$ 的标称中气旋值。由式(7.40)，龙卷形成的相应时间尺度为15 min；辐合倍增将该时间尺度缩短至7.5 min。基于该简单分析的时间尺度与多普勒天气雷达观测到的龙卷生成一致。然而，这一分析缺乏对龙卷相对罕见的解释：据估计，低层(中层)中气旋中只有约40%(15%)会形成龙卷。[42]

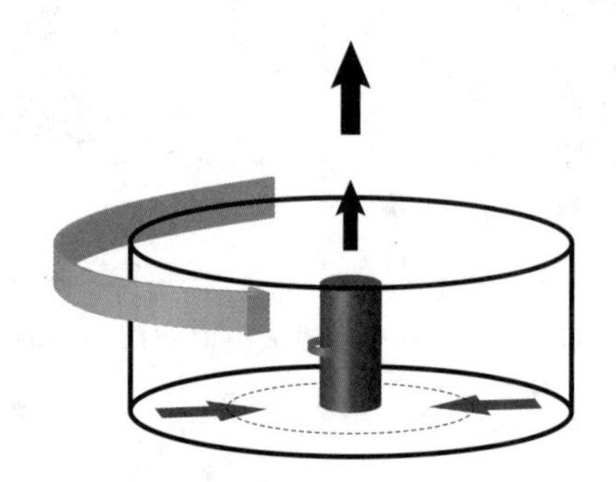

图7.20 涡旋拉伸导致龙卷形成的图示。外圆柱和相关联的灰色箭头表示中气旋。黑色箭头表示与对流环流相关的水平辐合、垂直辐散气流。内圆柱代表新生龙卷。

再次想象原型超级单体，其中气块从第7.5节描述的过程中获得水平和垂直涡度，然后在上升气流底部与入流空气辐合之前在低层退出RFD(或FFD)。在这一龙卷之前阶段的旋转上升气流区可在2D轴对称框架中模拟，该框架有助于对龙卷生成进行简单的试验(图7.21)。[43]低层气块上升由垂直运动方程中一固定且类似浮力的体力驱动。给定模式中的热力学环境，以使其包括RFD空气特性。最后，在模式的外边界规定了中气旋尺度的旋转。

中气旋旋转增强为集中的地面涡旋(即龙卷生成；见图7.22a)，在很大程度上取决于对流环流的强度和深度，反过来又取决于固定体力和浮力。将位温递减率系统地增加到6 K · km^{-1}的实验逐渐阻止对流环流向下延伸至最低层。结果，在逐渐稳

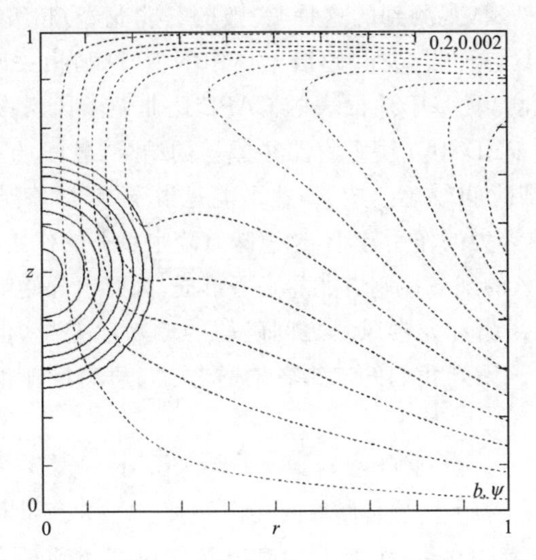

图 7.21　由固定体力(实线)驱动的对流的 2D(r, z) 轴对称模型的示例配置。与体力相关的稳态流函数由虚线表示。引自 Trapp 和 Davies-Jones(1997)。

定的环境中试图形成的涡旋在高空悬浮，无法与地面接触(图 7.22b)。[44]这是龙卷生成失败的一个特征。

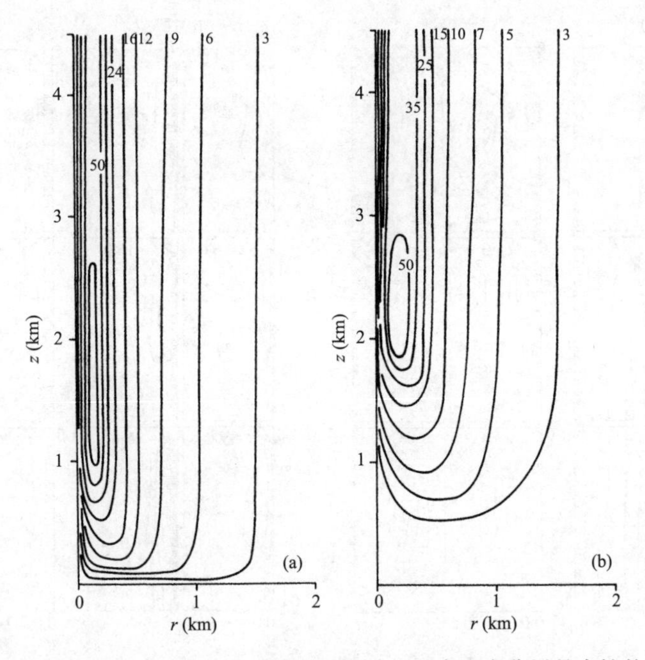

图 7.22　2D 轴对称模拟试验的切向速度，试验中(a)基态温度分层是中性的(位温恒定)和(b)基态温度分层是稳定的(最下层 1 km 位温增长率为 6 K・km^{-1})。引自 Leslie 和 Smith(1978)。

与 2D 模式试验一致，观测到的这种“失败的”(非龙卷)超级单体的热力学性质确实不同于龙卷风暴。具体而言，龙卷超级单体中的 RFD 和相关出流往往温度要高约 3～5 K(通过用 θ_e 量化)，且基于地面表的 CAPE 比非龙卷风暴多～300 $J\cdot kg^{-1}$。[45]这些属性的差异可能是 RFD 中气块垂直路径差异的结果：较浅的下沉气流意味着气块路径较短，其蒸发冷却时间较短。或者，这可能是由于 RFD 负浮力的差异造成的：在较浅的下沉气流中，热浮力的作用较小，这意味着降水负荷的作用相对较大。这两种似乎有理的解释表明微妙的细节控制着龙卷是否形成，因此也开始解释龙卷为何罕见。

很难分辨非龙卷风暴和龙卷风暴之间确切的运动学差异，但某些运动学特性确实影响龙卷生成行为。回到我们的二维轴对称框架，角动量守恒的应用揭示了这种行为

$$V(r,z)r = A_m = \mathrm{const} \tag{7.41}$$

式中，V 为切向速度，r 为距中心垂直轴的径向距离，A_m 为角动量。角动量守恒要求 V 随着 r 的减小而增大，V 第一次变大的高度是气块穿透到最靠近轴线的高度。这种轴向穿透主要由对流环流控制的。

我们考虑两种情况：(1)对流环流深厚，并延伸到最低层；(2)环流抬升(图 7.23)。假设垂直涡度，继而切向速度沿轴对称区域的外边界是均匀的，并且静力稳定度相对较低。对于第一种情况，气块首先在低层穿透到轴。漩涡形成——龙卷生

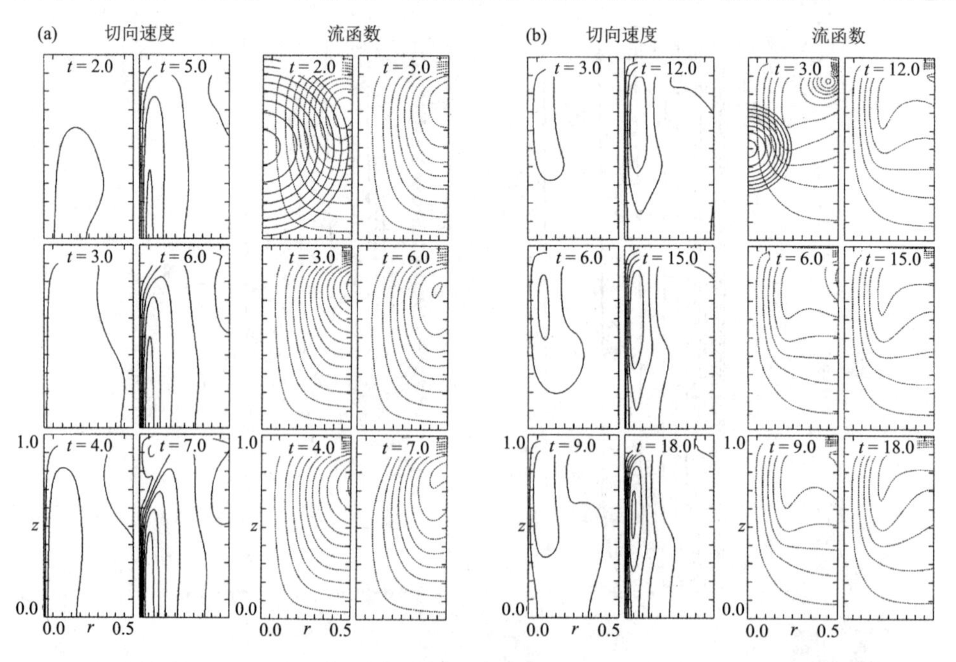

图 7.23　2D 轴对称模拟试验中切向速度和流函数的时间序列所示的龙卷状涡旋形成的两种模态。(a)与相应的对流环流一样，固定体力是广泛的。(b)固定体力更为孤立，相应的环流最初不会延伸到低层。引自 Trapp 和 Davies-Jones(1997)。

成——因此从最低层开始，并迅速向上形成(图7.23a)。由于水平(径向)辐合在最低层最强，这种龙卷生成模态也可以用涡旋拉伸和随后的垂直平流来解释。[46]在第二种情况中，气块首先在中层穿透到轴线，相应的涡旋拉伸最强，涡旋从高空开始形成。随后，新生龙卷的下沉归因于*动力管道效应*：[47]旋转引起的低的动力气压p_D导致涡核下方(和上方)的垂直加速。水平加速随之响应，使新的气层出现气块穿透和涡旋形成。该过程在越来越低的高度层上反复进行，直到涡旋自展至地面(图7.23b)。

在龙卷发展的理想化过程中，超级单体及其环境只是粗略地表现出来。下一节中，我们将明确地关注环境以及用于量化的参数。

7.7　超级单体环境量化

确立了支持超级单体发展和相关特征的理论之后，有必要检查由探空获取的特定环境参数可用于预测此类发展的程度。

表7.1　从快速更新周期模式分析和探空观测中得到的探空参数值

参数项	显著的超级单体	非超级单体
$SRH_{0-3}(m^2 \cdot s^{-2})$	250	50
$S_{06}(m \cdot s^{-1})$	20	10
$SRH_{0-1}(m^2 \cdot s^{-2})$	185	15
$S_{01}(m \cdot s^{-1})$	10	4
$MLCAPE(J \cdot kg^{-1})$	2300	1300
LCL(m,地面高度)	1029	1019
BRN	40	300

注：这些参数值非常接近显著的龙卷超级单体(与造成损害的≥F2/EF2龙卷有关)和非超级单体对流风暴。有关参数的说明，请参见文本。这些值不应被视为严格的阈值。使用Thompson等(2003)；Rasmussen和Blanchard(1998)的数据编制。

回顾参阅图7.15，并注意到建议的超级单体发生的SRH_{0-3}阈值约为250 $m^2 \cdot s^{-2}$。这是基于参数空间研究，其中输入参数通过一系列数值模拟试验加以改变。观察到的超级单体，特别是那些产生了重大龙卷的超级单体(破坏等级≥F2/EF2)，在SRH_{0-3}相当高的环境中发现(表7.1)，而非超级单体观测到的SRH_{0-3}平均为约50 $m^2 \cdot s^{-2}$。[48]作为参考，在超级单体环境中，地面和6 km环境风之间矢量差$|\boldsymbol{S}_{0-6}| = S_{06}$，其平均>20 $m \cdot s^{-1}$，但在非超级单体环境中，S_{06}<10 $m \cdot s^{-1}$。对较浅层(如0～1 km)整体*切变*的评估也揭示了超级单体和非超级单体环境之间的差异，0～1 km层上的SRH也是如此(表7.1)。由于入流(和总体)深度在实际风暴样本中会有很大变化，所以也使用了客观确定的入流层，而不是预先确定的层(0～3 km等)的

垂直切变参数替代形式。[49]

探空的热力学参数在区分显著龙卷超级单体和非超级单体方面也有一定的用处，尽管与垂直切变参数一样，精确值因数据集和分析方法而异。例如，在一项使用数值天气预报模式分析得出的探空结果研究中，显著龙卷超级单体环境中的平均层(ML)CAPE约是2300 $J \cdot kg^{-1}$，但平均而言，在非超级单体环境中的MLCAPE约为1300 $J \cdot kg^{-1}$。[50]研究发现显著龙卷超级单体中抬升凝结高度(LCL)相对较低与更潮湿的云下环境更有利于龙卷发生的理论一致。[51] 0～1 km平均相对湿度>65%以及$SRH_{0-1}>75\ m^2 \cdot s^{-2}$已被证明能够很好地描述显著龙卷超级单体的环境。[52]

此RH-SRH对代表一个参数组合。另一个是BRN，我们在第6章中已经看到。在显著龙卷超级单体(非超级单体)环境中，平均BRN约为40(～300)。其他组合参数太多，无法在此列出。大多数涉及到整体切变和/或SRH与CAPE的某种组合，并且基于统计回归或类似技术。开发这些参数的一个挑战是找到具有广泛适用性的值，即使在未知的超级单体高发地区也是如此。

7.8 热带对流中的相似物：涡旋热塔

众所周知，超级单体存在于登陆热带气旋的雨带中。从结构上看，这些往往是在美国南部大平原观测到的超级单体的微型版本。[53]然而，还有其他热带对流现象，即*涡旋热塔*(vortical hot towers，VHT)，它们与超级单体具有一些相同的特征。尽管目前VHT在多大程度上受第7.3节中发展的动力学所控制尚不清楚，但在本章中介绍VHT最为方便，尤其是为了继续我们前面的努力，比较和对照热带对流和中纬度对流。

VHT是旋转的热带积雨云，发生在发展中的涡度丰富的热带气旋中尺度环境中。[54]它们具有约10 km水平尺度和可比的垂直尺度，意味着纵横比接近一致。在塔核内，垂直涡度大小等于或接近$10^{-2}s^{-1}$(图7.24)。就像超级单体中气旋一样，这种垂直涡度是由环境水平涡度的倾斜和随后的拉伸产生的。[55]这里的一个显著区别是，"环境"是热带扰动的弱气旋性环流的环境；因此，该扰动的垂直切变切向风产生了环境水平涡度。倾斜导致涡旋对(图7.24)；在这种正的绝对垂直涡度环境中，气旋性涡旋成员优先通过涡旋拉伸得到增强。我们将在准线性中尺度对流系统的低层看到气旋性中涡旋的类似优先增强(第8章)。

与非涡旋热带对流(第6章)相比，VHT固有的高螺旋度使其更能抵抗侧向夹卷，从而允许更为有效的对流过程；对于螺旋度对超级单体的影响，已经得出了类似的结论，特别是在抑制湍流耗散从而提高超级单体寿命方面。[56,57]由这些相对有效的VHT的集合进行的非绝热加热驱动了热力直接环形环流，形成对流层中低层入流和对流层高层出流。然后，环形环流使VHT及环境的气旋性垂直涡度辐合，产生一个暖核热带涡旋。[58]

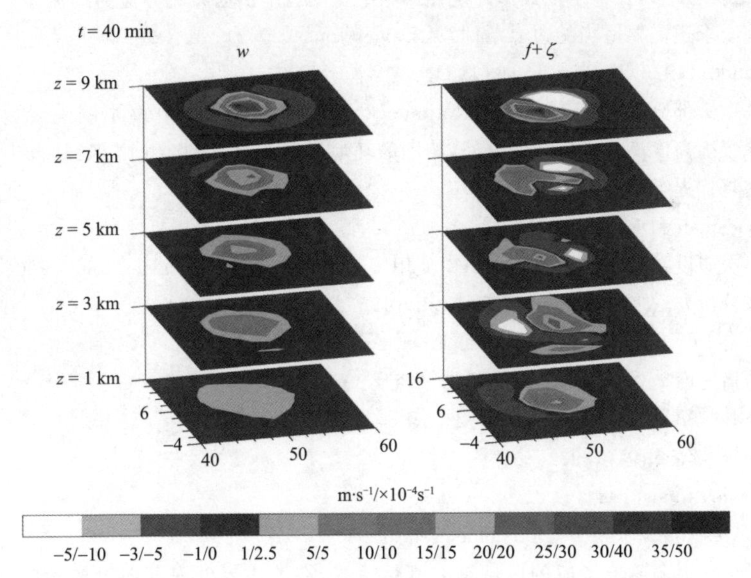

图 7.24　与数值模拟涡旋热塔相关的垂直速度和绝对垂直涡度。引自 Montgomery 等(2006)。(详情请见彩图插页)

假设的引起热带气旋生成的 VHT 途径与第 7.6 节中提出的龙卷生成模型相似。正如我们将在第 8 章中看到的，中纬度中尺度对流系统的涡旋过程也有相似之处。

补充信息

有关练习、问题及推荐的个例研究，请参阅 www.cambridge.org/trapp/chapter7。

说明

1　Browning 和 Ludlum(1962)；Browning 和 Donaldson(1963)；Browning(1964)。

2　动画可在以下位置找到：http://www.umanitoba.ca/environment/envirogeog/weather/overshootanim.html。

3　一个类似的反气旋旋转涡旋是一个中反气旋。

4　Wakimoto 等(2004)。

5　Lemon 和 Doswell(1979)。

6　或者，从式(7.1)的水平分量方程开始，然后求微分，由 $\zeta = \partial v/\partial x - \partial u/\partial y$，得到式(7.2)。

7　因此，例如，$d_{1,1} = \partial u/\partial x$，$d_{1,2} = d_{2,1} = (\partial v/\partial x + \partial u/\partial y)/2$ 等。参见 Rotunno 和 Klemp(1985)和 Davies Jones(2002)，了解关于动压力诊断方程两种形式的更多讨论。

8 该近似——以及基于该近似的定性讨论——仅适用于远离流体边界的流体内部。拉普拉斯算子的完全求逆需要适当的边界条件；见 Davies-Jones(2002)。

9 Maddox(1976)；Davies-Jones(1984)。

10 其中大部分基于 Weisman 和 Rotunno(2000)以及相关文献中的讨论。

11 除了随高度逆时针旋转的风外，相同的环境风廓线将有利于 LM 风暴，其上升气流的反气旋性旋转将优先得到增强。

12 Weisman 和 Rotunno(2000)。

13 再次假设在拉普拉斯算子求逆中使用了适定边界条件；见 Davies-Jones(2002)。

14 该分析方法来自 Lilly(1979)和 Lilly(1986a)。

15 来自 Lilly(1979)，该层约 1.75 km。

16 传播速度 $c_y>0$ 的 LM 风暴的结果相反。

17 Lilly(1982)。

18 Droegemeier 等(1993)。

19 Davies-Jones(1984)。

20 Davies-Jones(1984)，Droegemeier 等(1993)。

21 严格守恒还要求考虑的区域具有刚性边界，在该边界处涡度向量的法向分量消失；见 Droegemeier 等(1993)。

22 Bunkers 等(2000)。

23 同上。

24 该图来自 Doswell(1991)。

25 SRH 可用图形方式确定，为相关层中风暴相对风矢量扫出的有符号面积两倍的负值；参见，如 Davies Jones(1984)和 Droegemeier 等(1993)。

26 平均值通常在以风暴为中心的子域上进行，其中 w 超过某个阈值，如 1 $m \cdot s^{-1}$；参见，如 Droegemeier 等(1993)。

27 这是 Droegemeier 等(1993) 提出的阈值，但根据垂直平均中使用的深度和层，其他值可能也合适。

28 Doswell 和 Burgess(1993)；Moller 等(1994)。

29 Rasmussen 和 Straka(1998)。

30 Brooks 等(1994)。

31 Rotunno 和 Klemp(1985)。

32 Brooks 等(1994)。

33 Adlerman 等(1999)。

34 Klemp 和 Rotunno(1983)。

35 Rotunno 和 Klemp(1985)。

36 Shabbott 等(2006)。

37 如 Rotunno 和 Klemp(1985) 所述。

38 我们假设一个逆时针方向的积分，这样一条环绕气旋涡旋的曲线具有正环流。

39 Rotunno 和 Klemp(1985)，Davies-Jones 和 Brooks(1993)，Trapp 和 Fiedler(1995)。

40 Davies-Jones 和 Brooks(1993)。

41　Trapp(1999)。
42　Trapp 等(2005a)。
43　Smith 和 Leslie(1978)。
44　Leslie 和 Smith(1978)。
45　Markowski 等(2002)。
46　Trapp 和 Davies-Jones(1997)。
47　Smith 和 Leslie(1978)。
48　Thompson 等(2003)。
49　Thompson 等(2007)。
50　Thompson 等(2003)。
51　Markowski 等(2002)。
52　Thompson 等(2003)。
53　McCaul(1987)，McCaul 和 Weisman(1996)。
54　Hendricks 等(2004)。
55　Montgomery 等(2006)。
56　Henricks 等(2004)。
57　Lilly(1986b)。
58　Montgomery 等(2006)。

第8章　中尺度对流系统

概要：中尺度对流系统(mesoscale convective system，MCS)由降水对流云组成，它们相互作用产生一个几乎连续、广泛的降水区域。本章描述MCS的结构和组织，然后解释结构、寿命和强度之间的动力联系。准线性MCS，特别是那些前缘向外"弯曲"的MCS，可以产生破坏性的"直线"地面风带。描述了这种风产生的机制，包括涉及低层垂直涡旋的机制。本章还讨论了另一种常见的组织模态，中尺度对流复合体，以及其和其他MCS经常产生的残余涡旋。

8.1　MCS特征和形态概述

MCS是两个或两个以上积雨云的有组织集合，其相互作用形成广泛的降水区域。[1] 如天气雷达低仰角扫描所示，降水几乎是连续的，尤其是在系统的前沿(图8.1a)。事实上，这一特征使得可以通过观测区分MCS和一组(或一行)离散单体；此外，它还会对MCS动力学产生影响，稍后将对此进行解释。另一个特点是时间尺度，它通常比构成该系统的单个积雨云的1 h生命周期时间尺度长得多(见第6章)。正如第2章中使用尺度分析所证明的，这种长寿命表明了科里奥利力以及运动方程中的气压梯度力和浮力的相对重要性。[2] 一个合适的MCS时间尺度为f^{-1}，在中纬度约3 h，尽管已知MCS的寿命是该数量的3倍。最后一个特征是长度尺度L约为100 km，通常由相连的前缘降水定义。这些长度和时间尺度通过$L \sim U/f$保持一致，假设风速为$U \sim 10\ \mathrm{m \cdot s^{-1}}$。

MCS通常被概念化为飑线，其为线性或至少是准线性系统(图8.1a)，因此基本上被视为是2D的。在一个具有代表性的垂直面上，飑线的显著特征包括一个狭窄(约10 km)的前缘或下游边缘的深对流上升气流区，从该前缘流向系统后部的倾斜气流内的中尺度上升气流，以及从系统后部向下流向前部的倾斜气流内的中尺度下沉气流(图8.1b)。对流阵雨发生在前缘。过渡区通常位于对流区之后，以低反射率狭窄通道形式出现(图8.2)，随后跟随着大范围的层状降水。[3]

这种拖尾层状(trailing stratiform，TS)降水是该概念模型的一个显著特征。事实上，对大量MCS的雷达数据分析表明，TS降水(如图8.3a)在MCS中普遍存在。[4] 然而，雷达数据还显示频繁出现的前缘层状(leading stratiform，LS)和平行层状(parallel stratiform，PS)降水模态，其中层状降水分别落在对流线之前，或沿着对流线的方向(图8.3b，c)。

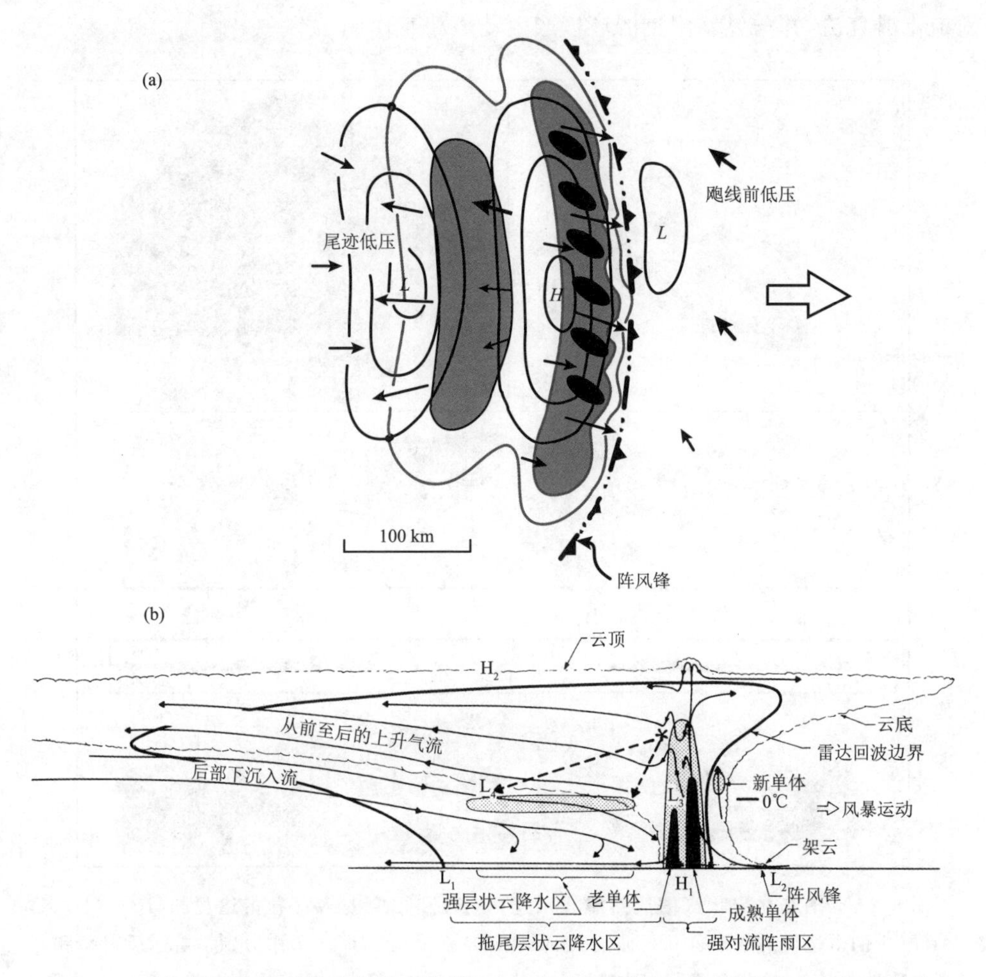

图 8.1 有拖尾层状降水的飑线概念模型。(a)平面图,低层雷达回波由灰色细轮廓线和阴影表示,气压(1 hPa 间隔)由粗轮廓线表示,箭头描绘地面气流。来自 Loehrer 和 Johnson (1995)。(b)垂直剖面,显示近似二维结构。引自 Houze 等(1989)。

MCS 降水模态受对流层中上部风暴相对风(与飑线垂直的分量)及其在水凝物输送和增长中的作用的显著影响。例如,TS 降水源于在对流区形成的粒子,然后被向后推出。后续增长——特别是冰相水凝物的增长——发生在中上层相对风暴从前至后流动的上升气流中(图 8.1 和 8.2)。当相对于中尺度上升气流下降时,水凝物通过聚集进一步增长,但随后在 0℃层附近及以下开始融化并蒸发。[5] 雷达展示的特征"亮带"信号显示了该层向混合相降水的转变(图 8.2c;另见第 3 章)。

层状降水的融化、蒸发和升华有助于中尺度下沉气流到达地面成为相对较冷的地面空气池。该气流是位于由前至后上升气流下方的由后至前下沉气流(也称为后部入流)的一部分。如后文所述,两支气流通过对流系统内部的环流耦合回冷池和

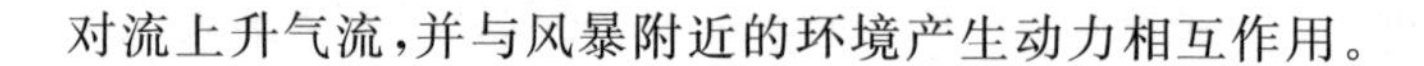
对流上升气流，并与风暴附近的环境产生动力相互作用。

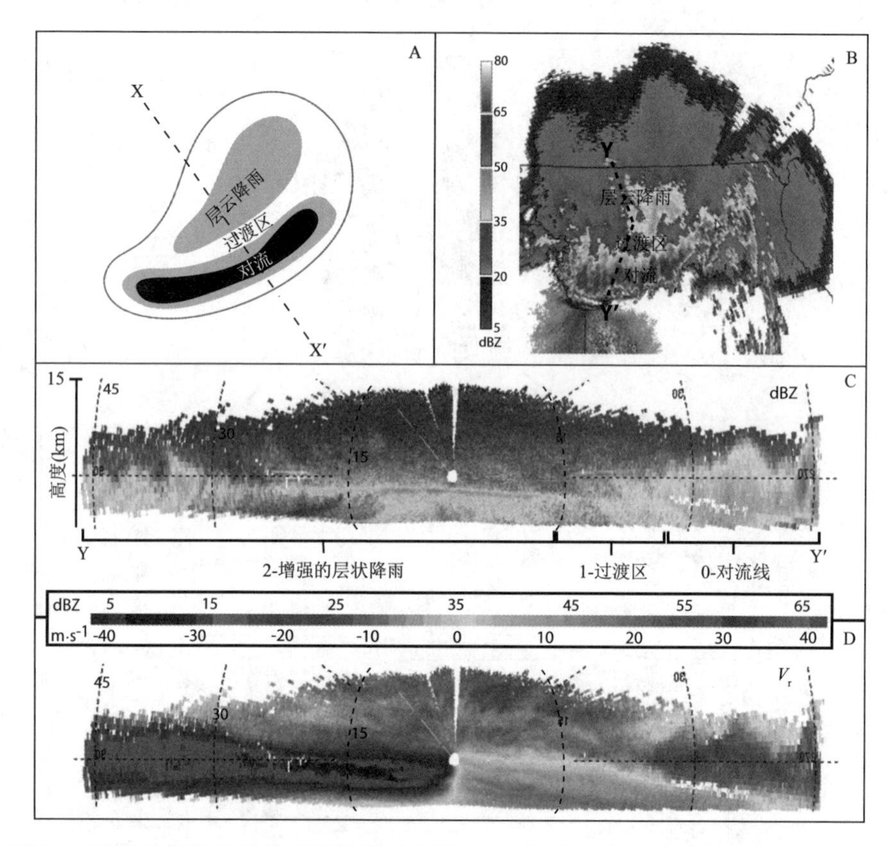

图 8.2　带有拖尾层状区的成熟飑线示意图(A)和相应的多普勒雷达观测(B)—(D)。(B)中的雷达反射率来自 0.5°仰角的 WSR-88D 扫描。(C)和(D)中分别是雷达反射率和多普勒速度，自机载多普勒雷达(NOAA P-3)的准垂直扫描。引自 Smith 等(2009)。(详情请见彩图插页)

这种耦合的一个特例导致对流线呈凸形。这种形状是一类特殊的准线性 MCS 的显著特征，称为弓形回波(图 8.4)。弓形回波以其在雷达反射率因子场展示出的形状命名(见图 8.5)，其特征结构——以及与破坏性地面风的关联——部分归因于后部入流急流的发展(见第 8.2.2 节)。大规模飑线中可能会出现多个弓形段，然后将其细分为飑线弓形回波[6](图 8.5b)；飑线弓形回波的雷达反射率通常用线回波波动模型(line-echo wave pattern，LEWP)来描述。不太常见的是，弓形回波也被认为是由 HP 超级单体的升尺度增长引起的(图 8.6)。[7] 尽管由此产生的单体弓形回波是否值得归类为 MCS 存在争议，但其出现确实突出了这种对流模态的大范围尺度、寿命和强度。

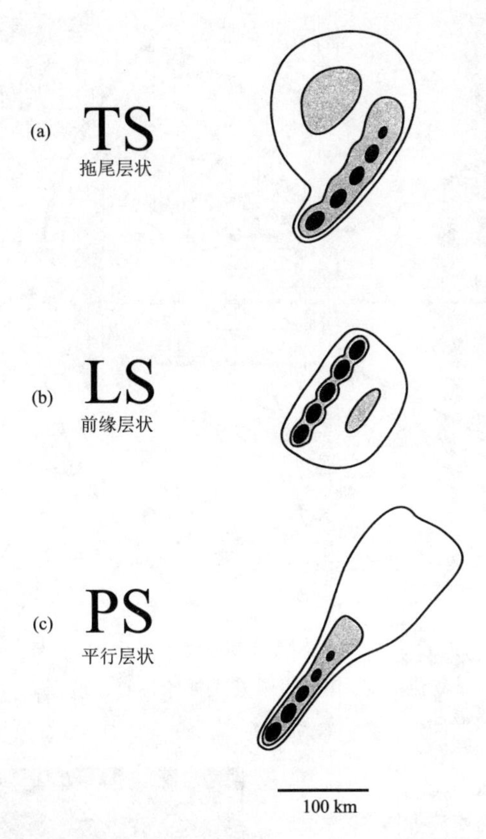

图 8.3　带有(a)拖尾层状(TS),(b)前缘层状(LS)和(c)平行层状(PS)降水区的准线性MCS 理想天气雷达显示。引自 Parker 和 Johnson(2000)。

弓形和非弓形 MCS 在其寿命期内的某个点上通常具有类似于原型的气压分布(图 8.1)。在中层的对流区和后方,流体静力学引入的低压(中低压),有助于形成水平气压梯度,推动后部入流的水平分量(见第 8.2 节)。[8] 地面则形成高压(中高压),其与降水冷却的下沉空气相关。由于绝热压缩增暖,在层状降水的后缘附近发现尾低压。中尺度对流涡旋(mesoscale-convective vortex,MCV;见第 8.4 节和第 9 章)的存在可以改变这一特殊特征。[9]

除 MCV 外的涡旋同样局部改变了气压分布,有助于形成系统的三维特征。与弓形回波形态特别相关的是中层(z,3～5 km 地面以上高度)的“书挡”或“线端”涡旋(图 8.4)。从字面上看,这些涡旋发生在对流线的侧端,在北半球向下游看,在相对于系统的左(右)端有气旋(反气旋)性旋转。线端涡旋是由地面冷池前缘梯度产生的水平涡度倾斜引起的。因此,冷池和系统尺度气流也与垂直涡旋耦合(见第 8.2—8.3 节),这意味着在解释 MCS 演变时需要对每一个部分进行处理。

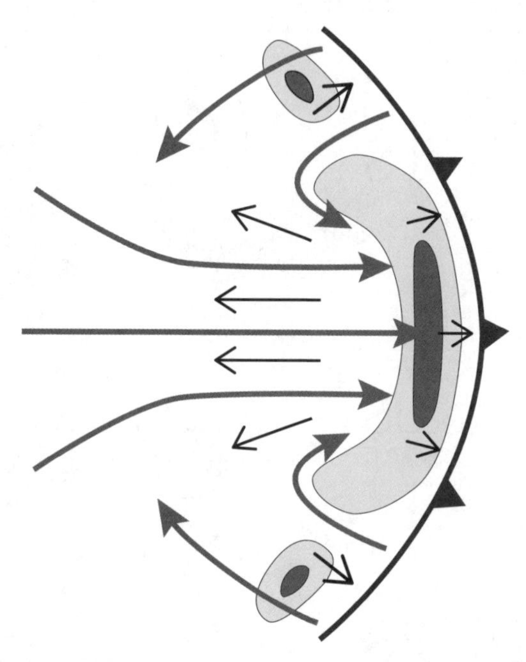

图 8.4 成熟的弓形回波示意图。灰色阴影表示降水强度，粗的灰色(细黑色)箭头表示中(低)层的系统相对气流，三角旗线表示阵风锋的位置。改编自 Weisman(1993)。

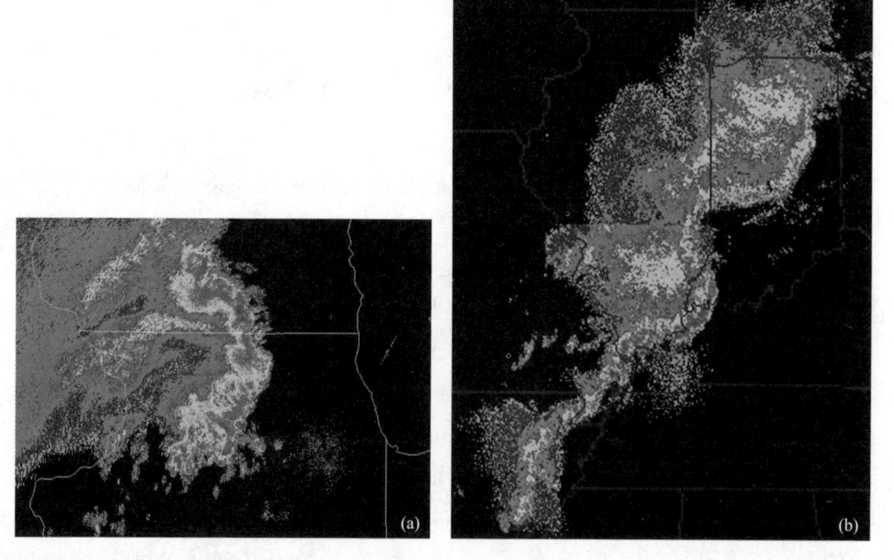

图 8.5 示例弓形回波事件的雷达反射率图像。(a)经典弓形回波，2011 年 7 月 11 日；(b)飑线弓形回波或 LEWP，2011 年 4 月 19 日。两幅图都是 0.5°仰角扫描。(b)是两台雷达组合数据。(详情请见彩图插页)

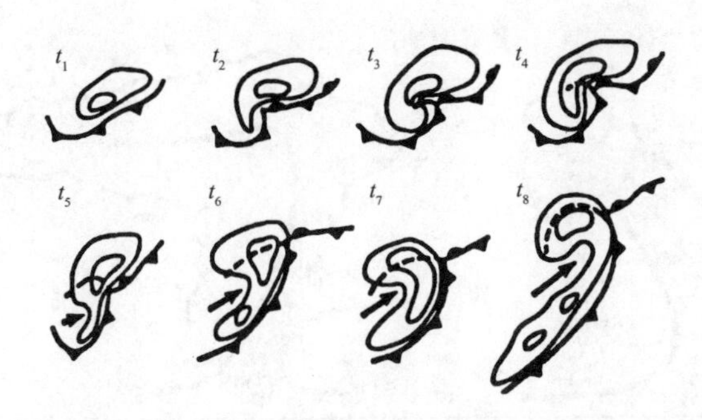

图 8.6 HP 超级单体向弓形回波过渡的示意图。引自 Moller 等(1994)。

8.2 MCS 演变的动力学解释

本节中,我们将了解 MCS 的内部环流如何受到风暴附近环境的影响。这里特别感兴趣的是相对强烈和长寿命的准线性 MCS;第 8.3 节将进一步阐述,着重讨论产生超强地面风的弓形回波系统。其中未考虑超级单体线,因为根据第 7 章、第 8.1 节和随后的第 8.3 节中的讨论,此类离散对流风暴在此不被视为 MCS。[10]

8.2.1 Rotunno-Klemp-Weisman 理论

第 6 章和第 7 章介绍了环境垂直风切变对上升气流倾斜和单体演化的影响,但我们还要在此重新讨论该主题,因为这是 MCS 动力学的核心。我们做一个 2D 的假设,这样可将注意力限制在一个垂直的平板上。首先考虑向环境切变矢量方向倾斜的 2D 上升气流的情况;也就是,*顺风切变倾斜*:由于平流的差异,上升气流中产生的降水被向顺切变方向推出,并落入风暴前方的环境中。然后,下落的降水会对环境入流进行绝热冷却(图 8.7a)。如果入流层较深,降水的升华/融化/蒸发实际上有助于使环境失稳,因为这种非绝热冷却在入流层内随高度增加而增加。[11]但是,对于当前的讨论,假设入流层相对较浅,因此,非绝热冷却显著降低了入流气块的潜在浮力。一旦进入上升气流,这些稳定的气块将导致上升气流最终消退。

二维上升气流有可能向与环境切变相反的方向倾斜,降水在逆切变方下落而非进入入流(图 8.7b)。如果冷池快速向外移动到上升气流前方,水平速度超过阵风锋垂直抬升空气的速度,则可能产生向*逆切变倾斜*的上升气流;由此产生的对流上升气流较浅,且向冷池上方倾斜。

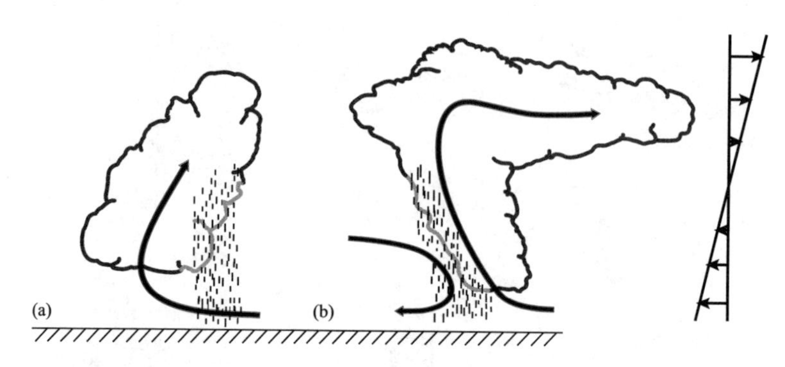

图 8.7 理想化的降水上升气流对比。(a)向环境垂直风切变矢量方向倾斜;(b)向环境风切变相反方向倾斜。改编自 Rotunno 等(1988)。

所谓的 **Rotunno-Klemp-Weisman(RKW)** 理论的本质是垂直切变和冷池(速度)的竞争效应相互平衡的一种“最佳”状态。[12]这种平衡的结果是垂直竖立的上升气流，由于浮力气压(p'_B;见第 6 章)的垂直梯度,这种上升气流比倾斜上升气流受减速的影响小,因此能够实现更多的正浮力。[13]另一个结果是低层风(和风切变)抑制对流出流,因此出流不会流出上升气流前面太远。阵风锋上的深度抬升因而是可能的,新的单体会在紧靠初始单体的顺风切变处立即生成。连续不断生成的下游/顺切变处单体有助于系统传播,延长了系统寿命。

RKW 理论用水平涡度平衡表示。它可以通过假设一条定向于 y 方向的二维飑线来导出,因此考虑到 y 方向的涡度分量,$\xi=\partial u/\partial z-\partial w/\partial z$。忽略摩擦项和科里奥利效应,并采用该 2D 假设,控制 y 分量涡度的方程(如式(5.33))可以简化并写为

$$\frac{\partial \xi}{\partial t}=-\frac{\partial}{\partial x}(u\xi)-\frac{\partial}{\partial z}(w\xi)-\frac{\partial B}{\partial x} \tag{8.1}$$

其中,平流项的通量形式遵循链式规则

$$\frac{\partial}{\partial x}(u\xi)+\frac{\partial}{\partial z}(w\xi)=u\frac{\partial \xi}{\partial x}+w\frac{\partial \xi}{\partial z}+\xi\left(\frac{\partial u}{\partial x}+\frac{\partial w}{\partial z}\right)$$

然后使用不可压缩性假设来消除最后一个右手项。我们寻求浮力梯度产生的水平涡度和环境切变相关的水平涡度之间的局部平衡。对称的理想浮力上升气流分别在其右、左侧支持正涡度和负涡度的产生(图 8.8a)。冷池的浮力梯度将负涡度偏差引入左侧(图 8.8b),但这可以通过从环境中导入右侧等量的正涡度来平衡(图 8.8c,d)。水平浮力梯度,以及由冷池产生的涡度,跨越了冷池的深度,通常为数千米深;这是 RKW 理论背后的动力学最为相关的深度。

通过对固定在移动冷池上的控制体积积分式(8.1),可获得量化涡度平衡的方法,如第 2 章所述(见图 2.7)。

对于控制体积的顶部($z=h$)、底部($z=0$)、右侧($x=\mathrm{R}$)和左侧($x=\mathrm{L}$)边缘,积

分为

$$\int_{L}^{R}\int_{0}^{h}\frac{\partial\xi}{\partial t}\mathrm{d}z\mathrm{d}x=-\int_{L}^{R}\int_{0}^{h}\frac{\partial}{\partial x}(u\xi)\mathrm{d}z\mathrm{d}x-\int_{L}^{R}\int_{0}^{h}\frac{\partial}{\partial z}(w\xi)\mathrm{d}z\mathrm{d}x-\int_{L}^{R}\int_{0}^{h}\frac{\partial B}{\partial x}\mathrm{d}z\mathrm{d}x \tag{8.2}$$

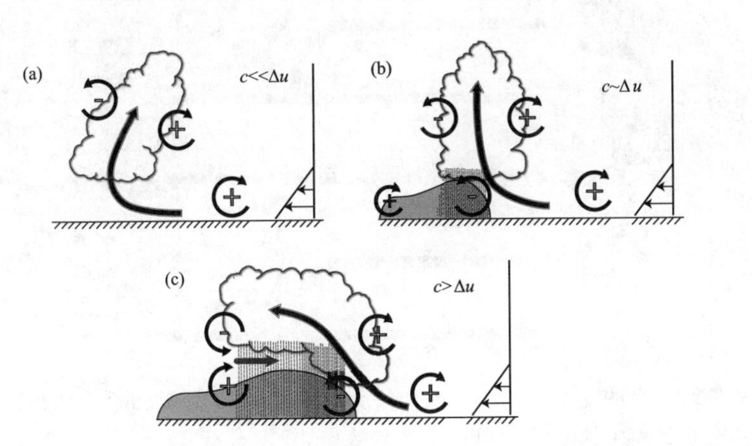

图 8.8　导致二维飑线中垂直竖立上升气流的水平涡度平衡。正涡度和负涡度分别用“＋”和“－”表示，阴影表示冷池。(a)切变环境中浮力上升气流的顺风切变偏差($c/\Delta u\ll 1$)。(b)冷池、环境和浮力上升气流中水平涡度之间的平衡($c/\Delta u\sim 1$)。(c)中，由于冷池的扩张和增强产生的上切变偏差，其特征参数为 $c/\Delta u\gg 1$。基于 Rotunno 等(1988)和 Weisman(1992)。

设：冷池深度为 d，使 $d<h$；相对于冷池的体积边界固定；下边界自由滑动且不可渗透($z=0$ 处，$\partial u/\partial z=0$，且 $w=0$)。式(8.2)简化为

$$\frac{\partial}{\partial t}\int_{L}^{R}\int_{0}^{h}\xi\mathrm{d}z\mathrm{d}x=\underset{(a)}{\int_{0}^{h}(u\xi)_{L}\mathrm{d}z}-\underset{(b)}{\int_{0}^{h}(u\xi)_{R}\mathrm{d}z}-\underset{(c)}{\int_{L}^{R}(w\xi)_{h}\mathrm{d}x}+\underset{(d)}{\int_{0}^{h}(B_{L}-B_{R})\mathrm{d}z} \tag{8.3}$$

式中：(a)为左边界处 ξ 的水平通量；(b)为右边界处 ξ 的水平通量；(c)为上边界处 ξ 的垂直通量；(d)为浮力产生的净 ξ。

我们求解式(8.3)，其中右侧各项贡献的总和为零，因此左侧也消去，我们现在如此假设。

注意到如指定控制体积，使得冷池前缘远离 $x=\mathrm{R}$，且通常使侧边界处的气流呈水平(或静止)状态(图 2.7 和 图 8.9)。相应地，在 $x=\mathrm{L}$ 和 $x=\mathrm{R}$ 处 $w\approx 0$，因此 $\xi\approx\partial u/\partial z$，且(a)和(b)项有如下形式

$$\int (u\xi)\mathrm{d}z \approx \int \frac{\partial}{\partial z}\left(\frac{u^2}{2}\right)\mathrm{d}z = \frac{u^2}{2} \tag{8.4}$$

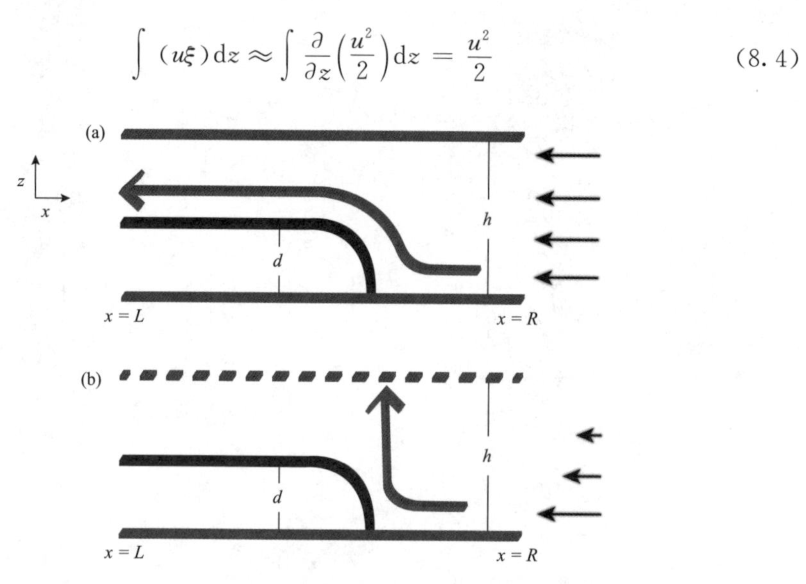

图 8.9　控制体积域。(a)无垂直风切变的情况，气流(黑色条带)出离左边界。(b)有垂直风切变的情况，气流出离顶部边界。冷池边界呈深灰色轮廓。

还请注意，相对意义上，流向冷池的浮力(B_R)与冷池中的浮力(B_L)相比可忽略不计，后者仅限于 $z \leqslant d$。通过进一步简化，左、下边界位于相对于移动阵风锋的滞流区(见图 6.15)，因此 $u(x=\mathrm{L}, z=0)=0$，式(8.4)简化为

$$0 = \frac{u_{\mathrm{L},h}^2}{2} - \left(\frac{u_{\mathrm{L},h}^2}{2} - \frac{u_{\mathrm{R},0}^2}{2}\right) - \int_{\mathrm{L}}^{\mathrm{R}} (\omega\xi)_h \mathrm{d}x + \int_0^d B_L \mathrm{d}z \tag{8.5}$$

式中，右手第二项表示低层环境风切变，右手第四项将会很快进行评估。关于如何处理第一个和第三个右手项的线索来自于回顾 RKW 理论的最优态，其特征是出流上方垂直竖立的上升气流。因此，与在密度流的简单情况下(图 8.9a)允许气流水平离开左边界不同，我们要求气流以垂直激流的形式离开域顶($z=h$)，该急流来自被冷池重新定向的低层环境气流(图 8.9b)。根据这一要求，以及 $d<h$ 且控制体积固定在移动冷池上的事实，可以推断右手第三项为

$$\int_{\mathrm{L}}^{\mathrm{R}} (\omega\xi)_h \mathrm{d}x \approx \int_{\mathrm{L}}^{\mathrm{R}} \frac{\partial}{\partial x}\left(-\frac{\omega_h^2}{2}\right)\mathrm{d}x = \frac{\omega_{h,\mathrm{L}}^2}{2} - \frac{\omega_{h,\mathrm{R}}^2}{2} = 0 \tag{8.6}$$

且 $u_{\mathrm{L},h}^2/2=0$。这样，式(8.5)简化为平衡条件

$$\Delta u = c \tag{8.7}$$

式中

$$\Delta u = u_{\mathrm{R},h} - u_{\mathrm{R},0} \simeq - u_{\mathrm{R},0} \tag{8.8}$$

且

$$c^2 = 2\int_0^d - B_{\mathrm{L}}\mathrm{d}z \tag{8.9}$$

式(8.9)是密度流的速度，如果我们使 $B_{\mathrm{L}} = g\Delta\theta/\theta_0$ 则有一个更熟悉的形式，其中 $\Delta\theta$ 为冷池中的某个恒定温度差，θ_0 是基态位温。

式(8.7)表示"最佳"飑线的理论标准。对于这在多大程度上适用于最初提出的飑线强度和寿命，存在一些争论，因为众所周知，飑线确实存在很长的寿命，并且与多次报告的强风有关，即使当根据式(8.7)来说不是最优的情况。[14] 然而，当通过平均和最大地面风以及总地面降雨量进行强度量化时，最强烈的飑线显示为 $\Delta u \approx c$。[15]

式(8.7)的严格物理解释是，冷池产生的负水平涡度输出平衡了与低层垂直风切变相关的正水平涡度输入(图 8.8b)。大于最佳低层切变($c < \Delta u$)的物理状态对应于在阵风锋处触发单体，但随后成为向顺切变倾斜的状态。飑线在其发展的早期阶段往往以这种状态为特征，特别是当冷池尚未完全形成时(其中 $c \ll \Delta u$；见图 8.8a)。低于最佳低层切变($c > \Delta u$)对应于一种物理状态，在该状态下，阵风锋触发的单体在前进的冷池上快速向后掠过(图 8.8c)。飑线倾向于自然演变到这一阶段，这是由于冷池随着时间的推移而加强(和扩张)，并伴随着后部入流的相关影响。真实大气中，环境条件的不均匀性也会破坏平衡条件。

8.2.2　后部入流

除了热力增强中尺度下沉和冷池外，后部入流也起到动力作用，尤其是在成熟的 MCS 中。通过 RKW 理论的简单扩展提供了对这一作用的一种描述：冷池后缘内正水平涡度的产生，结合向逆切变倾斜上升气流左侧的负涡度产生，有助于重新平衡系统(图 8.10a)；在条件式(8.7)中包含 u_L 项说明了这种影响。[16] 从这一角度来看，后部入流急流(rear-inflow jet，RIJ)是相反符号水平涡度产生的表现。隐含地，RIJ 加强了入流气块的垂直抬升，从而有助于系统维持。

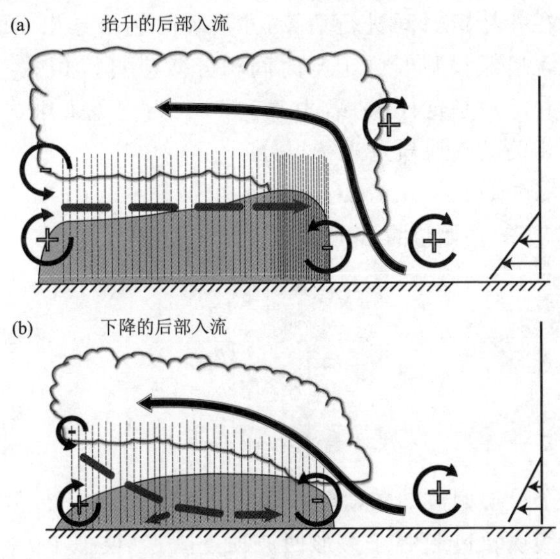

图 8.10　与图 8.8 相同，但这里是一个成熟的 MCS。(a)后部入流保持在升高的位置；(b)后部入流下沉到前缘后面。基于 Weisman(1992)。

另一种描述是根据垂直运动方程给出的，其涉及气块抬升更明确的作用。实质在于与出流相关的低层水平辐合是如何增强的。如图 8.10b 所示，下沉到地面的后部入流，在阵风锋后方侧向扩散，只导致浅层和/或弱的辐合(图 8.10b)。相比之下，在到达前缘之前保持高位的后部入流有助于形成深层辐合(图 8.10a)。回想一下式(7.15)中的动气压 p'_D，在这种“溅泼”较大的地方较高，像在阵风锋处(图 8.11 和 8.11f)。在抬升的后部入流情况下，由此产生的向上垂直气压梯度力(VP_DGF)延伸到一个深的层次，导致阵风锋处的深层垂直加速；在下沉后部入流情况下，垂直加速被强迫至相对较浅的层上。

在三维气压场中，给出了后部入流强迫及其集中成为急流的相关信息。显然，图 8.11d,e 显示的是第 8.1 节中提到的流体静力学诱发的中低压。下面的分析确实显示了浮力气压对后部入流的重要贡献。然而，在图 8.11 中同样明显的是低的动力气压及其与中层线端涡旋的对应关系。线端涡旋横跨 RIJ，这是值得我们探索的另一种联系。

因此，考虑控制西风 RIJ 过程的以下简单表示

$$\frac{Du}{Dt} = -\frac{1}{\rho_0}\frac{\partial p'}{\partial x} \tag{8.10}$$

这是水平运动方程的近似形式。[17] 如第 6 章和第 7 章中对垂直运动方程的处理，该式中的 PGF 项被分解为 p'_D 和 p'_B 的贡献

$$\frac{Du}{Dt} = -\frac{1}{\rho_0}\frac{\partial p'_D}{\partial x} - \frac{1}{\rho_0}\frac{\partial p'_B}{\partial x} \tag{8.11}$$

(参见式(7.13)和式(7.14))。式(8.11)的右手项可使用数值模式输出产品或适当的格点观测值在一特定时间进行估算，并从瞬时场推导出 RIJ(图 8.11a—c)的产生。这种方法隐含地假设瞬时强迫与时间积分效应直接相关，此处即是如此，但在其他情况下可能并不总是这样(见第 8.3.2 节)。为避免采用这种假设，另一种方法是将式(8.11)沿相关的气块轨迹进行积分

$$u(x,t) = u_o(x_o,t_o) + u_D(x,t) + u_B(x,t) \tag{8.12}$$

式中，下标 o 表示轨迹的初始位置和时间，并且

$$u - u_o = \int_{t_o}^{t} \frac{Du}{Dt} dt$$

$$u_D = -\int_{t_o}^{t} \frac{1}{\rho_0}\frac{\partial p'_D}{\partial x} dt$$

$$u_B = -\int_{t_o}^{t} \frac{1}{\rho_0}\frac{\partial p'_B}{\partial x} dt \tag{8.13}$$

我们考虑用一个弓形回波的数值模拟输出对式(8.12)进行估算。在图 8.11 中的一个审慎选择的气块轨迹起源于弓形回波顶点附近(模拟中 t=180 min 处)，然后按时间回溯，穿过 RIJ 核(图 8.11a 中的气块 A)。与上述讨论一致，沿该轨迹对式(8.12)的积分表明浮力气压梯度贡献了气块时间积分风速的近三分之二(图 8.11g)。

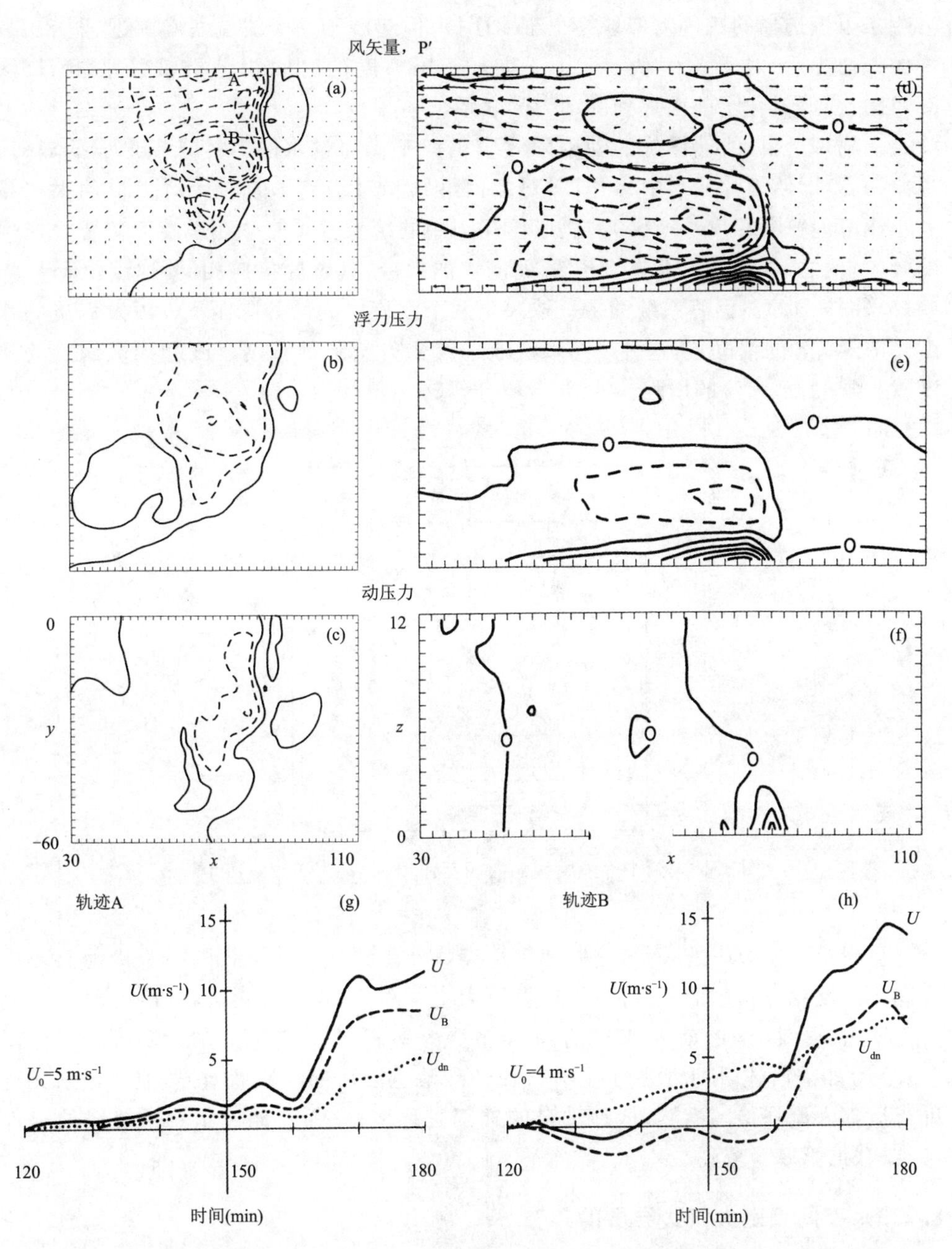

图 8.11　数值模拟的弓形回波分析。成熟阶段中层(z=2.5 km)水平剖面：(a)扰动气压和扰动水平风；(b)浮力气压；(c)动力气压。相应的垂直剖面(通过 y=0 平面)：(d)平面内扰动气压和扰动风；(e)浮力气压；(f)动力气压。图(g)和(h)显示两个气块(如(a)所示)分解气压梯度力的时间综合分析，时间间隔为 60 min，终止于(a)—(c)中的分析时间。引自 Weisman(1993)

另一条审慎选择的轨迹类似地终止于 RIJ 核,但起源于一个线端涡旋附近(图 8.11a 中的气块 B)。对于该气块,浮力和动力气压梯度的时间积分贡献几乎相等(图 8.11h),因此量化了前面提到的动力学联系。

从物理上讲,线端涡旋的动力学效应类似于在穿过水的刀片末端形成的涡对。想象一下,即使刀片从水中移开,涡对如何继续相对于流体向前移动。[18]向前平移是大小相等但符号相反环流(Γ)的涡旋相互作用的结果。涡旋 1 在涡旋 2 位置处产生的效应,反之,涡旋 2 在涡旋 1 位置处产生的效应,其速度指向相同,速度值 $V=\Gamma/(2\pi b)$(图 8.12)。涡旋系统的平移取决于两个涡旋之间的分隔距离 b 以及涡旋的强度。[19]在 MCS 的情况下,这种平移取决于前缘上升气流的长度尺度和线端涡旋的强度,相当于后部入流的增强。

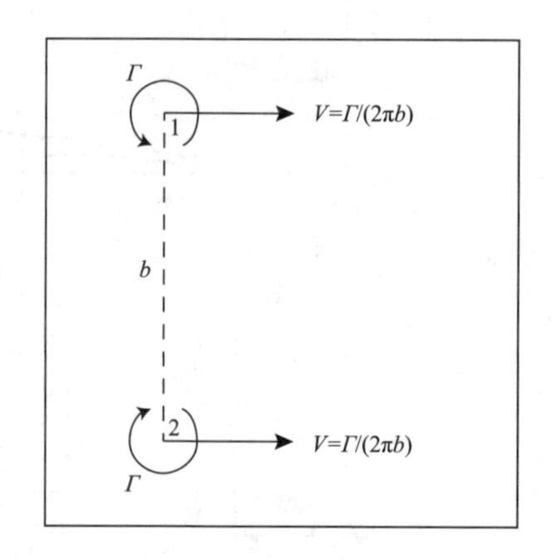

图 8.12 两个等强度线涡的相互作用。基于 Kundu(1990)。

重申第 8.1 节中的一点,这些相关性实际上是线端涡旋、后部入流、冷池与环境之间更广泛相互作用的一部分:涡旋发展为水平涡度,在冷池浮力梯度中产生,在上升气流中倾斜,靠近前缘或在前缘后部更为缓慢的由前至后的上升部分(见图 8.13)。[20]如前所述,RIJ 增强了上升气流。冷池也因后部入流而增强,但反过来又有助于后部入流强迫。当然,这种耦合的外部是环境,它强烈地控制着系统级的组件和结构(见第 8.5 节)。

8.2.3 夜间稳定大气边界层的存在

在 MCS 动力学的理论和数值模拟研究中,一个典型的假设是具有良好混合的大气边界层(ABL)热力学环境。然而,在当地日落后,有夜间稳定 ABL 存在的情况下,MCS 经常得以维持(甚至形成)。MCS 在这些条件下的维持取决于相对于环境的冷池热力学:当夜间 ABL 中源自地面附近的气块可能比冷池中的空气冷时,它们在冷池下部流动("下切"),而不是在冷池上方抬升。[21]另一方面,来自可能比冷池温

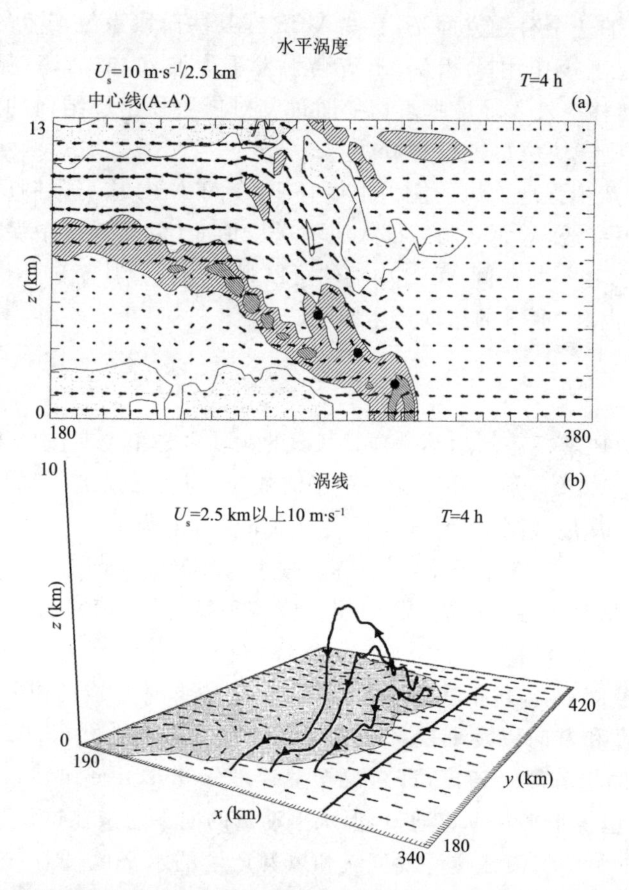

图 8.13　模拟弓形回波中与线端涡旋产生相关的过程。(a)通过弓形回波中心线的风和水平涡度 y 分量的垂直剖面。(b)涡线的三维透视图,显示了涡线是如何被弓形回波上升气流倾斜的。(a)中的点表示涡线与垂直面相交的位置。引自 Weisman 和 Davis (1998)。

度更高的高层气块仍然可以提升到自由对流,从而有助于对流系统的维持。可以说这种抬升会导致"抬高"的对流,由抬高的对流单体组成系统。

夜间 MCS 和抬高的对流发生主要是由天气尺度和(非对流)中尺度过程如夜间低空急流(LLJ)促成。这些 LLJ 与太阳加热的昼夜循环有动力学关联,并以其在夜间向极地快速输送暖湿空气的能力而闻名。夜间 LLJ 的垂直分量还有助于气块失去稳定性,在某些情况下,有助于将气块抬升至自由对流(另见第 5 章)。[22]如急流核高度为 1～2 km 地面以上高度,则与 LLJ 相关的垂直风廓线本质上是核下方(和上方)显著的低层垂直切变。因此,除了水汽条件和不稳定性外,夜间 LLJ 还会以第 8.2.1 节所述的方式提供有利于风暴尺度组织的环境切变。当/如果 MCS 的对流源来自于 ABL,这一有利之处适用于构成抬升对流的气块以及地面气块。[23]

夜间 MCS 的一个有趣方面是，有些 MCS 在某些阶段系统产生的出流似乎不会在气块抬升中起直接作用。[24] 相反，出流会引发重力波和/或涌潮（见第 2 章和第 5 章），帮助向上转移空气。环境垂直切变通过其对低层稳定层结内的重力波/涌潮振幅的影响，对这些气块位移进行调节。[25]

夜间 MCS 产生强地面风的能力也很有趣：夜间 ABL 应可限制层状区域中尺度下沉气流的向下穿透，从而限制后部入流输送至地面（以及低层中涡旋的产生；见第 8.3.1 节）；然而，在一些夜间 MCS 中仍然可以观测到强烈甚至破坏性的地面风。如下文所述，前者也对 MCS 的运动产生影响。

8.2.4 运动

与其他对流风暴模态的运动一样，MCS 的运动也是单个对流单体运动加上系统传播的综合效应。[26] 单体运动主要是一种平流效应，与含云层的平均环境风有很好的对应关系。利用常规观测，平均含云层风的简单估计值为

$$\boldsymbol{V}_{CL} = (\boldsymbol{V}_{850} + \boldsymbol{V}_{700} + \boldsymbol{V}_{500} + \boldsymbol{V}_{300})/4 \qquad (8.14)$$

式中，下标表示估算的各等压面（hPa）层。应该理解，这些值来自于能代表 MCS 环境的垂直廓线。[27]

系统传播速度 $\boldsymbol{C}_{PROP}$ 包括速率和（相对系统的）新单体形成的位置，因此共同取决于阵风锋的速度和方向以及低层环境入流的速度和方向。式（8.9）解释了密度流，但其他过程有助于阵风锋速度，即对流动量输送（convective momentum transport，CMT）。CMT 包含水平和垂直通量，但水平动量的向下通量在这里最为相关。主要的是，MCS 中的下沉气流输送环境气流和风暴产生的水平风（RIJ）进入地表冷池。[28] 我们将在第 8.3.1 节中看到，这种输送也会导致 MCS 中的直线风灾害。

将单体运动和传播组合在一起，给出 MCS 的运动

$$\boldsymbol{C}_{MCS} = \boldsymbol{V}_{CL} + \boldsymbol{C}_{PROP} \qquad (8.15)$$

运动矢量 $\boldsymbol{C}_{MCS}$ 的方向取决于阵风锋相对于平均环境风的方向。由于水凝物的顺切变输送，冷池将随时间趋向于在平均风方向上拉长，进一步导致阵风锋既有平行于平均风（准静止状态）的部分，也有垂直于平均风（前进状态）的部分（图 8.14）。[29] 根据环境水汽条件和相对于阵风锋段的静力稳定度，可能存在两种类型的单体传播。第一种是逆风传播，在这种传播中，新的单体在平行段后部或逆风端附近的强低层辐合区域发展，随后沿着该阵风锋段移动，形成一系列单体或单体“列车”。如下一节所述，这种传播通常会导致暴洪。第二种类型是顺风传播。单体在垂直阵风锋段顺风方的强低空辐合区发展，从而导致顺风传播和阵风锋前进。这解释了 MCS 倾向于垂直于切变矢量。

(a)

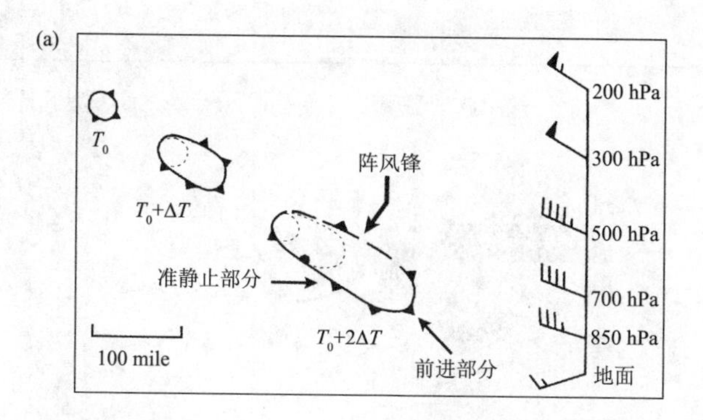

(b)

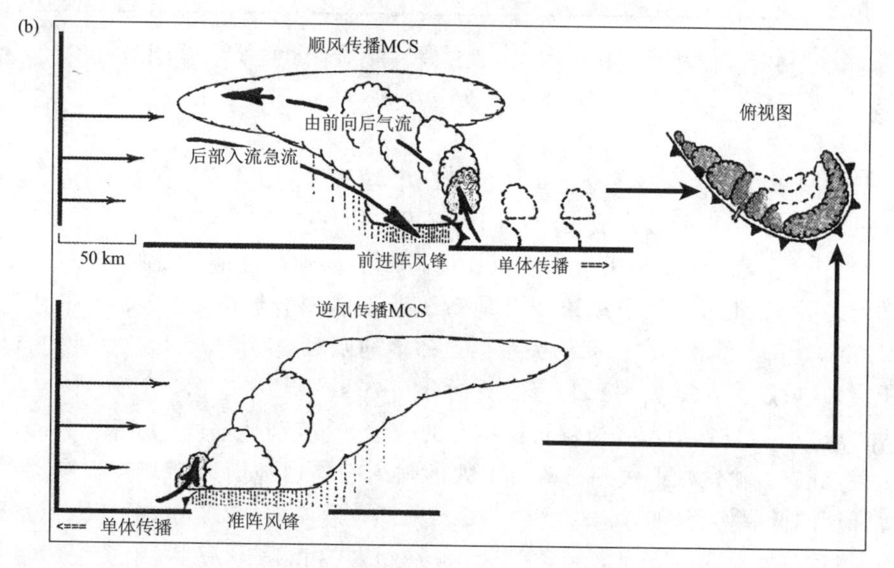

图 8.14　MCS运动示意图。(a)阵风锋在平均风方向上拉长。(b)相关单体可沿阵风锋的准静止部分“逆风”传播，或沿阵风锋的前进部分“顺风”传播。引自 Corfidi(2003)。

8.3　与 MCS 相关的天气灾害

8.3.1　RIJ 直线地面风

MCS，尤其是弓形回波，因其能够产生破坏性“直线”风而众所周知。在常见的弓形回波概念模型中，强烈的地面风发生在弓形顶点位置，与 RIJ 核相关(图 8.15)。[30] RIJ 起源于地面以上数千米高度，从对流区后方数十千米处向弓形前缘延伸，然后下沉到地面。

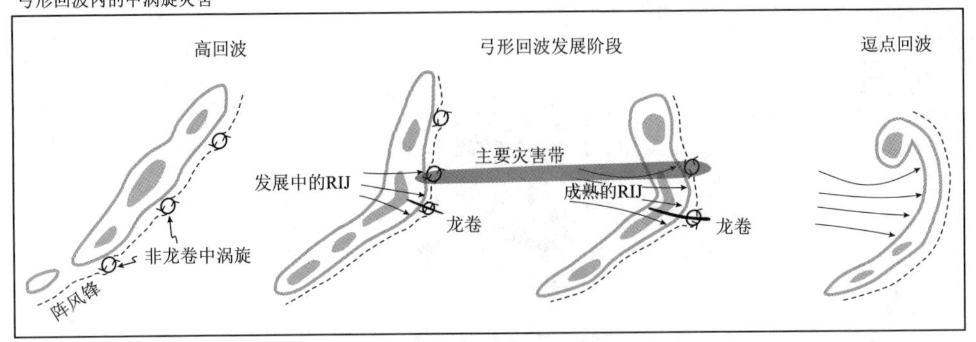

图 8.15　Fujita(1979)弓形回波概念模型,经 Atkins 等(2005)修订,包括了中涡旋诱导的风带。

凸起的回波形状本身是对流单体经 RIJ 增强传播的结果,通常表明存在强烈的地面风。[31]因此,弓形回波生成实际上归因于 RIJ 的形成。[32]

回想一下,RIJ 主要是由水平气压梯度造成的。中层线端涡旋对气压强迫有动力学上的贡献,其总体大小取决于其他系统元素的耦合影响,最终取决于环境(第 8.2.2 节)。RIJ 和地面风之间的关系也是环境的函数,从第 8.2.2 节中的论点可以推断出来(另见图 8.10)。例如,当低层(如,0～3 km 层)有中、强切变(例如,$|\boldsymbol{S}_{0-3}|$ 约为 20 $m \cdot s^{-1}$)时,后部入流保持在抬高的位置,直至到达前缘(见图 8.10a),在此之后下沉(向下输送),形成一条薄带形式的强烈的锋后地面风。[34]相反,环境为弱到中等强度的低层切变(如,$|\boldsymbol{S}_{0-3}|$ 约为 10 $m \cdot s^{-1}$)形成的 MCS 中,后部入流下降到地面,然后在阵风锋后方横向扩散(见图 8.10b),在相对较大的区域产生强风,但强度相对要弱一些。

第 8.5 节对区分强 MCS 和非强 MCS 环境的参数进行了进一步量化,但这里可以总结一下环境切变对 RIJ 高度的具体影响,从而对产生强地面风的影响。首先,第 8.2.1 节中讨论的对流动力学用于支持以下论点,即在存在足够大的 CAPE(例如,约 2000 $J \cdot kg^{-1}$时),上升气流强度随垂直切变增加而增强。更强烈的上升气流会导致更高的降水率,反过来又会导致可能更冷的出流空气。最后,较冷的地面出流与中低压中相对较低的气压相关,因此,据式(8.12),中层后部入流的气压梯度强迫更强。图 8.16 概括了最终结果,显示随环境切变增加至最大可达约 25 $m \cdot s^{-1}$时,模式模拟飑线中的最大地面风速的增强。[35]

RIJ 对地面强风的贡献因环境动量的向下输送而增强。这种效应可能在"冷季"MCS(例如,发生在北方秋季的 MCS)中得到最好的证明。尽管在凉爽的季节环境中可以发现典型的低 CAPE 情况,但 MCS 在一年中的这个时候利用非常强的(约为 50 $m \cdot s^{-1}$)对流层中部环境风产生破坏性的风。另一方面,在"暖季"MCS 相对较高的

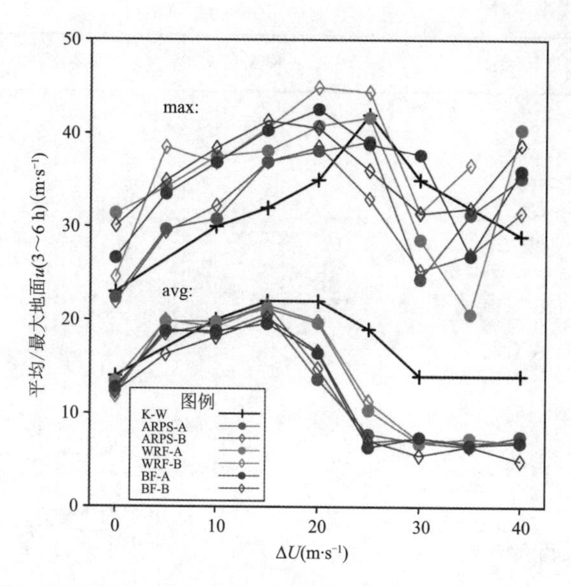

图 8.16　数值模拟的飑线产生的最大地面风，其为 0～5 km 层上单向环境切变的函数。所有其他参数，包括环境 CAPE 约 2200 $J\cdot kg^{-1}$ 保持不变。模拟采用四种不同数值模式进行(详见 Bryan 等(2006))。当环境切变超过约 25 $m\cdot s^{-1}$ 时，最大地面风相对较弱，因为对流单体开始顺风切变倾斜，并组织成更像 3D 超级单体形式，而非 MCS。引自 Bryan 等(2006)。(详情请见彩图插页)

CAPE 和较弱风的环境中，与 RIJ 相关的大范围风可能会被与微下击暴流相关的强得多的风的孤立区域打断(图 8.17)。[36] 事实上，暖季环境确实允许形成强的单体上升气流，且对流系统内有相应的强下沉气流——甚至是下击暴流。[37] 已知所有这些机制都有助于增强线状风暴(derecho)，这是一种与大范围风灾相关的特别长寿命的对流事件(图 8.18)。正如最初定义的那样，[38] 线状风暴不是一种独特的对流模态，而是一种 MCS，在其广泛而灾害性的生命周期中的某个时间，它通常(尽管并非总是)会组织成为飑线/弓形回波(图 8.18)。

正如我们接下来将要学习的，发生在低层($z\leqslant 1$ km，地面以上高度)的子系统尺度(长度约 5～10 km，时间约 1 h)垂直涡旋是准线性 MCS 中灾害性风的额外推动者。尽管在许多方面与第 8.2.2 节中讨论的中层线端涡旋相似，但气旋性旋转涡旋的优势表明其形成和动力学含义存在一些关键差异。

8.3.2　中涡旋(和相关的涡旋主题)

沿飑线和弓形回波前缘经常会发现多个低层涡旋，其是风灾和龙卷的潜在宿主(见图 8.19)。这种涡旋被称为*中涡旋*，以区别于具有相似尺度的超级单体中气旋。它们的成因被归因于——尽管并非总是合理——水平切变不稳定性(horizontal

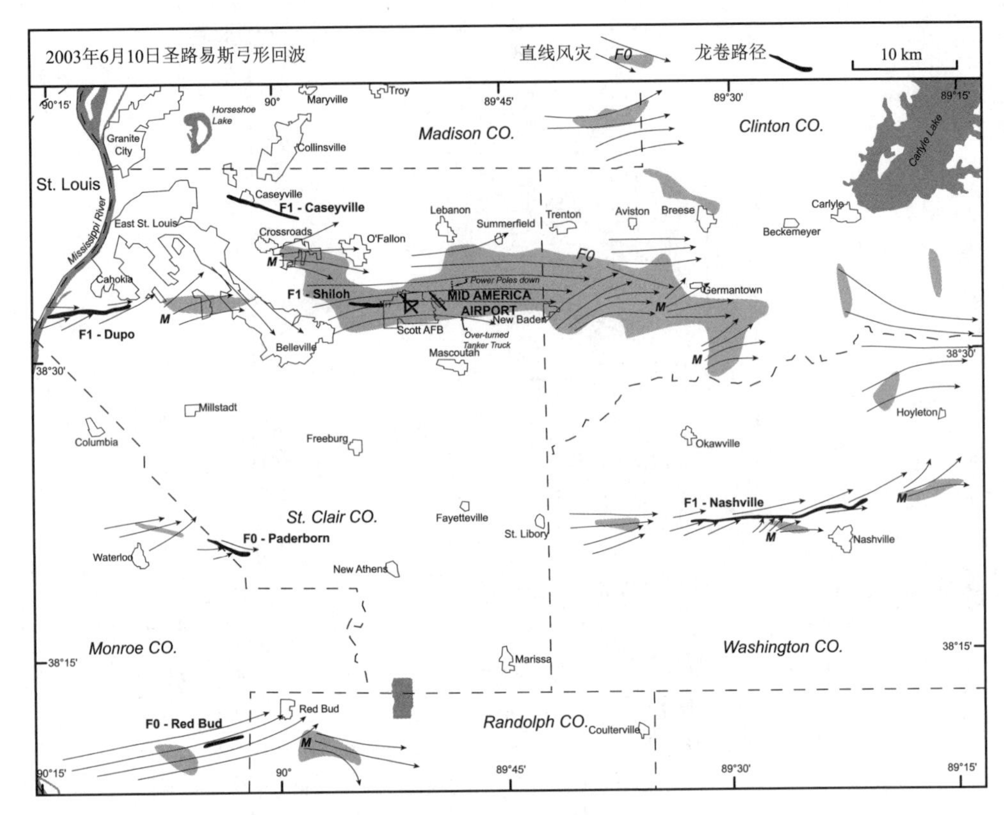

图 8.17　2003 年 6 月 10 日发生在密苏里州圣路易斯附近的弓形回波事件的风损分析。M 处表示微下击暴流造成损失的位置，阴影显示 F0 级或更严重的直线风损害区域。引自 Atkins 等(2005)。

shearing instability，HSI)的释放(见第 2 章、第 5 章和第 6 章)。对这一成因的支持来自于 MCS 的观测和模拟，这些 MCS 只表现出气旋性的中涡旋，而不是气旋一反气旋耦合时。低层中涡旋生成也可以通过水平涡度的倾斜和随后的涡旋拉伸来解释，这些过程产生的可能方式存在细微的差异。[39] 后一种机制在早期 MCS 情况下如图 8.20 所示。这里，我们看到，由于降雨下沉气流，在地面冷池的低层水平浮力梯度内产生的横向水平涡度发生倾斜；在一个成熟的 MCS 中，正好位于前缘上升气流后方的对流下沉气流使得与 RIJ 核相关但低于 RIJ 核的横向水平涡度倾斜。[40] 虽然横向涡度倾斜产生低层涡对，但气旋性成员首先且迅速地通过新产生的正相对涡度拉伸及行星涡度拉伸而得以增强。另一方面，通过行星涡度拉伸，反气旋性成员被削弱并最终消亡。因此，行星涡度打破了最初通过横向水平涡度倾斜而建立的对称性。

这里我们停一下，注意，通过对适当方程的时间相关分析，可以最有说服力地揭示出一个固有的时间相关过程，如涡旋生成。这是第 8.2.2 节(见式(8.12)和式(8.13))

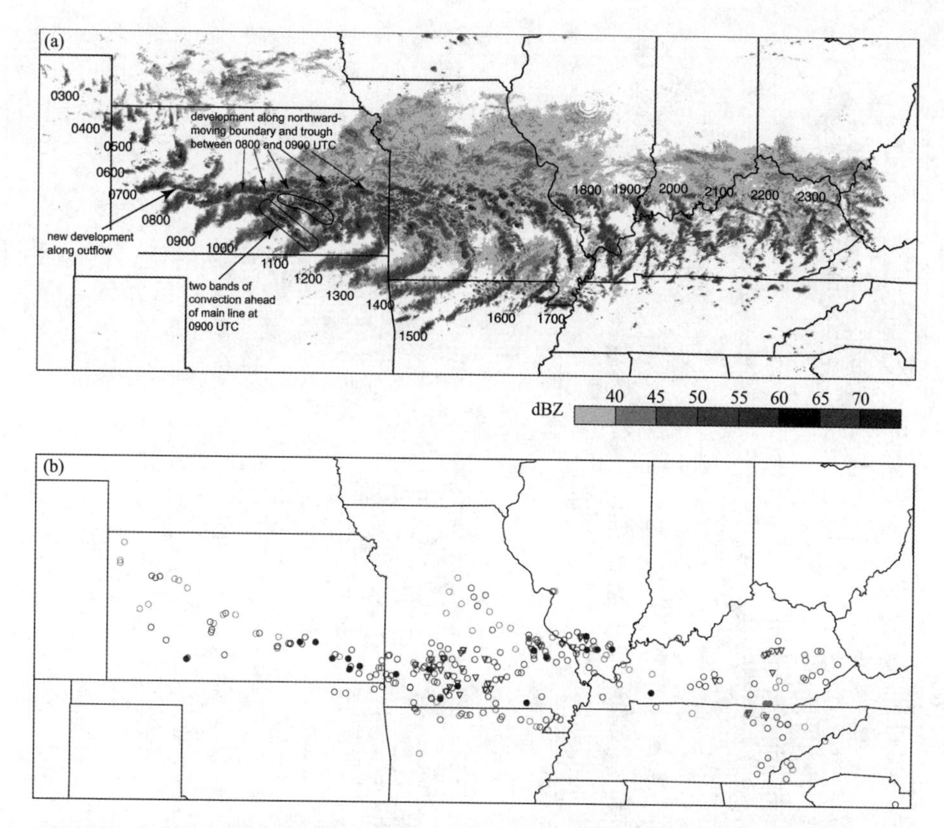

图 8.18　2009 年 5 月 8 日 03 UTC 至 23 UTC 期间发生的线状风暴发生时间序列。(a)逐小时雷达组合反射率(dBZ)。(b)恶劣天气报告位置:空心(实心)绿色圆圈表示冰雹≥0.75 英寸(约 1.9 cm)(≥ 2.0 英寸,约 5.1 cm),空心(实心)蓝色圆圈表示风灾或阵风≥26 m·s^{-1}(观测或估计的阵风≥ 33.5 m·s^{-1}),红色三角表示龙卷报告。引自 Coniglio 等(2011)。(详情请见彩图插页)

中用于诊断 RIJ 产生的流程背后的动机,现在用于诊断低层涡旋生成。因此,考虑绝对垂直涡度方程的无黏性形式

$$\frac{D\zeta_a}{Dt} = \boldsymbol{\omega}_H \cdot \nabla w - \zeta_a \nabla \cdot \boldsymbol{V}_H \tag{8.16}$$

式中,$\zeta_a = \zeta + f$ 是绝对垂直涡度。式(8.16)沿气块轨迹积分为

$$\zeta_a(x,t) = \zeta_a(x_o,t_o) + \int_{t_o}^{t} \omega_H \cdot \nabla w dt - \int_{t_o}^{t} \zeta_a \nabla \cdot \boldsymbol{V}_H dt \tag{8.17}$$

式中,下标 o 再次表示轨迹的初始位置和时间。对于当前问题以及超级单体中气旋考察而言,基本的流程是用气块填充感兴趣的区域(此处为涡旋或最大涡度),计算这些气块在数十分钟内随时间的反向轨迹,然后在此间隔内评估式(8.17)。在成熟涡旋中终止的气块将不可避免地有一个涡度收支分析,该分析几乎完全由涡旋拉伸

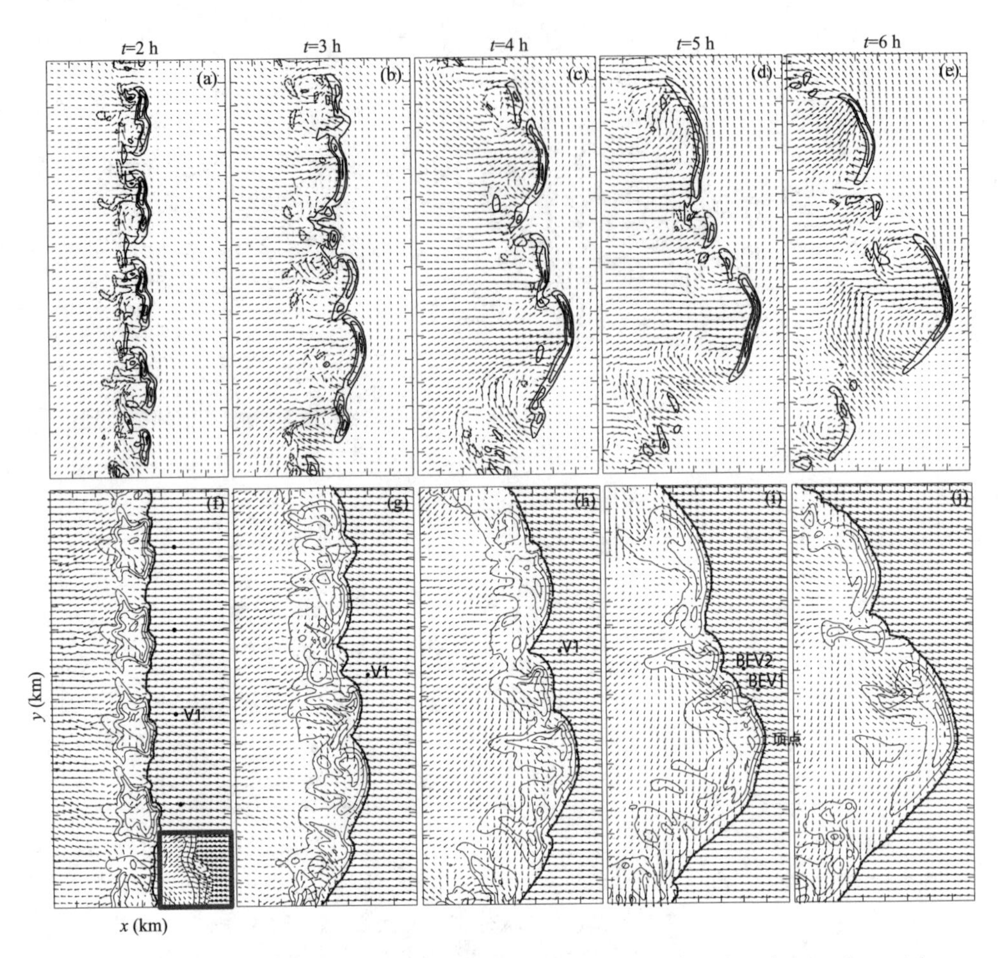

图 8.19 模拟的飑线弓形回波水平结构演变。(a)—(e)$z=3$ km,$t=2$ h、$t=3$ h、$t=4$ h、$t=5$ h 和 $t=6$ h 处,水平风矢量和垂直速度等值线($5\ \mathrm{m\cdot s^{-1}}$间隔)(f)—(j)$z=0.25$ km,$t=2$ h、$t=3$ h、$t=4$ h、$t=5$ h 和 $t=6$ h 处,水平风矢量、雨水混合比($1\ \mathrm{g\cdot kg^{-1}}$,$3\ \mathrm{g\cdot kg^{-1}}$ 和 $5\ \mathrm{g\cdot kg^{-1}}$ 的实线等值线)和扰动位温(虚线等值线,在 -1 K 处)。(f)中,框出的小图显示 15 km×15 km 子域中的涡旋 V1。引自 Trapp 和 Weisman(2003)。

的影响决定。因此,为了确定旋转的起源,我们将选择一个积分区间,该区间在涡旋刚开始变得显著时结束,[41] 可通过垂直涡度的某个阈值(如 $\zeta=10^{-2}\ \mathrm{s^{-1}}$)进行量化。图 8.21 给出了沿终止于这种新生中涡旋的轨迹对式(8.17)的评估。注意到 ζ 的最大增量对应于气块下沉,这一分析证实了气旋性垂直涡度是通过下沉气流中的倾斜产生的。[42] 起源于这一新生中涡旋的具有向前轨迹的气块,随后通过相对涡度和行星涡度拉伸,垂直涡度迅速增加。

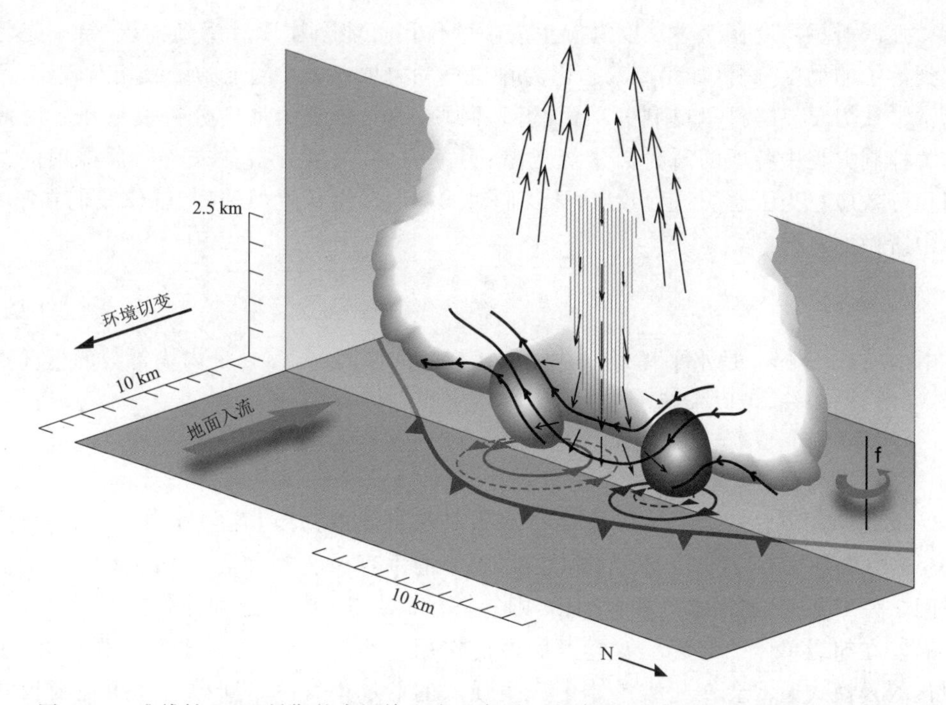

图8.20　准线性MCS早期的中涡旋生成示意图。涡旋线(黑色)被下沉气流(矢量和蓝色阴影)垂直倾斜,形成地面涡对(气旋性垂直涡度为红色;反气旋性垂直涡度为紫色)。红色和紫色虚线圆圈代表涡对未来状态,部分原因是如图所示的行星涡度(f)拉伸。成熟阶段,相关涡旋线可能具有相反方向,因此产生的涡对方向将反转。引自Trapp和Weisman(2003)。(详情请见彩图插页)

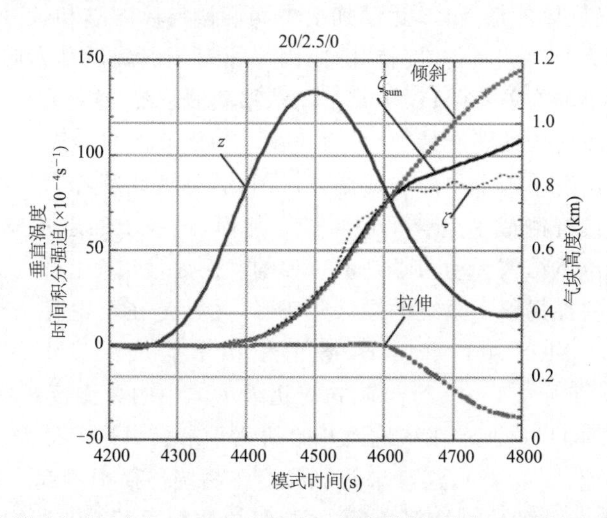

图8.21　垂直涡度方程(式(8.17))各项的时间积分分析,沿终止于模拟弓形回波中涡旋的气块轨迹:z是气块高度,ζ_{sum}是涡旋拉伸和倾斜的时间积分贡献之和,ζ是气块位置瞬时垂直涡度。引自Trapp和Weisman(2003)。

强调行星涡度在 γ 中尺度涡旋生成中的作用可能会让读者感到惊讶，特别是考虑到传统的尺度分析(如第 2 章)，因为科里奥利力项在该尺度上的量级相对较小，因此常常认为要忽略科里奥利力项。然而，回顾一下，传统的尺度分析仅量化了时间相关控制方程中各项的瞬时数量级贡献；另一方面，尺度分析并未考虑这些项的时间积分效应。为了说明这种效应，让我们对式(8.16)进行近似处理，就像我们在第 7 章中所做的一样

$$\frac{1}{\zeta_a}\frac{D\zeta_a}{Dt} \approx d \tag{8.18}$$

式中，$d=-\nabla\cdot\mathbf{V}_H$ 是水平辐合。在假设 d 在时间区间 $0\leqslant t\leqslant\tau$ 内为常数的情况下对式(8.18)积分，可以求解 τ

$$\tau = \frac{1}{d}\ln\left(\frac{\zeta_a}{\zeta_{a_0}}\right) \tag{8.19}$$

设此期间 $d=10^{-3}\,s^{-1}$，并假设初始相对垂直涡度为零，这意味着 $\zeta_{ao}=f$ 约为 $10^{-4}\,s^{-1}$(中纬度)。通过旋涡拉伸将该初始小的垂直涡度放大至 ζ_a 约 $10^{-2}\ s^{-1}$ 所需时间 τ 为 1.2 h。如果水平辐合加倍，则 $\tau=0.26$ h。历史上，这种计算被用来论证行星涡度在超级单体中气旋和龙卷发展中的作用。然而，当没有科里奥利强迫时，理想化的云模式通常会在超级单体中产生强烈的低层中气旋。同样的理想化云模式在不包含科里奥利强迫的情况下无法模拟 MCS 中的低层中涡旋。[43]

现在回到第 8.3 节的主题是谨慎的，因为模拟和观测研究将低层中涡旋与强烈的非龙卷地面风关联起来了。图 8.15 中修改的概念模型除了描述顶点后面的 RIJ 诱导风带(和局部微下击暴流)也描述了弓形回波顶点以北的中涡旋诱导风带。显然，总的相对地面旋风的是 MCS 运动加上中涡旋诱导风的总和，这就是为什么中涡旋诱导风被描述为“直线”而非“旋转”的原因。相对于涡旋运动方向而言，最强的相对地面的风在涡旋的右前象限；对于一个向东移动的系统，这将在涡旋南侧。

除了多普勒速度中的涡旋特征(见第 3 章)，中涡旋的多普勒雷达显示通常包括钩状回波和雷达反射率因子中的弱回波区。因此，将这些解释为“嵌入”中尺度降水系统中的超级单体观测似乎是合乎逻辑的。然而，进一步的思考应使我们认识到，这种解释与超级单体结构和动力学是不一致的。例如，MCS 上升气流和旋涡之间的高的空间相关性往往局限于系统的最低几千米，尤其是在至少有一些逆风切变倾斜(图 8.22)的成熟 MCS 中。事实上，数值模拟中涡旋深度上的线性相关系数 $r(w',\zeta')$ 的计算值为 0.1～0.2，与孤立的超级单体中的典型值相比要小。[44] 还考虑到 MCS 上升气流的强迫通常在从地面开始的几千米层中达到最大。造成这种强迫的主要因素是冷池(图 8.23)，这意味着中涡旋在系统传播中不起重要作用。如第 7 章所述，这与超级单体的典型情况相反，在超级单体情况下，旋转诱导的动力气压强迫(以及浮力气压强迫)在中层达到最大，并且在超级单体传播中起着关键作用。因此，飑线和弓形回波中的涡旋并不显示超级单体的动力学特征。

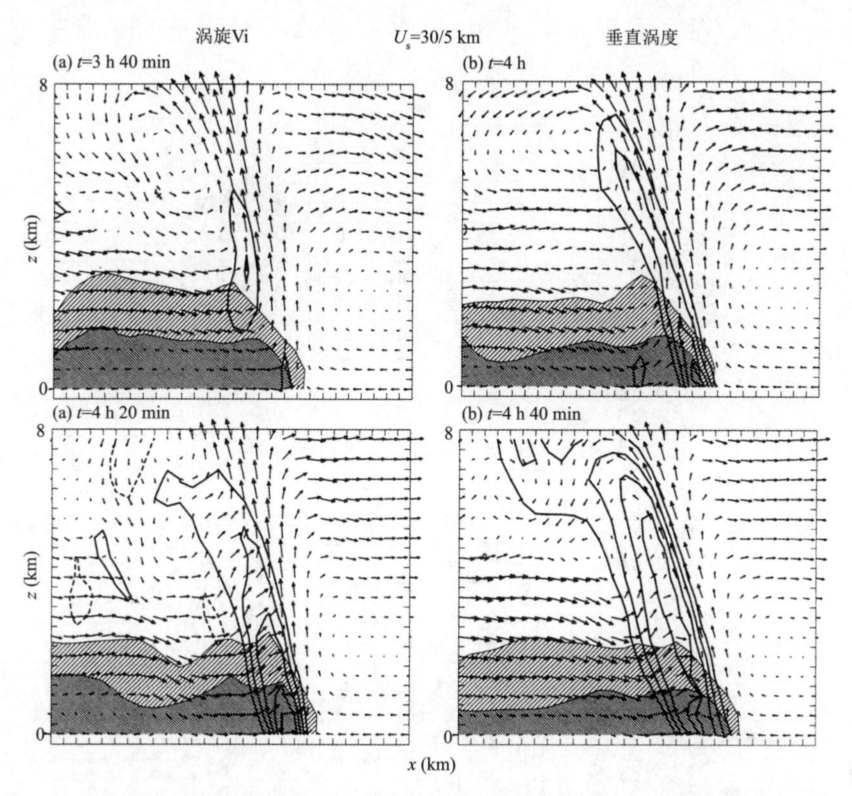

图 8.22　穿过数值模拟的弓形回波内的中涡旋垂直剖面：风（矢量）、垂直涡度（等值线；时间间隔 0.0004 s^{-1}）以及扰动位温（暗阴影，＜−4 K；浅阴影，−1～−4 K）。引自 Weisman 和 Trapp（2003）。

8.3.3　龙卷

已知，弓形回波顶点以北的中涡旋是龙卷的宿主，单个弓形回波的线回波波动模型（LEWP）和旋转逗点头部（或北线端涡旋）也是如此。[45]已经提出多种机制来解释相关的龙卷成因，包括：（1）如上文所述，低层中涡旋生成后的垂直涡度聚集；（2）外部“边界”和 MCS 之间的相互作用（见第 9 章）。在这两种情况下，龙卷生成的特征均为“非下沉”，因为它首先在低层开始，然后向上发展（如图 8.22；另见第 7 章）。

第三种机制包括非超级单体龙卷生成，从水平切变不稳定性（HIS）的释放开始，然后是涡旋合并和增长。[46]按照最初的设想，这种机制涉及浓积云或积雨云在低层水平切变区（垂直涡旋片）上方变得不稳定的位置。[47]回想第 5 章，深厚积云自身可能与 HSI 释放发展产生的小气旋有关。随后，对流上升气流将小气旋拉伸成龙卷尺度的涡旋（图 8.24）。在准线性 MCS 的情况下，水平切变带与大范围的阵风锋相关，且

MCS 上升气流是拉伸的媒介。由此产生的龙卷通常较弱，尤其是当 MCS 上升气流特别倾斜或垂直方向受到限制时。然而，在 MCS 中也曾观测到强烈的龙卷。

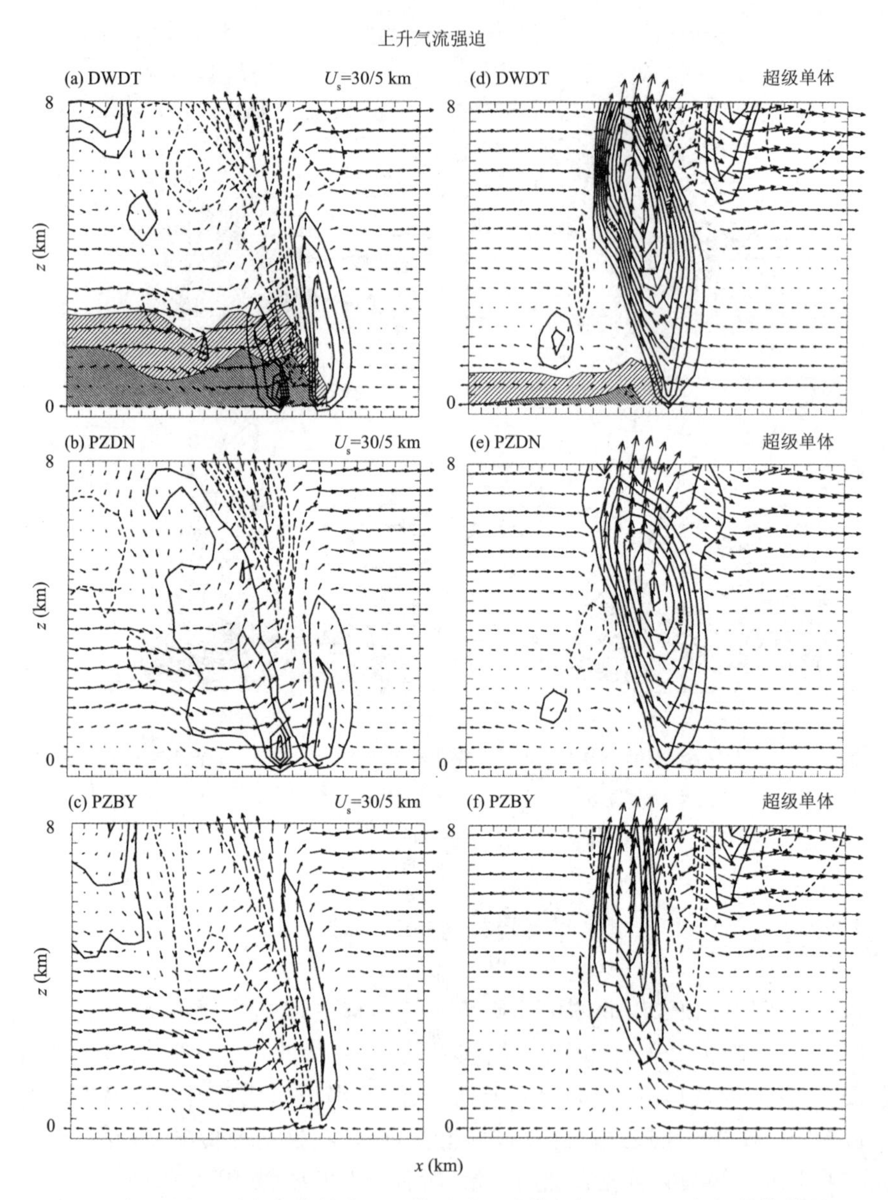

图 8.23　利用垂直运动方程中的分压比较弓形回波模拟(a)—(c)和超级单体模拟(d)—(f)之间的上升气流强迫。DWDT 是总的强迫，PZDN 是动力气压强迫，PZBY 是浮力气压强迫(见正文)。等值线间隔为 0.002 m・s^{-2}，省去了 0 值线。引自 Weisman 和 Trapp (2003)。

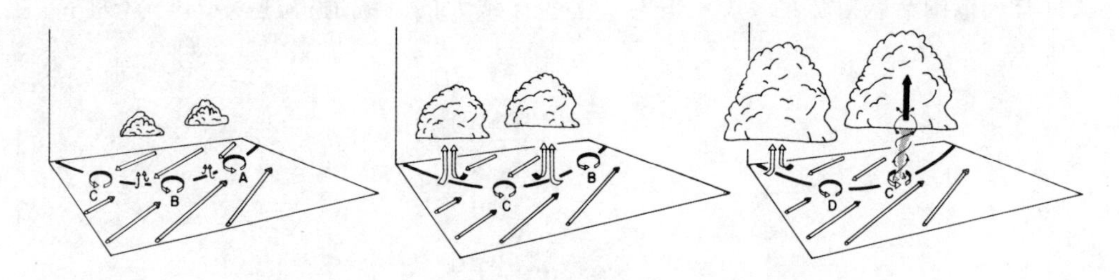

图 8.24　非超级单体龙卷生成的概念模型。引自 Wakimoto 和 Wilson(1989)。

8.3.4　暴雨和暴洪

洪水是另一种公认的 MCS 危害。根据定义，暴雨后在时间尺度约为 6 h 或更短时间内，可能发生的特定洪水，称之为暴洪(闪发洪水)；长时间(几天或几周)的洪水通常被称为河流洪水。地表水文过程在这两种类型的事件中都至关重要，但本文的讨论仅限于气象过程，特别是暴洪的气象过程。

尽管一系列降水系统类型可产生大量甚至极端的降雨，从而导致洪水，但具有“列车线/伴随层状”(training line/adjoining stratiform，TL/AS)降水以及“后方生成/准静止”(backbuilding/quasistationary，BB)降水的对流系统(图 8.25)，似乎是最多产的。这些系统有一个共同的特性，即能够在几个小时时间段 D 内，在空间中的某个点，产生大的降雨率 R。

考虑 R，在这里表示为

$$R = \langle wq \rangle P_e \tag{8.20}$$

式中，$\langle wq \rangle$是向上水汽通量，P_e 是降水效率。[50] 从根本上来说，降雨率取决于凝结成云的水汽量，以及凝结的水作为雨水返回地面的比例。降水效率可与沉降到地面的水的时间和体积积分质量除以总输入的水的质量相关联，其中体积为对流降水系统的体积，且在对流降水系统的参考框架内。隐含地，P_e 须考虑凝结的数量：是被输送到降水云的下风处(只是后来蒸发)；是由于夹卷相对干燥的环境空气，在云中蒸发；以及以降水的形式到达地面。环境湿度和风，微物理细节(如液滴大小分布)和夹卷率都会影响 P_e。在这方面，值得注意的是，夹卷的有害影响在 MCS 中减少了，因为嵌入的单体比孤立单体能更好地与未受扰动的环境隔离。

持续时间 D 取决于降水系统的大小和移动，尤其是相对于系统长轴的方向。有效的系统运动包括单个单体的运动(见第 6 章)：单体在平行于 MCS 长轴方向上的运动给人一种单体“列车”沿着同一假想“轨道”运动的印象(图 8.25a)；准静止锋面边界有助于这种“列车运动”。运动还包括传播，因此也包括单体发展和消散的方式。单体“后方生成”和 BB 组织适用于此，新的单体在阵风锋前生成，阵风锋的移动方向与深层风的方向相反，因此与单体的方向相反(图 8.25b)。最后，大的 D 简单地从具有大范围活跃对流的 MCS 产生。这些异常大的系统值得进一步讨论，如下一节所述。

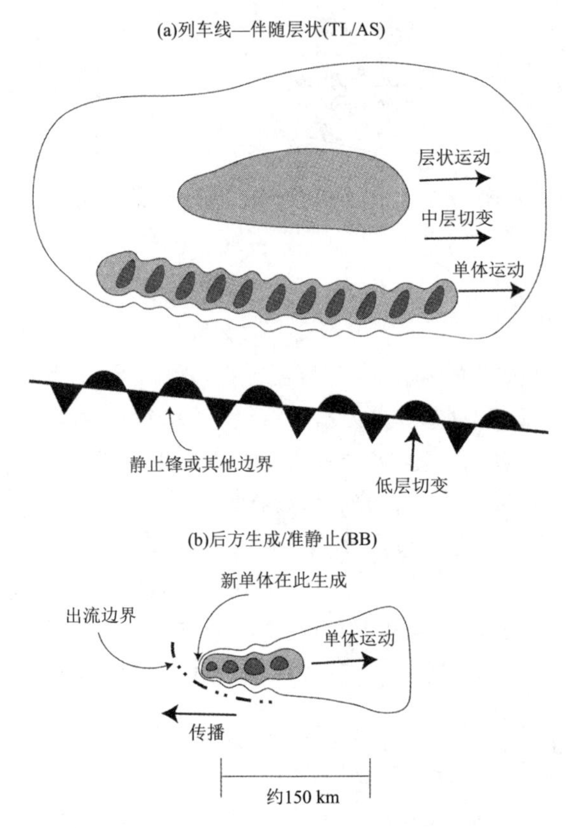

图 8.25 (a)列车线/伴随层状；(b)后方生成/准静止 MCS 组织的天气雷达示意图。引自 Schumacher 和 Johnson(2005)。

8.4 中尺度对流复合体

在有组织的对流风暴谱中，有一类特别大、寿命长的多单体对流系统，称为中尺度对流复合体（MCC）。MCC 在全世界范围内都能观测到，包括在热带低纬度地区。[51] MCC 砧状云盾和相关的最冷云顶区域在红外（IR）卫星图像中几乎呈圆形（图 8.26）。根据该特性可以进行客观分类[52]，即：

(1)砧状云盾具有面积≥10 万 km^2 的红外亮温≤−32 ℃连续区域。

(2)外围的云盾包含一个具有亮温≤ −52 ℃面积≥ 5 万 km^2 的内部云盾。

(3)当内部云盾达到其最大尺寸时，红外云顶的偏心率≥ 0.7。

另一项要求是这些条件至少持续 6 h。

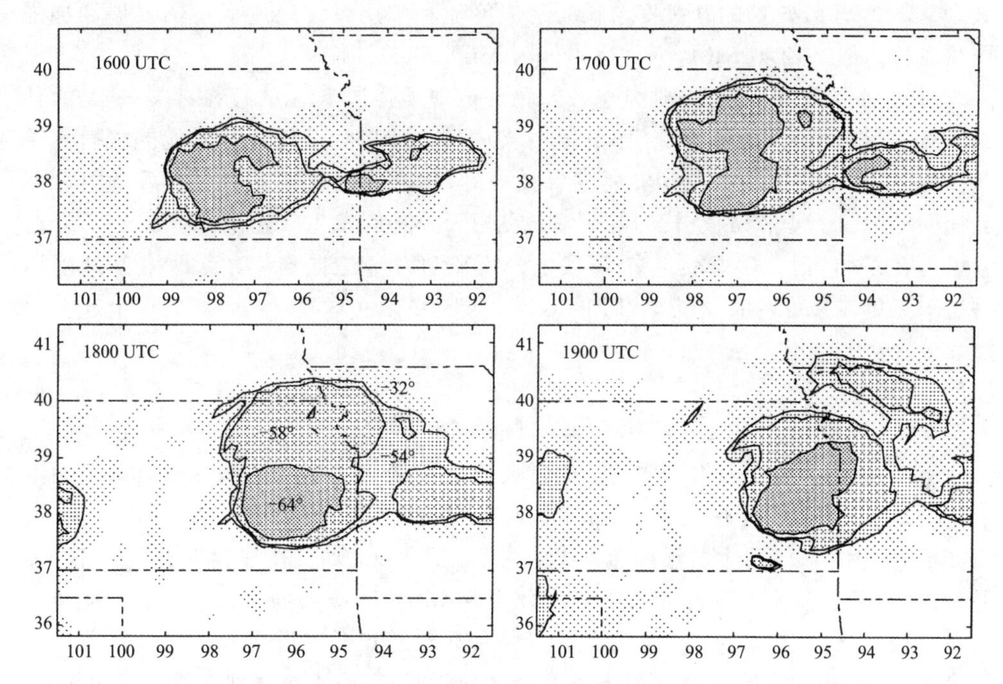

图 8.26　中尺度对流复合体示例，如四个不同时间(UTC)的红外卫星图像所示。图中标注了亮温值和相应的阴影区。引自 Nachamkin 等(1994)。

给定此时间尺度以及标称的砧状云盾直径约 350 km，从第 8.3.4 节的讨论中可以明显看出，暴洪是一种通常归因于成熟 MCC 的灾害。MCC 还可以产生龙卷、冰雹和破坏性风，特别是在 MCC 形成阶段，该阶段由一个个对流单体组成。

隐含地，MCC 分类方案说明了对流上升的总面积和强度。然而，在前面列出的基于卫星的标准中，未考虑导致 MCC 组织的形态路径。为此，我们参考了与卫星观测同时收集的天气雷达观测结果，提出两种基本的 MCC 类型。[53] 典型的“1 型”MCC 由在天气尺度锋面冷空气上方初生的单体形成；初生来自与垂直于锋面区的低对流层风相关的抬升/失稳。这些单体的下沉气流和随之而来的因降雨而降温的空气通常没有足够的负浮力穿透锋面空气的垂直范围，因此只能在地面形成弱的中高压(几个百帕的扰动)和弱的冷池。随后的对流增强和发展产生于与大尺度气流的非绝热耦合。在对流区域内，凝结潜热的释放引起对流层中部空气以辐合和上升来响应。对流层中部辐合作用放大了行星涡度，导致对流层中部 MCV(见第 9 章)和中低压。这种三维中尺度环流有助于在存在足够的环境 CAPE 和水汽的情况下维持对流复合体。

“2 型”MCC 事件来自于准线性 MCS，因此来自基于边界层的对流过程。这些事件最容易在中纬度气旋的暖区形成，那里的环境 CAPE 和低空垂直风切变都很大。从 MCS 到 MCC 的升尺度增长与地表冷池和中层系统尺度涡旋的发展和加强同步发生。最终，2 型 MCC 事件也可能与 MCV 相关。

MCC 主要在夜间发生，通常与夜间物理地理学强迫 LLJ 的存在有关；这是为什么 MCC 出现在特定地理区域（如美国中部）的一种解释，尽管支持它们的一般气象条件（如移动短波槽和 850 hPa 高度层暖平流）相当普遍。[54] 相应地，MCC 的消亡是在夜间的 LLJ 及其高 θ_e 空气的等熵输送在白天停止后发生。如果 MCV 已经形成，它可以在 MCC 消亡后继续存在；事实上，MCV 动力学有助于启动新的对流单体，而这些对流单体又可以演变成新的 MCC（或 MCS；见第 9 章）。

8.5 环境

MCS 已知存在于截然不同的热力学环境中，包括那些几乎没有基于地面静力不稳定的环境。然而，当平均层（mean-layer，ML）有中到大（约大于 2000 J·kg^{-1}）的 CAPE 值，且在对流层中层温度递减率约大于 7℃·km^{-1}时，往往发生最强烈且寿命最长的 MCS。[55] 其他参数也可用于分辨此类强 MCS 环境与弱 MCS 环境。例如，θ_e 的垂直差异已被用于量化下沉气流层的潜在干燥度和低层潜在湿度。探空数据分析表明，0～5 km 层上的 $\Delta\theta_e$ 约小于－25 K 时很好地表明支持强烈下沉气流的环境，因此也表明了线状风暴（derecho）事件的可能性。[56]

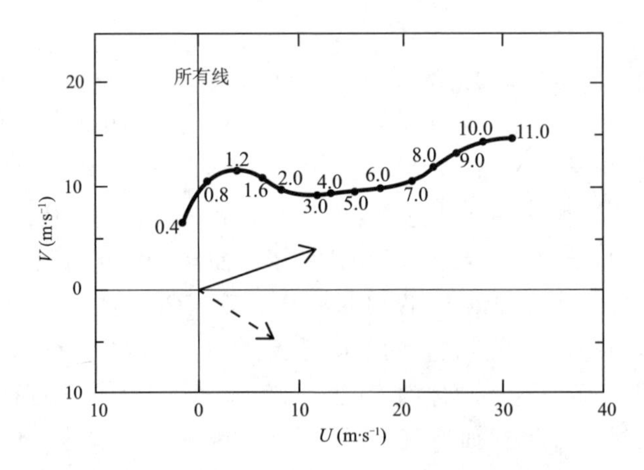

图 8.27　根据俄克拉荷马 40 个强飑线环境的无线电探空观测构建的合成速度矢端图。图中数字为平均海平面高度高度(km)。实线箭头表示平均单体运动，虚线箭头表示平均线运动。引自 Bluestein 和 Jain(1985)。

因为 MCS 和超级单体中同样存在强烈的垂直气流，因此这些对流模态所具有的热力学环境存在重叠。另一方面，它们各自的环境风廓线平均来说具有显著的差异：相对于龙卷超级单体环境的合成速度矢端图，合成的飑线速度矢端图在低层表现出较小的曲率,并且一般来说,切变矢量的方向随高度的变化较小(见图 6.19)。(强)飑线环境的特点通常是在低层(例如,0 到 3 km 层)有强烈的垂直切变,在高空切变较弱[57](图 8.27)。对于速度矢端图的其他特征是否对飑线的发展和维持最为重要,存在着相当大的争议。[58]表 8.1 总结了其中一些特征,包括对流层中层切变和平均风的近似值。

表 8.1　长寿命强 MCS 的环境风廓线平均特征

	幅值(m·s⁻¹)	层,深度(km)
垂直风切变	15	0～2.5
	30	0～5
	30	0～10
相对系统的入流	20	0～1
相对地面的平均风	20	6～10

注:编自 Thorpe 等(1982);Weisman 等(1988);Weisman 和 Rotunno(2004);Cohen 等(2007)。

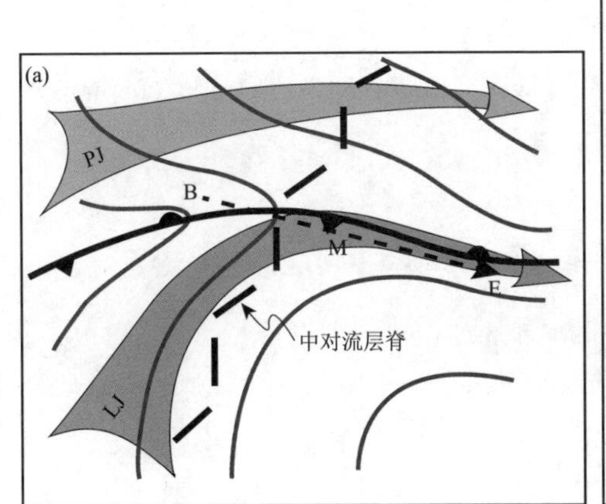

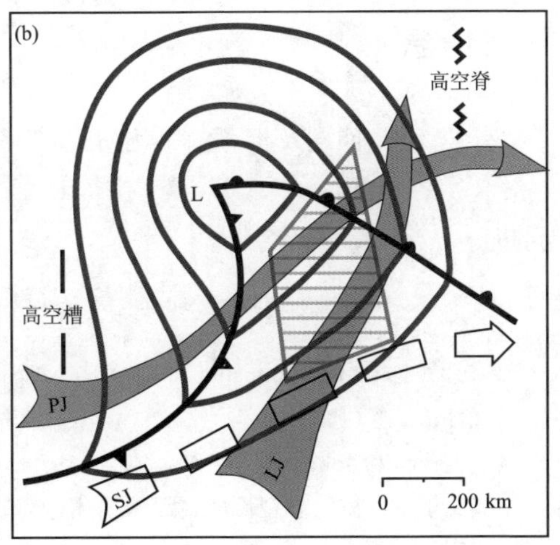

图 8.28　长寿命破坏性 MCS(线状风暴,derecho)的理想化天气形势。(a)"暖季"形势,B—M—E 线代表对流系统的可能轨迹;(b)"动力"形势,阴影区域表示 MCS 发展的可能区域。PJ,LJ 和 SJ 分别表示极地急流、低空急流和副热带急流。引自 Johns(1993)。

这些先决条件产生于相对不同的天气尺度形势,其中最常见的包括(最终)发生强 MCS 的上游 500 hPa 槽。[59]槽线以东相关联的对流层中部气流通常与类似方向的 LLJ 耦合(图 8.28),LLJ 提供了几乎是单向的切变廓线;LLJ 也提供了大量低空热量和水汽,因此有助于静力不稳定。有时这被称为*动力形势*,其在一年中的任何时候都可能和强(且和线状风暴相关)的 MCS 一起观测到。[60]一个在夏季月份重复出现的形势包括一个 500 hPa 脊,与一个反气旋性弯曲的 LLJ 和准静止地面锋面边界

(图 8.28)相耦合。这种暖季形势的特点通常是高空的西北气流,因此在 MCS 位置的上游有一个中对流层脊线。[61] 如同对流层中层纬向流的情况,当脊线在 MCS 下游或接近 MCS 的形势与 850 hPa 气流以及几乎平行于高空气流的地面热力边界耦合时,该形势也具有了暖季形势特征。[62] 尽管在某些情况下可能存在由急流带引起的横向环流,但一般隐含的是,暖季形势的天气尺度(如准地转)强迫相对于动力形势相关的强迫要弱。这些环境特征具有季节性(和区域性)趋势,暖季环境具有相对较弱的切变、较高的 CAPE 和较少的天气尺度强迫,而冷季环境具有较强的切变、较小的 CAPE 和更强的天气尺度强迫。[63]

虽然最初是被用来识别中纬度 MCS 的,但暖季条件具有热带相似性。[64] 并非巧合,作为飑线的 MCS 组织在热带地区很常见,特别是在海洋地区。热带环境 CAPE 和风切变支持飑线,其动力学行为与中纬度地区相同,也具有一些同样基本的伴随天气灾害,特别是暴雨。这种有组织的对流对较大尺度的热带大气热量和动量输送发挥着关键性的作用。这些将在第 9 章中详细讨论。

补充信息

有关练习、问题及推荐的个例研究,请参阅 www. cambridge. org/trapp/chapter8。

说明

1 Zipser(1977)。
2 另见 Parker 和 Johnson(2000)关于 MCS 时间和空间尺度一致性的论点。
3 Houze 等(1990)。
4 Parker 和 Johnson(2000)。
5 关于飑线微物理观测的更深入描述,见 Smith 等(2009)。
6 Klimowski 等(2004)。
7 Klimowski 等(2004);Moller 等(1994)。
8 如 Loehrer 和 Johnson(1995);Fritsch 和 Forbes(2001)。
9 James 和 Johnson(2010)。
10 这也排除了此处考虑所谓的“单体”对流线(James 等, 2005)。
11 Parker 和 Johnson(2004)。
12 Rotunno 等(1988)。
13 Parker(2010)。
14 Evans 和 Doswell(2001)。
15 Bryan 等(2006)。
16 Weisman(1992)。
17 Weisman(1993)也是如此。

18　Kundu(1990)。

19　Weisman(1993)。

20　Weisman 和 Davis(1998)。

21　Atkins 和 Cunningham(2006);Parker(2008)。

22　Augustine 和 Caracena(1994)。

23　French 和 Parker(2010)。

24　Parker(2008);Marsham 等(2011)。

25　French 和 Parker(2010)。

26　Newton 和 Newton(1959)。

27　Corfidi(2003)。

28　Mahoney 等(2009)。

29　Corfidi(2003)。

30　Fujita(1979)。

31　例外的情况是,夜间逆温较强,这就限制了 MCS 下沉气流的向下渗透。参见 Atkins 和 Cunningham(2006)和 Parker(2008)。

32　Weisman(2001)。

33　在这里和其他地方,环境切变值来自公开发布的 Klemp-Wilhelmson(K-W)模式模拟结果。Bryan 等(2006)进行的模式间的比较表明,这些阈值相对于其他模式的阈值较高,因此应仅视其为近似值。

34　Trapp 和 Weisman(2003)。

35　一旦环境切变超过约 25 $m \cdot s^{-1}$,最大地面风变得相对较弱,因为对流单体会顺风切变倾斜,也会被组织成更像 3D 超级单体,而非 MCS。

36　Atkins 等(2005)。

37　Weisman 和 Trapp(2003)。

38　Johns 和 Hirt(1987)。Derecho 是表示"直的"或"直立"的西班牙语形容词。

39　Trapp 和 Weisman(2003);Atkins 和 St. Laurent(2009);Wakimoto 等(2006)。

40　在成熟的 MCS 中,这种倾斜过程导致方向与如图 8.20 所示的早期阶段 MCS 方向相反的涡旋耦合;参见 Trapp 和 Weisman(2003)。

41　Davies-Jones 和 Brooks(1993)。

42　Trapp 和 Weisman(2003)。

43　同上。

44　Weisman 和 Trapp(2003)。

45　Trapp 等(2005b)。

46　Carbone(1983), Wheatley 和 Trapp(2008)。

47　Brady 和 Szoke(1989);Wakimoto 和 Wilson(1989)。

48　限定词"极端(extreme)"可以有许多定义。例如,Schumacher 和 Johnson(2005)要求一个或多个雨量计的 24 h 降水量超过 50 年重现周期的量(译者注:50 年一遇)。然而,重现周期的选择是主观的,且其量值可以通过多种不同的统计方法确定。另见 Hitchens 等(2010)。

49　Schumacher 和 Johnson(2005)。

50 以下大部分讨论来自 Doswell 等(1996)。

51 Laing 和 Fritsch(1997)。

52 Maddox(1980a)。

53 以下大部分讨论来自 Fritsch 和 Forbes(2001)。

54 Fritsch 和 Forbes(2001)。

55 Cohen 等(2007)。

56 同上。

57 Bluestein 和 Jain(1985);Thorpe 等(1982);Rotunno 等(1988);Weisman 等(1988)。

58 Weisman 和 Rotunno(2004);Stensrud 等(2005)。

59 Coniglio 等(2004)。

60 Johns(1993)。

61 同上。

62 Coniglio 等(2004)。

63 同上。

64 Barnes 和 Siec kman(1984)。

第9章　相互作用和反馈

概要：本章讨论对流风暴影响外部过程的方式和受外部过程影响的方式。也许最熟悉的这种相互作用涉及对流风暴“残余物”，如出流边界和中尺度对流涡旋。本章还探讨了对流对天气尺度动力学的影响，特别是对流风暴引起的非绝热加热。最后，考虑了中尺度对流过程在较长时间尺度上的作用，包括涉及地表类型、全球辐射强迫和降水对流云形成的反馈。

9.1　引言

按照长度尺度、时间尺度和跨尺度复杂性的递增顺序，本章探讨了对流风暴影响和受风暴外部过程影响的一些方式。第6章和第8章中介绍的风暴“残余物”经常涉及到中尺度上的这种相互作用，即出流边界和中尺度对流涡旋(mesoscale convective vortices，MCV)。两者都是由对流产生的，在产生它们的风暴消亡后会持续很长时间，并在此后帮助引发新的对流风暴。对流风暴引起的非绝热加热影响天气尺度动力学，特别是地面气旋的发展和增强。这种相互作用是双向的，因为气旋加深的作用是增强热量和水汽的输送。局地来说，这有助于维持现有的并支持随后的对流活动。

外部过程也会以较慢的响应促进多尺度相互作用。例如，考虑陆面和对流降水之间的反馈。这些都是在几个月甚至季节的时间尺度上实现的，并导致干旱和洪水。在更长的时间和更大的空间尺度上，水文循环受到自然变化和人为强迫的影响。事实上，由于温室气体浓度升高而产生的全球辐射强迫已被提出，以支持对流降水风暴的频率和强度的年代际趋势。

9.2　边界

在中尺度气象学词汇中，“边界”通常指对流风暴或系统的冷空气流出的前缘，尽管原则上可等同于其他的气团分隔物，包括天气尺度的冷锋和干线。位温(或相当位温、虚位温)的水平梯度是一个分界。另一个是水平风的水平梯度。

第5章详细描述了边界在对流初生中的作用。因此，本节将是简短和定性的，但重点略有不同，如以下假设情景所示：一个MCS在下午晚些时候形成，随后产生广泛的南移冷池和相关的出流边界。MCS在当地日出时消散，太阳加热和涡动混合对冷池的稀释有效地削弱了边界的运动，但并未完全消除冷池本身。到下午早些时候，这个边界现在是准静止的(且现在也是一个风暴的残余物)，有助于引发新的对流风暴。这些风暴在傍晚时分组织成一个新的MCS,产生一个新的冷池和边界,从而有助于引发另一轮对流风暴,并继续循环。

尽管这种特殊的反馈明确地跨越了中尺度,但天气和较大尺度仍然发挥着关键作用,为对流风暴的形成提供了必要的环境条件。以稍微不同的方式表述,更大尺度的大气也控制着边界反馈的普遍性。特别是考虑到中纬度地区的中尺度强迫在暖季期间变得越来越显著,因为平均急流向极地移动,中纬度天气尺度活动减少。事实上,可以预期中尺度边界反馈和相互作用的相对频率会有一定的季节依赖性。

并非所有的相互作用都必然涉及残余边界,也并非所有的相互作用都代表延伸到一个以上日周期的反馈。[1] 有些相互作用只是导致风暴形态的变化,例如导致上升气流旋转甚至龙卷生成的相互作用。[2] 例如,众所周知,富含垂直涡度的边界提供了一个低层旋转的局地来源,当遇到积雨云时,低层旋转会被放大。[3] 本质上,这是第8章中描述的非超级单体龙卷生成机制,但它也可能涉及起源于离边界一定距离的超级单体。图9.1中概念化了一个相关的相互作用,其中外部边界提供了水平斜压涡度源,该涡度因风暴而垂直倾斜;[4] 实际上,这种相互作用的结果部分取决于风暴相对于边界方向的运动,部分与边界的热力和运动学特征有关。[5] 图9.2所示的改变最终形态的相互作用导致了低层中涡旋,其随后与风灾和一个龙卷有关。[6] 弓形回波一边界相互作用,如此次过程,已隐含其与许多龙卷和破坏性风的事件有关,尽管相互作用的性质尚不清楚。[7] 事实上,由于所涉及过程的范围,所有这些相互作用共同的开放性问题是边界对于形态改变的必要性和充分性程度。

9.3 中尺度对流涡旋

图9.2所示的弓形回波一边界相互作用产生的中涡旋,相对于MCS产生的其他垂直涡旋,其尺寸较小。该涡旋谱中最大的是MCV,其长度尺度与对流系统的约100 km尺度成比例。MCV的时间尺度从几个小时到几天不等,因此经常超过其宿主MCS的时间尺度。[8] 图9.3揭示了这两个特征,但更重要的是,说明了本章中处理MCV的原因:该对流残余物具有诱发,可生成新的或“二次”对流风暴运动的强大能力,这反过来又可以再次生成MCV。

MCV经常出现在对流层中层,在前端的对流上升气流后方的层状降水中。其初始涡度部分起源于由倾斜水平涡度产生的中层线端涡旋(第8章)。然而,最终,行星涡度的贡献似乎是产生主导气旋性涡旋(北半球)所必需的。[9] 抬高的后部入流和由前向后的上升气流共同作用形成持续的中层水平辐合,相对涡度和行星涡度因此得以增强;同时,众所周知,这种水平辐合和相关的拉伸也是中尺度下沉气流的结果。[10]

考察环流理论[11],支持MCV形成的这一观点

$$\frac{\mathrm{D}\Gamma}{\mathrm{D}t} = \int B\boldsymbol{k} \cdot \mathrm{d}\boldsymbol{l} - f\frac{\mathrm{D}A}{\mathrm{D}t} \tag{9.1}$$

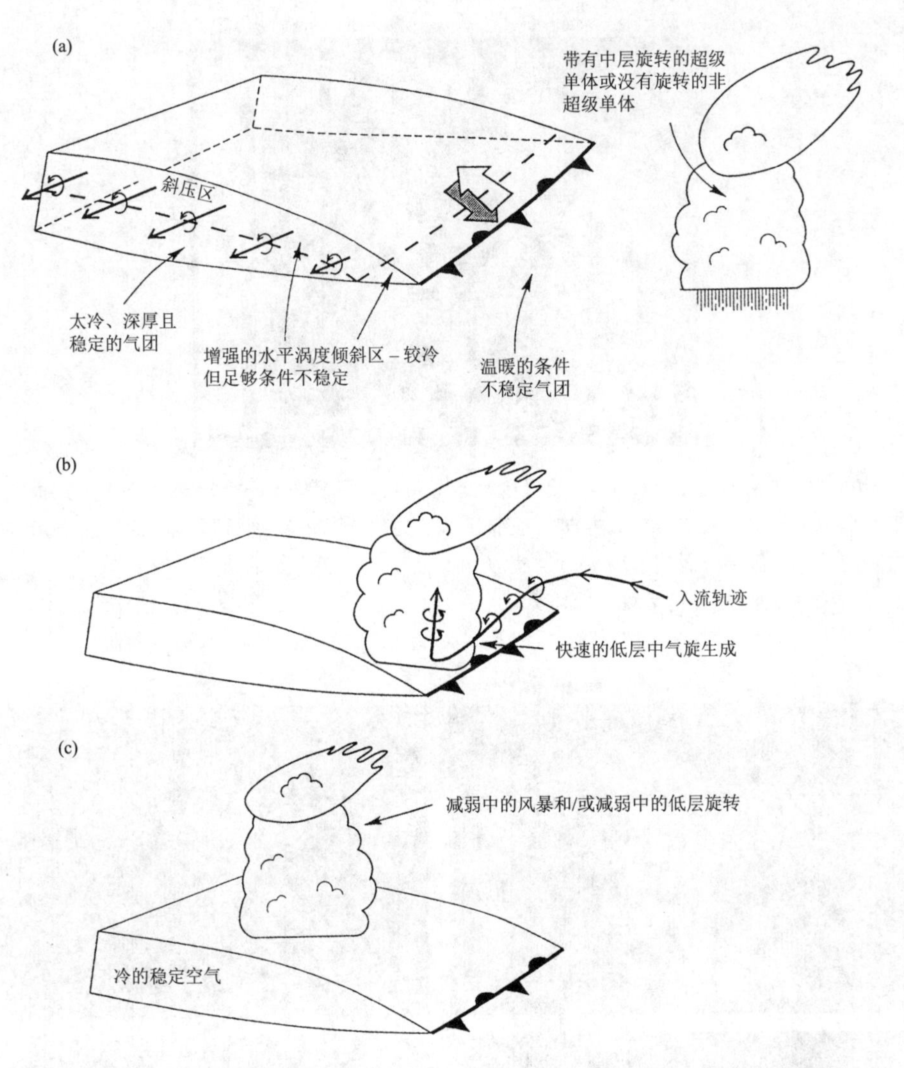

图 9.1　超级单体和先前存在的热力边界之间相互作用的概念模型。当超级单体穿过边界时，与边界相关的水平涡度被超级单体上升气流倾斜到垂直方向。引自 Markowski 等(1998)。

式中，行星涡度对环流的贡献通过包含科里奥利参数 f 来实现，其中 A 是投影到水平面上的闭合物质回路内的面积，$\boldsymbol{l}$ 是与积分闭合回路的局地切线方向，B 是浮力，Γ 是相对环流

$$\Gamma(t) = \int \mathbf{V} \cdot \mathrm{d}\boldsymbol{l}$$

如第 7 章所述，式(9.1)中的右手第一项有助于从斜压性产生环流。为了理解第二个右手项，想象一个物质回路，其最初的相对环流为零，但完全位于地球上的一个水平面上。如果回路在时间上收缩($\mathrm{D}A/\mathrm{D}t<0$)，如水平辐合时所发生的那样，则获

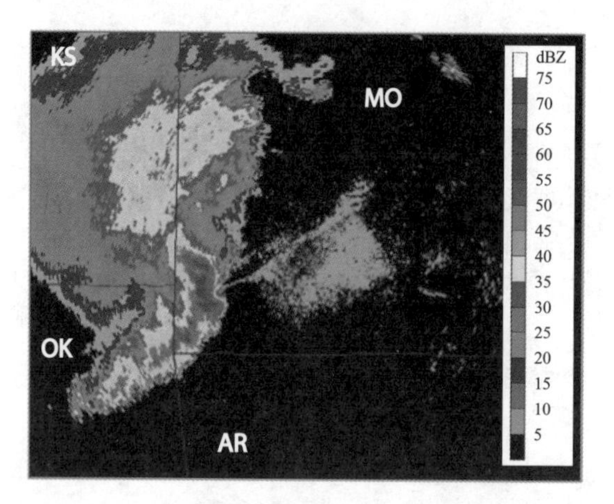

图 9.2　2003 年 7 月 4 日 12:30 UTC 密苏里州斯普林菲尔德 WSR-88D 的 0.5°扫描雷达反射率因子。西南—东北方向的细线显示了边界。与不对称弓形回波的相互作用点对应于一个低层中涡旋，该中涡旋与风灾和一个龙卷有关。州的边界(和州缩写)给出了空间尺度概念。(详情请见彩图插页)

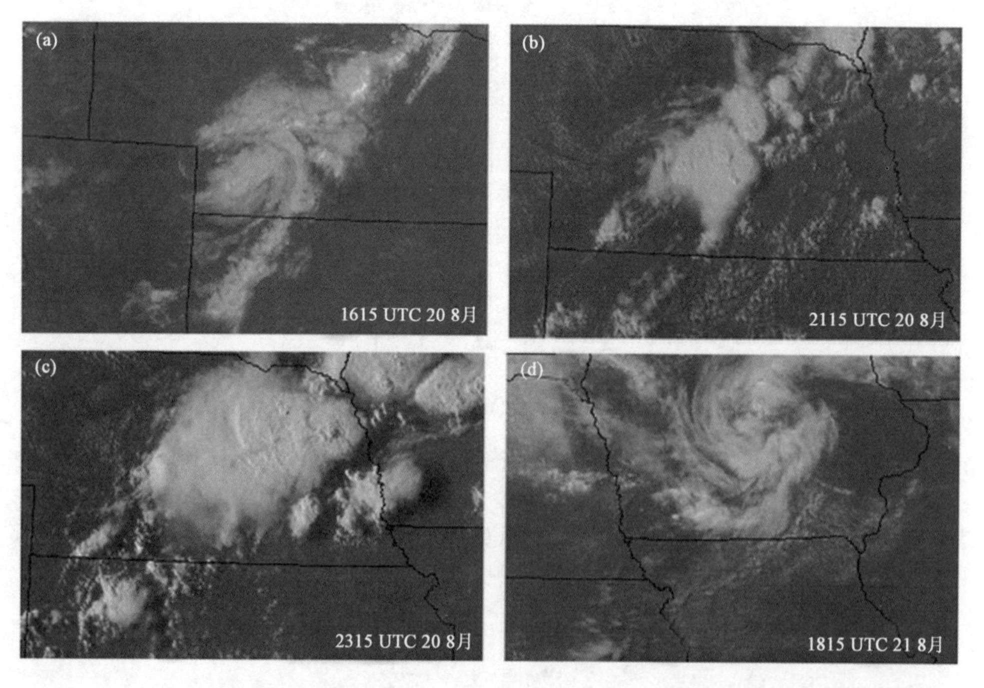

图 9.3　GOES-8 可见卫星图像显示的长寿命 MCV 示例。(a)中，云区是夜间 MCS 的残余和一个相关 MCV(如云涡旋所示)。傍晚时分，午后早期对流(b)演变为 MCS(c)。MCS 在清晨减弱，但在(d)中的云涡旋中显示的 MCV 再生之前不会减弱。引自 Trier 等(2000a)。

得正的环流。

位涡提供了 MCV 形成的另一个观点。回顾第 5 章

$$P = g(\zeta_\theta + f)(-\partial\theta/\partial p) \tag{9.2}$$

式中，下标 θ 表示等熵面上的估值。P 为最大值时，MCV 具有较大的绝对垂直涡度和较大的静力稳定度双重特征。后者体现为 MCV 核内的等熵局地压缩（见图 9.4），我们将很快看到，这对 MCV 引起的运动至关重要。

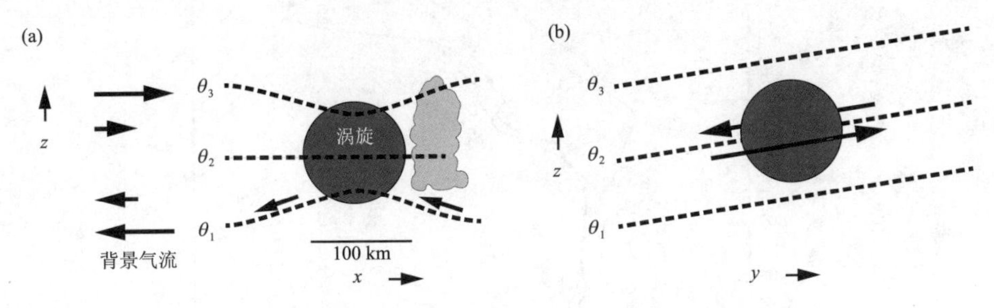

图 9.4　穿过理想化 MCV 的垂直剖面，MCV 表示为一个位涡异常。(a)从南面看；(b)从东面看。虚线为等熵线，是从(a)中的角度来看的，这些等熵线在 MCV 核内垂直压缩。在(a)中，MCV 下切变（东）侧的等熵抬升有利于新对流单体的生成。引自 Trier 等(2000a)，改编自 Raymond 和 Jiang(1990)。

MCV 核中的等熵压缩对应于几个摄氏度的热力扰动，暗示了 MCV 发展中的一个关键过程——即非绝热加热。[12]控制位涡生成的方程揭示了这一点[13]

$$\frac{\mathrm{D}_\theta P}{\mathrm{D}t} = -g\frac{\partial\theta}{\partial p}(\nabla\times\mathbf{V} + f\boldsymbol{k})\cdot\nabla(\dot{Q}) - g\frac{\partial\theta}{\partial p}\boldsymbol{k}\cdot\nabla\times\boldsymbol{F} \tag{9.3}$$

式中，两个右手项分别包括非绝热加热和摩擦，其中，在等熵坐标中，$\mathrm{D}_\theta P/\mathrm{D}t = \partial P/\partial t + u(\partial P/\partial x)_\theta + v(\partial P/\partial y)_\theta$，且 $\nabla = \boldsymbol{i}(\partial/\partial x)_\theta + \boldsymbol{j}(\partial/\partial y)_\theta + \boldsymbol{k}(\partial/\partial\theta)$。忽略摩擦以及非绝热加热水平梯度的贡献，式(9.3)简化为

$$\frac{\mathrm{D}_\theta P}{\mathrm{D}t} \simeq P\frac{\partial}{\partial\theta}(\dot{Q}) \tag{9.4}$$

式(9.4)表明，在非绝热加热垂直梯度较大时，产生的 P 也较大。在 MCS 中，特别是在层状区域，根据对流层上半部分非绝热加热尖峰最大值观测，这对应于对流层中部（见图 9.5）。因此，在行星涡度和绝对垂直涡度存在的情况下，MCS 中的对流加热可以产生我们识别为 MCV 的位涡异常。

图 9.4 说明了 MCV 与其斜压环境在一个昼夜周期内的基本相互作用。在这个特殊的例子中，深厚的西风环境切变由低层东风和高层西风组成。由于该风廓线和 MCV 修正的等熵面产生的等熵上升（下沉）发生在低空至中层对流层内涡旋的顺切变（逆切变）侧（图 9.4a）。[14]额外的上升和下沉由涡旋自身的切向风通过沿涡旋所在环境的等熵面气流诱发（图 9.4b）。

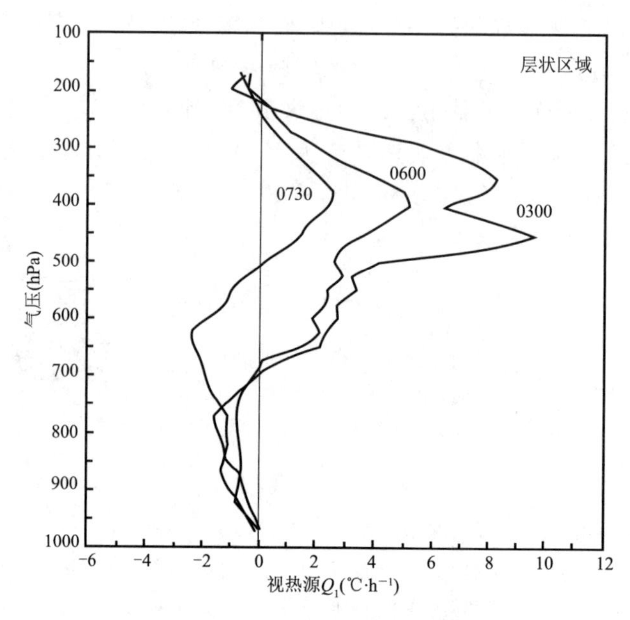

图 9.5　飑线层状区域内非绝热加热垂直廓线。在飑线内的三个不同时间，这些估算值是辐射加热、凝结融化和升华产生的潜热以及感热垂直和水平输送的综合测量值。引自 Gallus 和 Johnson(1991)。

这种相互作用的重要性，特别是诱发的上升/下沉，取决于涡旋强度、涡旋纵横比(L/H，其中 L 为水平长度尺度，H 为垂直深度尺度)以及涡旋深度上环境垂直风切变($\Delta U/H$，其中 ΔU 是环境风的垂直变化)的影响。[15] 如图 9.4b 所示，更强的切向风的一阶效应是更强的等熵上升(和下沉)。环境风切变的一阶效应是由于差分平流而导致的朝向涡旋的顺切变倾斜。环境切变和涡旋强度的联合效应调节涡旋倾斜的方向和程度，从而调节诱发的上升和下沉相对于涡旋的位置。最后，环境风切变和涡旋纵横比的联合效应使得时间尺度等于 $L/\Delta U$，这意味着弱环境切变中的大涡旋有利于诱发的运动维持较长时间。

概括而言：

・MCV 诱发的气块位移在对流层中部位涡异常下方达到最大值，靠近最强涡旋风的半径处。[16]

・相关的抬升和环境失稳有助于新的对流云形成。

・这种二次对流通过涡旋拉伸(或位涡的非绝热生成)和对流减弱→MCV 持续→对流再次重新生成的循环使得 MCV 重新激活。

并非所有的 MCV 都会在产生它的 MCS 消亡后持续很久，也不是所有的二次对流都会演变成一个新的 MCS。另一方面，多次循环是可能的，最终形成一个系列

MCS。循环的次数，以及反馈本身，在很大程度上取决于演变环境的热力学和动力学因素。

9.4　深湿对流与天气尺度动力学之间的相互作用

如同MCV，天气尺度气旋也被认为受益于与对流尺度过程的相互作用。这种相互作用以多种方式实现，包括通过位涡的变化。因此，我们可以方便地立刻回到式(9.4)，但让我们先忽略非绝热加热，并相应地忽略对流尺度过程。虽然看起来不够谨慎，但可以简化式(9.4)为位涡守恒，我们可以借此来考察相关的天气尺度过程。方便我们进行考察的是一种称为等熵位涡(isentropic potential vorticity，IPV)思想的结构。[17]

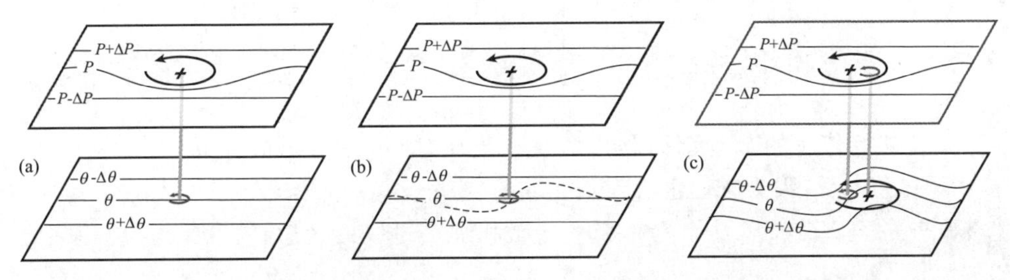

图9.6　应用IPV思想解释地面气旋生成。(a)高空初始正位涡异常向下渗透，在地表形成环流。(b)环流局地平流输送位温，形成地表异常。(c)新的地表异常向上渗透，在高空引发环流，然后局地改变原始位涡异常。改编自Bluestein(1993)。

为应用IPV思想，我们假设对流层中上部P最初存在正异常。如图9.6a所示，该异常是位涡的局地最大值。图9.6a还表明异常向下渗透，并在对流层下部引发水平环流。渗透深度实际上是异常的垂直尺度，直接取决于异常的长度尺度，与环境的静力稳定度成反比；因此，相对较大的异常会引发相对较强的风场。[18]引发的环流局地平流输送P(或地表附近的位温)在这一新高度层形成异常(图9.6b)。然而，新的异常——此处为地面气旋——反过来向上渗透，并在较高高度引发其自身环流(图9.6c)。由此引发环流导致的局地平流加强了高层异常，然后又通过刚才描述的过程加强了低层异常。只要这些异常保持在这种空间配置中，高层异常和低层异常之间的这种互利的互动就会持续。

与深湿对流相关的非绝热加热能够改变这种配置，这取决于对流加热相对于异常发生的位置。回想一下，非绝热加热的垂直梯度在对流层的下半部分(上半部分)通常较大且为正(负)(图9.5)，因此，位涡的非绝热生成在最大加热层以下(以上)为正(负)(式(9.4))。在高层异常下游(以及通常观测到的低层异常附近)深湿对流情况下,低层异常通过正位涡的产生直接得到增强。对流加热也间接增强了高层异常,高空负位涡的产生有效地导致上游正异常更加“异常”(图 9.7)。[19] 在这种相对常见的情况下,相应的高层和低层异常都被强化,并且都保持在互利的相位锁定状态。

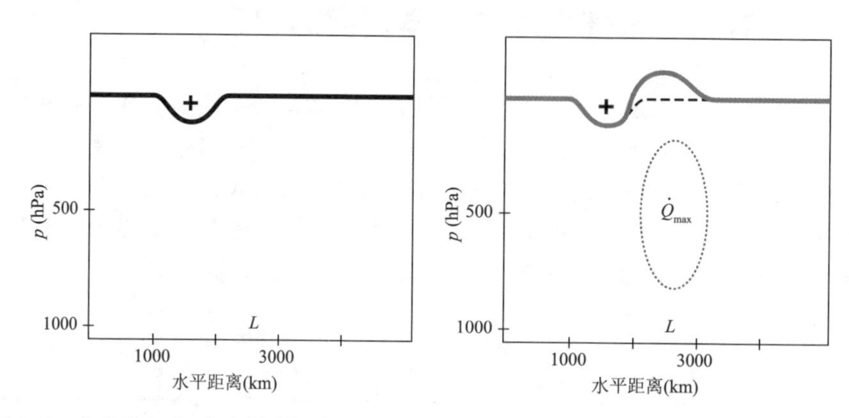

图 9.7　非绝热加热对对流层高、低层大气位涡异常影响的示例。改编自 Martin(2006)。

这些相互作用的基本动力学也体现在准地转(quasi-geostrophic,QG)理论中。与 IPV 思想一致(因为它们也必须是一致的),基于 QG 理论的论点也表明了其对非绝热加热的垂直分布以及加热的水平分布和加热量级的敏感性。[20] 通过 QG 理论设想的反馈回路如下所示:

· 天气尺度平流和上升调节环境,然后帮助启动对流;

· 随后的非绝热加热增强了地面气旋的发展;

· 气旋加深引起对流层低层风增加的响应;

· 通过水平平流,增强的风局地增加了水汽(和温度),取代对流处理的水汽,从而有助于维持正在进行的,并支持随后的对流活动;

· 相关的非绝热加热增强了地面气旋。[21]

因为这里是从整体意义上处理深湿对流,所以有一个开放的问题是是否单个风暴的细节很重要?例如,就其对天气尺度的影响而言,几个间隔较宽但寿命较长的超级单体是否等同于在同等区域上的一组较弱的对流风暴?值得一提的是,对流产生的冷池构成了天气尺度上的另一个效应。特别是当其由一系列大型 MCS 产生时,冷池可增强天气尺度的斜压性,从而有助于气旋发生。[22]

深对流风暴的影响并非仅限于中纬度地面气旋。例如,在非洲热带纬度,MCS 相关的非绝热加热和非洲东风急流入口区域附近的位涡生成可以激发非洲东风波(African easterly waves,AEW)。[23] 随后,AEW 向西传播,有可能在大西洋上空发展为热带气旋。理论上,由东风波相关 MCS 产生的 MCV 有助于此类热带气旋的形成,也许以一种第 7 章中描述的包含涡旋热塔的方式。[24]

大面积的持续对流还可能激发和/或发展与各种其他模态波的耦合,包括罗斯

贝波，它们确实具有全球尺度的影响。（正压）罗斯贝波是水平（用下标 H 表示）运动绝对涡度守恒的结果

$$\frac{\mathrm{D}_H(\zeta+f)}{\mathrm{D}t}=0 \tag{9.5}$$

该式在假设为无黏正压的大气中成立。正如我们在第 2 章中了解到的，罗斯贝波具有频率色散关系

$$\sigma=\bar{u}k-\frac{k\beta}{K^2} \tag{9.6}$$

和纬向相速度

$$c=\bar{u}-\frac{\beta}{K^2} \tag{9.7}$$

式中，σ 为频率，c 为相速度，$K=\sqrt{k^2+l^2}$ 为水平波数，$\beta\equiv \mathrm{d}f/\mathrm{d}y$，$\bar{u}$ 是基态（西）风。我们还从第 2 章了解到，罗斯贝波是色散的，或者换句话说，长波（小波数）罗斯贝波通常相对于基态西风是倒退的，短波（大波数）罗斯贝波是前进的。在更一般的情况下，这里也是更相关的，斜压大气情况下，罗斯贝波是位涡守恒的结果

$$P=g(\zeta_\theta+f)/(-\partial p/\partial\theta)=\mathrm{const} \tag{9.8}$$

式（9.8）是基于式（9.3）的绝热无黏形式。在式（9.8）中稍微重写 P，以强调分母，我们可以将其视为流体柱的有效深度。流体柱深度的变化将激发罗斯贝波，就像位涡守恒流体柱与地形相互作用时发生的那样。在有南北地形障碍的情况下，[25] 结果是背风面一系列交替的波谷和波脊，即罗斯贝波列（见图 9.8）。

几乎静止的非绝热加热也有类似的效果。[26] 在基态流中，通过对流产生位涡和随后的位涡守恒，可以在高层激发罗斯贝波。波的传播是在被称为*罗斯贝波导*的气候有利区。在美国中部激发的波的相关波导——一个 MCS 频繁出现的区域，因此很可能是罗斯贝波的源区——向东北延伸至北大西洋，从北美西海岸向西南延伸至太平洋中南部。[27] 在图 9.9 中的示例中，在 1992 年 7 月期间，两个波导中都明显出现了对流激发的罗斯贝波；这是一个在大平原和密西西比河上游河谷地区发生异常大的降雨和持续对流的时期。请注意，朝向西南的波导最适合于对流反馈，因为它表示向上游的波传播。这种向上游传播的罗斯贝波被认为增强了落基山脉南部的西风气流。这促进了山脉以东持续背风槽的发展，从而为美国中部随后的对流提供了有利环境。

现在应该很明显，对流加热对天气和全球尺度环流有着不可忽略的影响，也有着不可忽略的相互作用。事实上，如果在 NWP 模式中表示不当，例如，这种特定的向上尺度反馈可能是天气模式预报中重大的误差来源（例如，第 4 章和第 10 章）。正如我们将在下一节中了解到的，降水本身对下垫面有着不容忽视的反馈。涉及地表及其属性的反馈效应可能在空间和时间上影响深远，如果同样被错误地表示，可能会导致天气和气候预测的额外误差。

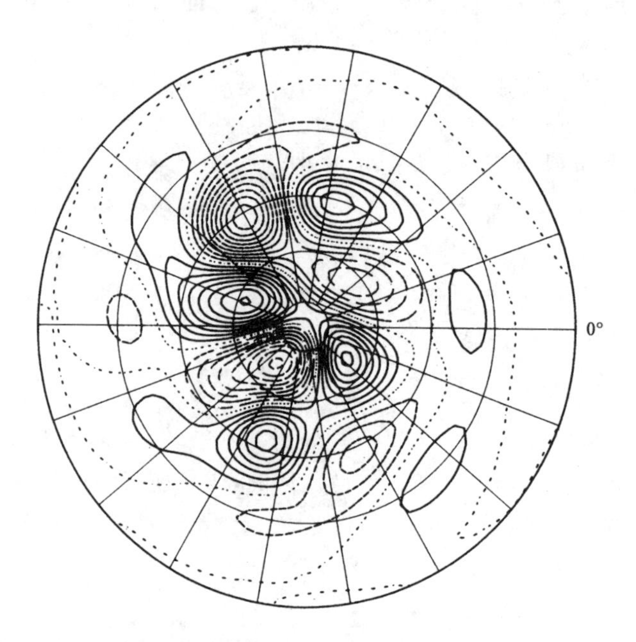

图 9.8　北半球 300 hPa 位势高度扰动(等值线间隔为 2 dagpm)所示的罗斯贝波列。罗斯贝波是地形强迫产生的。引自 Hoskins 和 Karoly(1981)。

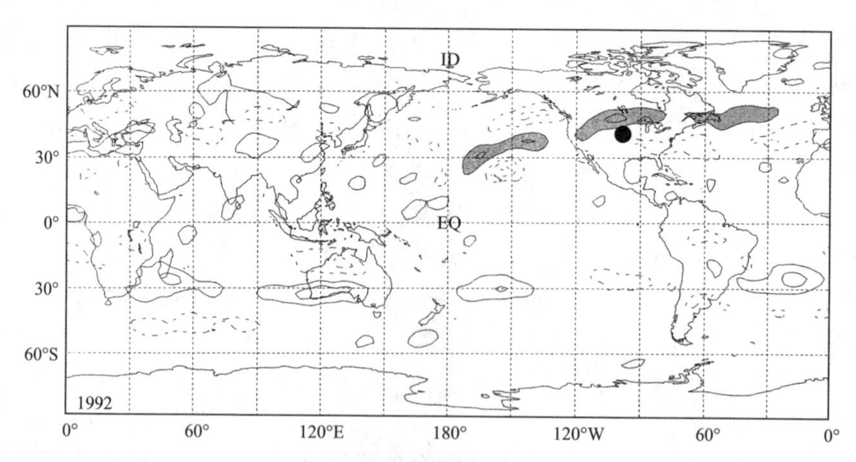

图 9.9　1992 年 7 月期间 200 hPa 垂直涡度异常。黑点代表罗斯贝波源区。显示为阴影的异常是指位于罗斯贝波导内的异常。等值线间距为 $1\times10^{-5}\,s^{-1}$。引自 Stensrud 和 Anderson(2001)。

9.5 陆-气反馈

中尺度对流过程可参与如前所述的反馈机制，其时间尺度为几个小时到几天，但也有几个月甚至几个季节。响应时间相对较慢的正反馈涉及对流降水和土壤湿度。[28]下文描述的土壤湿度一降雨反馈因其在促进持续降雨方面的作用而闻名，事实上，它被用来帮助解释1993年夏季美国中西部创纪录的洪水。

9.5.1 土壤水分-降雨反馈

土壤水分一降雨反馈有许多相互关联的理论成分(图9.10)。[29]第一个涉及辐射传输(见第4章)：对入射太阳或短波辐射的吸收(↓SW)在有潮湿土壤时增强，因为潮湿土壤的颜色往往较深，也支持更密集、更绿色的植被；这两个方面都会产生相对

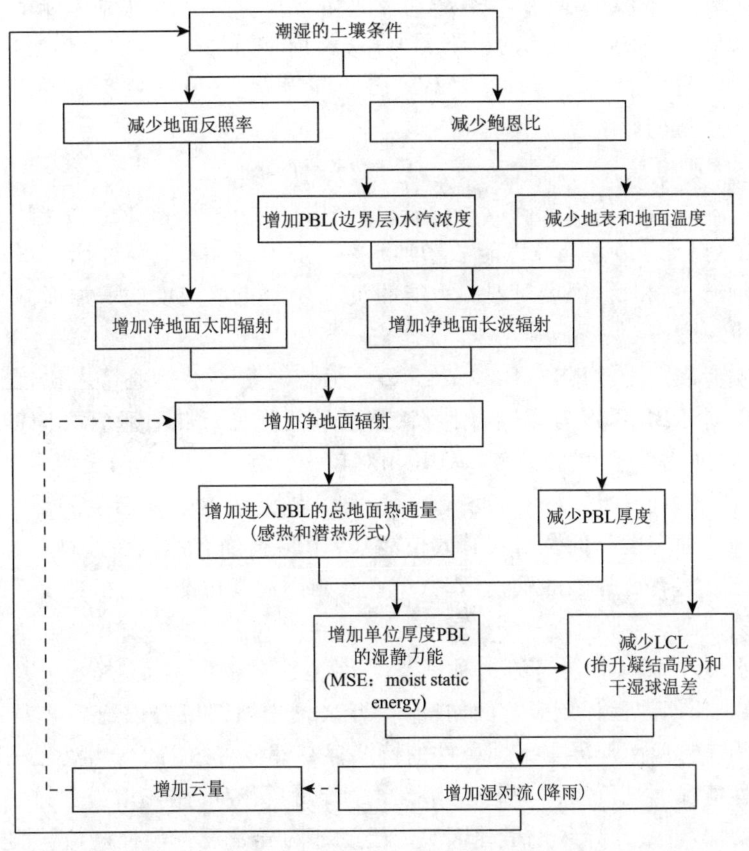

图9.10　土壤水分-降水反馈解析：从异常潮湿的土壤到降水增强，再回到土壤水分增强的路径。引自Pal和Eltahir(2001)。

较低的地表反照率(A_{sfc})。这种效应与低层云量相竞争，而低层云量随着土壤湿度的增加而增加。根据斯蒂芬－玻尔兹曼定律，低空云层降低地表温度，从而减少地表发射长波辐射(↑LW)。然而，云层重新发射出长波辐射，同时，较大的地表潜热通量，增加低层大气水汽含量，向下的长波辐射(↓LW)进一步增强。所有效应都有助于净地面辐射通量

$$F_{rad}^{sfc} = F_{SW}^{\downarrow}(1 - A_{sfc}) - F_{LW}^{\uparrow} + F_{LW}^{\downarrow} \tag{9.9}$$

其在图 9.11a—c 中使用区域气候模式试验，重点对 1993 年中西部洪水事件进行了量化。在这些试验中，净短波(长波)辐射随着土壤湿度的增加而减少(增加)。结合式(9.9)，净(全波段)地面辐射通量显示为随着土壤湿度的增加而增加。[30]

现在回想一下第 4 章，净地面辐射通量的任何增加必须通过作为感热损失到大气中的能量(↑SH)、地面水分蒸发产生的潜热损失的能量(↑LH)以及进入地面的热通量(↓G) 来平衡

$$F_{rad}^{sfc} = F_{SH}^{\uparrow} + F_{LW}^{\uparrow} + F_{G}^{\downarrow} \tag{9.10}$$

在地表能量平衡中，地表能量储存被忽略，与雪或冰(水)融化(冻结)相关的热通量也被忽略，因为这与当前的讨论无关；在较长时间尺度上，地面热通量也可以忽略不计。可通过评估大气边界层(ABL)内的湿静力能(另见第 6 章)量化地表感热通量和潜热通量的影响

$$h = c_p T + gz + L_v q_v \tag{9.11}$$

再次参考区域气候模式模拟，我们发现土壤湿度的增加是随着湿静力能量的增加而实现的(图 9.11)。湿静力能的增加是由于 ABL 内水汽混合比的增加，由潜热通量的增加给出；相反，温度对湿静力能的贡献随着土壤湿度的增加而减少，与感热通量的减少一致。

这一响应表现为鲍恩比(Bowen ratio)(感热通量与潜热通量之比)的降低。鲍恩比的降低对 ABL 深度有影响，因为感热通量的降低意味着垂直方向的湍流混合减少，ABL 增长率降低，最终导致 ABL 相对较浅。在 ABL 上方，土壤水分几乎没有直接影响，湿静力能量通常随高度减小。[31] 因此，异常潮湿土壤产生的湿静力能的垂直廓线与静力稳定度降低及对流有效位能(CAPE)增加有关。在这种增强的环境中产生的对流云将有更强烈的垂直运动(第 6 章)，因此有可能产生相对较强的降水，从而闭合反馈回路。

土壤水分和降雨量之间的这种联系是因地而异的。然而，局地效应可能会扩大，从而导致长期的远程效应。例如，1993 年美国中西部遭遇创纪录洪灾时，美国西南部普遍干旱。西南部异常干燥条件的持续存在部分可归因于土壤水分-降雨反馈，尽管在这种情况下是负反馈。此外，潜热的缺乏和相应的感热增强促进了流体静力学气压的增加，并最终导致干旱地区对流层下部的异常反气旋性气流。[32] 随之而来的天气尺度下沉(或至少是向上运动的减弱)进一步锚定了干旱。该异常反气旋还影响了其他地方的大气环流，如中西部[33]，其形式为向南偏移的急流和风暴路径。因

此，局地对流反馈及其局地和远程升尺度效应，为大尺度大气变异性增加了复杂性。面临的挑战是要区分每一项的相对重要性。

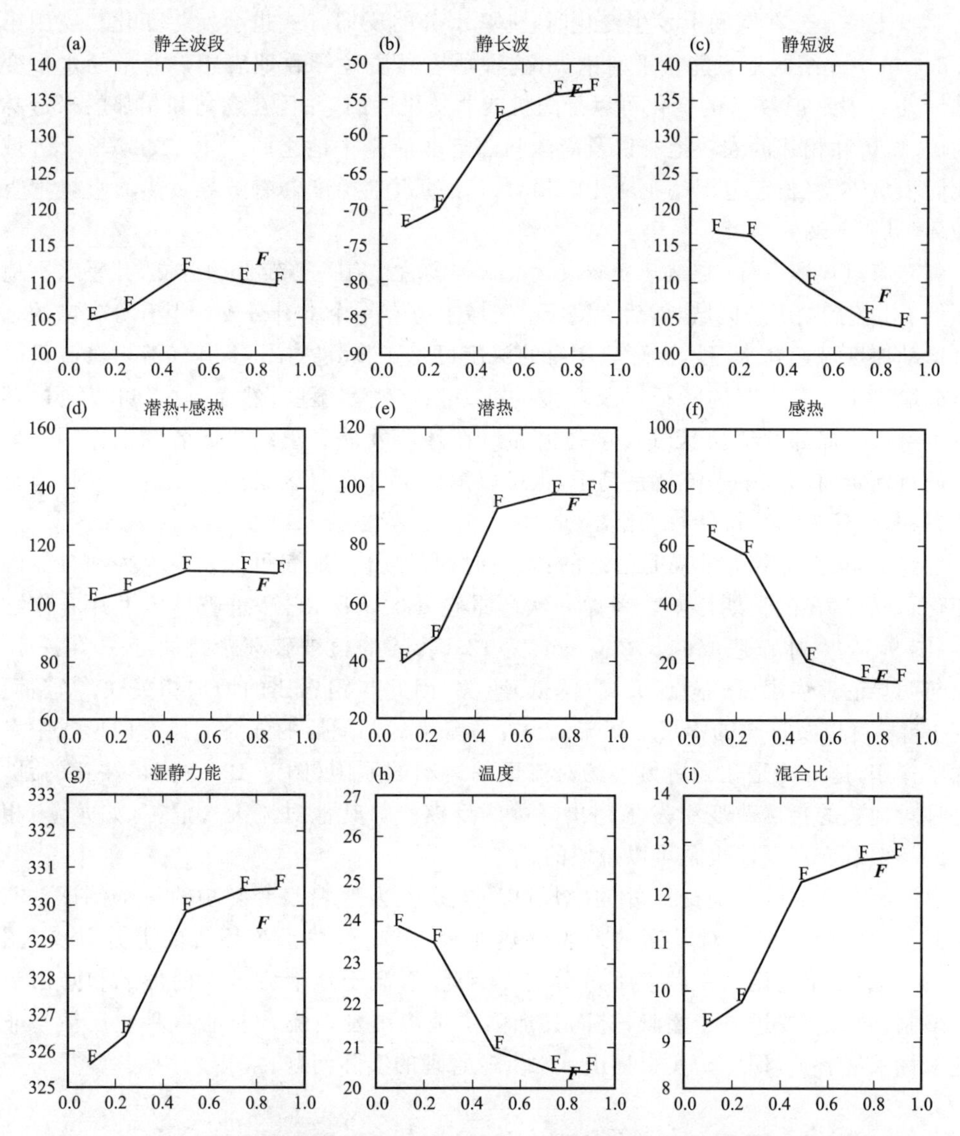

图 9.11　土壤水分-降水反馈分量的量化（见图 9.10）作为区域气候模式试验中初始土壤饱和度的函数。模拟基于 1993 年夏季美国洪水事件。(a)净全波段地表辐射通量($W \cdot m^{-2}$)；(b)净长波地表辐射通量($W \cdot m^{-2}$)；(c)净短波地表辐射通量($W \cdot m^{-2}$)；(d)地表潜热和感热通量之和($W \cdot m^{-2}$)；(e)地表潜热通量($W \cdot m^{-2}$)；(f)地表感热通量($W \cdot m^{-2}$)；(g)湿静力能($kJ \cdot kg^{-1}$)；(h)温度(℃)；(i)混合比($g \cdot kg^{-1}$)。粗体 ***F*** 表示控制试验。所有值代表美国中西部子域的季节平均值。引自 Pal 和 Eltahir(2001)。

9.5.2 陆面异质性

当土壤水分在空间上发生变化时，土壤水分的反馈方式也会发生变化。应用第9.5.1节中介绍的地表能量平衡论点，这种地表异质性导致地表感热通量的水平变化。[34]更一般地说，F_{SH}的变化可以是随机或非随机性的，并且在森林和相邻的未造林区域、城市和相邻的农业地貌以及灌溉和邻近非灌溉土地之间产生。如果单个区域或面积足够大(长度范围约10～100 km)，F_{SH}的水平梯度会有效导致热力直接垂直循环(见第5章)。

与海风环流一样，自然地貌诱发的中尺度环流[35]有一个较低的分支，几乎水平地从低F_{SH}流到高F_{SH}区域，然后在高F_{SH}区域上方有一个上升分支。上升分支内的垂直运动速度可达几米/秒，而环流本身的深度可达1 km左右。上升气流中对流云的形成取决于上升支路的特征以及环境的静力稳定性和湿度；然而，后者可以通过环流本身进行局部调整。[36]天气尺度强迫和风在环流发展和组织中起着辅助作用。环流的重新定向和水平平流就是例子，也可以解释为什么尽管自然地貌造成的强迫是静态的，但环流形势可能每天都不同。[37]

然而，自然地貌并非总是静态的：在短时间尺度内，地表可能发生人为和自然的变化，具有潜在的长期影响。考虑一次严重雹暴的情况，它严重破坏了大片农作物带(图9.12)。冰雹造成的长230 km、宽12.5 km的植被破坏带持续了一个多月。它与明显的地表温度(露点)升高(降低)有关，因此与鲍恩比的增加相关联。[38]雹带、其F_{SH}梯度以及推知的中尺度环流似乎在雹暴大约两周后的强对流风暴的形成中发挥了作用，这可能是几天后另一场对流风暴运动的原因(图9.12)。值得注意的是，这种对地貌的自然改变引发了超出降雨的反馈。与其他对流天气危害(如龙卷)相关的类似改变和反馈也是可以想象的。

灌溉地和非灌溉地交界处的中尺度环流是人为地貌改变影响的一个例证。非灌溉土地区域具有相对较高的地表感热通量，因此承载了该环流的上升分支(图9.13)。灌溉土地区域承载着下沉分支。因此，灌溉土地上方云层的形成和降雨受到抑制，导致需要进一步灌溉，进而又加强了地貌诱发环流。[39]尽管这种负反馈与非危险性天气有关，但它确实也提出了水资源管理的实际问题。

9.6 对流过程和全球气候

上一节描述了人类和自然对地貌的改变如何导致影响对流云形成和降水的中尺度环流。从长期来看，这种局地强迫改变了当地的气候，包括温度、湿度、风，当然还有降水。通过自然气候变化模态以及通过人为增强的温室气体(greenhouse gases，GHG)的辐射效应产生的全球强迫，也可能对对流云和降水的局部频率和强度产生影响。第10章将从较长期的天气和气候预测的角度考虑自然气候变化模态与

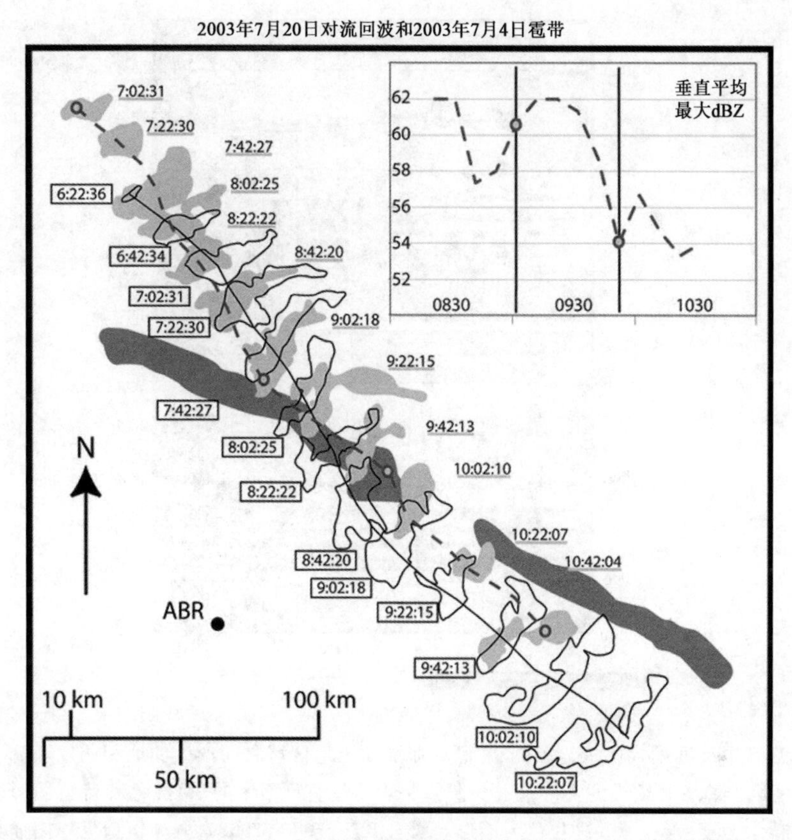

图 9.12　2003 年 7 月 20 日两个对流单体的雷达回波轨迹(以 45 dBZ 的等值线和浅色阴影表示),对照 2003 年 7 月 4 日形成的植被受冰雹破坏的带状区域(深色阴影)绘制。图中标注了单体的参考时间,以及连接单体最大反射率质心的轨迹。图中给出了第二个(阴影)单体的垂直平均最大反射率时间序列。引自 Parker 等(2005)。

深湿对流之间的联系。本节中,我们将探讨人为气候变化与对流过程之间的可能联系。

对这个极其复杂的问题有很多出发点。我们从温室气体浓度升高对全球平均地表温度的影响开始。回想地表能量平衡方程式(9.10),地表净辐射通量的增加部分由感热通量的增加补偿;辐射通量的增加主要来自 GHG 增加导致的向下长波辐射的增加。进一步的补偿来自潜热通量的增加:来自水体、土壤和间接来自植被的相关蒸发使得近地表水汽增加。通过垂直混合,水汽在整个 ABL 中增加,但不一定在自由对流层中增加。潜在的水汽增加程度由克劳修斯－克拉珀龙方程确定

$$\frac{\mathrm{d}\ \ln e_s}{\mathrm{d}t} = \frac{L_v}{R_d T^2} \tag{9.12}$$

这表明饱和水汽压(e_s)对温度的强烈依赖性(通常通俗地称为大气的“持水能力”)。

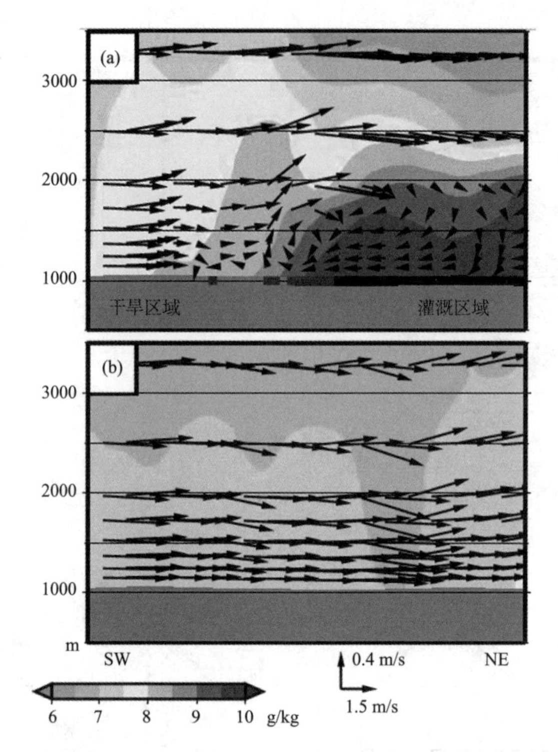

图 9.13　中尺度模式模拟显示(a)灌溉和非灌溉土地区域之间产生的地貌诱发环流，(b)土地区域未灌溉时缺乏此类环流。矢量箭头表示垂直剖面中的风，红色和蓝色阴影表示水汽混合比(g·kg^{-1})。浅灰色为地形。引自 Kawase 等(2008)。(详情请见彩图插页)

事实上，观测表明温度和水汽之间存在着强烈的耦合，这意味着大部分潜力已经实现。[40]

我们现在的重点转向水文循环，因为增加的水汽最终必须通过降水云层来处理，以维持全球水文平衡，即

$$E - R = 0 \tag{9.13}$$

式中，E 是蒸发率，R 是降水率。两者在足够长的时间和大的面积上积分，从而允许忽略该平衡中的径流和储存。[41]蒸发率，以及由此产生的大气水汽，在全球范围内分布不均。降水的全球分布也是高度不均匀的，但与蒸发的分布并不直接对应，因为对流和非对流降水系统利用当地可用的水分以及从一定距离输送的水分。[42]然而，对水文平衡有重大贡献的降水系统具有较大的降雨率，因此在性质上通常是对流的。与人为气候变化相关的预测显示有更多大气水分，意味着更大的降雨率和极端降水。观测数据已经表明降水特征中存在这种趋势。[43]

很自然要探究将产生(和正在产生)预计极端降水的对流风暴模态。这一点尤其引人注目，因为即使是超级单体也与强降水和暴洪有关。[44]事实上，这将我们的研

究扩展到人为气候变化如何与对流风暴强度、频率和恶劣天气的产生建立联系的问题。目前这一代气候模式不能提供直接的答案，因为即使是大型的 MCS 事实上也是次网格尺度过程。因此，我们采用降尺度技术（见第 10 章）。

在此类技术的一个示例中，气候模式格点处计算的环境参数被用来代表格点附近风暴的发生。然后，通过比较基于历史 GHG 浓度的气候模式积分与基于预期的未来 GHG 浓度（情景）积分得出的环境参数值来评估气候变化。

如前所述，气候变化预测的一致结果是地表温度升高，尤其是在靠近水体和/或植被的区域，以及边界层湿度增加。尤其是在湿度和温度都增加的情况下，可以发现 CAPE 的增加（图 9.14）。[45]预测的未来气候中 CAPE 的增强表明潜在上升气流更强，因此支持先前关于更大降雨率和更大降水量的论点。另一方面，垂直风切变在预测的未来气候中趋于减小。这可以用理论和模拟的温带经向温度梯度的减小来解释，这与热成风方程中的风切变有关

$$\frac{\partial \mathbf{V}_g}{\partial \ln p} = -\frac{R_d}{f}\boldsymbol{k} \times \nabla_p T \tag{9.14}$$

式中，下标 g 表示地转风，下标 p 表示等压面上的估值。[46]

根据地区和季节，气候模式模拟表明，未来 0～6 km 垂直风切变（S_{06}；见第 7 章）的减少往往被未来更大的 CAPE 增加所抵消，导致 CAPE×S_{06} 未来出现净增长。[47]如图 9.14 所示，这些结果被解释为意味着支持强对流风暴的环境条件的频率在人为气候变化下有可能增加。增加的程度因地区和季节（以及气候模式和温室气体情景）而显著不同。应注意的是，这种表示方法并未明确处理对流初生，因此，风暴发生频率将是环境条件频率某未知的百分比，并有其自身的区域和季节变化。当环境表示方法被更直接的方法取代时，这种限制将被消除，并提供更令人满意的答案。在这种方法中，对流风暴在具有支持（嵌套）对流域的全球气候模式中得到了明确表达（另见第 10 章）。[48]

前文描述了人为气候变化和对流风暴之间的单向联系。然而，我们还必须考虑云对气候系统的反馈，这是气候变化难题中的一个重要部分。事实上，除了相关的潜热（如前几节所述），云还与大气辐射相互作用：所有云都吸收并反射一定比例的入射太阳辐射，所有云都吸收并重新发射长波辐射。它们的净辐射效应，以及由此对全球能量平衡的净效应，取决于云的高度、厚度和微物理组成，因此在不同的云类型中有所不同。

基于卫星的大气顶部进出辐射测量（见第 3 章）提供了一种估算当前气候下云辐射强迫的方法。大气顶的（平均）净辐射通量为

$$F^{\mathrm{top}} = F_{\mathrm{sun}}\cos(Z) - F_{\mathrm{SW}}^{\mathrm{top}} - F_{\mathrm{LW}}^{\mathrm{top}} \tag{9.15}$$

式中，F_{sun} 是根据与太阳的距离调整的太阳常数，Z 是太阳天顶角（见第 4 章），$F_{\mathrm{SW}}^{\mathrm{top}}$ 是短波辐射出射度（反射太阳辐射），$F_{\mathrm{LW}}^{\mathrm{top}}$ 是长波辐射出射度（发射的地面辐射，也称为出射长波辐射，outgoing longwave radiation，OLR）。[49]该能量收支中的变量可用于计

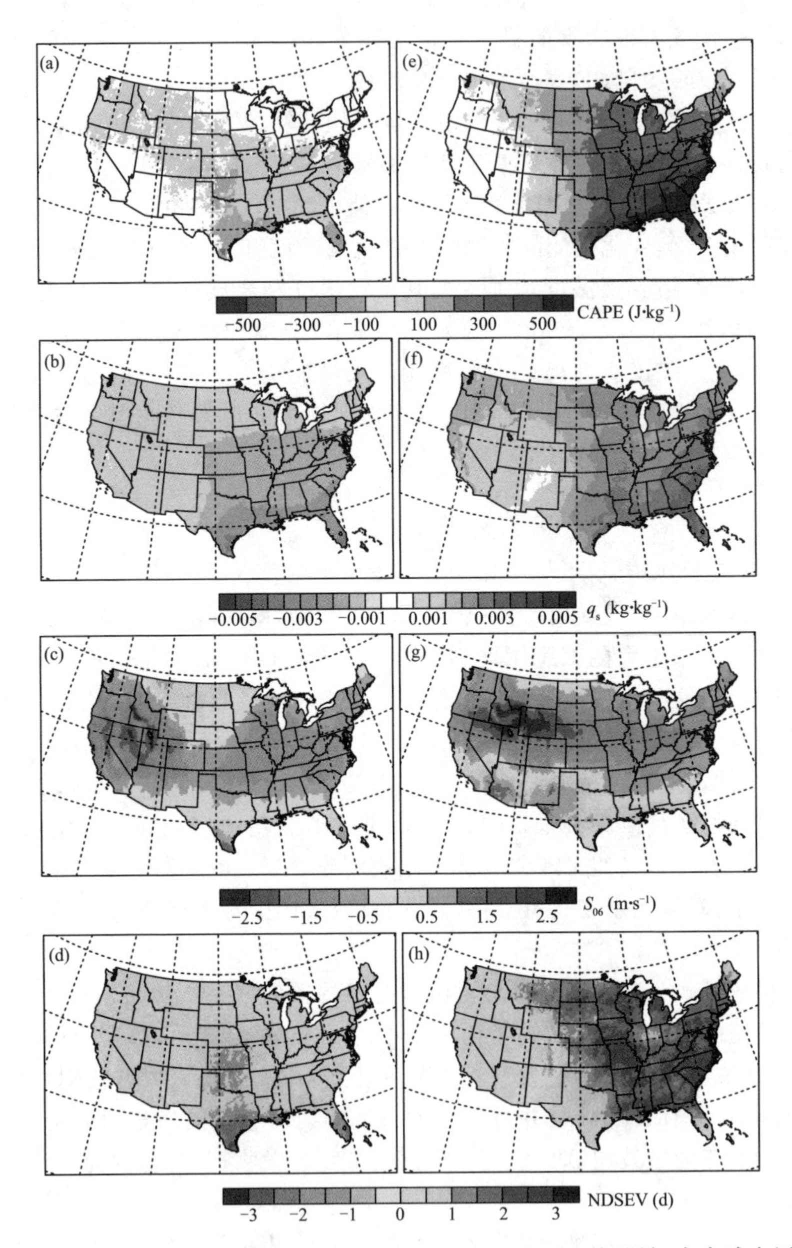

图 9.14 平均 CAPE、S_{06}、地面比湿和 CAPE×S_{06}≥ 10,000 的差异(未来减去历史)。后者被视为强对流风暴环境出现的频率。未来积分期为 2072—2099 年,历史积分期为 1962－1989 年,分析有效期为 3—4—5 月(a—d)和 6—7—8 月(e—h)。引自 Trapp 等(2007a)。版权所有,美国国家科学院,2007。(详情请见彩图插页)

算行星反照率，其中包括云的反照率。然而，我们的主要目标是分离出云的影响。这可以通过下式的计算来完成

$$静云辐射强迫 = F^{top} - F^{top}_{clear\text{-}sky} \tag{9.16}$$

式中，$F^{top}_{clear\text{-}sky}$ 是大气层顶部净晴空辐射，可采用如可见光亮度和红外温度阈值技术确定。[50]

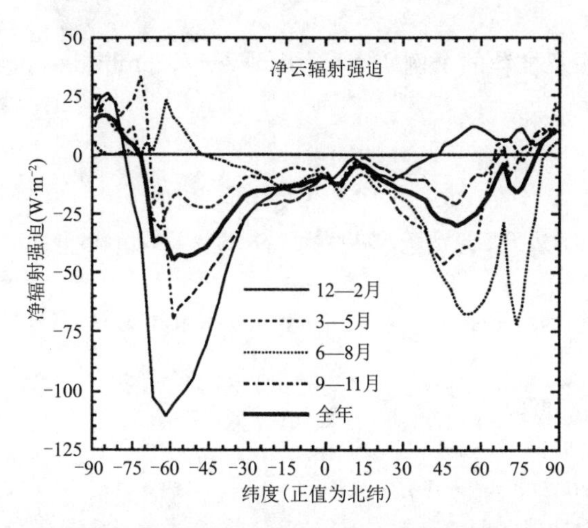

图 9.15　基于地球辐射收支试验(Earth Radiation Budget Experiment，ERBE)数据的纬向平均净云辐射强迫。引自 Hartmann(1993)。经许可使用，爱思唯尔出版社。

图 9.15 显示，在热带地区，净云辐射强迫为负值，尽管其幅度在中高纬地区相对较小。[51]在中高纬度，特别是当太阳辐射较大时，净云辐射强迫也为负值，但幅度相对较大。促成这种净负强迫的是与温带天气尺度天气系统相关的光学厚度大的层状云。[52]相应地，迄今为止，关于温带云辐射强迫的大部分研究都集中于非对流云反馈及其与未来温带气旋频率和强度预测的关系。[53]

关于对流云反馈如何与温带人为气候变化相关的线索，我们参考为热带对流发展的理论，但要知道热带和温带大尺度动力学之间的重要差异。第一个是自适应虹膜假说。[54]它与人眼的虹膜相似，虹膜闭合以减少通过瞳孔的光量。这一假设的负反馈的基础是，随着(海洋)表面温度的升高，热带积雨云的降水效率增加，因此可从积雨云中析出成为卷云的水物质减少。[55]由于这一假设，大气对地面温度升高的响应实际上是上层湿度的降低，从而促进更多的出射长波辐射到太空，进而降低地面温度。恒温器假说则预测了与热带变暖不同的负反馈。[56]这里，边界层湿度的增加会导致更厚、更宽广的卷云砧，这些云砧具有占主导地位的短波辐射强迫，因此有助于地面冷却。

“恒温器”和“虹膜”都可以调节热带地面最高温度。通过这种与积雨云增强和相关云砧有关的负反馈来调节温带地面温度似乎也是可行的。我们等待进一步的

数据分析和模拟试验的确认。目前,我们只能得出这样的结论:温带云辐射反馈的大小甚至符号是全球尺度辐射强迫、天气尺度动力学以及云和降水微物理的未知组合。

补充信息

有关练习、问题及推荐的个例研究,请参阅 www. cambridge. org/trapp/chapter9。

说明

1 一旦产生对流的边界不再活跃,该边界可被视为风暴残留物,并相应地被视为外部边界。

2 Maddox 等(1980)。

3 Wakimoto 等(1998) 记录了这种风暴-边界相互作用,但要注意,这种情况下的边界显然是天气尺度特征。

4 Markowski 等(1998)。

5 Atkins 等(1999)。

6 Knopfmeier(2007)。

7 Przybylinski(1995)。

8 根据 1998 年暖季对美国中部所有 MCS 个例的调查,此类持续性 MCV 发生在 12%的 MCS 中;Trier 等(2000a)。

9 Skamarock 等(1994);Weisman 和 Davis(1998)。

10 Brandes 和 Ziegler(1993)。

11 Holton(2004)。

12 Davis 和 Trier(2007)。

13 Holton(2004);Bluestein(1993)。

14 由 Raymond 和 Jiang(1990)提出,随后由许多其他作者进行了探索,如 Trier 等(2000a)。

15 Trier 等(2000b)。

16 Trier 等(2000b);Trier 和 Davis(2007)。

17 Hoskins 等(1985)。

18 这是基于 Hoskins 等(1985) 提出的可逆性原则。

19 Martin(2006)。

20 Pauley 和 Smith(1988);Smith(2000)。

21 Stensrud(1996b)。

22 同上。

23 Thorncroft 等(2008), Hsieh 和 Cook(2005);Berry 和 Thorncroft(2012)。

24 Montgomery 等(2006)。

25 关于这一个例和其他个例的更多讨论,见 Holton(2004)。

26 Hoskins 和 Karoly(1981)。

27　Stensrud 和 Anderson(2001)。

28　土壤湿度是非饱和土壤中的总水量。

29　Pal 和 Eltahir(2001)。

30　同上。

31　同上。

32　Namias(1991)。

33　Pal 和 Eltahir(2002)。

34　Segal 和 Arritt(1992)。

35　Weaver 和 Avissar(2001)。Segal 和 Arritt(1992)也将其称为非经典中尺度环流。

36　Garcia-Carreras 等(2011)。

37　Weaver 和 Avissar(2001)，Carleton 等(2008)。

38　Parker 等(2005)。对其他雹带的分析和模拟显示了对地表能量收支的这一影响，如 Segele 等(2005)。

39　Kawase 等(2008)。

40　Wentz 和 Schabel(2000)。

41　Peixoto 和 Oort(1998)。

42　Trenberth(1998)。

43　Karl 和 Knight(1998)。

44　Smith 等(2001)。

45　Trapp 等(2007a)。

46　Holton(2004)。

47　该参数集源自 Brooks 等对大量观测事件样本的分析。统计关系代表了产生强雷暴的环境与产生普通雷暴的最佳判据。

48　Trapp 等(2010)。

49　Kiddere 和 Vonder Haar(1995)。

50　同上。

51　Hartmann(1993)。

52　Bony(2006)。

53　Norris 和 Iacobellis(2005)。

54　Lindzen 等(2001)。

55　关于这一假设的不同观点，参见 Hartmann 和 Michelsen(2002)，以及 del Genio 和 Kovari(2002)。

56　Ramanathan 和 Collins(1991)。

第10章　中尺度可预报性和预报

概要：最后一章的重点是中尺度的数值天气预报（numerical weather prediction，NWP）。NWP模式受到非线性控制方程和近似，以及初始和边界条件误差的限制。在中尺度预报模式实际应用的背景下对这些理论限制进行了考察。考虑采用确定性预测，然后使用模式集合生成概率预报。还考虑了评估这些预报的准确性和技巧所需的方法，特别是在对流降水风暴尺度上。本章最后一节专门讨论中尺度对流过程长期预报的可能方法和可行性。

10.1　引言

本章重点讨论中尺度数值天气预报（NWP）的局限性和用途。由于与数字计算技术的内在联系，中尺度可预报性和预报包括基础和应用研究的快速发展领域。这里试图向读者介绍足够的材料，以了解这些进展的方向。

认识到"快速发展"需要一个动态的术语，我们将使用精细或高分辨率来指代网格长度为几千米或更小的模式，因此，在这些模式中，对流过程不需要用参数化方案而是直接表达（另见第4章）。粗分辨率、低分辨率或中等分辨率指的是用对流参数化的模式，因为其网格长度为数十千米或更长。

10.2　关于可预报性及其理论极限

本节中，我们关注由有限个微分方程描述的物理系统。我们首先考虑一个简单的周期系统，由下式精确地模拟

$$\frac{\mathrm{d}A}{\mathrm{d}t} = A_0 \sin(t) \tag{10.1}$$

式中，A是某相关的状态变量，A_0是恒定振幅。式(10.1)是确定性的，因为当前的精确状态完全描述了未来某个时间的精确状态。[1] 根据当前状态的已知程度，模拟系统也具有可预报性，这里定义为系统未来状态的可确定程度，已知支配系统的物理定律及其当前和过去状态。[2] 下文给出定量的定义。

对于像大气这样的复杂物理系统，控制方程当然不像式(10.1)那么简单，关于确定性和可预报性的结论也不那么容易得出。事实上，第4章中介绍的模式方程最终将具有非线性响应，即使是对线性强迫的响应；这种情况的例证可通过模式模拟，由恒定地表热通量产生对流云的初生和演变（第5章）。然而，在数值天气模式的实

际应用中,即使是非周期性的非线性中尺度对流过程也具有一定程度的可预报性。因此我们问:这怎么可能,在什么约束条件下?

非周期流的有限确定性预报的可能性不是一个新的问题。在其帮助普及混沌理论的开创性研究中,洛伦兹(E. Lorenz)使用一个低阶瑞利对流模型进行了研究

$$\frac{\mathrm{d}X}{\mathrm{d}t} = s(Y - X) \tag{10.2}$$

$$\frac{\mathrm{d}Y}{\mathrm{d}t} = XZ + rX - Y \tag{10.3}$$

$$\frac{\mathrm{d}Z}{\mathrm{d}t} = XY - bZ \tag{10.4}$$

式中,t 是无量纲时间;因变量 X,Y 和 Z 分别与对流运动的强度、上升运动和下沉运动之间的温差以及温度廓线离开线性的变化成正比;[3] 其余变量 s,r 和 b 为常数系数。

式(10.2)、(10.3)和(10.4)在初始条件$(X_0, Y_0, Z_0) = (0,1,0)$和系数值$(s,r,b) = (10,28,8/3)$下的数值积分给出了一个初始($0 < t < 1650$)呈准周期的解,且总体表现良好(图 10.1)。有人认为,这一初始阶段就是一种有限的可预报性。然而,在 $t=1650$ 之后,Y 的解显示出不规则波动意味着缺乏可预报性。

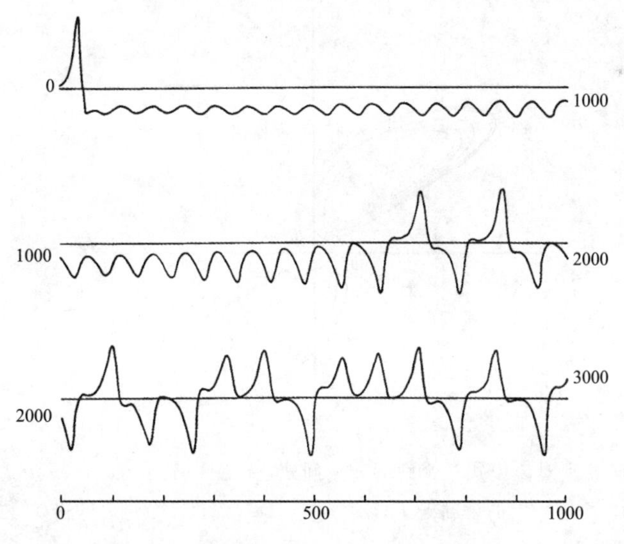

图 10.1　低阶瑞利对流模式的数值解。所示为变量 Y 的时间序列,代表上升和下沉对流运动之间的温差。引自 Lorenz(1963)。

为了更深入地了解解的时间演变,我们考虑由因变量(X,Y,Z)描述的相空间(phase space)中的解轨迹(solution trajectory)$P(t) = [X(t), Y(t), Z(t)]$。$P(t)$上的每一点都描述了一个瞬时解,从而描述了系统的状态。代表非周期流的轨迹不会

通过它以前通过的点，尽管它可能在有限的时间内接近它过去的行为。这在图 10.2 所示的轨迹中的（$1400 \leqslant t \leqslant 1900$）部分得到了很好的说明。[4] 从参考点 C'附近开始的轨迹，是一种稳态热对流状态，与图 10.1 所示的近稳态演变一致。图 10.1 所示的后续波动状态表现为从 C'螺旋向外的轨迹，穿过平面，包围状态 C，然后重新穿过平面。

图 10.1 和图 10.2 中给出的解被认为是有界的，但不稳定。[5] 这种不稳定性是指同一组控制方程的两个积分，但初始条件有一个小的差异 ε，其各自的解轨迹最终差异远大于 ε。正如前面提到的，这种行为是模型和物理系统非线性的结果。

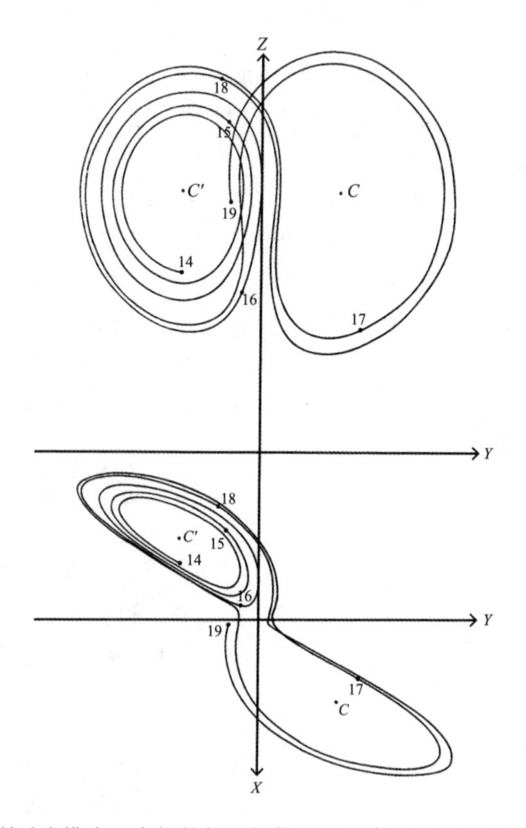

图 10.2　低阶瑞利对流模式一个解的相空间轨迹。图中显示在 $1400 \leqslant t \leqslant 1900$ 区间，投影到 X-Y 和 Y-Z 平面上的解轨迹 $P(t) = =[X(t), Y(t), Z(t)]$。$C$ 和 C'为参考点，它们是稳态热对流状态。引自 Lorenz(1963)。

实际数值预报中，ε 传统上是某些状态变量的观测误差，如 500 hPa 位势高度；误差增长是观测误差范围内的初始条件的两个（或多个）模式解之间的后续差异。误差增长的幅度施加了时间的可预报性限制 t_p，或误差保持在某个任意阈值以下的时间，如状态变量的气候标准偏差。[6] 有人可能会问，通过改进观测（例如，观测技术的进步)减少 ε 是否会反过来减少解的误差增长,从而增加 t_p。对于天气预报模式,答案主要取决于所考虑的大气尺度。

大气可预报性讨论的一个中心点是,大气具有一系列非线性相互作用的尺度。已经确定,某些波数 k 处的误差增长部分是由于该尺度中的初始误差(及其强迫),但另外加之由于源自较小尺度的误差,然后向大尺度方向扩展。换句话说,小涡流初始状态的误差或不确定性会污染稍大的涡流,而稍大的涡流又会污染更大的涡流,以此类推,直到误差扩散到整个谱(图 10.3)。[7]

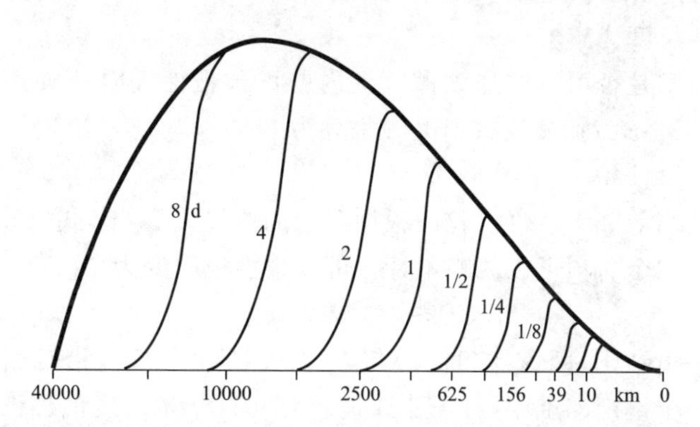

图 10.3　大气流动理论模型中误差的时间演变。上面的曲线代表大气运动的完整动能谱,而底部的线标注了水平尺度。引自 Lorenz(1969),经 Lorenz(1984)调整。经允许使用。

在二维(和三维)均匀、各向同性湍流和其他简单流体模式中,这种反向级联误差发生的速率是涡流翻转时间 t_e 的函数,由下式给定

$$t_e(k) = [kV(k)]^{-1} = [k^3 E(k)]^{-1/2} \tag{10.5}$$

式中,$V(k)$是尺度速度,$E(k)$是动能,通过形式为 $E(k) \sim k^{-n}$ 的幂律表示。可预报性极限是整个谱上涡旋交换的积分效应

$$t_p(k) = \int_k^{k_r} (t_e/k)\mathrm{d}k = \int_k^{k_r} [k^5 E(k)]^{-1/2}\mathrm{d}k \tag{10.6}$$

式中,k_r 是观测上具有最小可分辨的涡流或尺度的波数;假设所考虑的谱使得 $k_r \gg k$(或 $\lambda_r \ll \lambda$)。涡流翻转时间,因此可预报性极限,取决于能量谱的斜率 $-n$。在天气尺度所占据的谱范围内,斜率的特征值为-3。[9] 在式(10.5)中使用 $E(k) \sim k^{-3}$,我们发现 t_e 是一个与尺度无关的常数,这意味着在这个谱范围内所有尺度上的误差增长都是常数。我们现在问:这种误差增长是否可以放缓,从而提高可预报性极限?将式(10.6)带常数 t_e 积分,我们发现

$$t_p(k) \sim \ln(k_r/k) \tag{10.7}$$

从而得出结论,对于给定波数 k,如果最小可分辨涡流 k_r 的波数(波长)增加(减少),

则可预报性 t_p 确实可能获得对数增长。[10]

为了将这一理论分析应用于中尺度的可预报性，回顾第 1 章，中尺度占据的能谱范围内具有－5/3 的谱斜率。[11]在此谱范围内：

(1)动能特征为 $E(k)\sim k^{-5/3}$；

(2)相应的涡流翻转时间不是常数，而是 $t_e\sim k^{-4/6}$；

(3)误差反向级联速率由最小涡流(最大波数)控制，因为其具有最小的涡流翻转时间；

(4)可预报性受最小尺度上误差的限制(见式(10.6))，而最小尺度恰好是观测到的精度最低的尺度。

我们现在寻求是否可以增加该谱范围内的可预报性极限。[12]使用式(10.5)中的 $E(k)\sim k^{-n}$ 一般形式，我们发现式(10.6)积分为

$$t_p(k)\sim k_r^{-(3-n)/2}-k^{-(3-n)/2} \tag{10.8}$$

当 $n<3$ 时，包括当前 $n=5/3$ 的情况，根据我们的假设 $k_r\gg k$，式(10.8)中的第一个右手项相对于第二个右项可以忽略不计。可预报性极限变为

$$t_p(k)\sim k^{-(3-n)/2} \tag{10.9}$$

因此我们得出结论，因为式(10.9)与 k_r 无关，所以－5/3 谱范围内每个波数的可预报性都有一个设定的上限，且无法改进。对几百千米尺度的理论估计得出 $t_p\approx$ 10 h(见图 10.3)；对于几十千米的雷暴尺度，t_p 要小一个数量级。[13]

至此，考察这一理论分析结果与使用高阶大气中尺度模式的试验结果之间的一致性是有指导意义的。考虑下述比较中尺度模式的一个控制积分和除了稍微不同的初始条件其它都相同的积分。[14]如图 10.4 所示的模式解差异(或“误差”)源自给温度的初始水平分布增加的正弦扰动(初始误差)。扰动波长为 85 km，相当于 2×2 网格单元正方形的斜边，大约是水平网格长度 30 km 的两倍。其他具有相同干扰波长但振幅不同的试验用于模拟不同初始误差幅度的影响。

图 10.4 中试验的气象背景是斜压波在条件不稳定大气中的增强。误差的增长——在温度、降水等方面——首先发生在外加扰动的尺度上或附近，然后按照理论的预期向大尺度扩展。我们首先研究物理空间中的误差增长行为。在这一气象背景下，误差最初表现在对流云和降水的时间和位置上。这在一定程度上是因为扰动导致参数化(如 ABL 过程)中的阈值在一个位置满足，而在另一个位置则不满足，这最终会影响触发参数化对流的位置和时间。次网格和网格尺度分辨过程之间的后续反馈有助于对流降水误差的地理传播。重力波和对流出流促进了扩散，但仅限于模式大气支持湿对流的网格点；一旦在所有可能的网格点上实现(触发)了对流，对流降水尺度上的误差被认为达到饱和。同时，对流产生的非绝热加热的差异导致位涡的差异，最终影响天气尺度斜压波的振幅和轨迹(见第 9 章)。换一种说法是，对流的位置误差导致非绝热加热的误差，然后这些误差被传递到天气尺度系统中。

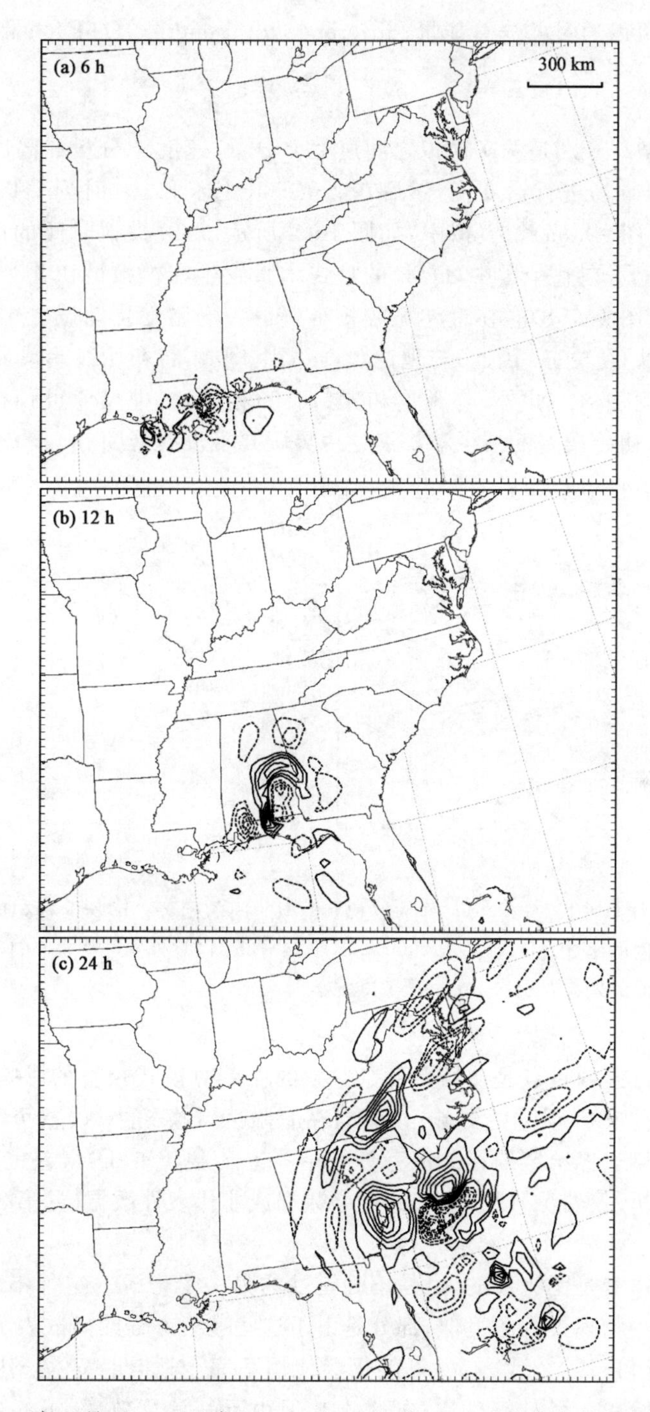

图 10.4　2000 年 1 月 24—25 日在(a)6 h,(b)12 h 和(c)24 h 的各个时间点“意外”雪暴的控制模拟和初始扰动模拟之间 300 hPa 温度差异。(a),(b)中的等值线间隔为 0.1 K；(c)中为 0.2 K。引自 Zhang 等(2003 年)。

误差增长可以通过差分总能量(difference total energy,DTE)来量化

$$\mathrm{DTE} = \frac{1}{2}\left[(\delta u)^2 + (\delta v)^2 + \frac{c_p}{R_\mathrm{d}}(\delta T)^2\right] \tag{10.10}$$

式中,δu,δv 和 δT 分别是两次模拟之间速度 x 分量、速度 y 分量和温度的格点差。[15] 对时间相关 DTE 场进行谱变换,然后在离散波长上求和。0 时刻 DTE 在初始扰动波长有一峰值(图 10.5a)。模拟中,如图 10.4 所示,后续模拟时间的谱峰出现在逐渐增大的波长上。在整个谱中,DTE 的最快增长发生在模拟最初几个小时内,与参数化对流有关(图 10.5b)。在最初振幅较小(较大)的温度扰动试验中,这种初始增长率实际上更快(更慢)。因此,与理论观点一致,例如,将初始误差减少 2 倍,不会导致可预报性时间加倍。此外,与理论和式(10.9)相一致,中尺度可预报性极限确实似乎是有界的,初始误差的减少对扩展这一界限几乎没有帮助。

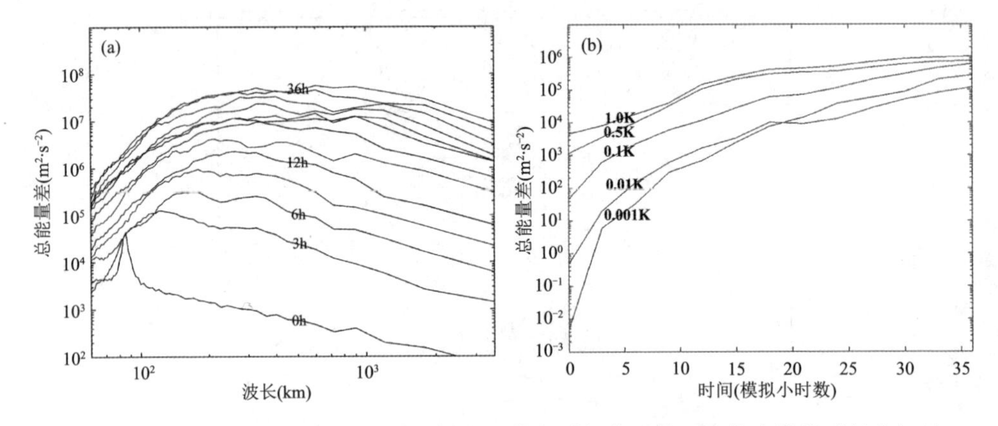

图 10.5 区域总 DTE 分析。(a)作为波长和模拟时间的函数;(b)作为模拟时间和初始温度扰动幅度的函数。DTE 基于 2000 年 1 月 24—25 日"意外"雪暴的控制模拟和初始扰动模拟之间的差异。引自 Zhang 等(2003)。

尽管前面试验的重点是初始条件(IC)中的误差对模式预报的影响,但预报本身也受到边界条件(BC)误差的影响。例如,在有限区域模式中,误差可能由较大尺度模式驱动和在侧边界给定的相关不完善条件引起。[16] BC(和 IC)误差也可能由观测数据的不完善分析、仪器测量误差、模式网格数据或非代表性数据(见第 3 章)的不恰当插值引起。[17]

数值模式本身是不完善的,也是不确定性的另一个来源。这种不确定性部分是由于模式方程中物理过程的近似,部分是由于这些连续方程的离散表示(见第 4 章)。例如,由于缺乏可行的替代方案,可能仍会使用不完全适合特定模式应用的物理过程参数化。尽管引入了计算伪影(如噪声),但由于其计算效率,可能会使用有限差分近似或其他数值方案。最后,由于计算资源的限制,可能会使用相对粗糙的格点间距,从而导致高度相关的过程无法求解,数值解无法收敛。

统计技术可用于尝试估计误差源，更一般地说，可用于提供有关总体误差增长和特定预报问题可预报性的信息。如下一节所述，概率预报和集合预报系统源自此类技术。

10.3　概率预报和集合预报系统

在这里，我们讨论随机动力天气预报，其中使用 NWP 模式多个积分的集合来代替单一模式积分。如图 10.6 所示概念，该方法将大气视为一个确定性系统，但认识到大气状态并未完全观测到，因此无法准确地知道。[18] 回顾 10.2 节，初始不确定性——此处可视化为可能初始状态的球或云——将在相空间中随时间发散的模式解中表现出来。对于一个适定的模式集合，预期实际大气演变（或 NWP 术语中的自然）将位于集合解给出的演变范围内，并且实际上可以通过解分布的随机特性（如平均值）进行近似（图 10.6）。该方法的另一个内在特点是，相空间子区域中的解聚类提供了一种量化概率预报的方法。缺乏聚类，或者至少在解集合中存在较大的分散，表明集合平均值以较低的概率近似于实际演变。事实上，高（低）的集合分散等同于特定情况的低（高）的可预报性，或者至少等同于集合预报低（高）的置信度。

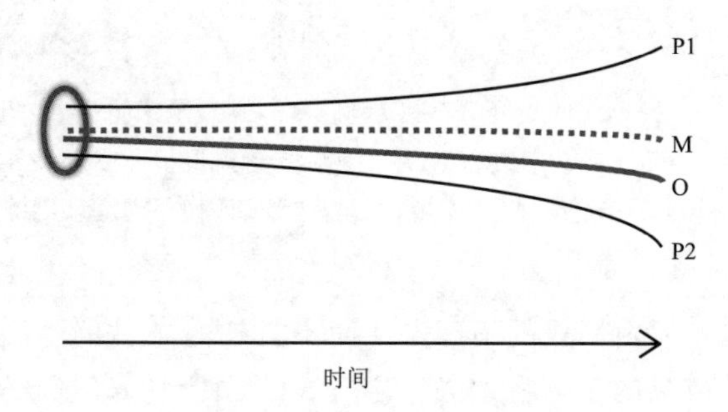

图 10.6　随机动力天气预报概念图。线条表示模式解轨迹，此处绘制为时间的函数。扰动初始条件集合成员为 P1 和 P2，集合平均为 M，观测状态为 O。基于 Kalnay(2003)。

随机动力天气预报中的一个挑战是如何创建适合特定预报问题的集合。多次积分模式的计算成本始终是一个实际问题。然而，集合预报系统（ensemble prediction system，EPS）的另一个考虑因素是如何对可能的大气演变的相关范围进行采样。一种基本方法是使预报模式在初始条件下有一些不确定性。集合成员是通过向初始条件添加（和/或减去）扰动而生成的，其振幅与观测误差的大小相当。扰动可以在整个计算域内随机放置，正如 10.2 节所述的中尺度可预报性试验中所做的那样。或者，可以以最佳方式扰动初始条件，以揭示增长最快的误差。为此，业务 NWP 通常采用育种法（breeding methods）和奇异矢量方法（singular vector methods）[19]。

扰动成员以及非扰动成员或控制成员用于计算样本统计信息,例如集合平均和集合分散度的某些度量。“面条图”在以图形方式突出集合分散度较大或较小的地理区域方面特别有用。[20]典型的面条图由每个成员的特定 500 hPa 位势高度等值线组成(图 10.7)。在预报期内绘制这样一幅图的动画,定性揭示了模式解在何时(何地)发生了足够的分歧,从而达到可预报性极限。[21]对于中尺度模式 EPS,“邮票图”已成为传达集合分散度的一种流行手段。这种类型的图形表示很好地显示了对流风暴组织的,例如,由高分辨率 EPS 生成的集合内范围(图 10.8)。集合信息也可以通过统计进行定量总结,例如基于集合的预报变量(和导出场)的超越概率(图 10.9)。

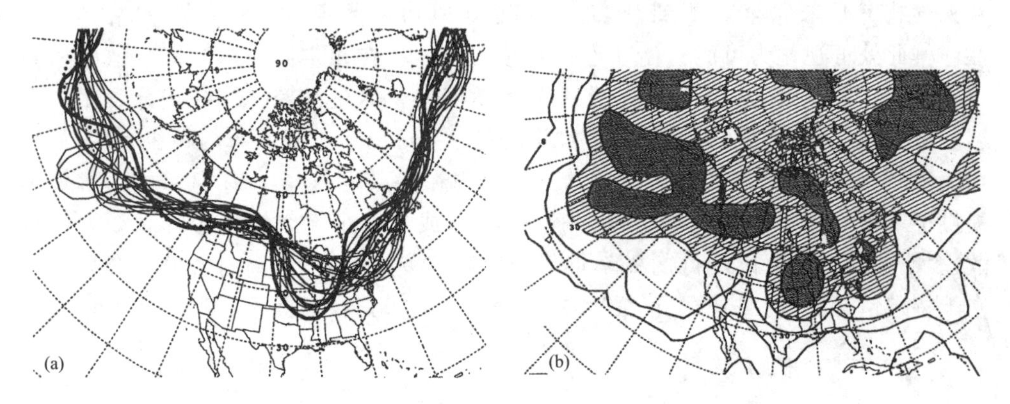

图 10.7 (a)面条图和(b)相应的集合分散度示例。(a)线条是来自 17 个集合成员 108 h 的预报的 500 hPa 高度的 5640 gpm。虚线表示高分辨率控制预报,粗实线来自于此时有效的观测数据(检验)。(b) 等值线和阴影是集合成员在集合平均周围的分散度。引自 Toth 等(1997)。

如果误差增长主要由模式的不确定性而不是初始条件的不确定性决定,则数百个甚至数千个扰动成员的集合将无法包含真解(图 10.10)。模式不确定性通常与参数化有关(见第 4 章),因此在 EPS 中常常包含“物理成员”。[22]简单地说,物理成员包括:跨越可用的参数化方案,如降水微物理;跨越特定方案的一系列设置,例如微物理滴谱分布中的斜率或截距;和/或甚至源于在特定参数化方案中引入的一些随机性。[23]单个 NWP 模式具有可能与参数化无关的偏差,因此,集合也由不同的 NWP 模式组成。多系统集合的例子是与 THORPEX(观测系统研究和可预报性试验)相关的“大全球集合”。[24]

10.4 预报评估

预报以及隐含的可预报性限制,可以通过将模式预报量与一组适当的观测值进行比较来进行评估。[25]客观和定量的预报评估方法尤其需要。选择的方法部分取决于预报量是否是连续的(温度和气压等大气状态变量);是二分的(是/否,如龙卷的

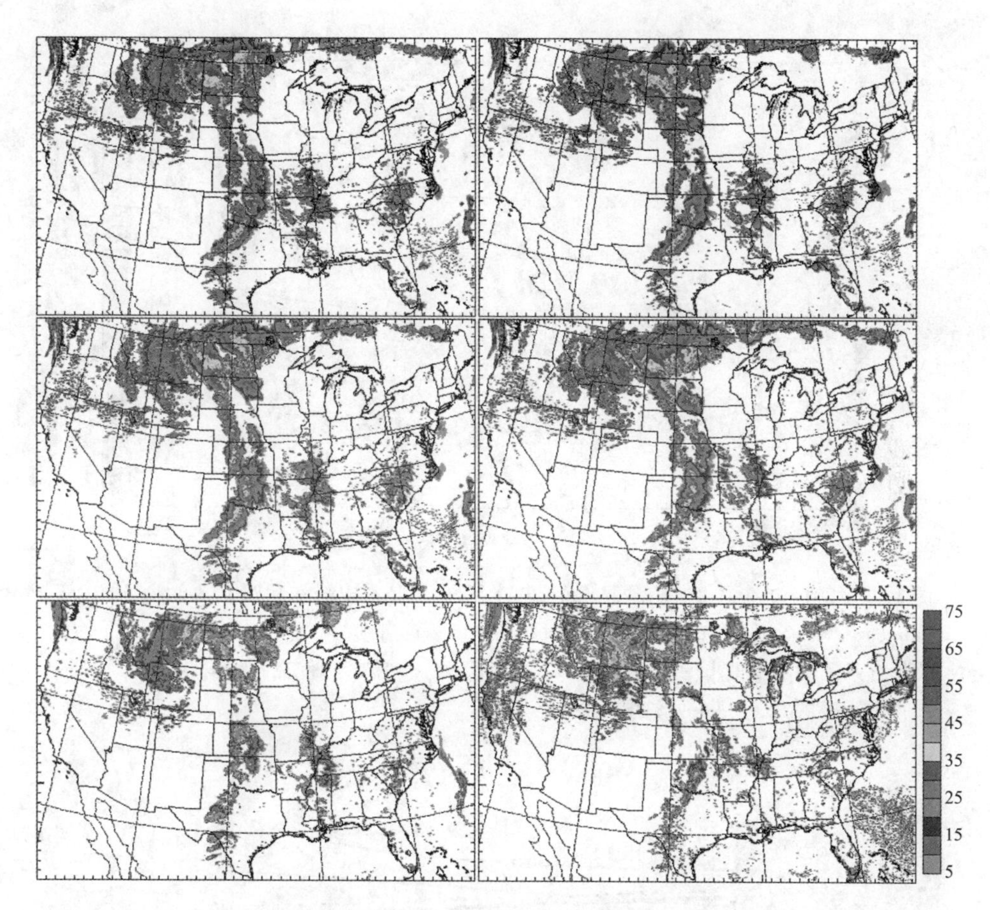

图10.8　由26个成员组成的高分辨率多模式集合系统输出的邮票图。图中所示为2010年5月25日预报时效0000 UTC六个成员生成的模拟雷达反射率因子。系统于2010年5月24日0000 UTC启动。Kong Fanyou博士和俄克拉何马大学风暴分析和预报中心提供。(详情请见彩图插页)

发生);是以概率表示(例如,由EPS提供);或者作为分布函数给出。评估的目的也会影响评估方法:通常,评估有助于推动业务预报系统的改进,但也可以为与经济和公共政策相关的决策提供支持,以及提供可用于了解大气基本行为的信息。[26]

我们在这里重点讨论中尺度连续预报量的预报评估。典型的中尺度数值天气模式预报风、温度、气压和水(水汽、液态和冰相)。这些预报变量中的每一个都具有空间和时间依赖性。显然,这是一个多维问题,但幸运的是,它可以简化为一个或多个标量属性或指标。指标的一个简单示例是误差向量的大小,也称为欧几里得范数

$$E = |\boldsymbol{y} - \boldsymbol{o}| \tag{10.11}$$

式中,$\boldsymbol{y} = (y_1, y_2, y_3, \cdots, y_n)$ 表示某个域内预报量 y 的 n 个值(例如,在某个时间内

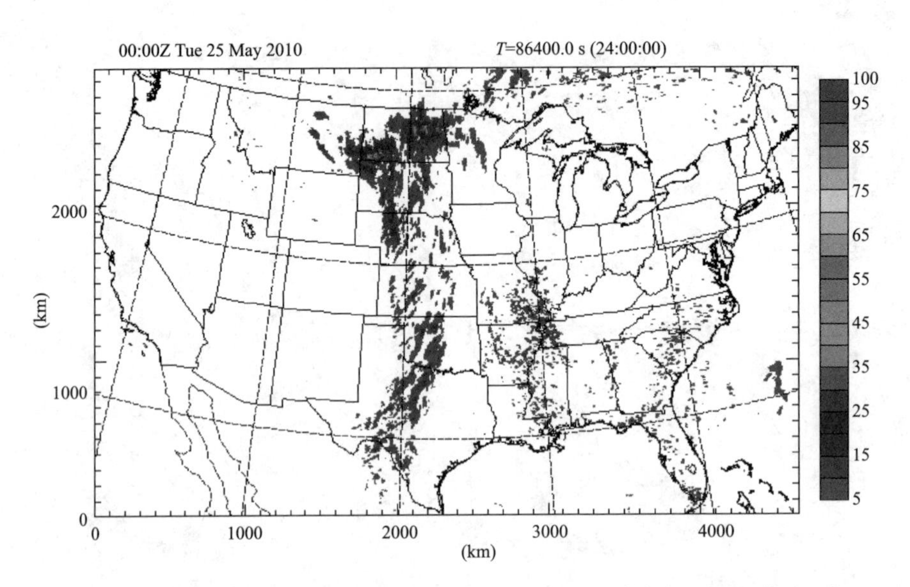

图 10.9　2010 年 5 月 25 日，预报时效 0000 UTC，1 h 累积降水超过 0.5 英寸(约 12.7 mm)的概率。这是从 2010 年 5 月 24 日在 0000 UTC 启动的高分辨率、26 个成员的多模式集合系统输出中得出的(见图 10.8)。Fan Kongyou 博士和俄克拉何马大学风暴分析预报中心提供。(详情请见彩图插页)

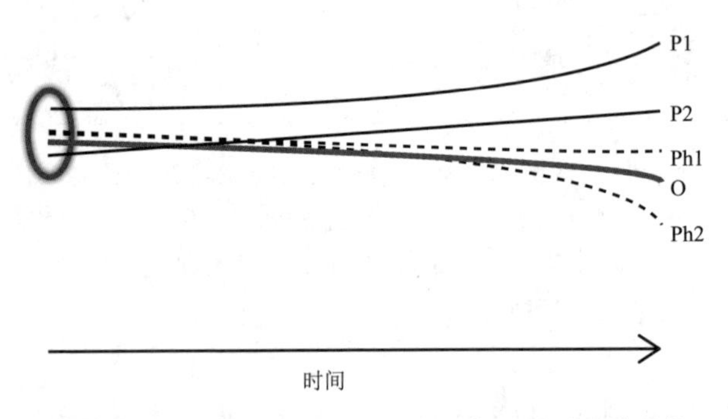

图 10.10　除了具有扰动初始条件的成员(P1 和 P2)外，还包括“模式物理”成员(Ph1 和 Ph2)的集合预报系统。同图 10.6，线条表示绘制为时间函数的解的轨迹。扰动初始条件(物理)成员由细实(虚)线表示。观测到的状态(O)为粗实线。

在垂直模式高度上的所有值)，且 $\boldsymbol{o}=(o_1,o_2,o_3,\cdots,o_n)$ 表示对应的观测。[27] 对于本讨论的目的，我们发现考虑均方差(mean-squared error，MSE)就够了

$$\mathrm{MSE}=\frac{1}{n}\sum_{i=1}^{n}(y_i-o_i)^2 \tag{10.12}$$

MSE 是处理预报准确率的常用指标，定义为预报和实际发生之间的平均对应关

系。因此，业务NWP系统的准确率可能用到特定预报小时500 hPa位势高度的MSE。式(10.12)的计算(以及均方根误差RMSE$=\sqrt{\text{MSE}}$)使用等效(真实)时间的观测值；需要将模式输出插值到n个观测点，或将观测插值到n个模式网格点。很明显，MSE=0表示一个完美的预报，但从MSE得出的这一结论和其他结论仅适用于有观测的时间和空间域。事实上，在评估以高分辨率运行的预报模式时，数据可用性是一个特别有问题的话题。

当相对于某些参考值(如长期平均("气候学意义上的")或持续性预报给出预测准确率的指标(如MSE)时，**预报技巧**(forecast skill)可以被量化。考虑与气候学有关的预报技巧评分

$$\text{SS} = 1 - \frac{\text{MSE}}{\text{MSE}_{\text{clm}}} \tag{10.13}$$

式中

$$\text{MSE}_{\text{clm}} = \frac{1}{n}\sum_{i=1}^{n}(o_i - \bar{o}_i)^2 \tag{10.14}$$

式中，$\bar{o}_i$是观测变量的气候平均值。一个完全准确的预报(MSE=0)具有最高的可能技巧评分，但除此之外，技巧取决于观测值与其相应气候平均值的偏差程度，因此取决于预报的相对困难或容易的程度。

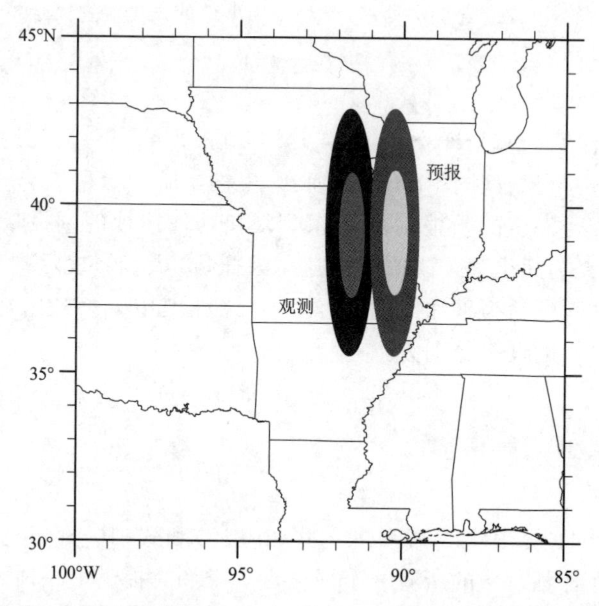

图10.11　假想的1 h降水量预报场(红色/黄色)示例，以及观测验证值(蓝色/青色)。假设红色和蓝色(黄色和青色)轮廓对应相同的量值。根据传统方法(如MSE)，由于预报和观测之间缺乏局地对应关系，这种预报几乎没有技巧。基于Gilleland等(2010)。(详情请见彩图插页)

然而，即使在客观和定量的评估中，准确性和技巧也不是绝对的。如图 10.11 所示，降水的高分辨率模式预报为这一说法提供了支持。请注意，图 10.11 中的降水场具有非常大的 MSE，这是因为预报和观测之间缺乏局部对应关系。主观上看，该预报似乎仍有一定的价值：预报场和观测场均由中尺度实体组成，具有相同的区域覆盖率、幅度和结构特征，只是位置略有不同。如果我们采用的理念是，在其他特征方面存在一致性，微小的位移误差是可以接受的，那么我们可以使用替代方法替代传统方法对预报进行定量评估。

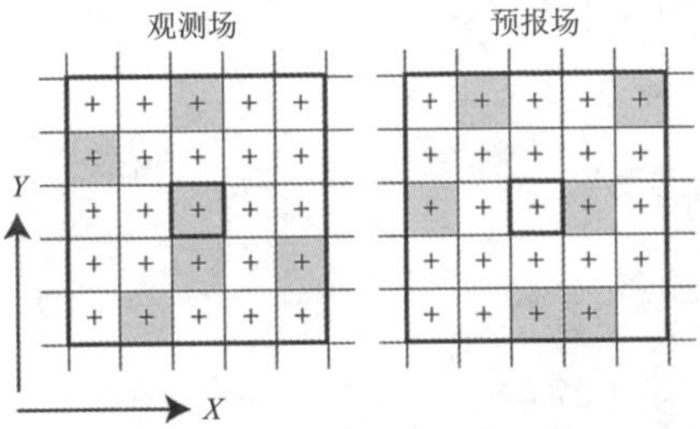

图 10.12　模糊检验的应用示例。所示为计算域的子集。格点单元中的阴影表示事件发生，例如 1 h 降水量超过某个阈值。中央网格单元中的预报不正确，但在该网格单元的 5 ×5 邻域中，预报场事件的发生次数(6)与观测场事件的发生次数完全相同。引自 Roberts 和 Lean(2008)。

一种替代方法称为模糊检验，其将点 i 小邻域中 m 个网格点处的预报与该邻域中的相应观测值进行比较(图 10.12)。[28] 通常，模糊检验指标是基于事件的二分预报；我们引入龙卷是/否发生的预报示例，但降水(和其他连续的预报量)的二分预报可以通过将事件定义为超出某个阈值来构建。因此，设 $I_y(I_o)$ 表示网格点处的预报事件(观测到的事件)，然后为事件出现(事件不出现)指定 $I=1(I=0)$。在网格点邻域内，预报和观测事件的概率分别为

$$\langle P_y \rangle_s = \frac{1}{m}\sum_m I_y \tag{10.15}$$

和

$$\langle P_o \rangle_s = \frac{1}{m}\sum_m I_o \tag{10.16}$$

式中，$\langle\ \rangle_s$ 表示邻域及其大小或尺度。式(10.15)和式(10.16)还描述了邻域内各事件的分数，并在评估区域的所有 n 个网格点上求和时提供了一种预报技巧的度量

$$\mathrm{FSS}_s = 1 - \frac{\frac{1}{n}\sum_n [\langle P_y \rangle_s - \langle P_o \rangle_s]^2}{\frac{1}{n}\sum_n [\langle P_y \rangle_s^2 + \langle P_o \rangle_s^2]} \tag{10.17}$$

式中，FSS 是分数技巧评分。FSS 在尺度 s 不断增大的邻域上进行评估，s 通常表示为格点长度的倍数。[29] 如图 10.13 所示，预期 FSS(以及技巧)在小的 s 时达到最小值，

然后当 s 增加到与域长度相等时，将增加到其渐近值 FSS≤1。可以使用该信息来评估是否在与网格点间距相当的尺度上达到预定的技巧水平。例如，如果发现具有 1 km 网格点间距的模式仅在大于 100 km 的尺度上有技巧，则可能需要寻找可能的模式异常，重新评估问题的可预报性，和/或重新考虑如何根据网格点间距、参数化复杂性等分配计算资源等(见第 4 章)。

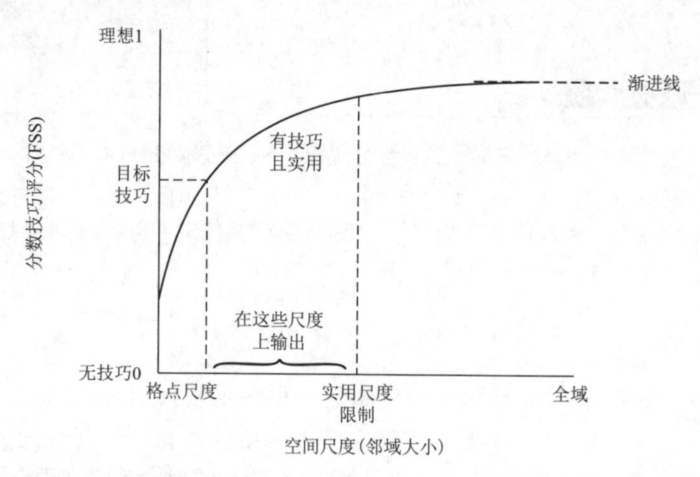

图 10.13　在多个尺度或邻域大小 s 上评估假设的 FSS。注意，当邻域大小接近域大小时 FSS 渐近于一个≤1 的值。实用尺度和目标技巧由用户定义。引自 Roberts 和 Lean(2008)。

对于图 10.11 中的降水场，模糊检验将奖励与观测有类似覆盖区域的预报，但不考虑降水在邻近区域内的分布情况。如果对空间结构(形状、大小、方向)中的对应关系进行评估，则可以采用基于将场分解为“对象”的方法。对象是满足用户定义标准的连续预报量的分组或区域。[30] 在图 10.14 中的示例中，对流降水对象由格点值超过特定 1 h 降水累积量的区域(如 6 mm)构成；这些区域可能是真正相邻的，或者具有较小的允许间隙。然后，评估指标涉及预报对象和观测对象之间定量属性的差异。在欧几里得范数(式(10.11))中，预报向量 $\boldsymbol{y}$ 现在可能有一些分量，如 y_1＝对象面积，y_2＝对象内最大降水率，y_3＝对象质心位置，y_4＝对象椭圆度(长轴长度/短轴长度)，y_5＝对象轨迹，等等。

这种方法的一个特殊问题是，每个预报对象和观测对象之间不一定存在一对一的对应关系。人们可能会选择使用“预报到的－观测到的”真正对应的对象来计算 E(或等价的指标)，但不可避免地会有一些对象未配对，因此未被评估。另一个应用中的问题是如何(以及是否)在计算中给定各个属性(如，对象面积、位置、大小)的权重。评估的最终用途通常为这些决策提供指导，一些应用认为空间接近度最为重要，其他应用将预报量幅度视为最为重要，还有一些应用将预报量面积视为最为重要。最后一个影响模糊检验的问题是，需要一个具有与预报模式一致的属性(如，域

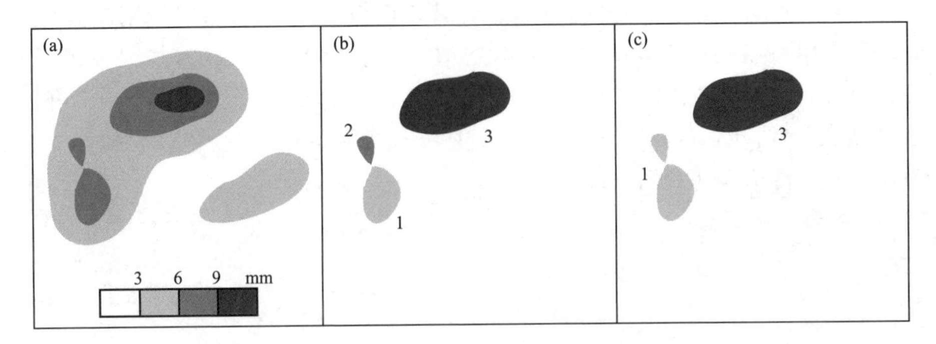

图 10.14　面向对象的预报评估方法示意图，应用于观测或预报场(a)。(b)中的初始对象是使用用户定义的阈值(此处为 6 个单位)从(a)中的场构造的。注意，初始对象 1 和 2 仅由 1 个像素分隔。此种情况下，分离处于用户定义的“搜索半径”阈值内，因此这些对象被组合成单个对象；最后的对象如(c)所示。引自 Hitchens 等(2012)，基于 Baldwin 等(2005)的算法。

的大小、网格点间距)的观测数据集。就高分辨率降水预报而言，来自美国雨量计网络的数据——事实上来自世界上大多数雨量计网络的数据——其空间分辨率很低，令人无法接受。因此，降水预报评估必须求助于替代方法，例如将雨量计观测与可在足够精细的网格上获得的雷达反射率因子的组合估计相结合(见第 3 章)。[31]

基于对象的技术在预报评估之外还有很好的应用前景。考虑它们在大数据集的“挖掘”中的使用。在一个原本极费劳力的项目中，Baldwin 面向对象识别算法(Baldwin object oriented identification algorithm，BOOIA)被用于从降水数据集中提取与短时极端降雨相关的 3484 个对象特征。[32]然后，定量信息被用来统计描述超大样本事件的对流风暴形态。

BOOIA 也被修改用于预报本身。如下文所述，“特定特征”的预报系统举例说明了采用新一代高分辨率数值预报模式的预报策略。

10.5　中尺度数值模式的预报策略

容许对流的高分辨率数值模式输出的尺度和细节为模式用户带来了许多挑战和机遇。除了与这些模式生成的大量数据相关的基本工作(例如，数据后处理、存储)之外，一个主要的挑战是关于如何对比如雨水混合比等方面的精细结构进行适当程度的解释；另一个挑战是关于在人工制作的预报中恰当地使用这些信息。事实上，首次使用高分辨率模式输出基本上是定性的，预报员仔细考察降水场中对流初生的位置和对流风暴类型的建议。[33]现在认识到，预报变量和导出变量的组合可用于定量识别预报兴趣的“特征”。这是特定特征预报(feature-specific prediction，FSP)的本质。

考虑一个FSP系统被配置为识别和预测超级单体风暴的例子。[34]使用基于对象的预报评估技术(如BOOIA),系统先搜索模拟雷达反射率因子场(SRF;参见第4章)。为了将搜索限制在对流特征上,FSP系统要求对象的SRF≥ 40 dBZ。然后使用其他模式场进一步缩小搜索范围,仅限于展示上升气流旋转的对流特征。为此目的开发的一个诊断场是*上升气流螺旋度*(UH),定义为

$$UH = \int_{z_B}^{z_T} w\zeta \mathrm{d}z \tag{10.18}$$

式中,积分上下限通常设置为$z_1=2$ km,$z_2=5$ km。式(10.18)源自式(7.28),并有助于量化中层上升气流旋转。[35]注意ζ不是模式变量,但可以使用有限差分近似从预报的风轻松计算出来。根据经验证据,合理的FSP要求在一个或多个格点$UH \geqslant 50$ $\mathrm{m^2 \cdot s^{-2}}$,成为超级单体需要有此特征。[36]

图10.15显示了该FSP应用的输出。该FSP系统用于在预报间隔期间诊断单个超级单体的轨迹,同时计算可揭示预报风暴强度的特征属性。图10.15还展示了FSP如何适应集合的使用:在特征位置和轨迹上成员的一致性(或缺乏一致性)很容易展示,定量属性也是如此。这些信息可直接转换成概率。因此,集合辅助的FSP构成了决策支持系统的基础。

高分辨率NWP模式的这些能力是支持*基于预报的预警*范例的前提,该范例提出使用短期模式预报作为持续或即将发生的强对流风暴的公共预警的基础。[37]在此谨慎地回顾,预警的预期结果是一些即时行动,例如,疏散到替代庇护场所以减轻人身伤害。目前,利用多普勒雷达扫描和/或目视观测,通过探测某些现象(如龙卷雷暴)以激活预警。因此,预警的及时性取决于观测现象的准确程度,然后取决于现象是否已发展到产生损害的状态。基于预报的预警范例显著增加了预警提前时间,因为预警决策基于预报而非监测。

由于其关注的是0~6 h的预报间隔,"基于预报的预警"需要对大气的初始状态进行尽可能好的估计。这包括正在进行的降雨风暴状态,也意味着需要同化雷达数据。集合卡尔曼滤波(第4章)等同化技术所固有的是需要度量预报不确定性。不确定性度量——以及总体上来自集合的信息——可用于产生特定灾害(如龙卷)的空间位置和发生概率(图10.16)。在这方面,FSP是一个实现基于预报的预警范例的示例。

还有其他一些涉及使用中尺度模式进行短期预报的策略。考虑初始场本身就是非常宝贵的预报工具。事实上,通过如3DVAR(第4章)等数据同化系统将粗分辨模式输出与多个多普勒雷达数据相耦合,可以产生具有高时(约5 min)空(约1 km)分辨率的风场。[38]得到的格点风数据是(2D和3D)矢量风,而不是单多普勒径向风,这样就减少了解释和自动检测算法中的模糊性(第3章)。此外,生成的格点热力学变量在物理上与风一致,因此可以纳入诊断。

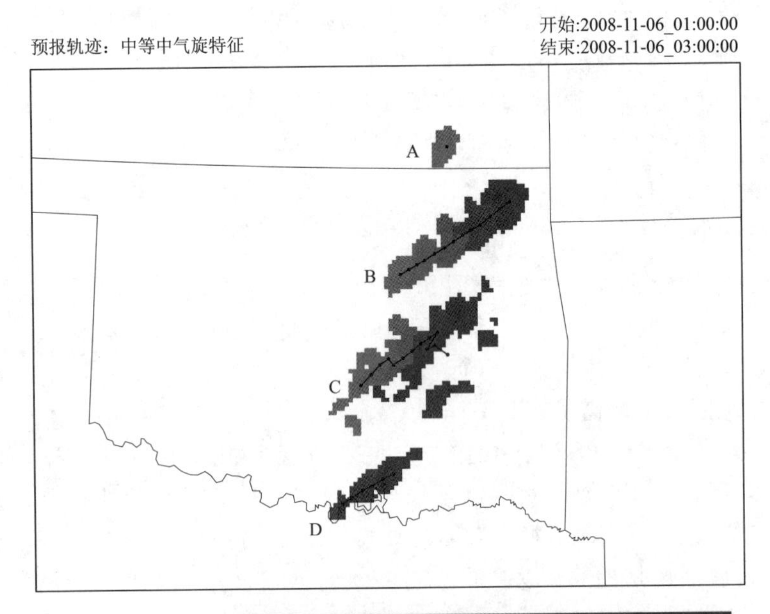

特征 ID	开始时间 (UTC)	结束时间 (UTC)	持续时间 (min)	最大dBZ (time UTC)
A	01:00:00	01:10:00	10	54 (0100)
B	01:00:00	03:00:00	120	59 (0140)
C	01:00:00	03:00:00	120	59 (0140)
D	02:10:00	03:00:00	50	57 (0210)

图 10.15　应用于超级单体预测的特定特征系统示例。轨迹和阴影指示超级单体的位置，这是根据高分辨率模式输出客观确定的。表中提供了各个超级单体的属性。引自 Carley 等(2011)。(详情请见彩图插页)

当然，相对粗分辨的数值预报模式数据在中尺度对流现象的预报中也发挥着多种作用。预报人员可使用模式预报的环境信息(例如，CAPE 和垂直风切变)主观评估特定现象(如，龙卷超级单体)形成和后续行为的可能性，同时考虑对当前预报准确性的认知以及其他因素。更为正式地说，预报员可以对粗分辨模式数据进行统计降尺度(statistical downscaling)。本质上，预报量(y)通过统计模型与粗分辨模式(可能还有其他数据源)中的一个或多个预报因子(x_i)定量相关。用符号可以表示为

$$y = a_i x_i \quad (i = 1, \cdots, n) \tag{10.19}$$

式中，a_i 为经验系数，例如可以通过线性回归获得。预报员甚至可以使用粗分辨模

式数据作为动力学模式的 IC/BC,以数值方式生成其他未被分辨的预报量。这是动力降尺度(dynamical downscaling)的一个示例,事实上动力降尺度在高分辨率中尺度模式的有限区域得到广泛应用,特别是在缺乏数据同化和其他特殊初始化过程的情况下。因此,考虑到低分辨率 IC/BC 为主的情况,中尺度模式的积分可以产生中尺度细节,例如对流性降水风暴的出现,以及能量谱的中尺度范围。

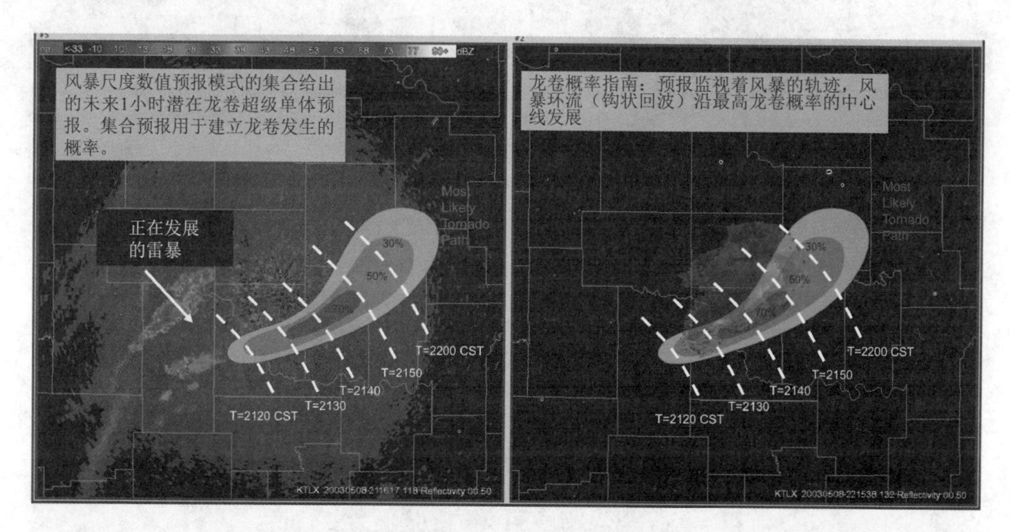

图 10.16　一个假设的“基于预报的预警”提供的对流尺度龙卷预报指南蓝色阴影显示龙卷发生的区域概率。白色虚线表示预测的风暴位置。颜色填充是雷达反射率因子。引自 Stensrud 等(2009)。(详情请见彩图插页)

动力降尺度方法在气候变率和气候变化研究中很常见,事实证明,它是将大时空尺度过程与短的时间和长度尺度深湿对流联系起来的有效手段。图 10.17 显示了 1991—2000 年每年 4—6 月期间,根据动力降尺度的全球再分析数据得到的年平均强降水频率(1 h 降水量超过 1 英寸(约 25.47 mm))。[39] 降尺度降水量与现有观测值有很好的可比性,可以支撑从 IC/BC 中得出的关于信息充分性的结论。尽管这种特殊的降尺度技术仍在改进中,但它似乎有可能应用于对流尺度天气的季节性和长期气候预报。然而,由于这种技术的计算成本很高,这种应用的替代方法仍然很有价值。

10.6　长期预报

出于各种原因,除了短期预报外,业务气象中心和其他机构还需要提供季节性(和长期)的预报展望。一个典型的预报展望产品是季节性偏离长期平均温度和降水量的概率。

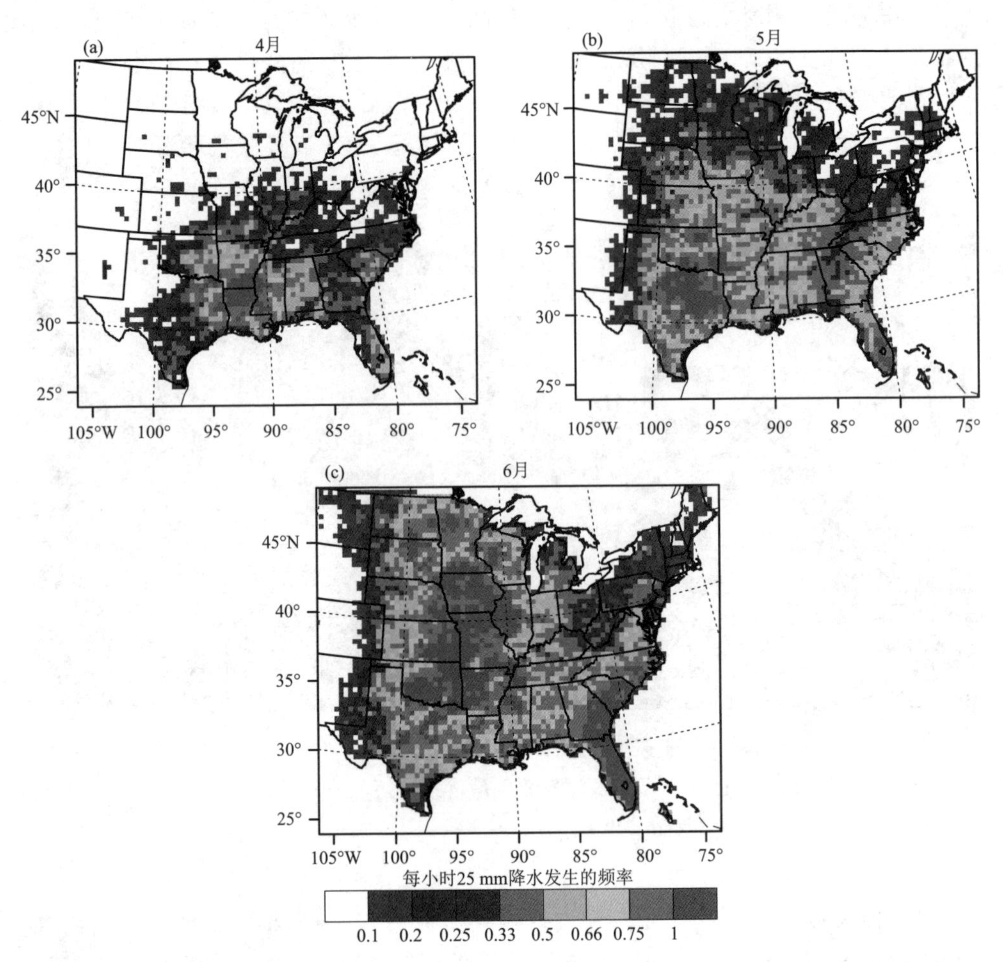

图 10.17　采用动力降尺度方法获得的 1991—2000 年 4—6 月暖季月份 1 h 降雨量超过 1 英寸(约 25.4 mm)的平均频率。引自 Trapp 等(2010)。经斯普林格科学和商业媒体许可使用。(详情请见彩图插页)

这种预报展望的长提前时间表明考虑行星尺度上“缓慢”或低频过程的重要性。特别相关的是称为厄尔尼诺南方涛动(ENSO)的大气和海洋的不规则年际变化。可以推测,长期预报必须明确地将全球大气与海洋和地球系统的其他组成部分耦合起来。由此产生的复杂性对耦合预报模式中可以分辨的运动尺度造成了实践上的限制。然而,仍然有可能从这些模式和有关中尺度现象的现有数据中获得信息。模式和观测的相对粗糙性要求使用统计、动力学或混合动力-统计方法。

为了说明这些方法,我们考虑大西洋季节性飓风活动的预测。科罗拉多州立大学和其他研究小组发布的几个月超前预报基于回归方程,预测因子包括特定地理区域和时间段的海面温度(SST)、200 hPa 纬向风和海平面气压。[40] 每个预测因子都与飓风形成有物理联系，但也有统计联系，与大西洋飓风活动的指数值高度线性相关。预测因子基于观测数据，也有来自于动力预报模式，如美国国家环境预报中心(NCEP)的气候预报系统(CFS)。CFS是一个全球、完全耦合的海洋-大气-陆地动力模式，已被证明能够有技巧地预测热带太平洋和热带北大西洋的海面温度SST(和垂直风切变)。[41]

欧洲中期天气预报中心(European Centre for Medium-Range Weather Forecasts，ECMWF)和世界其他机构维持的类似预报系统模式都属于大气-海洋耦合的大气环流模式(general circulation models，GCMs)。尽管这些全球动力学模式的有效分辨率仍然过于粗糙，无法提供热带气旋的详细信息，但即使是在其当前版本中，许多GCM模式也能够分辨足够的特征结构，以便在模式输出中明确识别气旋。[42]事实上，ECMWF模式预测的此类结构的季节性数量已被证明与观测到的热带气旋数量有很好的相关性，同时集合成员也提供了不确定性估计。[43]应用GCM的信心已得到增长，因此现在甚至在做多年预测。[44]

回顾性模式预报，或重新预报，在预报方法的开发中特别有用。[45]典型的重新预报数据集包含一个"冻结"版本模式生成的几十年独立积分结果；通常为每个积分间隔构造一个模式集合。实践中，预报方法(如，使用预报变量的回归模型或某些特征检测方案；第10.5节)会使用重新预报数据集进行训练和测试。一个足够广泛的数据集还可以在实时应用该方法之前展示技巧和误差诊断。

本节的重点是热带现象，因为到目前为止，关于中纬度中尺度对流现象季节性预测已发表的文献非常稀少。[46]已经进行了一些尝试，以统计方式将龙卷活动与降雨联系起来，前提是干旱条件应等同于低的龙卷风活动。[47]当在年度和季节期间同时检查时，有限的数据表明这两个变量之间只有轻微的相关性。然而，在特定的地理区域内，干旱和龙卷活动之间存在显著的时间-滞后相关性。例如，在美国佐治亚州北部，秋冬干旱条件与次年春季低于正常水平的龙卷活动相关较好(图10.18)。这种主张认为干旱通过异常干燥的土壤转化为随后的龙卷季节。悬而未决的问题是，龙卷活动的减少在很大程度上是由于与土壤湿度及其长期记忆相关的地表强迫，还是由于土壤湿度与区域大气环流之间的反馈，或者是影响两者的异常行星尺度环流(见第9章)。

正是基于这一点，我们继续探索ENSO对美国境内龙卷发生的影响。虽然尚未就ENSO阶段和深对流风暴之间的总体统计关系达成共识，但最近的工作表明，冬季(1—3月)龙卷发生的总天数在ENSO中性阶段最高，在暖的或厄尔尼诺阶段最低。[48]龙卷活动减少似乎受到冬季平均急流和相关天气尺度气旋轨迹向南偏移的影响，从而使龙卷风暴形成偏向墨西哥湾沿岸的州(远离南部大平原，气候上的龙卷易发区)。这与墨西哥湾沿岸各州凉爽潮湿的冬季与厄尔尼诺期(以及拉尼娜期温暖干燥的冬季)相关的独立观察结果一致。[49]当然，有利的急流位置和气旋路径并不能单独保证形成龙卷风暴所需的所有气象条件都能到位。然而，这些因素至少会增加

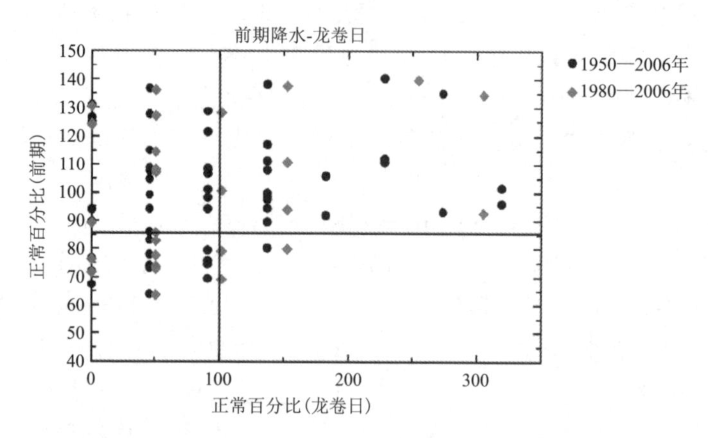

图 10.18 美国佐治亚州北半部 6 个月前降雨量与龙卷发生之间的关系
引自 Shepherd 等(2009)。得到使用许可

龙卷风暴发生的可能性(相比不利的急流位置),从这点来说,可以帮助它们的长期预测。

厄尔尼诺期间东太平洋持续的异常暖水可以被视为长期表面强迫的一个示例。[50]相关的 SST 异常导致相对于某些季节和年平均值的大气状态季节和年际变化。这种变化可以表现为,例如,同一区域或远处不同区域异常的海平面气压;关于与土壤湿度和积雪异常相关的强效应,也可以给出类似结论。间歇性但相对较高频率的天气系统同时也会造成大气异常。想象一下,在美国中部的某个月里,发生了两三次强的天气尺度气旋。这将主导该区域的月平均气压场,也许是季节平均气压场,从而增加这段时间的变率。气旋是由天气尺度自然变化的大气造成的,因此其影响——以及气旋本身——在大约两周后是不可预测的。因为这一原因,气旋被视为噪声。如果这种噪声的贡献比归因于长期表面强迫的变化小,那么可预报性可能会超过确定性可预报性的极限。热带纬度受天气噪声的影响较小,因此,如果有足够的长期地面强迫,在大的空间尺度上具有相对较大的潜在可预报性。附带条件是,表面强迫(如 SST 异常)也必须是可预报的,使我们回到对耦合模式的需要。

利用耦合模式进行长期预报的边界正在迅速扩大。类似日本全球变化前沿研究中心开发的非静力二十面体大气模式(NICAM)的全球云解析模式即将得以更广泛应用。二十面体网格结构和区域网格扩展技术[51]可提高全球模拟的效率和精度。通过至少一个月的连续积分和几千米的全球网格间距,NICAM 成功地预报了热带气旋的生成、运动和结构。[52]

长期(甚至短期)中纬度对流天气预报未来很可能涉及如 NICAM 等模式的集合。模式系统将利用数据同化技术,并需要对预报的模式场进行机智有效的分析。历史将决定未来的模拟系统是否能够显著提高中尺度对流过程预报的技巧和价值。

补充信息

有关练习、问题及推荐的个例研究，请参阅 www. cambridge. org/trapp/chapter10。

说明

1　见 Lorenz(1969)；对大气可预报性重要问题的概述可见于 Hacker 等(2005)。

2　这是基于 Thompson(1957)和《气象学词汇表》(Glic kman 2000)。

3　模式描述来源于 Lorenz(1963)，但模式本身来源于 Saltzman(1962)的工作。

4　应记住，图 10.2 给出了 3D 轨迹行为的 2D 投影，因此，所见的轨迹相交是本演示的一个伪影。

5　Lorenz(1963)。

6　Anthes(1986)。

7　Lorenz(1969)；Lorenz(1984)。

8　以下是 Lilly(1990)对 Lorenz(1969)的解释。

9　Nastron 和 Gage(1985)。

10　有关这些尺度的可预报性的更多信息，请参见 Tribbia 和 Baumhaufner(2004)。

11　Gage(1979)；Lilly(1983)。

12　Lilly(1990)。

13　例如，出自 Lorenz(1969)。

14　以下示例和相关分析来自 Zhang 等(2003)。

15　Zhang 等(2003)。

16　Trapp 等(2007b)。

17　Tribbia 和 Baumhefner(1988)。

18　以下摘自 Kalnay(2003)。

19　关于这些方法和其他方法的详细处理，见 Kalnay(2003)。

20　Toth 等(1997)。

21　http://www. emc. ncep. noaa. gov/gmb/ens/fcsts/ensframe. html。

22　Stensrud 等(2000)。

23　如 Kalnay(2003)所总结；另见 Houtekamer 等(1996)。

24　Bougeault(2010)。

25　据 Oreskes 等(1994)提出的论点，此处使用评估一词，而不是验证。

26　关于这些目的的更多讨论，见 Hacker 等(2005)。

27　见 Wilks(2006)，其构成了这一讨论的基础。

28　Ebert(2008)。

29　Ebert(2008)；Roberts 和 Lean(2008)。

30　Baldwin 等(2005)；Gilleland 等(2010)。

31　例如，美国国家环境预报中心第二阶段和第四阶段多传感器降水数据集(以下简称 ST2/

ST4 数据集)；见 Fulton 等(1998)。

32 Hitchens 等(2012)；Hitchens 等(2010)。

33 Kain 等(2006)。

34 Carley 等(2011)。

35 Kain(2008)。

36 *UH* 的阈值取决于模式中的水平网格点间距；参见 Carley 等(2011)，以及 Trapp 等(2010)。

37 见 Stensrud(2009)；这一范例长期以来一直适用于飓风预报，在飓风预报中，疏散和其他准备工作需要几天的提前准备时间。

38 Gao 等(2009)。

39 Trapp 等(2010)。

40 Klotzbach 和 Gray(2003)；Klotzbach(2007)。

41 Wang(2009)。

42 本声明不包括以足够高的分辨率运行，可明确表达热带云系统的实验性全球模式；见 Fudeyasu 等(2010)。

43 Vitart(2007)。

44 Smith(2010)。

45 Hamill 等(2006)。

46 在本章定稿时，作者和其他几个人正在努力开发灾害性对流风暴活动的长提前时间预报方法。

47 Galway(1979)；Shepherd 等(2009)。

48 Cook 和 Schaefer(2008)。

49 Ropelewski 和 Halpert(1987)；Halpert 和 Ropelewski(1992)。

50 以下讨论源自 Kalnay 2003)。

51 Markovic 等(2010)。

52 Fudeyasu 等(2010)。

参考文献*

Adlerman, E. J., K. K. Droegemeier, and R. Davies-Jones, 1999: A numerical simulation of cyclic mesocyclogenesis. *J. Atmos. Sci.*, **56**, 2045–2069.

Anderson, D. A., J. C. Tannehill, and R. H. Pletcher, 1984: *Computational Fluid Mechanics and Heat Transfer*. Hemisphere Publishing, New York.

Anthes, R. A., 1986: The general question of predictability. *Mesoscale Meteorology and Forecasting*, American Meteorological Society, Boston, 636–656.

Armijo, L, 1969: A theory for the determination of wind and precipitation velocities with Doppler radars. *J. Atmos. Sci.*, **26**, 570–573.

Arnup, S. J., and M. J. Reeder, 2007: The diurnal and seasonal variation of the northern Australian dryline. *Mon. Wea. Rev.*, **135**, 2995–3008.

Arritt, R. W., 1993: Effects of the large-scale flow on characteristic features of the sea breeze. *J. Appl. Meteor.*, **32**, 116–125.

Atkins, N. T., C. S. Bouchard, R. W. Przybylinski, et al., 2005: Damaging surface wind mechanisms within the 10 June 2003 Saint Louis bow echo during BAMEX. *Mon. Wea. Rev.*, **113**, 2275–2296.

Atkins, N. T., and J. J. Cunningham, 2006: The influence of low-level stable layers on damaging surface winds within bow echoes. Preprints, *23rd Conf. on Severe Local Storms*, St. Louis, MO, Amer. Meteor. Soc., (6.4) CD-ROM.

Atkins, N. T., and M. St. Laurent, 2009: Bow echo mesovortices. Part II: Their genesis. *Mon. Wea. Rev.*, **137**, 1514–1532.

Atkins, N. T., R. M. Wakimoto, and T. M. Weckwerth, 1995: Observations of the sea-breeze front during CaPE. Part II: Dual-Doppler and aircraft analysis. *Mon. Wea. Rev.*, **123**, 944–968.

Atkins, N. T., R. M. Wakimoto, and C. L. Ziegler, 1998: Observations of the finescale structure of a dryline during VORTEX 95. *Mon. Wea. Rev.*, **126**, 525–555.

Atkins, N. T., M. L. Weisman, and L. J. Wicker, 1999: The influence of preexisting boundaries on supercell evolution. *Mon. Wea. Rev.*, **127**, 2910–2927.

Augustine, J. A., and F. Caracena, 1994: Lower-tropospheric precursors to nocturnal MCS development over the central United States. *Wea. Forecasting*, **9**, 116–135.

Balaji, V., and T. L. Clark, 1988: Scale selection in locally forced convective fields and the initiation of deep cumulus. *J. Atmos. Sci.*, **45**, 3188–3211.

Baldwin, M. E., J. S. Kain, and S. Lakshmivarahan, 2005: Development of an automated classification procedure for rainfall systems. *Mon. Wea. Rev.*, **133**, 844–862.

---

* 参考文献沿用原版书中内容，未改动。

Banacos, P. C., and D. M. Schultz, 2005: The use of moisture flux convergence in forecasting convective initiation: Historical and operational perspectives. *Wea. Forecasting*, **20**, 351–366.

Bannon, P. R., 1996: On the anelastic approximation for a compressible atmosphere. *J. Atmos. Sci.*, **53**, 3618–3628.

Bannon, P. R., 2002: Theoretical foundations for models of moist convection. *J. Atmos. Sci.*, **59**, 1967–1982.

Banta, R. M., and C. Barker Schaaf, 1987: Thunderstorm genesis zones in the Colorado Rocky Mountains as determined by traceback of geosynchronous satellite images. *Mon. Wea. Rev.*, **115**, 463–476.

Barnes, S. L., 1964: A technique for maximizing details in numerical weather map analysis. *J. Appl. Meteor.*, **3**, 396–409.

Barnes, S. L., 1973: Mesoscale objective analysis using weighted time-series observations. NOAA Tech. Memo. ERL NSSL-62, National Severe Storms Laboratory, Norman, OK [NTIS COM-73–10781].

Barnes, G. M., K. Sieckman, 1984: The environment of fast- and slow-moving tropical mesoscale convective cloud lines. *Mon. Wea. Rev.*, **112**, 1782–1794.

Batchelor, G. K., 1967: *An Introduction to Fluid Dynamics*. Cambridge University Press.

Battan, L. J., 1973: *Radar Observation of the Atmosphere*. University of Chicago Press.

Bedka, K., J. Brunner, R. Dworak, et al., 2010: Objective Satellite-based detection of overshooting tops using infrared window channel brightness temperature gradients. *J. Appl. Meteor. Climatol.*, **49**, 181–202.

Beer, T., 1974: *Atmospheric Waves*. Wiley, New York.

Bell, G. D., and J. E. Janowiak, 1995: Atmospheric circulation associated with the Midwest floods of 1993. *Bull. Amer. Meteor. Soc.*, **76**, 681–695.

Benjamin, S. G., K. A. Brewster, R. L. Brummer, et al., 1991: An isentropic three-hourly data assimilation system using ACARS aircraft observations. *Mon. Wea. Rev.*, **119**, 888–906.

Benjamin, S. G., B. E. Schwartz, S. E. Koch, and E. J. Szoke, 2004: The value of wind profiler data in U.S. weather forecasting. *Bull. Amer. Meteor. Soc.*, **85**, 1871–1886.

Benjamin, T. B., 1968: Gravity currents and related phenomena. *J. Fluid Mech.*, **31**, 209–248.

Berry, G. J., and C. D. Thorncroft, 2012: African easterly wave dynamics in a mesoscale numerical model: The upscale role of convection. *J. Atmos. Sci.*, **69**, 1267–1283.

Biggerstaff, M. I., et al., 2005: The Shared Mobile Atmospheric Research and Teaching Radar: A collaboration to enhance research and teaching. *Bull. Amer. Meteor. Soc.*, **86**, 1263–1274.

Bluestein, H. B., 1993: *Observations and Theory of Weather Systems. Vol. 2, Synoptic–Dynamic Meteorology in Midlatitudes*, Oxford University Press.

Bluestein, H. B., and M. H. Jain, 1985: Formation of mesoscale lines of precipitation: Severe squall lines in Oklahoma during the spring. *J. Atmos. Sci.*, **42**, 1711–1732.

Bluestein, H. B., E. W. McCaul, Jr., G. P. Byrd, and G. R. Woodall, 1988: Mobile sounding observations of a tornadic storm near the dryline: The Canadian, Texas storm of 7 May 1986. *Mon. Wea. Rev.*, **116**, 1790–1804.

Bluestein, H. B., and M. L. Weisman, 2000: The interaction of numerically simulated supercells initiated along lines. *Mon. Wea. Rev.*, **128**, 3128–3148.

Bluestein, H. B., and G. R. Woodall, 1990: Doppler-radar analysis of a low-precipitation severe storm. *Mon. Wea. Rev.*, **118**, 1640–1664.

Blyth, A. M., W. A. Cooper, and J. B Jensen, 1988: A study of the source of entrained air in Montana cumuli. *J. Atmos. Sci.*, **45**, 3944–3964.

Blyth, A. M., S. G. Lasher-Trapp, and W. A. Cooper, 2005: A study of thermals in cumulus clouds. *Quart. J. Roy. Meteor. Soc.*, **131**, 1171–1190.

Bohme, T., T. P. Lane, W. D. Hall, and T. Hauf, 2007: Gravity waves above a convective boundary layer: A comparison between wind-profiler observations and numerical simulations. *Quart. J. Roy. Meteor. Soc.*, **133**, 1041–1055.

Bolton, D., 1980: The computation of equivalent potential temperature. *Mon. Wea. Rev.*, **108**, 1046–1053.

Bony, S., et al., 2006: How well do we understand and evaluate climate change feedback processes? *J. Climate*, **19**, 3445–3482.

Bougeault, P., et al., 2010: The THORPEX interactive grand global ensemble. *Bull. Amer. Met. Soc.*, **91**, 1059–1072.

Brady, R. H., and E. J. Szoke, 1989: A case study of nonmesocyclone tornado development in northeast Colorado: Similarities to waterspout formation. *Mon. Wea. Rev.*, **117**, 843–856.

Brandes, E. A., 1977: Flow in severe thunderstorms observed by dual-Doppler radar. *Mon. Wea. Rev.*, **105**, 113–120.

Brandes, E. A., 1978: Mesocyclone evolution and tornadogenesis: Some observations. *Mon. Wea. Rev.*, **106**, 995–1011.

Brandes, E. A., and C. L. Ziegler, 1993: Mesoscale downdraft influences on vertical vorticity in a mature mesoscale convective system. *Mon. Wea. Rev.*, **121**, 1337–1353.

Brock, F. V., and S. J. Richardson, 2001: *Meteorological Measurement Systems*. Oxford University Press.

Brock, F. V., K. C. Crawford, R. L. Elliott, et al., 1995: The Oklahoma Mesonet: A technical overview. *J. Atmos. Oceanic Technol.*, **12**, 5–19.

Brock, F. V., G. Lesins, and R. Walko, 1987: Measurement of pressure and air temperature near severe thunderstorms: An inexpensive and portable instrument. *Extended Abstracts, Sixth Symp. on Meteorological Observations and Instrumentation*, New Orleans, LA, American Meteorological Society, Boston, 320–323.

Brooks, H. E., C. A. Doswell III, and R. B. Wilhelmson, 1994: The role of midtropospheric winds in the evolution and maintenance of low-level mesocyclones. *Mon. Wea. Rev.*, **122**, 126–136.

Brooks, H. E., J. W. Lee, and J. P. Craven, 2003: The spatial distribution of severe thunderstorm and tornado environments from global reanalysis data. *Atmos. Res.*, 67–68, 73–94.

Brown, R. A., and V. T. Wood, 1991: On the interpretation of single-Doppler velocity patterns within severe thunderstorms. *Wea. Forecasting*, **6**, 32–48.

Brown, R. A., and V. T. Wood, 2007: A guide for interpreting Doppler velocity patterns: Northern Hemisphere Edition. NOAA National Severe Storms Laboratory document, 55 pp. (Available from http://publications.nssl.noaa.gov/.)

Browning, K. A., 1964: Airflow and precipitation trajectories within severe local storms which travel to the right of the winds. *J. Atmos. Sci.*, **21**, 634–639.

Browning, K. A., 1986: Conceptual models of precipitation systems. *Wea. Forecasting*, **1**, 23–41.

Browning, K.A. and F. H. Ludlam, 1962: Airflow in convective storms. *Quart. J. Roy. Meteor. Soc.*, **88**, 117–135.

Browning, K. A., and R. J. Donaldson, 1963: Airflow and structure of a tornadic storm. *J. Atmos. Sci.*, **20**, 533–545.

Bryan, G. H., 2008: On the computation of pseudoadiabatic entropy and equivalent potential temperature. *Mon. Wea. Rev.*, **136**, 5239–5245.

Bryan, G. H., and J. M. Fritsch, 2000: Moist absolute instability: The sixth static stability state. *Bull. Amer. Meteor. Soc.*, **81**, 1207–1230.

Bryan, G. H., and J. M. Fritsch, 2002: A benchmark simulation for moist nonhydrostatic numerical models. *Mon. Wea. Rev.*, **130**, 2917–2928.

Bryan, G. H., J. C. Knievel, and M. D. Parker, 2006: A multimodel assessment of RKW theory's relevance to squall-line characteristics. *Mon. Wea. Rev.*, **134**, 2772–2792.
Bryan, G. H., and R. Rotunno, 2008: Gravity currents in a deep anelastic atmosphere. *J. Atmos. Sci.*, **64**, 536–556.
Bunkers, M. J., B. A. Klimowski, J. W. Zeitler, et al., 2000: Predicting supercell motion using a new hodograph technique. *Wea. Forecasting*, **15**, 61–79.
Byers, H. R., and R. R. Braham, Jr., 1949: *The Thunderstorm*. U.S. Department of Commerce, Weather Bureau, Washington D.C.
Carbone, R. E., 1983: A severe frontal rainband. Part II: Tornado parent vortex circulation. *J. Atmos. Sci.*, **40**, 2639–2654.
Carleton, A. M., D. J. Travis, J. O. Adegoke, et al., 2008: Synoptic circulation and land surface influences on convection in the midwest U.S. "Corn Belt," summers 1999 and 2000. Part II: Role of vegetation boundaries. *J. Climate*, **21**, 3635–3659.
Carley, J. R., B. R. J. Schwedler, M. E. Baldwin, et al., 2011: A proposed model-based methodology for feature-specific prediction for high impact weather. *Wea. Forecasting*, **26**, 243–249.
Carlson, T. N., and F. H. Ludlam, 1968: Conditions for the formation of severe local storms. *Tellus*, **20**, 203–226.
Carlson, T. N., S. G. Benjamin, G. S. Forbes, and Y.-F. Li, 1983: Elevated mixed layers in the severe-storm environment: Conceptual model and case studies. *Mon. Wea. Rev.*, **111**, 1453–1473.
Chen, F., and J. Dudhia, 2001: Coupling an advanced land-surface/ hydrology model with the Penn State/NCAR MM5 modeling system. Part I: Model description and implementation. *Mon. Wea. Rev.*, **129**, 569–585.
Chisholm, A. J., and J. H. Renick, 1972: The kinematics of multicell and supercell Alberta hailstorms. Alberta hail studies, Research Council of Alberta Hail Studies, Rep. 72–2, 24–31.
Cohen, A. E., M. C. Coniglio, S. F. Corfidi, and S. J. Corfidi, 2007: Discrimination of mesoscale convective system environments using sounding observations. *Wea. Forecasting*, **22**, 1045–1062.
Coniglio, M. C., S. F. Corfidi, and J. S. Kain, 2011: Environment and early evolution of the 8 May 2009 derecho-producing convective system. *Mon. Wea. Rev.*, **139**, 1083–1102.
Coniglio, M. C., D. J. Stensrud, and M. B. Richman, 2004: An observational study of derecho-producing convective systems. *Wea. Forecasting*, **19**, 320–337.
Cook, A. R., and J. T. Schaefer, 2008: The relation of El Nino-Southern Oscillation (ENSO) to winter tornado activity. *Mon. Wea. Rev.*, **136**, 3121–3137.
Corfidi, S. F., 2003: Cold pools and MCS propagation: Forecasting the motion of downwind-developing MCSs. *Wea. Forecasting*, **18**, 997–1017.
Cotton, W. R., and R. A. Anthes, 1989: *Storm and Cloud Dynamics*. Academic Press, San Diego, CA.
Cressman, G. P., 1959: An operational objective analysis system. *Mon. Wea. Rev.*, **87**, 367–374.
Crook, N. A., 1988: Trapping of low-level internal gravity waves. *J. Atmos. Sci.*, **45**, 1533–1541.
Dailey, P. S., and R. G. Fovell, 1999: Numerical simulation of the interaction between the sea-breeze front and horizontal convective rolls. Part I: Offshore ambient flow. *Mon. Wea. Rev.*, **127**, 858–878.
Daley, R., 1991: *Atmospheric Data Analysis*. Cambridge University Press.
Damiani, R., G. Vali, and S. Haimov, 2006: The structure of thermals in cumulus from airborne dual-Doppler radar observations. *J. Atmos. Sci.*, **63**, 1432–1450.
Davies, H. C., 1994: Theories of frontogenesis. *The Life Cycles of Extratropical Cyclones*. S. Gronas and M. A. Shapiro (eds.), Vol. I, University of Bergen, 182–192.

Davies-Jones, R. P., 1974: Discussion of measurements inside high-speed thunderstorm updrafts. *J. Appl. Meteor.*, **13**, 710–717.

Davies-Jones, R. P., 1979: Dual-Doppler radar coverage area as a function of measurement accuracy and spatial resolution. *J. Appl. Meteor.*, **18**, 1229–1233.

Davies-Jones, R. P., 1984: Streamwise vorticity: The origin of updraft rotation in supercell storms. *J. Atmos. Sci.*, **41**, 2991–3006.

Davies-Jones, R. P., 1988: Tornado interception with mobile teams. Chapter 2 in *Measurements and Techniques for Thunderstorm Observations and Analysis*, Vol. 3, of *Thunderstorms: A Social, Scientific, and Technological Documentary*. E. Kessler (ed.), Univ. of Oklahoma Press, Norman, OK, 23–32.

Davies-Jones, R., 2002: Linear and nonlinear propagation of supercell storms. *J. Atmos. Sci.*, **59**, 3178–3205.

Davies-Jones, R., and H. E. Brooks, 1993: Mesocyclogenesis from a theoretical perspective. *The Tornado: Its Structure, Dynamics, Prediction, and Hazards, Geophys. Monogr.*, No. 79, American Geophysical Union, 105–114.

Davis, C. A., 1992: Piecewise potential vorticity inversion. *J. Atmos. Sci.*, **49**, 1397–1411.

Davis, C., et al., 2004: The bow echo and MCV experiment: Observations and opportunities. *Bull. Amer. Meteor. Soc.*, **85**, 1075–1093.

Davis, C. A., and S. B. Trier, 2007: Mesoscale convective vortices observed during BAMEX. Part I: Kinematic and thermodynamic structure. *Mon. Wea. Rev.*, **135**, 2029–2049.

Del Genio, A. D., and W. Kovari, 2002: Climatic properties of tropical precipitating convection under varying environmental conditions. *J. Climate*, **15**, 2597–2615.

Derber, J. C., and W.-S. Wu, 1998: The use of TOVS cloud-cleared radiances in the NCEP SSI analysis system. *Mon. Wea. Rev.*, **126**, 2287–2299.

Dial, G. L., J. P. Racy, and R. L. Thompson, 2010: Short-term convective mode evolution along synoptic boundaries. *Wea. Forecasting*, **25**, 1430–1446.

Diffenbaugh, N.S., R. J. Trapp, and H. E. Brooks, 2008: Challenges in identifying influences of global warming on tornado activity. *Eos Trans.*, **89**, 553–554.

Doswell, C. A., III, 1985: The operational meteorology of convective weather. Vol. II: Storm scale analysis. NOAA Technical Memorandum ERL ESG-15.

Doswell, C. A., III, 1987: The distinction between large-scale and mesoscale contribution to severe convection: A case study example. *Wea. Forecasting*, **2**, 3–16.

Doswell, C. A. III, 1991: A review for forecasters on the application of hodographs to forecasting severe thunderstorms. *Nat. Wea. Dig.*, **16** (1), 2–16.

Doswell, C. A., III, 2001: Severe convective storms – An overview. *Severe Convective Storms*, Meteor. Monogr., No. 50, American Meteorological Society, Boston, 1–26.

Doswell, C. A., III, and D. W. Burgess, 1993: Tornadoes and tornadic storms: A review of conceptual models. *The Tornado: Its Structure, Dynamics, Hazards, and Prediction* (Geophys. Monogr. 79), C. Church, D. Burgess, C. Doswell, and R. Davies-Jones (eds.), American Geophysical Union, 161–172.

Doswell, C. A., III, and E. N. Rasmussen 1994: The effect of neglecting the virtual temperature correction on CAPE calculations. *Wea. Forecasting*, **9**, 625–629.

Doswell, C. A. III, H. E. Brooks, and R. A. Maddox, 1996: Flash flood forecasting: An ingredients-based methodology. *Wea. Forecasting*, **11**, 560–580.

Doswell, C. A., III, and L. F. Bosart, 2001: Extratropical synoptic-scale processes and severe convection. *Severe Convective Storms*, Meteor. Monogr., No. 50, American Meteorological Society, Boston, 27–70.

Doswell, C. A., III, and P. M. Markowski, 2004: Is buoyancy a relative quantity? *Mon. Wea. Rev.*, **132**, 853–863.

Doswell, C. A., III, H. E. Brooks, and N. Dotzek, 2009: On the implementation of the enhanced Fujita scale in the USA. *Atmos. Res.*, **93**, 554–563.

Dotzek, N., P. Groenemeijer, B. Feuerstein, and A. M. Holzer, 2009: Overview of ESSL's severe convective storms research using the European Severe Weather Database ESWD. *Atmos. Res.*, **93**, 575–586.

Doviak, R. J., and D. S. Zrnic, 1993: *Doppler Radar and Weather Observations, Second Edition*. Academic Press, San Diego, 562 pp.

Dowell, D. C., and H. B. Bluestein, 1997: The Arcadia, Oklahoma, storm of 17 May 1981: Analysis of a supercell during tornadogenesis. *Mon. Wea. Rev.*, **125**, 2562–2582.

Dowell, D. C., H. B. Bluestein, and D. P. Jorgensen, 1997: Airborne Doppler radar analysis of supercells during COPS-91. *Mon. Wea. Rev.*, **125**, 365–383.

Dowell, D. C., L. J. Wicker, and C. Snyder, 2011: Ensemble Kalman Filter assimilation of radar observations of the 8 May 2003 Oklahoma City supercell: Influences of reflectivity observations on storm-scale analyses. *Mon. Wea. Rev.*, **139**, 272–294.

Drazin, P. G., 2002: *Introduction to Hydrodynamic Stability*. Cambridge University Press.

Droegemeier, K. K., and R. B. Wilhelmson, 1985a: Three-dimensional numerical modeling of convection produced by interacting thunderstorm outflows. Part I: Control simulation and low-level moisture variations. *J. Atmos. Sci.*, **42**, 2381–2403.

Droegemeier, K. K., and R. B. Wilhelmson, 1985b: Three-dimensional numerical modeling of convection produced by interacting thunderstorm outflows. Part II: Variations in vertical wind shear. *J. Atmos. Sci.*, **42**, 2404–2414.

Droegemeier, K. K., and R. B. Wilhelmson, 1987: Numerical simulation of thunderstorm outflow dynamics. Part I: Outflow sensitivity experiments and turbulence dynamics. *J. Atmos. Sci.*, **44**, 1180–1210.

Droegemeier, K. K., S. M. Lazarus, and R. Davies-Jones, 1993: The influence of helicity on numerically simulated convective storms. *Mon. Wea. Rev.*, **121**, 2005–2029.

Dudhia, J., 1989: Numerical study of convection observed during the winter monsoon experiment using a mesoscale two-dimensional model, *J. Atmos. Sci.*, **46**, 3077–3107.

Dworak, R., J. Brunner, W. Feltz, and K. Bedka, 2012: Comparison between GOES-12 overshooting top detections, WSR-88D radar reflectivity and severe storm reports. *Wea. Forecasting*, **27**, 684–699.

Ebert, E. E., 2008: Fuzzy verification of high-resolution gridded forecasts: a review and proposed framework. *Meteorol. Appl.*, **15**, 51–64.

Etling, D., and R. A. Brown, 1993: Roll vortices in the planetary boundary layer: A review. *Boundary-Layer Meteorology*, **65**, 215–248.

Emanuel, K. A., 1986: Overview and definition of mesoscale meteorology. In *Mesoscale Meteorology and Forecasting*, American Meteorological Society, Boston, 1–17.

Emanuel, K. A., 1994: *Atmospheric Convection*. Oxford University Press, Oxford.

Evans, J. S., and C. A. Doswell, III, 2001: Examination of derecho environments using proximity soundings. *Wea. Forecasting*, **16**, 329–342.

Ferrier, B. S., 1994: A double-moment multiple-phase four-class bulk ice scheme. Part I: Description. *J. Atmos. Sci.*, **51**, 249–280.

Fiedler, B. H., and R. J. Trapp, 1993: A fast dynamic grid adaption scheme for meteorological flows. *Mon. Wea. Rev.*, **121**, 2879–2888.

Fiedler, F., and H. A. Panofsky, 1970: Atmospheric scales and spectral gaps. *Bull. Amer. Meteor. Soc.*, **51**, 1114–1120.

Fovell, R. G., and P. S. Dailey, 1995: The temporal behavior of numerically simulated multicell-type storms. Part I: Modes of behavior. *J. Atmos. Sci.*, **52**, 2073–2095.

Fovell, R. G., and P.-H. Tan, 1998: The temporal behavior of numerically simulated multicell-type storms. Part II: The convective cell life cycle and cell regeneration. *Mon. Wea. Rev.*, **126**, 551–577.

French, A. J., and M. D. Parker, 2010: The response of simulated nocturnal convective systems to a developing low-level jet. *J. Atmos. Sci.*, **67**, 3384–3408.

Fritsch, J. M., and G. S. Forbes, 2001: Mesoscale convective systems. *Severe Convective Storms*, American Meteorological Society, Boston, 323–358.

Fudeyasu, H., Y. Wang, M. Satoh, et al., 2010: Multiscale interactions in the life cycle of a tropical cyclone simulated in a global cloud-system-resolving model. Part II: System-scale and mesoscale processes. *Mon. Wea. Rev.*, **138**, 4305–4327.

Fujita, T. T., 1979: Objective, operation, and results of Project NIMROD. Preprints, *11th Conf. on Severe Local Storms*, Kansas City, MO, American Meteorological Society, Boston, 259–266.

Fujita, T. T., 1981: Tornadoes and downbursts in the context of generalized planetary scales. *J. Atmos. Sci.*, **38**, 1512–1534.

Fujita, T. T., 1986: Mesoscale classifications: Their history and their application to forecasting. In *Mesoscale Meteorology and Forecasting*, American Meteorological Society, Boston, 18–35.

Fulton, R. A., J. P. Breidenbach, D.-J. Seo, et al., 1998: The WSR-88D rainfall algorithm. *Wea. Forecasting*, **13**, 377–395.

Gage, K. S., 1979: Evidence for a *k*-5/3 law inertial range in mesoscale two dimensional turbulence. *J. Atmos. Sci.*, **36**, 1950–1954.

Gage, K. S., and G. D. Nastrom, 1986: Theoretical interpretation of atmospheric wavenumber spectra of wind and temperature observed by commercial aircraft during GASP. *J. Atmos. Sci.*, **43**, 729–740.

Gal-Chen, T., 1978: A method for the initialization of the anelastic equations: implications for matching models with observations. *Mon. Wea. Rev.*, **106**, 587–606.

Galloway, J., A. Pazmany, J. Mead, et al., 1997: Detection of ice hydrometeor alignment using an airborne W-band polarimetric radar. *J. Atmos. Oceanic Technol.*, **14**, 3–12.

Gallus, W. A., Jr., and R. H. Johnson, 1991: Heat and moisture budgets of an intense midlatitude squall line. *J. Atmos. Sci.*, **48**, 122–146.

Galway, J. G., 1979: Relationship between precipitation and tornado activity. *Water Resources Research*, **15**, 961–964.

Galway, J. G., 1992: Early severe thunderstorm forecasting and research by the United States Weather Bureau. *Wea. Forecasting*, **7**, 564–587.

Gao, J., D. Stensrud, and M. Xue, 2009: A 3DVAR application to several thunderstorm cases observed during VORTEX2 field operations and potential for real-time warning. Preprints, *34th Conf. on Radar Meteorology*, Williamsburg, VA, Amer. Meteor. Soc., CD-ROM.

Garcia-Carreras, L., D. J. Parker, and J. H. Marsham, 2011: What is the mechanism for the modification of convective cloud distributions by land surface–induced flows? *J. Atmos. Sci.*, **68**, 619–634.

Geerts, B., Q. Miao, and J. C. Demko, 2008: Pressure perturbations and upslope flow over a heated, isolated mountain. *Mon. Wea. Rev.*, **136**, 4272–4288.

Gilleland, E., D. A. Ahijevych, B. G. Brown, and E. E. Ebert, 2010: Verifying forecasts spatially. *Bull. Amer. Meteor. Soc.*, **91**, 1365–1373.

Gilmore, M. S., and L. J. Wicker, 1998: The influence of midtropospheric dryness on supercell morphology and evolution. *Mon. Wea. Rev.*, **126**, 943–958.

Gilmore, M. S., J. M. Straka, and E. N. Rasmussen, 2004: Precipitation and evolution sensitivity in simulated deep convective storms: Comparisons between liquid-only and simple ice and liquid phase microphysics. *Mon. Wea. Rev.*, **132**, 1897–1916.

Glickman, T. S., Ed., 2000: *Glossary of Meteorology*. 2d ed. Amer. Meteor. Soc.

Goff, R. C., 1976: Vertical structure of thunderstorm outflows. *Mon. Wea. Rev.*, **104**, 1429–1440.

Goody, R. M., and Y. L. Yung, 1989: *Atmospheric Radiation, Theoretical Basis*. Oxford University Press.

Griffiths, M., A. J. Thorpe, and K. A. Browning KA, 2000: Convective destabilization by a tropopause fold diagnosed using potential-vorticity inversion. *Quart. J. Roy. Meteor. Soc.*, **126**, 125–144.

Guralnik, D. B., Ed., 1984: *Webster's New World Dictionary of the American Language*. Simon and Schuster, New York.

Hacker, J., et al., 2005: Predictability. *Bull. Amer. Meteor. Soc.*, **86**, 1733–1737.

Halpert, M. S., and C. F. Ropelewski, 1992: Surface temperature patterns associated with the Southern Oscillation. *J. Climate*, **5**, 577–593.

Haltiner, G. J., and R. T. Williams, 1980: *Numerical Prediction and Dynamic Meteorology*. Wiley, New York.

Hamill, T. M., J. S. Whitaker, and S. L. Mullen, 2006: Reforecasts, an important dataset for improving weather predictions. *Bull. Amer. Meteor. Soc.*, **87**, 33–46.

Hane, C. E., R. B. Wilhelmson, and T. Gal-Chen, 1981: Retrieval of thermodynamic variables within deep convective clouds: Experiments in three dimensions. *Mon. Wea. Rev.*, **109**, 564–576.

Hane, C. E., and P. S. Ray, 1985: Pressure and buoyancy fields derived from Doppler radar data in a tornadic thunderstorm. *J. Atmos. Sci.*, **42**, 18–35.

Härtel, C., F. Carlsson, and M. Thunblom, 2000: Analysis and direct numerical simulation of the flow at a gravity-current head. Part 2. The lobe-and-cleft instability. *J. Fluid Mech.*, **418**, 213–229.

Hartmann, D. L., 1993: Radiative effects of clouds on Earth's climate. In *Aerosol-Cloud-Climate Interactions*, P. V. Hobbs (ed.), Academic Press, San Diego, CA.

Hartmann, D. L., and M. L. Michelsen, 2002: No evidence for Iris. *Bull. Amer. Meteor. Soc.*, **83**, 249–254.

Hendricks, E. A., M. T. Montgomery, and C. A. Davis, 2004: On the role of "vortical" hot towers in formation of tropical cyclone Diana (1984). *J. Atmos. Sci.*, **61**, 1209–1232.

Hess, S. L., 1959: *Introduction to Theoretical Meteorology*. Robert E. Krieger Publishing, Huntington, NY.

Heymsfield, G. M., L. Tian, A. J. Heymsfield, et al., 2010: Characteristics of deep tropical and subtropical convection from nadir-viewing high-altitude airborne Doppler radar. *J. Atmos. Sci.*, **67**, 285–308.

Hildebrand, P. H., C. A. Walther, C. L. Frush, et al., 1994: The ELDORA/ASTRAIA airborne Doppler weather radar: Goals, design, and first field tests. *Proc. IEEE*, **82**, 1873–1890.

Hitchens, N. M., R. J. Trapp, M. E. Baldwin, and A. Gluhovsky, 2010: Characterizing subdiurnal extreme precipitation in the midwestern United States. *J. Hydrometeor.*, **11**, 211–218.

Hitchens, N. M., M. E. Baldwin, and R. J. Trapp, 2012: An object-oriented characterization of extreme precipitation-producing convective systems in the Midwestern United States. *Mon. Wea. Rev.*, **140**, 1356–1366.

Hjelmfelt, M. R., H. D. Orville, R. D. Roberts, et al., 1989: Observational and numerical study of a microburst line-producing storm. *J. Atmos. Sci.*, **46**, 2731–2743.

Hoch, J., and P. Markowski, 2004: A climatology of springtime dryline position in the U.S. Great Plains region. *J. Climate*, **18**, 2132–2137.

Hock, T. F., and J. L. Franklin, 1999: The NCAR GPS dropwindsonde. *Bull. Amer. Meteor. Soc.*, **80**, 407–420.

Holland, G. J., et al., 2001: The Aerosonde robotic aircraft: A new paradigm for environmental observations. *Bull. Amer. Meteor. Soc.*, **82**, 889–901.

Holton, J. R., 2004: *An Introduction to Dynamic Meteorology*. 4th ed. Elsevier, Burlington, MA.

Hong, S.-Y., and H.-L. Pan, 1996: Nonlocal boundary layer vertical diffusion in a medium-range forecast model. *Mon. Wea. Rev.*, **124**, 2322–2339.

Hooke, W. H., 1986: Gravity waves. In *Mesoscale Meteorology and Forecasting*, American Meteorological Society, Boston, 272–288.

Hoskins, B. J., and D. Karoly, 1981: The steady linear response of a spherical atmosphere to thermal and orographic forcing. *J. Atmos. Sci.*, **38**, 1179–1196.

Hoskins, B. J., M. E. McIntyre, and A. W. Robertson, 1985: On the use and significance of isentropic potential vorticity maps. *Quart. J. Roy. Meteor. Soc.*, **111**, 877–946.

Houtekamer, P. L., L. Lefaivre, J. Derome, et al., 1996: A system simulation approach to ensemble prediction. *Mon. Wea. Rev.*, **124**, 1225–1242.

Houze, R. A., Jr., 1993: *Cloud Dynamics*. Academic Press, San Diego, CA.

Houze, R. A., S. A. Rutledge, M. I. Biggerstaff, and B. F. Smull, 1989: Interpretation of Doppler weather radar displays of midlatitude mesoscale convective systems. *Bull. Amer. Meteor. Soc.*, **70**, 608–619.

Houze, R. A., Jr., B. F. Smull, and P. Dodge, 1990: Mesoscale organization of springtime rainstorms in Oklahoma. *Mon. Wea. Rev.*, **118**, 613–654.

Hsieh, J.-S., and K. H. Cook, 2005: Generation of African easterly wave disturbances: Relationship to the African easterly jet. *Mon. Wea. Rev.*, **133**, 1311–1327.

Jacobson, M. Z., 2005: *Fundamentals of Atmospheric Modeling*. Cambridge University Press.

James, R. P., J. M. Fritsch, and P. M. Markowski, 2005: Environmental distinctions between cellular and slabular convective lines. *Mon. Wea. Rev.*, **133**, 2669–2690.

James, E. P., and R. H. Johnson, 2010: Patterns of precipitation and mesolow evolution in midlatitude mesoscale convective vortices. *Mon. Wea. Rev.*, **138**, 909–931.

Johns, R. H., 1993: Meteorological conditions associated with bow echo development in convective storms. *Wea. Forecasting*, **8**, 294–299.

Johns, R. H. and W. D. Hirt, 1987: Derechos: Widespread convectively induced windstorms. *Wea. Forecasting*, **2**, 32–49.

Jorgensen, D. P., P. H. Hildebrand, and C. L. Frush, 1983: Feasibility test of airborne pulse Doppler meteorological radar. *J. Climate Appl. Meteor.*, **22**, 744–757.

Jorgensen, D. P., P. Zhaoxia, P. O. G. Persson, and W.-K. Tao, 2003: Variations associated with cores and gaps of a Pacific narrow cold frontal rainband. *Mon. Wea. Rev.*, **131**, 2705–2729.

Joss, J., and A. Waldvogel, 1970: Raindrop size distribution and Doppler velocities. Preprints, *14th Conf. Radar Meteorology*, American Meteorological Society, Boston, 153–156.

Kain, J. S., and J. M. Fritsch, 1990: A one-dimensional entraining/detraining plume model and its application in convective parameterization, *J. Atmos. Sci.*, **47**, 2784–2802.

Kain, J. S., S. J. Weiss, J. J. Levit, M. E. Baldwin, and D. R. Bright, 2006: Examination of convection-allowing configurations of the WRF model for the prediction of severe convective weather: The SPC/NSSL Spring Program 2004. *Wea. Forecasting*, **21**, 167–181.

Kain, J. S., et al., 2008: Some practical considerations regarding horizontal resolution in the first generation of operational convection-allowing NWP. *Wea. Forecasting*, **23**, 931–942.

Kalnay, E., 2003: *Atmospheric Modeling, Data Assimilation, and Predictability*. Cambridge University Press.

Karl, T. R., and R. W. Knight, 1998: Secular trends of precipitation amount, frequency, and intensity in the U.S.A. *Bull. Amer. Meteor. Soc.* **79**, 231–242.

Kawase, H., T. Yoshikane, M. Hara, et al., 2008: Impact of extensive irrigation on the formation of cumulus clouds, *Geophys. Res. Lett.*, **35**, L01806, doi:10.1029/2007GL032435.

Kelly, G. A., P. Bauer, A. J. Geer, P. Lopez, and J-N. Thépaut, 2008: Impact of SSM/I observations related to moisture, clouds, and precipitation on global NWP forecast skill. *Mon. Wea. Rev.*, **136**, 2713–2726.

Kessinger, C. J., P. S. Ray, and C. E. Hane, 1987: The Oklahoma squall line of 19 May 1977. Part I: A multiple Doppler analysis of convective and stratiform structure. *J. Atmos. Sci.*, **44**, 2840–2865.

Kessler, E., 1969: On the distribution and continuity of water substance in atmospheric circulation, *Meteor. Monogr.*, **32**, Amer. Meteor. Soc.

Khairoutdinov, M., and D. Randall, 2006: High-resolution simulation of shallow-to-deep convection transition over land. *J. Atmos. Sci.*, **63**, 3421–3436.

Kidder, S. Q., and T. H. Vonder Haar, 1995: *Satellite Meteorology: An Introduction*. Academic Press, San Diego, CA.

Kirshbaum, D. J., 2011: Cloud-resolving simulations of deep convection over a heated mountain. *J. Atmos. Sci.*, **68**, 361–378.

Klemp, J. B., 1987: Dynamics of tornadic thunderstorms. *Ann. Rev. Fluid Mech.*, **19**, 369–402.

Klemp, J. B., and R. Rotunno, 1983: A study of the tornadic region within a supercell thunderstorm. *J. Atmos. Sci.*, **40**, 359–377.

Klemp, J. B., and R. B. Wilhelmson, 1978: The simulation of three dimensional convective storm dynamics. *J. Atmos. Sci.*, **35**, 1070–1096.

Klemp, J. B., R. Rotunno, and W. C. Skamarock, 1994: On the dynamics of gravity currents in a channel. *J. Fluid Mech.*, **269**, 169–198.

Klimowski, B. A., M. R. Hjelmfelt, and M. J. Bunkers, 2004: Radar observations of the early evolution of bow echoes. *Wea. Forecasting*, **19**, 727–734.

Klotzbach, P. J., 2007: Recent developments in statistical prediction of seasonal Atlantic basin tropical cyclone activity. *Tellus A* **59**, 511–518.

Klotzbach, P. J., and W. M. Gray, 2003: Forecasting September Atlantic basic tropical cyclone activity. *Wea. Forecasting*, **18**, 1109–1128.

Knopfmeier, K. H., 2007: Real-data and idealized simulations of the 4 July 2004 bow echo event. M.S. Thesis, Purdue University.

Knupp, K. R., 2006: Observational analysis of a gust front to bore to solitary wave transition within an evolving nocturnal boundary layer. *J. Atmos. Sci.*, **63**, 2016–2035.

Koch, S. E., 1984: The role of an apparent mesoscale frontogenetic circulation in squall line initiation. *Mon. Wea. Rev.*, **112**, 2090–2111.

Koch, S. E., M. DesJardins, and P. J. Kocin, 1983: An interactive Barnes objective analysis scheme for use with satellite and conventional data. *J. Climate Appl. Meteor.*, **22**, 1487–1503.

Koch, S. E., B. Ferrier, M. Stolinga, et al., 2005: The use of simulated radar reflectivity fields in the diagnosis of mesoscale phenomena from high-resolution WRF model forecasts. Preprints, *12th Conf. on Mesoscale Processes*, Albuquerque, NM, Amer. Meteor. Soc., J4J.7. (Available online at http://ams.confex.com/ams/pdfpapers/ 97032.pdf.)

Kogan, Y. L., 1991: The simulation of a convective cloud in a 3-D model with explicit microphysics. Part I: Model description and sensitivity experiments. *J. Atmos. Sci.*, **48**, 1160–1189.

Kundu, P., 1990: *Fluid Mechanics*. Academic Press, San Diego, CA.

Laing, A. G., and J. M. Fritsch, 1997: The global population of mesoscale convective complexes. *Quart. J. Roy. Meteor. Soc.*, **123**, 389–405.

Lane, T. P., and M. J. Reeder, 2001: Convectively generated gravity waves and their effect on the cloud environment. *J. Atmos. Sci.*, **58**, 2427–2440.

Lee, B. D., and R. B. Wilhelmson, 1997: The numerical simulation of non-supercell tornadogenesis. Part I: Initiation and evolution of pretornadic miscocyclone circulations along a dry outflow boundary. *J. Atmos. Sci.*, **54**, 32–60.

Lemon, L. R., and C. A. Doswell III, 1979: Severe thunderstorm evolution and mesocyclone structure as related to tornadogenesis. *Mon. Wea. Rev.*, **107**, 1184–1197.

Leon, D., G. Vali, and M. Lothon, 2006: Dual-Doppler analysis in a single plane from an airborne platform. *J. Atmos. Oceanic Technol.*, **23**, 3–22.

Leslie, L. M., and R. K. Smith, 1978: The effect of vertical stability on tornadogenesis. *J. Atmos. Sci.*, **35**, 1281–1288.

Lewis, J. M., S. Lakshmivarahan, and S. K. Dhall, 2006: *Dynamic Data Assimilation: A Least Squares Approach*. Cambridge University Press.

Ligda, M. G. H., 1951: Radar storm observation. In *Compendium of Meteorology*, American Meteorological Society, Boston, 1265–1282.

Lilly, D. K., 1979: The dynamical structure and evolution of thunderstorms and squall lines. *Annu. Rev. Earth Planet. Sci.*, **7**, 117–161.

Lilly, D. K., 1982: The development and maintenance of rotation in convective storms. *Intense Atmospheric Vortices*, L. Bengtsson and J. Lighthill (eds.), Springer-Verlag, Berlin/Heidelberg/New York, 149–160.

Lilly, D. K., 1983: Stratified turbulence and the mesoscale variability of the atmosphere. *J. Atmos. Sci.*, **40**, 749–761.

Lilly, D. K., 1986a: The structure, energetics and propagation of rotating convective storms. Part I: Energy exchange with the mean flow. *J. Atmos. Sci.*, **43**, 113–125.

Lilly, D. K., 1986b: The structure, energetics and propagation of rotating convective storms. Part II: helicity and storm stabilization. *J. Atmos. Sci.*, **43**, 126–140.

Lilly, D. K., 1990: Numerical prediction of thunderstorms – has its time come? *Q. J. Roy. Meteor. Soc.*, **116**, 779–798.

Lima, M. A., and J. W. Wilson, 2008: Convective storm initiation in a moist tropical environment. *Mon. Wea. Rev.*, **136**, 1847–1864.

Lindborg, E., 1999: Can the atmospheric kinetic energy spectrum be explained by two-dimensional turbulence? *J. Fluid Mech.*, **388**, 259–288.

Lindzen, R. S., M.-D. Chou, and A. Y. Hou, 2001: Does the earth have an adaptive infrared iris? *Bull. Amer. Meteor. Soc.*, **82**, 417–432.

Liou, K. N., 2002: *An Introduction to Atmospheric Radiation*. Academic Press, San Diego, CA.

Loehrer, S. M., and R. H. Johnson, 1995: Surface pressure and precipitation life cycle characteristics of PRE-STORM mesoscale convective systems. *Mon. Wea. Rev.*, **123**, 600–621.

Loftus, A. M., D. B. Weber, and C. A. Doswell, III, 2008: Parameterized mesoscale forcing mechanisms for initiating numerically simulated isolated multicellular convection. *Mon. Wea. Rev.*, **136**, 2408–2421.

Long, A. B., R. J. Matson, and E. L. Crow, 1980: The hailpad: Materials, data reduction and calibration. *J. Appl. Meteor.*, **19**, 1300–1313.

Lorenz, E., 1963: Deterministic nonperiodic flow. *J. Atmos. Sci.*, **20**, 130–141.

Lorenz, E. N., 1969: The predictability of a flow which possesses many scales of motion. *Tellus*, **21**, 289–307.

Lorenz, E. N., 1984: Estimates of atmospheric predictability at medium range. *Predictability of Fluid Motions: A.I.P. Conference Proceedings*, No. 106, American Institute of Physics, La Jolla Institute, 133–140.

Lucas, C., E. J. Zipser, and M. A. LeMone, 1994: Vertical velocity in oceanic convection off tropical Australia. *J. Atmos. Sci.*, **51**, 3183–3193.

MacDonald, A. E., 2005: A Global profiling system for improved weather and climate prediction. *Bull. Amer. Meteor. Soc.*, **86**, 1747–1764.

Maddox, R. A., 1976: An evaluation of tornado proximity wind and stability data. *Mon. Wea. Rev.*, **104**, 133–142.

Maddox, R. A., 1980a: Mesoscale convective complexes. *Bull. Amer. Meteor. Soc.*, **61**, 1374–1387.

Maddox, R. A., 1980b: An objective technique for separating macroscale and mesoscale features in meteorological data. *Mon. Wea. Rev.*, **108**, 1108–1121.

Maddox, R. A., L. R. Hoxit, and C. F. Chappell, 1980: A study of tornadic thunderstorm interactions with thermal boundaries. *Mon. Wea. Rev.*, **108**, 322–336.

Mahoney, W. P., III, 1988: Gust front characteristics and the kinematics associated with interacting thunderstorm outflows. *Mon. Wea. Rev.*, **116**, 1474–1491.

Mahoney, K. M., G. M. Lackmann, and M. D. Parker, 2009: The role of momentum transport in the motion of a quasi-idealized mesoscale convective system. *Mon. Wea. Rev.*, **137**, 3316–3338.

Malkus, J. S., and R. S. Scorer, 1955: The erosion of cumulus towers. *J. Meteor.*, **12**, 43–57.

Mapes B. E., 1993: Gregarious tropical convection. *J. Atmos. Sci*, **50**, 2026–2037.

Markovic, M., H. Lin, and K. Winger, 2010: Simulating global and North American climate using the global environmental multiscale model with a variable-resolution modeling approach. *Mon. Wea. Rev.*, **138**, 3967–3987.

Markowski, P. M., E. N. Rasmussen, and J. M. Straka, 1998: The occurrence of tornadoes in supercells interacting with boundaries during VORTEX-95. *Wea. Forecasting*, **13**, 852–859.

Markowski, P. M., J. M. Straka, and E. N. Rasmussen, 2002: Direct surface thermodynamic observations within the rear-flank downdrafts of nontornadic and tornadic supercells. *Mon. Wea. Rev.*, **130**, 1692–1721.

Marquis, J. N., Y. P. Richardson, and J. M. Wurman, 2007: Kinematic observations of misocyclones along boundaries during IHOP. *Mon. Wea. Rev.*, **135**, 1749–1768.

Marshall, J. S., and W. McK. Palmer, 1948: The distribution of raindrops with size. *J. Meteor.*, **5**, 165–166.

Marsham, J. H., and D. J. Parker, 2006: Secondary initiation of multiple bands of cumulonimbus over southern Britain. II: Dynamics of secondary initiation. *Quart. J. Roy. Meteor. Soc.*, **132**, 1053–1072.

Marsham, J. H., S. B. Trier, T. M. Weckwerth, and J. W. Wilson, 2011: Observations of elevated convection initiation leading to a surface-based squall line during 13 June IHOP_2002. *Mon. Wea. Rev.*, **139**, 247–271.

Martin, J. E., 2006: *Mid-Latitude Atmospheric Dynamics: A First Course*. Wiley, New York.

Marwitz, J. D., 1972: The structure and motion of severe hailstorms. Part II: Multi-cell storms. *J. Appl. Meteor.*, **11**, 180–188.

May, P. T., and D. K. Rajopadhyaya, 1999: Vertical velocity characteristics of deep convection over Darwin, Australia. *Mon. Wea. Rev.*, **127**, 1056–1071.

McCaul, E. W., Jr., 1987: Observations of the Hurricane "Danny" tornado outbreak of 16 August 1985. *Mon. Wea. Rev.*, **115**, 1206–1223

McCaul, E. W. Jr., and M. L. Weisman, 1996: Simulations of shallow supercell storms in landfalling hurricane environments. *Mon. Wea. Rev.*, **124**, 408–429.

Miller, L. J., and S. M. Fredrick, 1998: CEDRIC: Custom Editing and Display of Reduced Information in Cartesian space. User's Manual, National Center for Atmospheric Research, Boulder, CO, 130 pp.

Miller, S. T. K., B. D. Keim, R. W. Talbot, and H. Mao, 2003: Sea breeze: structure, forecasting, and impacts. *Rev. Geophysics*, **41**, 1–31.

Mitchell, E. D., S. V. Vasiloff, G. J. Stumpf, et al., 1998: The National Severe Storms Laboratory Tornado Detection Algorithm. *Wea. Forecasting*, **13**, 352–366.

Mohr, C. G., and R. L. Vaughan, 1979: An economical procedure for Cartesian interpolation and display of reflectivity factor data in three-dimensional space. *J. Appl. Meteor.*, **18**, 661–670.

Moller, A. R., C. A. Doswell, III, M. P. Foster, and G. R. Woodall, 1994: The operational recognition of supercell thunderstorm environments and storm structures. *Wea. Forecasting*, **9**, 327–347.

Moncrieff, M. W., 1992: Organized convective systems: Archetypal dynamical models, mass and momentum flux theory, and parameterization. *Quart. J. Roy. Meteor. Soc.*, **118**, 819–850.

Moninger, W. R., R. D. Mamrosh, and P. M. Pauley, 2003: Automated meteorological reports from commercial aircraft. *Bull. Amer. Meteor. Soc.*, **84**, 203–216.

Montgomery, M. T., M. E. Nicholls, T. A. Cram, and A. B. Saunders, 2006: A vertical hot tower route to tropical cyclogenesis. *J. Atmos. Sci.*, **63**, 355–386.

Musil, D. J., A. J. Heymsfield, and P. L. Smith, 1986: Microphysical characteristics of a well-developed weak echo region in a High Plains supercell thunderstorm. *J. Clim. Appl. Meteor.*, **25**, 1037–1051.

Nachamkin, J. E., R. L. McAnelly, and W. R. Cotton, 1994: An observational analysis of a developing mesoscale convective complex. *Mon. Wea. Rev.*, **122**, 1168–1188.

Namias, J., 1991: Spring and summer 1998 drought over the contiguous United States – causes and prediction. *J. Climate*, **4**, 54–65.

Nastrom, G. D., and K. S. Gage, 1985: A climatology of atmospheric wavenumber spectra of wind and temperature observed by commercial aircraft. *J. Atmos. Sci.*, **42**, 950–960.

Neiman, P. J., and R. M. Wakimoto, 1999: The interaction of a Pacific cold front with shallow air masses east of the Rocky Mountains. *Mon. Wea. Rev.*, **127**, 2102–2127.

Newton, C. W., 1976: Severe convective storms. *Advances in Geophysics*, Vol. **12**, Academic Press, 257–303.

Newton, C. W., and H. R. Newton, 1959: Dynamical interactions between large convective clouds and environments with vertical shear. *J. Meteor.*, **16**, 483–496.

Nicholls, M. E., and R. A. Pielke, 2000: Thermally induced compression waves and gravity waves generated by convective storms. *J. Atmos. Sci.*, **57**, 3251–3271.

Nieman, S. J., W. P. Menzel, C. M. Hayden, et al., 1997: Fully automated cloud-drift winds in NESDIS operations. *Bull. Amer. Meteor. Soc.*, **78**, 1121–1133.

Norris, J. R., and S. F. Iacobellis, 2005: North Pacific cloud feedbacks inferred from synoptic-scale dynamic and thermodynamic relationships. *J. Climate*, **18**, 4862–4878.

Oreskes, N., K. Shrader-Frechette, and K. Belitz, 1994: Verification, validation, and confirmation of numerical models in the earth sciences. *Science*, **263**, 641–646.

Orlanski, I., 1975: A rational division of scales for atmospheric processes. *Bull. Amer. Meteor. Soc.*, **56**, 527–530.

Pal, J. S., and E. A. B. Eltahir, 2001: Pathways relating soil moisture conditions to future summer rainfall within a model of the land-atmosphere system. *J. Climate*, **14**, 1227–1242.

Pal, J. S., and E. A. B. Eltahir, 2002: Teleconnections of soil moisture and rainfall during the 1993 midwest summer flood. *Geophys. Res. Lett.*, **29**, doi:10.1029/2002GL014815.

Palencia, C., A. Castro, D. Giaiotti, et al., 2011: Dent overlap in hailpads: Error estimation and measurement correction. *J. Appl. Meteor. Climatol.*, **50**, 1073–1087.

Parker, M. D., 2008: Response of simulated squall lines to low-level cooling. *J. Atmos. Sci.*, **65**, 1323–1341.

Parker, M. D., 2010: Relationship between system slope and updraft intensity in squall lines. *Mon. Wea. Rev.*, **138**, 3572–3578.

Parker, M. D., and R. H. Johnson, 2000: Organizational modes of midlatitude mesoscale convective systems. *Mon. Wea. Rev.*, **128**, 3413–3436.

Parker, M. D., and R. H. Johnson, 2004: Simulated convective lines with leading precipitation. Part II: Evolution and maintenance. *J. Atmos. Sci.*, **61**, 1656–1673.

Parker, M. D., I. C. Ratcliffe, and G. M. Henebry, 2005: The July 2003 Dakota hailswaths: creation, characteristics, and possible impacts. *Mon. Wea. Rev.*, **133**, 1241–1260.

Parsons, D. B., M. A. Shapiro, R. M. Hardesty, et al., 1991: The finescale structure of a West Texas dryline. *Mon. Wea. Rev.*, **119**, 1242–1258.

Parsons, D. P., et al., 1994: The integrated sounding system: Description and preliminary observations from TOGA COARE. *Bull. Amer. Meteor. Soc.*, **75**, 553–567.

Pauley, P. M., and P. J. Smith, 1988: Direct and indirect effects of latent heat release on a synoptic-scale wave system. *Mon. Wea. Rev.*, **116**, 1209–1235.

Peckham, S. E., R. B. Wilhelmson, L. J. Wicker, and C. L. Ziegler, 2004: Numerical simulation of the interaction between the dryline and horizontal convective rolls. *Mon. Wea. Rev.*, **132**, 1792–1812.

Peixoto, J. P. and A. H. Oort, 1998: *Physics of Climate*, American Institute of Physics.

Pielke, R. A., 1974: A three-dimensional numerical model of the sea breezes over south Florida. *Mon. Wea. Rev.*, **102**, 115–139.

Pielke, R. A., Sr. 2002: *Mesoscale Meteorological Modeling*. Academic Press, San Diego, CA.

Pielke, R. A., T. J. Lee, J. H. Copeland, et al., 1997: Use of USGS-provided data to improve weather and climate simulations. *Ecological Applications*, **7**, 3–21.

Proctor, F. H., 1989: Numerical simulations of an isolated microburst. Part II: Sensitivity experiments. *J. Atmos. Sci.*, **46**, 2143–2165.

Pruppacher, H. R., and J. D. Klett, 1978: *Microphysics of Clouds and Precipitation*. D. Reidel, Dordrecht, the Netherlands.

Przybylinski, R. W., 1995: The bow echo: Observations, numerical simulations, and severe weather detection methods. *Wea. Forecasting*, **10**, 203–218.

Ramanathan, V., and W. Collins, 1991: Thermodynamic regulation of ocean warming by cirrus clouds deduced from observations of the 1987 El Niño. *Nature*, **351**, 27–32.

Randall, D. A., M. Khairoutdinov, A. Arakawa, and W. Grabowski, 2003: Breaking the cloud parameterization deadlock. *Bull. Amer. Meteor. Soc.*, **84**, 1547–1564.

Rasmussen, E. N., and D. O. Blanchard, 1998: A baseline climatology of sounding-derived supercell and tornado forecast parameters. *Wea. Forecasting*, **13**, 1148–1164.

Rasmussen, E. N., and J. M. Straka, 1998: Variations in supercell morphology. Part I: Observations of the role of upper-level storm-relative flow. *Mon. Wea. Rev.*, **126**, 2406–2421.

Raymond, D. J., and H. Jiang, 1990: A theory for long-lived mesoscale convective systems. *J. Atmos. Sci.*, **47**, 3067–3077.

Redelsperger, J. L., and T. L. Clark, 1990: The initiation and horizontal scale selection of convection over gently sloping terrain. *J. Atmos. Sci.*, **47**, 516–541.

Rinehart, R. E., 1997: *Radar for Meteorologists, Third Edition*. Rinehart Publications, Columbia, MO.

Roberts, N. M., and H. W. Lean, 2008: Scale-selective verification of rainfall accumulations from high resolution forecasts of convective events. *Mon. Wea. Rev.*, **136**, 78–96.

Roebber, P. J., D. M. Schultz, and R. Romero, 2002: Synoptic regulation of the 3 May 1999 tornado outbreak. *Wea. Forecasting*, **17**, 399–429.

Rogers, R. R., and M. K. Yau, 1989: *A Short Course in Cloud Physics*. Pergamon Press, Elmsford, NY.

Ropelewski, C. F., and M. S. Halpert, 1987: Global and regional scale precipitation patterns associated with the El Niño/Southern Oscillation. *Mon. Wea. Rev.*, **115**, 1606–1626.

Ross, A. N., A. M. Tompkins, and D. J. Parker, 2004: Simple models of the role of surface fluxes in convective cold pool evolution. *J. Atmos. Sci.*, **61**, 1582–1595.

Rotunno, R., and J. B. Klemp, 1985: On the rotation and propagation of numerically simulated supercell thunderstorms. *J. Atmos. Sci.*, **42**, 271–292.

Rotunno, R., J. B. Klemp, and M. L. Weisman, 1988: A theory for strong, long-lived squall lines. *J. Atmos. Sci.*, **45**, 463–485.

Russell, A., G. Vaughan, E. G. Norton, et al., 2008: Convective inhibition beneath an upper-level PV anomaly. *Quart. J. Roy. Meteor. Soc.*, **134**, 371–383.

Ryzhkov, A. V., S. E. Giangrande, and T. J. Schuur, 2005: Rainfall estimation with a polarimetric prototype of WSR-88D. *J. Appl. Meteor.*, **44**, 502–515.

Saltzman, B., 1962: Finite amplitude free convection as an initial value problem – I. *J. Atmos. Sci.*, **19**, 329–341.

Schiffer, R. A., and W. B. Rossowe, 1983: The International Satellite Cloud Climatology Project (ISCCP): The first project of the World Climate Research Programme. *Bull. Amer. Meteor. Soc.*, **64**, 779–748.

Schultz, D. M., P. N. Schumacher, and C. A. Doswell, III, 2000: The intricacies of instabilities. *Mon. Wea. Rev.*, **128**, 4143–4148.

Schultz, D. M, C. C. Weiss, and P. M. Hoffman, 2007: The synoptic regulation of the dryline. *Mon. Wea. Rev.*, **135**, 1699–1709.

Schumacher, R. S., and R. H. Johnson, 2005: Organization and environmental properties of extreme-rain-producing mesoscale convective systems. *Mon. Wea. Rev.*, **133**, 961–976.

Schroeder, J. L., and C. C. Weiss, 2008: Integrating research and education through measurement and analysis. *Bull. Amer. Meteor. Soc.*, **89**, 793–798.

Scorer, R. S., and F. H. Ludlam, 1953: Bubble theory of penetrative convection. *Quart. J. Roy. Meteor. Soc.*, **79**, 94–103.

Segal, M., and R. W. Arritt, 1992: Nonclassic mesoscale circulations caused by surface sensible heat-flux gradients. *Bull. Amer. Meteor. Soc.*, **73**, 1593–1604.

Segel, Z. T., D. S. Stensrud, I. C. Ratcliffe, and G. M. Henebry, 2005: Influence of a hailstreak on boundary layer evolution. *Mon. Wea. Rev.*, **133**, 942–960.

Shabbott, C. J., and P. M. Markowski, 2006: Surface in situ observations within the outflow of forward-flank downdrafts of supercell thunderstorms. *Mon. Wea. Rev.*, **134**, 1422–1441.

Shapiro, M. A., T. Hampel, D. Rotzoll, and F. Mosher, 1985: The frontal hydraulic head: A micro-α scale ($\sim$ 1 km) triggering mechanism for mesoconvective weather systems. *Mon. Wea. Rev.*, **113**, 1166–1183.

Shepherd, M., D. Niyogi, and T. L. Mote, 2009: A seasonal-scale climatological analysis correlating spring tornadic activity with antecedent fall-winter drought in the southeaster United States. *Environ. Res. Lett.*, **4**, 1–7.

Sherwood, S. C., 2000: On moist instability. *Mon. Wea. Rev.*, **128**, 4139–4142.

Simpson, J. E. 1969 A comparison between laboratory and atmospheric density currents. *Quart. J. Roy. Meteor. Soc.*, **95**, 758–765.

Simpson, J., R. F. Adler, and G. R. North, 1988: A proposed tropical rainfall measuring mission (TRMM) satellite. *Bull. Amer. Meteor. Soc.*, **69**, 278–295.

Skamarock, W. C., 2004: Evaluating mesoscale NWP models using kinetic energy spectra. *Mon. Wea. Rev.*, **132**, 3019–3032.

Skamarock, W. C., M. L. Weisman, and J. B. Klemp, 1994: Three-dimensional evolution of simulated long-lived squall lines. *J. Atmos. Sci.*, **51**, 2563–2584.

Skamarock, W. C., et al., 2008: A description of the Advanced Research WRF Version 3. NCAR Technical Note NCAR/TN-475-STR.

Smith, A. M., G. M. McFarquhar, R. M. Rauber, J. A. Grim, M. S. Timlin, and B. F. Jewett, 2009: Microphysical and thermodynamic structure and evolution of the trailing stratiform regions of mesoscale convective systems during BAMEX. Part I: Observations. *Mon. Wea. Rev.*, **137**, 1165–1185.

Smith, D. M., et al., 2010: Skillful multi-year predictions of Atlantic hurricane frequency. *Nature-Geos.*, **3**, 846–849.

Smith, J. A., M. L. Baeck, Y. Zhang, and C. A. Doswell, III, 2001: Extreme rainfall and flooding from supercell thunderstorms. *J. Hydrometeor.*, **2**, 469–489.

Smith, P. J., 1971: An analysis of kinematic vertical motions. *Mon. Wea. Rev.*, **99**, 715–724.

Smith, P. J., 2000: The importance of the horizontal distribution of heating during extratropical cyclone development. *Mon. Wea. Rev.*, **128**, 3692–3694.

Smith, R. K., and L. M. Leslie, 1978: Tornadogenesis. *Quart. J. Roy. Meteor. Soc.*, **104**, 189–199.

Srivastava, R. C., 1985: A simple model of evaporatively driven downdraft: Application to microburst downdraft. *J. Atmos. Sci.*, **42**, 1004–1023.

Srivastava, R. C., 1987: A model of intense downdrafts driven by the melting and evaporation of precipitation. *J. Atmos. Sci.*, **44**, 1752–1773.

Stensrud, D. J., 1993: Elevated residual layers and their influence on boundary-layer evolution. *J. Atmos. Sci.*, **50**, 2284–2293.

Stensrud, D. J., 1996a: Importance of low-level jets to climate: A review. *J. Climate*, **9**, 1698–1711.

Stensrud, D. J., 1996b: Effects of persistent, midlatitude mesoscale regions of convection on the large-scale environment during the warm season. *J. Atmos. Sci.*, **53**, 3503–3527.

Stensrud, D. J. and J. L. Anderson, 2001: Is midlatitude convection an active or a passive player in producing global circulation patterns? *J. Climate*, **14**, 2222–2237.

Stensrud, D. J., 2007: *Parameterization Schemes: Keys to Understanding Numerical Weather Prediction Models*. Cambridge University Press.

Stensrud, D. J., and J. M. Fritsch, 1994: Mesoscale convective systems in weakly forced large-scale environments. Part II: Generation of mesoscale initiation condition. *Mon. Wea. Rev.*, **122**, 2068–2083.

Stensrud, D. J., and R. A. Maddox, 1988: Opposing mesoscale circulations: A case study. *Wea. Forecasting*, **3**, 189–204.

Stensrud, D. J., J.-W. Bao, and T. T. Warner, 2000: Using initial condition and model physics perturbations in short-range ensemble simulations of mesoscale convective systems. *Mon. Wea. Rev.*, **128**, 2077–2107.

Stensrud, D. J., M. C. Coniglio, R. P. Davies-Jones, and J. S. Evans, 2005: Comments on "'A theory for strong long-lived squall lines' revisited." *J. Atmos. Sci.*, **62**, 2989–2996.

Stensrud, D. J., et al., 2009: Convective-scale warn-on-forecast system: A vision for 2020. *Bull. Amer. Met. Soc.*, **90**, 1487–1499.

Straka, J. M., 2009: *Cloud and Precipitation Microphysics: Principles and Parameterizations*. Cambridge University Press.

Straka, J. M., E. N. Rasmussen, and S. E. Fredrickson, 1996: A mobile mesonet for finescale meteorological observations. *J. Atmos. Oceanic Technol.*, **13**, 921–936.

Stull, R. B., 1988: *An Introduction to Boundary Layer Meteorology*. Kluwer Academic Publishers, Dordrecht/Boston/London.

Stumpf, G. J., A. Witt, E. D. Mitchell, et al., 1998: The National Severe Storms Laboratory Mesocyclone Detection Algorithm for the WSR-88D. *Wea. Forecasting*, **13**, 304–326.

Tennekes, H., and J. L. Lumley, 1972: *A First Course in Turbulence*. MIT Press, Cambridge, MA.

Tepper, M., 1950: On the origin of tornadoes. *Bull. Amer. Meteor. Soc.*, **31**, 311–314.

Thompson, P., 1957: Uncertainty in the initial state as a factor in the predictability of large scale atmospheric flow patterns. *Tellus*, **9**, 275–295.

Thompson, R. L., and R. Edwards, 2000: An overview of environmental conditions and forecast implications of the 3 May 1999 tornado outbreak. *Wea. Forecasting*, **15**, 682–699.

Thompson, R. L., R. Edwards, J. A. Hart, et al., 2003: Close proximity soundings within supercell environments obtained from the Rapid Update Cycle. *Wea. Forecasting*, **18**, 1243–1261.

Thompson, R. L., C. M. Mead, and R. Edwards, 2007: Effective storm-relative helicity and bulk shear in supercell thunderstorm environments. *Wea. Forecasting*, **22**, 102–115.

Thomson, D. W., 1986: Systems for measurements at the surface. *Mesoscale Meteorology and Forecasting*. P. Ray (ed.), Amer. Meteor. Soc.

Thorncroft, C. D., N. M. J. Hall, and G. N. Kiladis, 2008: Three-dimensional structure and dynamics of African easterly waves. Part III: Genesis. *J. Atmos. Sci.*, **65**, 3596–3607.

Thorpe, A. J., M. J. Miller, and M. W. Moncrieff, 1982: Two-dimensional convection in non-constant shear: A model of midlatitude squall lines. *Quart. J. Roy. Meteor. Soc.*, **108**, 739–762.

Tompkins, A. M., 2001: Organization of tropical convection in low vertical wind shears: The role of cold pools. *J. Atmos. Sci.*, **58**, 1650–1672.

Toth, Z., E. Kalnay, S. M. Tracton, R. Wobus, and J. Irwin, 1997: A synoptic evaluation of the NCEP ensemble. *Wea. Forecasting*, **12**, 140–153.

Toth, M., R. J. Trapp, J. Wurman, and K. A. Kosiba, 2013: Improving tornado estimates with Doppler radar. *Wea. Forecasting*. doi:10.1175/WAF-D-12-00019.1.

Trapp, R. J., 1999: Observations of nontornadic low-level mesocyclones and attendant tornadogenesis failure during VORTEX. *Mon. Wea. Rev.*, **127**, 1693–1705.

Trapp, R. J., and B. H. Fiedler, 1995: Tornado-like vortexgenesis in a simplified numerical model. *J. Atmos. Sci.*, **52**, 3757–3778.

Trapp, R. J., and R. Davies-Jones, 1997: Tornadogenesis with and without a dynamic pipe effect. *J. Atmos. Sci.*, **54**, 113–133.

Trapp, R. J., and C. A. Doswell, III, 2000: Radar data objective analysis. *J. Atmos. Oceanic Technol.*, **17**, 105–120.

Trapp, R. J., and M. L. Weisman, 2003: Low-level mesovortices within squall lines and bow echoes: Part II: Their genesis and implications. *Mon. Wea. Rev.*, **131**, 2804–2823.

Trapp, R. J., G. J. Stumpf, and K. L. Manross, 2005a: A reassessment of the percentage of tornadic mesocyclones. *Wea. Forecasting*, **20**, 680–687.

Trapp, R. J., S. A. Tessendorf, E. Savageau Godfrey, and H. E. Brooks, 2005b: Tornadoes from squall lines and bow echoes. Part I: Climatological distribution. *Wea. Forecasting*, **20**, 23–34.

Trapp, R. J., D. M. Wheatley, N. T. Atkins, et al., 2006: Buyer beware: Some words of caution on the use of severe wind reports in post-event assessment and research. *Wea. Forecasting*, **21**, 408–415.

Trapp, R. J., N. S. Diffenbaugh, H. E. Brooks, et al., 2007a: Changes in severe thunderstorm environment frequency during the 21st century caused by anthropogenically enhanced global radiative forcing. *Proc. Natl Acad. Sci.*, **104**, 19719–19723, doi:10.1073/pnas.0705494104.

Trapp, R. J., B. Halvorson, and N. S. Diffenbaugh, 2007b: Telescoping, multimodel approaches to evaluate extreme convective weather under future climates. *J. Geophys. Res.*, **112**, D20109, doi:10.1029/2006JD008345.

Trapp, R. J., E. D. Robinson, M. E. Baldwin, et al., 2010: Regional climate of hazardous convective weather through high-resolution dynamical downscaling. *Clim. Dyn.*, doi:10.1007/s00382-010-0826-y.

Trenberth, K. E., 1998: Atmospheric moisture residence times and cycling: Implications for rainfall rates and climate change. *Climatic Change*, **39**, 667–694.

Trenberth, K. E., and C. J. Guillemot, 1996: Physical processes involved in the 1988 drought and 1993 floods in North America. *J. Climate*, **9**, 1288–1298.

Tribbia, J. J., and D. P. Baumhefner, 1988: The reliability of improvements in deterministic short-range forecasts in the presence of initial-state and modeling deficiencies. *Mon. Wea. Rev.*, **116**, 2276–2228.

Tribbia, J. J., and D. P. Baumhaufner, 2004: Scale interactions and atmospheric predictability: An updated perspective. *Mon. Wea. Rev.*, **132**, 703–713.
Trier, S. B., C. A. Davis, and J. D. Tuttle, 2000a: Long-lived mesoconvective vortices and their environment. Part I: Observations from the central United States during the 1998 warm season. *Mon. Wea. Rev.*, **128**, 3376–3395.
Trier, S. B., C. A. Davis, and W. C. Skamarock, 2000b: Long-lived mesoconvective vortices and their environment. Part II: Induced thermodynamic destabilization in idealized simulations. *Mon. Wea. Rev.*, **128**, 3396–3412.
Trier, S. B., and C. A. Davis, 2007: Mesoscale convective vortices observed during BAMEX. Part II: Influences on secondary deep convection. *Mon. Wea. Rev.*, **135**, 2051–2075.
Tripoli, G. J., and W. R. Cotton, 1981: The use of ice-liquid water potential temperature as a thermodynamic variable in deep atmospheric models. *Mon. Wea. Rev.*, **109**, 1094–1102.
Velden, C. S., C. M. Hayden, S. J. Nieman, et al., 1997: Upper-tropospheric winds derived from geostationary satellite water vapor observations. *Bull. Amer. Meteor. Soc.*, **78**, 173–195.
Velden, C., and coauthors, 2005: Recent innovations in deriving tropospheric winds from meteorological satellites. *Bull. Amer. Meteor. Soc.*, **86**, 205–223.
Vinnichenko, N. K., 1970: The kinetic energy spectrum in the free atmosphere–one second to five years. *Tellus*, **22**, 158–166.
Vitart, F., et al., 2007: Dynamically-based seasonal forecasts of Atlantic tropical storm activity issued in June by EUROSIP. *Geophys. Res. Lett.*, **34**, L16815, doi:10.1029/2007GL030740.
Wakimoto, R. M., 2001: Convectively driven high wind events. *Severe Convective Storms*, American Meteorological Society, Boston, 255–298.
Wakimoto, R. M., and H. V. Murphey, 2010: Analysis of convergence boundaries observed during IHOP_2002. *Mon. Wea. Rev.*, **138**, 2737–2760.
Wakimoto, R. M., and J. W. Wilson, 1989: Non-supercell tornadoes. *Mon. Wea. Rev.*, **117**, 1113–1140.
Wakimoto, R. M., H. Cai, and H. V. Murphey, 2004: The Superior, Nebraska, supercell during BAMEX. *Bull. Amer. Meteor. Soc.*, **85**, 1095–1106.
Wakimoto, R. M., W.-C. Lee, H. B. Bluestein, C.-H. Liu, P. H. Hildebrand, 1996: ELDORA observations during VORTEX 95. *Bull. Amer. Meteor. Soc.*, **77**, 1465–1481.
Wakimoto, R. M., C-H. Liu, and H-Q. Cai, 1998: The Garden City, Kansas, storm during VORTEX 95. Part I: Overview of the storm's life cycle and mesocyclogenesis. *Mon. Wea. Rev.*, **126**, 372–392.
Wakimoto, R. M., H. V. Murphey, A. Nester, et al., 2006: High winds generated by bow echoes. Part I: Overview of the Omaha bow echo 5 July 2003 storm during BAMEX. *Mon. Wea. Rev.*, **134**, 2793–2812.
Wallace, J. M., and P. V. Hobbs, 2006: *Atmospheric Science: An Introductory Survey, 2nd Edition*. Elsevier, London.
Wang, H., et al., 2009: A statistical forecast model for Atlantic seasonal hurricane activity based on the NCEP dynamical seasonal forecast. *J. Clim.*, **22**, 4481–4500.
Wang, J., and D. B. Wolff, 2010: Evaluation of TRMM ground-validation radar-rain errors using rain gauge measurements. *J. Appl. Meteor. Climatol.*, **49**, 310–324.
Warner, J., 1970: On steady-state one-dimensional models of cumulus convection. *J. Atmos. Sci.*, **27**, 1035–1040.
Warner, T. T., and H.-M. Hsu, 2000: Nested-model simulation of moist convection: The impact of coarse-grid parameterized convection on fine-grid resolved convection. *Mon. Wea. Rev.*, **128**, 2211–2231.
Weaver, C. P., and R. Avissar, 2001: Atmospheric disturbances caused by human modification of the landscape. *Bull. Amer. Meteor. Soc.*, **82**, 269–281.

Weaver, J. F., J. A. Knaff, D. Bikos, et al., 2002: Satellite observations of a severe supercell thunderstorm on 24 July 2000 made during the *GOES-11* Science Test. *Wea. Forecasting*, **17**, 124–138.

Weber, B. L., et al., 1990: Preliminary evaluation of the first NOAA demonstration network wind profiler. *J. Atmos. Oceanic Technol.*, **7**, 909–918.

Weckwerth, T. M., 2000: The effect of small-scale moisture variability on thunderstorm initiation. *Mon. Wea. Rev.*, **128**, 4017–4030.

Weckwerth, T. M., and D. B. Parsons, 2006: A review of convection initiation and motivation for IHOP_2002. *Mon. Wea. Rev.*, **134**, 5–22.

Weckwerth, T. M., H. V. Murphey, C. Flamant, et al., 2008: An observational study of convection initiation on 12 June 2002 during IHOP_2002. *Mon. Wea. Rev.*, **136**, 2283–2304.

Weckwerth, T. M., J. W. Wilson, and R. M. Wakimoto, 1996: Thermodynamic variability within the convective boundary layer due to horizontal convective rolls. *Mon. Wea. Rev.*, **124**, 769–784.

Weckwerth, T. M., J. W. Wilson, R. M. Wakimoto, and N. A. Crook, 1997: Horizontal convective rolls: Determining the environmental supporting their existence and characteristics. *Mon. Wea. Rev.*, **125**, 505–526.

Weckwerth, T. M., et al., 2004: An overview of the International H2O Project (IHOP_2002) and some preliminary highlights. *Bull. Amer. Meteor. Soc.*, **85**, 253–277.

Weisman, M. L., 1992: The role of convectively generated rear-inflow jets in the evolution of long-lived mesoconvective systems. *J. Atmos. Sci.*, **49**, 1826–1847.

Weisman, M. L., 1993: The genesis of severe, long-lived bow echoes. *J. Atmos. Sci.*, **50**, 645–670.

Weisman, M. L., 2001: Bow echoes: A tribute to T. T. Fujita. *Bull. Amer. Meteor. Soc.*, **82**, 97–116.

Weisman, M. L., and C. A. Davis, 1998: Mechanisms for the generation of mesoscale vortices within quasi-linear convective systems. *J. Atmos. Sci.*, **55**, 2603–2622.

Weisman, M. L., and J. B. Klemp, 1982: The dependence of numerically simulated convective storms on vertical wind shear and buoyancy. *Mon. Wea. Rev.*, **110**, 504–520.

Weisman, M. L., and J. B. Klemp, 1986: Characteristics of isolated convective storms. In *Mesoscale Meteorology and Forecasting*. American Meteorological Society, Boston, 331–358.

Weisman, M. L., J. B. Klemp, and R. Rotunno, 1988: Structure and evolution of numerically simulated squall lines. *J. Atmos. Sci.*, **45**, 1990–2013.

Weisman, M. L., W. C. Skamarock, and J. B. Klemp, 1997: The Resolution Dependence of Explicitly Modeled Convective Systems. *Mon. Wea. Rev.*, **125**, 527–548.

Weisman, M. L., and R. Rotunno, 2000: The use of vertical wind shear versus helicity in interpreting supercell dynamics. *J. Atmos. Sci.*, **57**, 1452–1472.

Weisman, M. L., and R. Rotunno, 2004: "A theory for long-lived squall lines" revisited. *J. Atmos. Sci.*, **61**, 361–382.

Weisman, M. L., and R. J. Trapp, 2003: Low-level mesovortices within squall lines and bow echoes: Part I: Overview and dependence on environmental shear. *Mon. Wea. Rev.*, **131**, 2779–2803.

Weiss, C. C., and H. B. Bluestein, 2002: Airborne pseudo-dual Doppler analysis of a dryline-out flow boundary intersection. *Mon. Wea. Rev.*, **130**, 1207–1226.

Wentz, F. J. and M. Schabel, 2000: Precise climate monitoring using complementary satellite data sets. *Nature*, **403**, 414–416.

Westrick, K. J., C. F. Mass, and B. A. Colle, 1999: The limitations of the WSR-88D radar network for quantitative precipitation measurement over the coastal western United States. *Bull. Amer. Meteor. Soc.*, **80**, 2289–2298.

Wheatley, D. M., and R. J. Trapp, 2008: The effect of mesoscale heterogeneity on the genesis and structure of mesovortices within quasi-linear convective systems. *Mon. Wea. Rev.*, **136**, 4220–4241.

Wilks, D. S., 2006: *Statistical Methods in the Atmospheric Sciences*. 2nd ed. Academic Press.

Wilson, J. W., and R. D. Roberts, 2006: Summary of convective storm initiation and evolution during IHOP: Observational and modeling perspective. *Mon Wea. Rev.*, **134**, 23–47.

Wilson, J. W., and W. E. Schreiber, 1986: Initiation of convective storms at radar-observed boundary-layer convergence lines. *Mon. Wea. Rev.*, **114**, 2516–2536.

Wilson, J. W., N. A. Crook, C. K. Mueller, et al., 1998: Nowcasting thunderstorms: A status report. *Bull. Amer. Meteor. Soc.*, **79**, 2079–2099.

Winn, W. P., S. J. Hunyady, and G. D. Aulich, 1999: Pressure at the ground in a large tornado. *J. Geophys. Res.*, **104**, 22 067–22 082.

Wurman, J., M. Randall, and A. Zahari, 1997: Design and deployment of a portable, pencil-beam, pulsed, 3-cm Doppler radar. *J. Atmos. Oceanic Technol.*, **14**, 1502–1512.

Wurman, J., et al., 2012: The Second Verification of the Origins of Rotation in Tornadoes Experiment: VORTEX2. *Bull. Amer. Meteor. Soc.*, doi: 10.1175/BAMS-D-11-00010.1

Xue, M., K. K. Drogemeier, and V. Wong, 2000: The Advanced Regional Prediction System (ARPS) – A multiscale nonhydrostatic atmospheric simulation and prediction tool. Part I: Model dynamics and verification. *Meteor. Atmos. Physics*, **75**, 161–193.

Yuter, S. E., and R. A. Houze, Jr., 1995: Three-dimensional kinematic and microphysical evolution of Florida cumulonimbus. Part I: Frequency distributions of vertical velocity, reflectivity, and differential reflectivity. *Mon. Wea. Rev.*, **123**, 1941–1963.

Zhang, F., C. Snyder, and R. Rotunno, 2003: Effects of moist convection on mesoscale predictability. *J. Atmos. Sci.*, **60**, 1173–1185.

Ziegler, C. L., and E. N. Rasmussen, 1998: The initiation of moist convection at the dryline: Forecasting issues from a case study perspective. *Wea. Forecasting*, **13**, 1106–1131.

Ziegler, C. L., W. J. Martin, R. A. Pielke, and R. L. Walko, 1995: A modeling study of the dryline. *J. Atmos. Sci.*, **52**, 263–285.

Ziegler, C. L., E. N. Rasmussen, M. S. Buban, et al., 2007: The "triple point" on 24 May 2002 during IHOP. Part II: Ground radar and in situ boundary layer analysis of cumulus development and convection initiation. *Mon. Wea. Rev.*, **135**, 2443–2472.

Zipser, E. J., 1977: Mesoscale and convective-scale downdrafts as distinct components of squall-line structure. *Mon. Wea. Rev.*, **105**, 1568–1589.

Zipser, E. J., 2003: Some views on "hot towers" after 50 years of tropical field programs and two years of TRMM data. *Cloud Systems, Hurricanes, and the TRMM. Meteor. Monogr.*, No. 51, Amer. Meteor. Soc., 49–58.

Zrnic, D. S., A. V. Ryzhkov, 1999: Polarimetry for weather surveillance radars. *Bull. Amer. Meteor. Soc.*, **80**, 389–406.

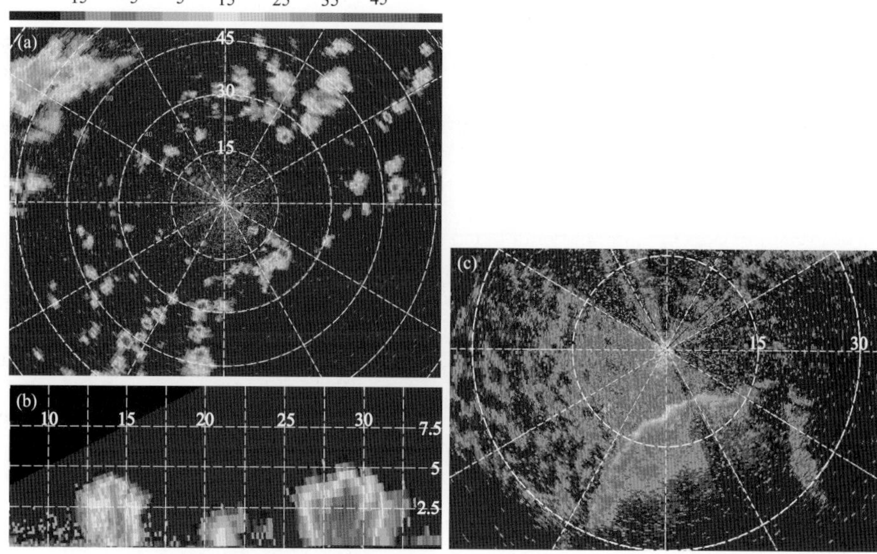

图 3.8　一个降水性对流云场中雷达反射率因子实例。(a)1°仰角的 PPI 扫描;(b)130°方位角对应的 RHI 扫描。(c)雷达反射率因子细线,与海风锋相关。所有扫描均为 2012 年 3 月在佛罗里达州使用车载多普勒雷达收集。

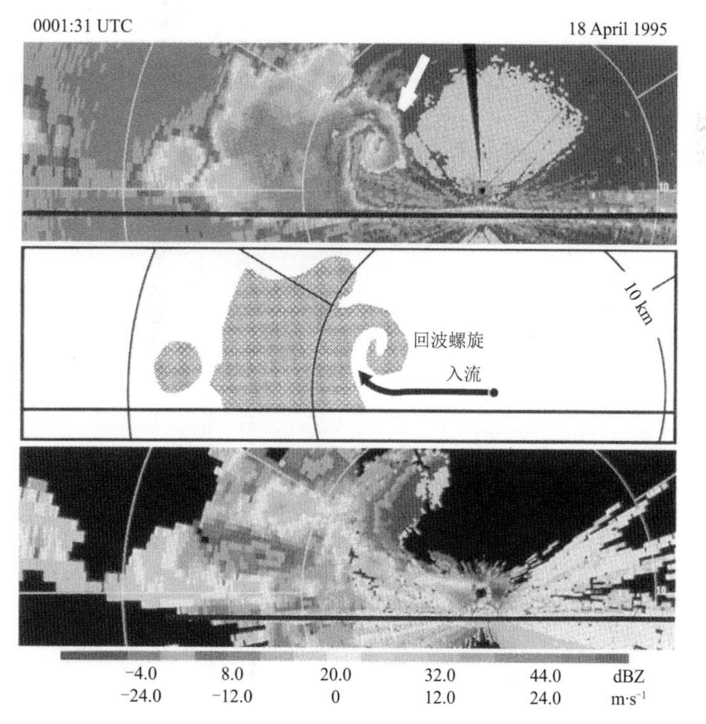

图 3.12　机载多普勒雷达扫描发展中的雹暴实例。上图显示雷达反射率因子,下图显示多普勒速度,中图给出物理解释。引自 Wakimoto 等(1996)。

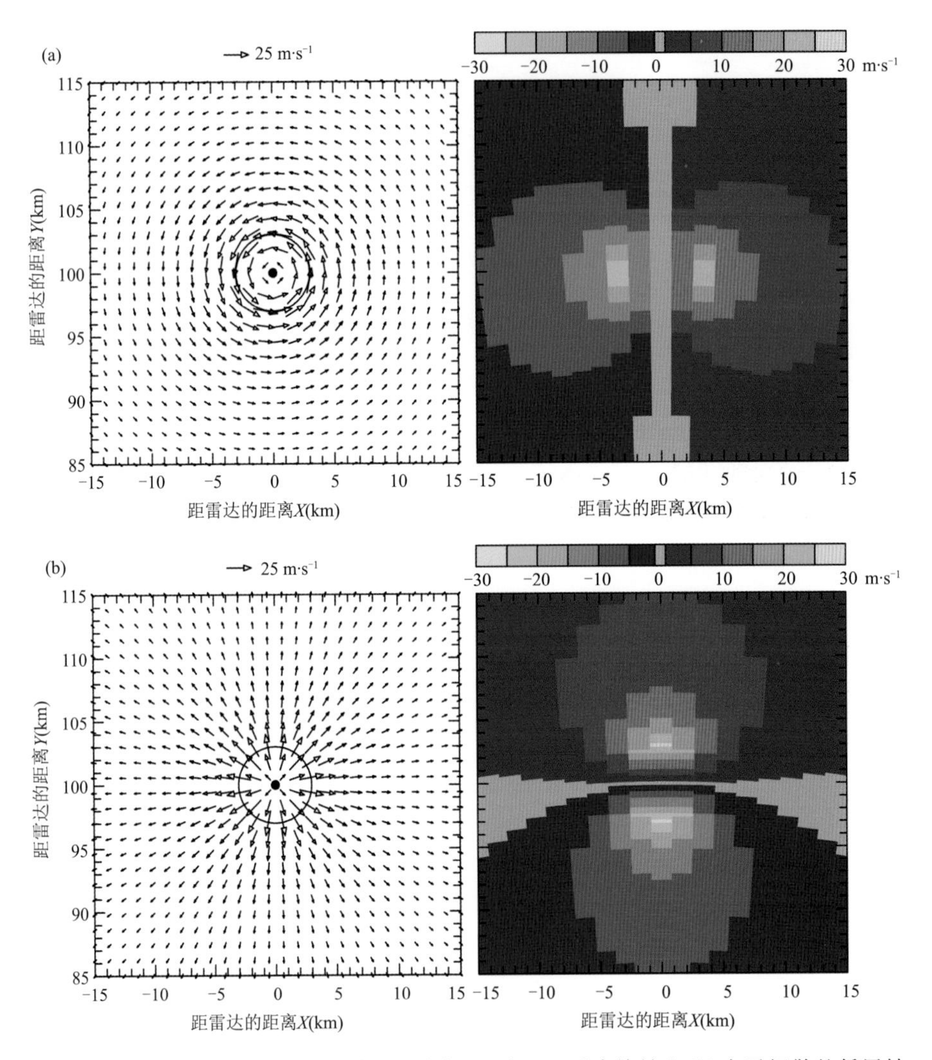

图 3.9 在矢量风场和相应的多普勒速度场 V_r 中，(a)垂直旋转和(b)水平辐散的低层轴对称型态。矢量风场中的圆圈表示最大风的相对位置。黑点表示(a)中的涡旋中心和(b)中的辐散中心。(模拟的)雷达位于旋转和辐散中心以南 100 km 处。引自 Brown 和 Wood(2007)。

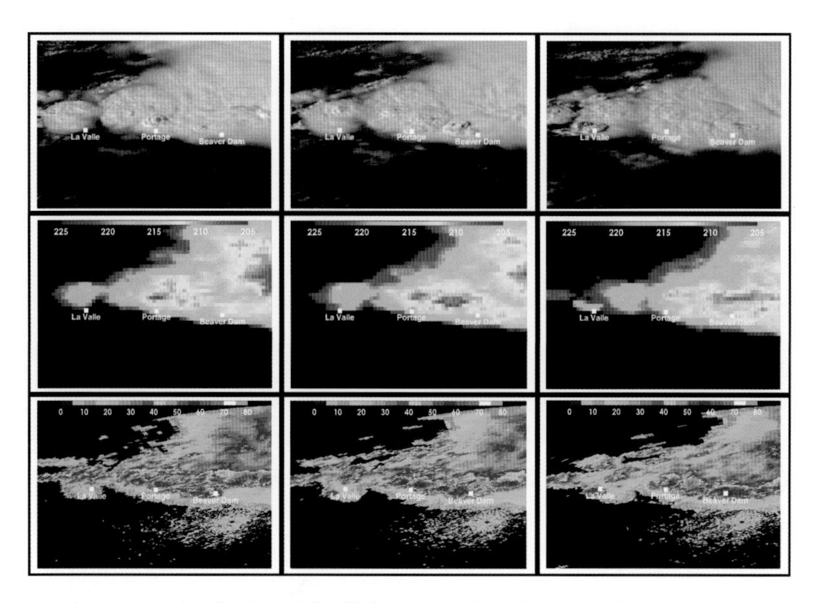

图 3.20　GOES-12 可见光通道图像，带有客观过冲云顶检测(红点)(顶部)、GOES-12 红外(10.7 μm)亮温(中间)及 KMKX WSR-88D 组合反射率(底部)。白点显示了威斯康星州的拉瓦勒、波蒂奇和比弗大坝的位置。引自 Dworak 等(2012)。

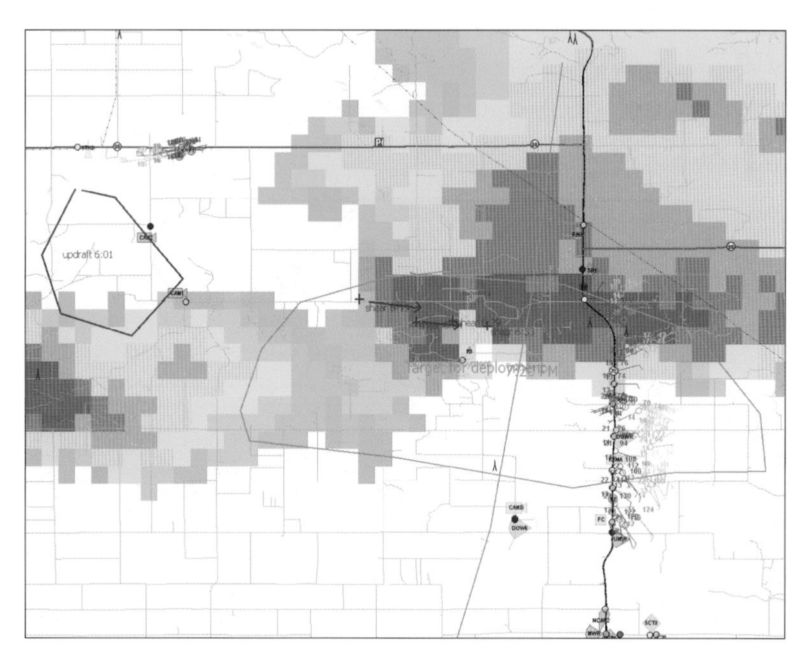

图 3.24　2009 和 2010 年 VORTEX2 期间“强风暴拦截情势感知”(SASSI)软件应用的显示。色斑是雷达反射率叠加图，图标表示当前或最近位置的条件(移动或便携式)观测系统。标记为 FC 的浅蓝色图标表示野外联络员的位置。承蒙 Rasmussen 系统有限责任公司的 Eric N. Rasmussen 博士提供。

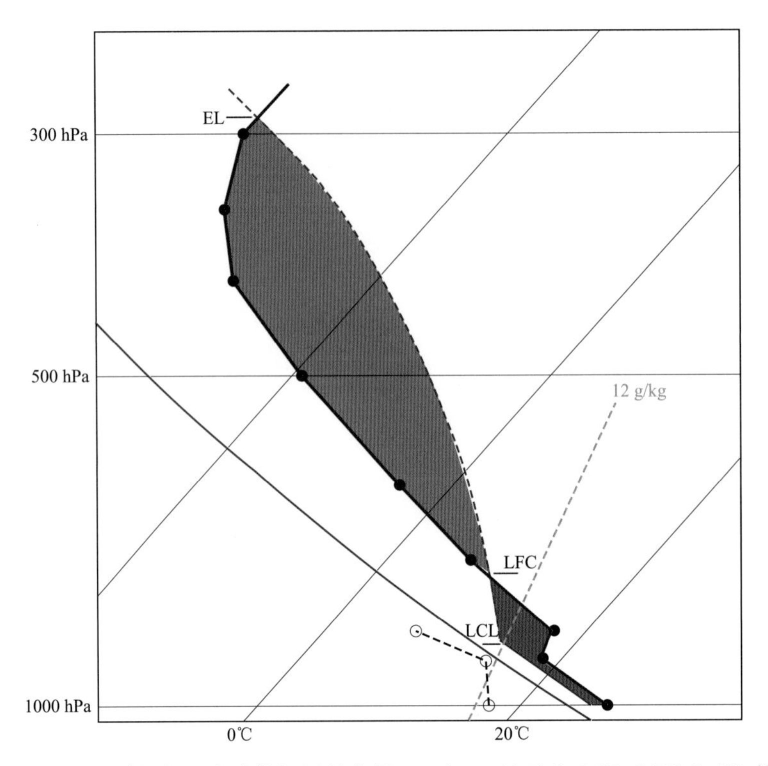

图 5.1　热力学示例图(温度对数气压斜交图 $T-\ln p$),显示含 LCL,LFC 和 EL 的探空观测。CAPE 为正值区(橘红色区),CIN 为负值区(紫色区)。粗黑线为探空温度,虚线为露点探测段。橙色实线为干绝热线,橙色虚线为相关的湿绝热线,绿色虚线是混合比线。

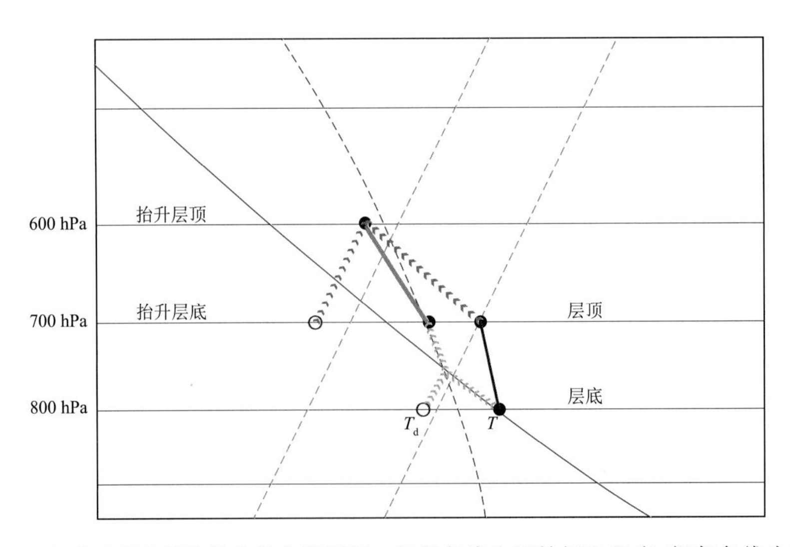

图 5.2　上升过程中层结热力学失稳图解。粗黑色线为原始探空温度,粗灰色线为后续修正。红色实线为干绝热线,红色虚线是湿绝热线。浅蓝色箭头线表示与气层底部抬升相关的气块过程,深蓝色箭头线表示与气层顶部抬升相关的气块过程。

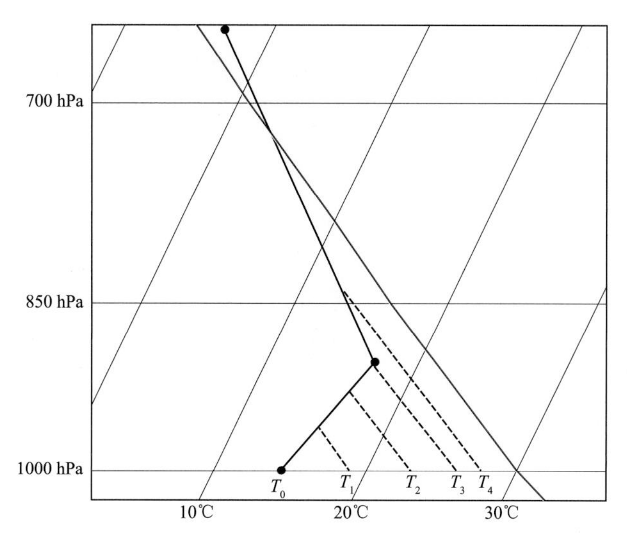

图 5.3　太阳加热造成大气边界层热力失稳图解。粗黑线表示原始探空温度，虚线表示其后的修正，伴随地表温度 T 的变化。橙色实线是干绝热线。

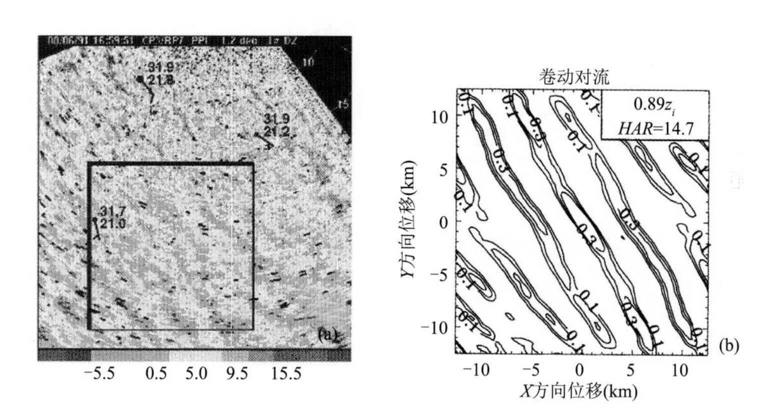

图 5.10　使用天气雷达数据推断 HCR 结构的示例。(a)PPI 低仰角等效雷达反射率；(b)(a)中所示子域的基于(a)的空间自相关场。引自 Weckwerth 等(1997)。

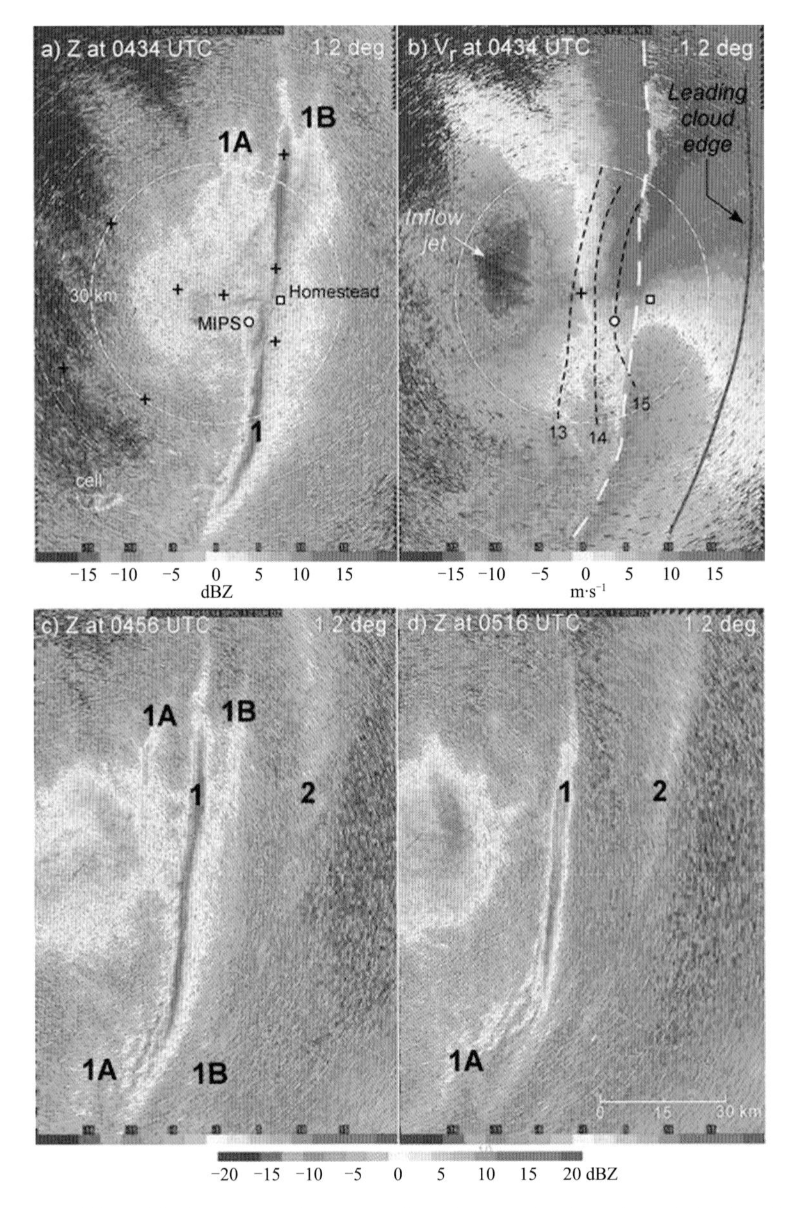

图 5.25　多普勒天气雷达观测到的大气涌潮演变示例。雷达反射率因子(Z)如图(a)、(c)和(d)所示,径向速度如(b)所示。引自 Knupp(2006)。

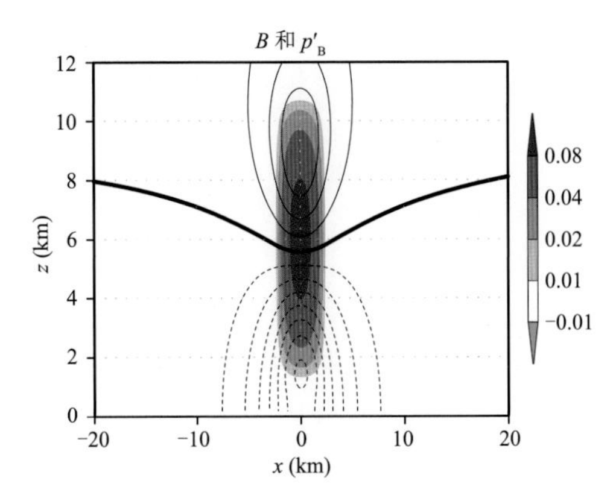

图 6.10　理想二维浮力单元(如图所示填色区域;m・s^{-2})的垂直剖面及相应的浮力气压扰动(等值线间隔 10 Pa，粗体等值线表示 $p'_B=0$，虚线等值线表示 $p'_B<0$)。引自 Parker(2010)。

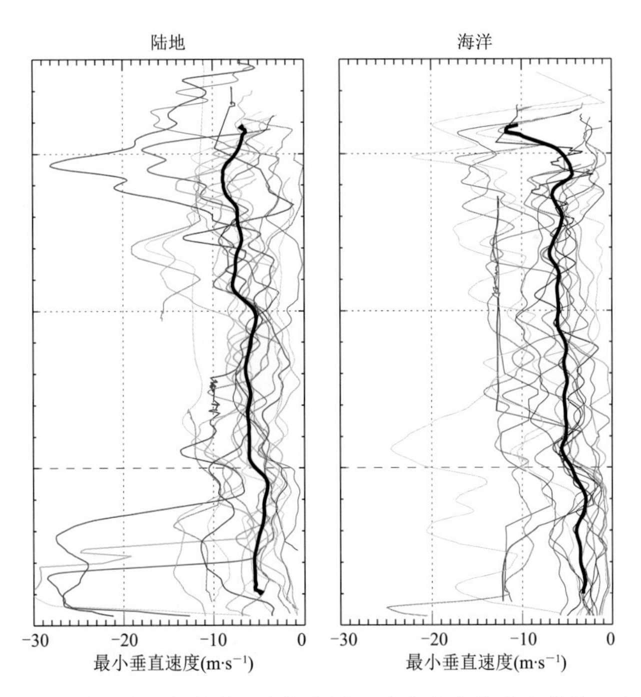

图 6.13　大陆和海洋区域上各种对流风暴中最小垂直速度的垂直廓线。这些廓线获自高空机载多普勒雷达(EDOP)。引自 Heymsfield 等(2010)。

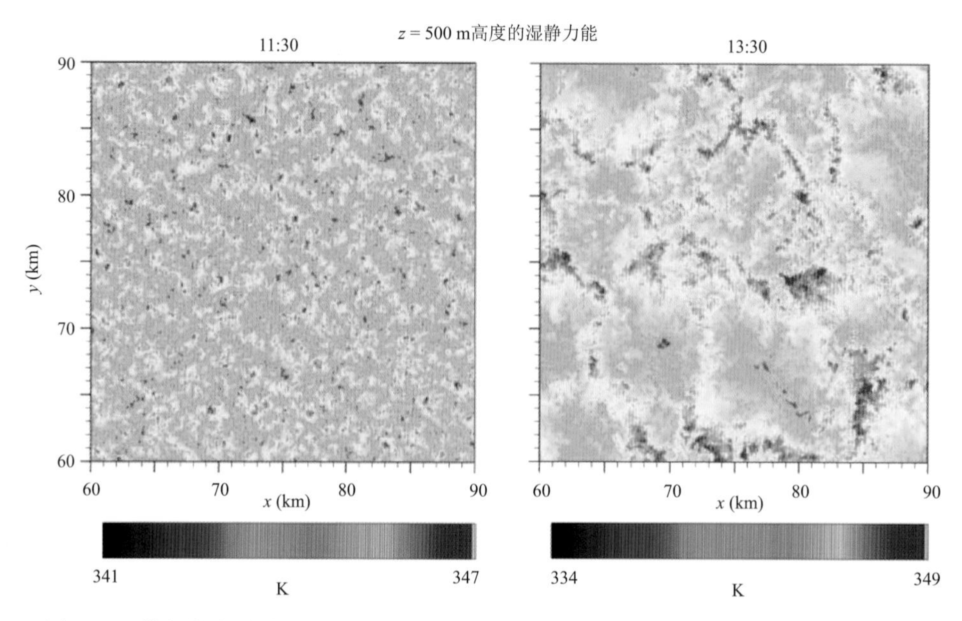

图 6.17　模拟的浅对流云向深对流云的过渡示例。图中所示为湿静力能的水平截面(500 m 处)。引自 Khairoutdinov 和 Randall(2006)。

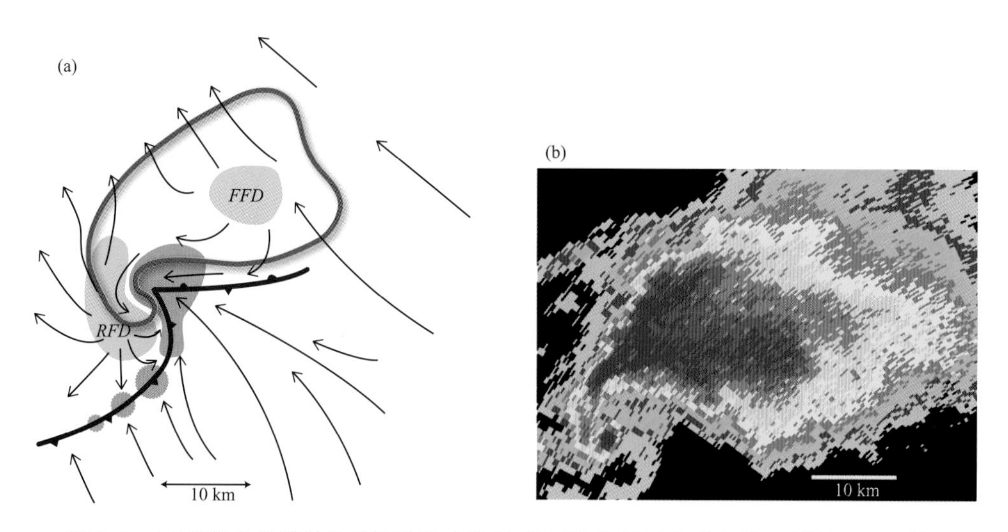

图 7.3　(a)超级单体雷暴的低层平面示意图;浅(深)色显示上升气流(下降气流)区域,流线为(相对于风暴的)近地面气流,粗体轮廓显示约 40 dBZ 等值线;改编自 Lemon 和 Doswell(1979)。(b)实际(龙卷)超级单体雷暴的天气雷达图像。

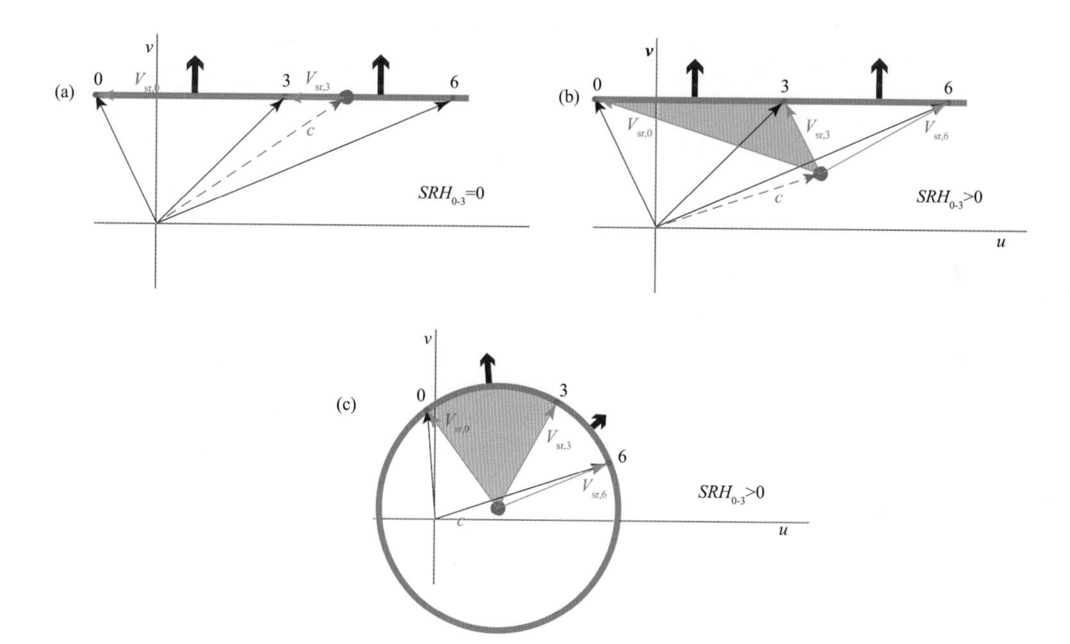

图 7.6　环境风(紫色箭头)的速度矢端迹图(粗体灰线)。环境水平涡度矢量(红色箭头指示的方向)处处垂直于切变矢量,因此垂直于速度矢端迹线。在(a)和(b)中,速度矢端图的形状是一条直线,因此环境水平涡度矢量不随高度变化。(a)风暴运动(蓝色虚线箭头)位于速度矢端图上,且将其作为原点(蓝色圆圈),风暴相关风(橙色矢量)处处垂直于水平涡度矢量。在此情形下,$SRH_{0-3}=0$。(b)风暴运动偏离了速度矢端迹线,由此产生的风暴相关风与水平涡度矢量不垂直。在此情形下,$SRH_{0-3}>0$,其幅值等于$-2\times$[0～3 km之间风暴相关风矢量扫过的标注区域(阴影区域)]。(c)在圆心有风暴运动的圆形速度矢端图。此种情形下,风暴相关风(橙色矢量)处处平行于水平涡度矢量,从而最大化$SRH_{0-3}>0$。

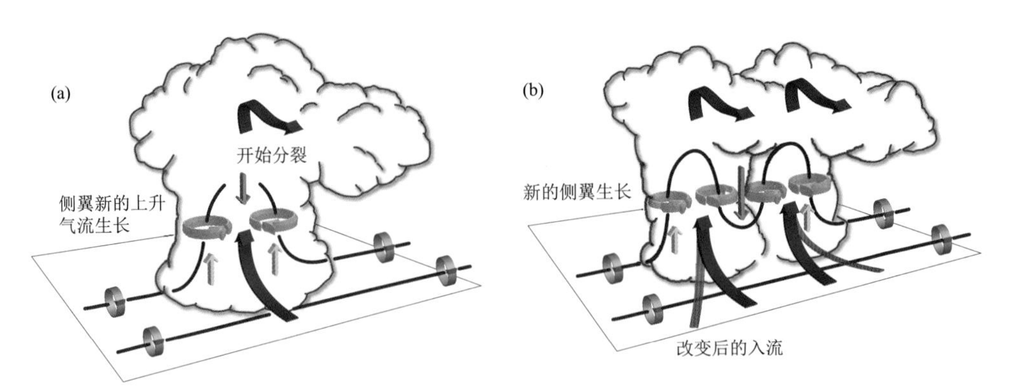

图 7.7　显示动力（旋转）诱导的垂直气压梯度强迫对超级单体演变的位置和影响的示意图。(a)初始中层涡对（灰色条带）在初始上升气流（红色条带）两侧产生正的垂直气压梯度强迫和随后的垂直加速（黄色箭头）。在降水下沉气流（蓝色箭头）的推动下，初始单体随之分裂。(b)单体分裂过程产生了两个新单体，每个单体产生一个新的中层涡对，并伴随着一个改变后的低层流入（红色条带）。正的垂直气压梯度强迫再次出现在每个涡旋的下方；降水下沉气流阻碍了内侧涡旋的抬升，因此在外侧涡旋下方有利于新的上升气流生长。改编自 Klemp(1987)。

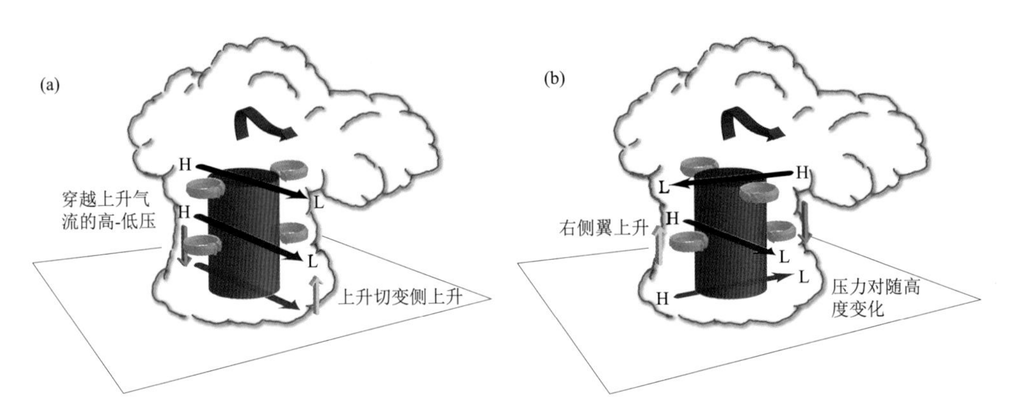

图 7.12　线性动力引起的气压（H 为高压，L 为低压）位置和影响的定性描述，以及响应相关垂直气压梯度的加速度。红色圆柱体表示上升气流，扁平箭头表示相应层的切变矢量方向。作为参考，还显示了这些层上垂直涡旋的位置（灰色条带），其描述了非线性动力气压效应。(a)中，超级单体是在具有直线速度矢端图环境中形成的。线性动力强迫导致上升气流顺风切变（逆风切变）侧翼上的向上加速和上升（向下加速和下沉）。(b)中，超级单体是在对流层下半部具有弯曲速度矢端图（半圆）环境中形成的。线性动力强迫导致在上升气流右侧（左侧）上升（下沉）。改编自 Klemp(1987)。

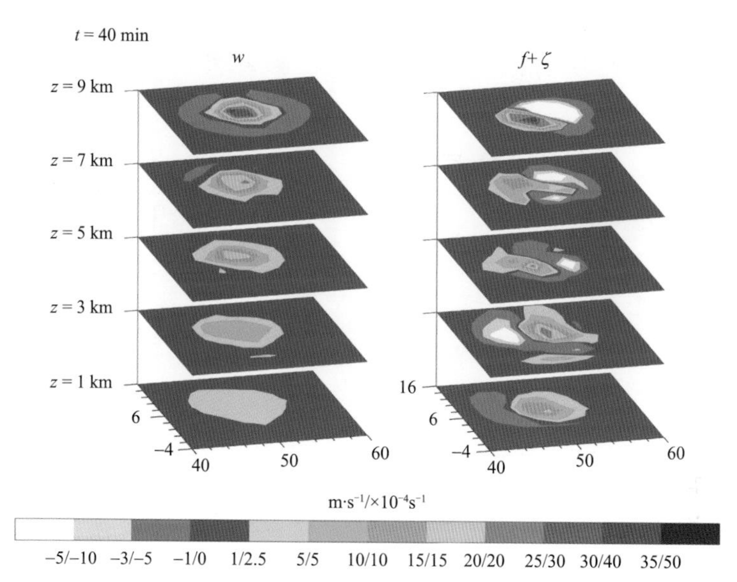

图 7.24 与数值模拟涡旋热塔相关的垂直速度和绝对垂直涡度
引自 Montgomery 等(2006)

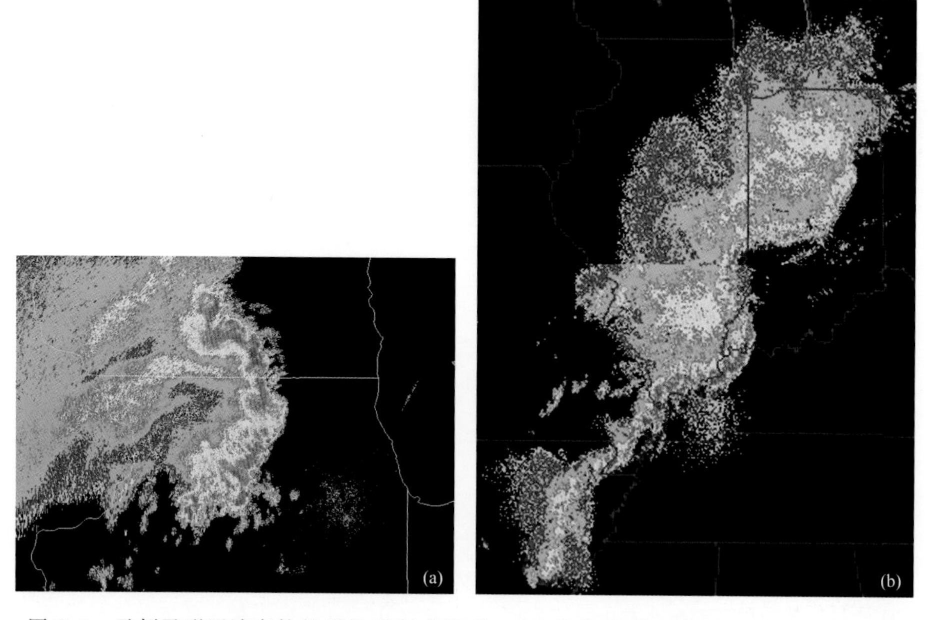

图 8.5 示例弓形回波事件的雷达反射率图像。(a)经典弓形回波,2011 年 7 月 11 日;(b)飑线弓形回波或 LEWP,2011 年 4 月 19 日。两幅图都是 0.5°仰角扫描。(b)是两台雷达组合数据。

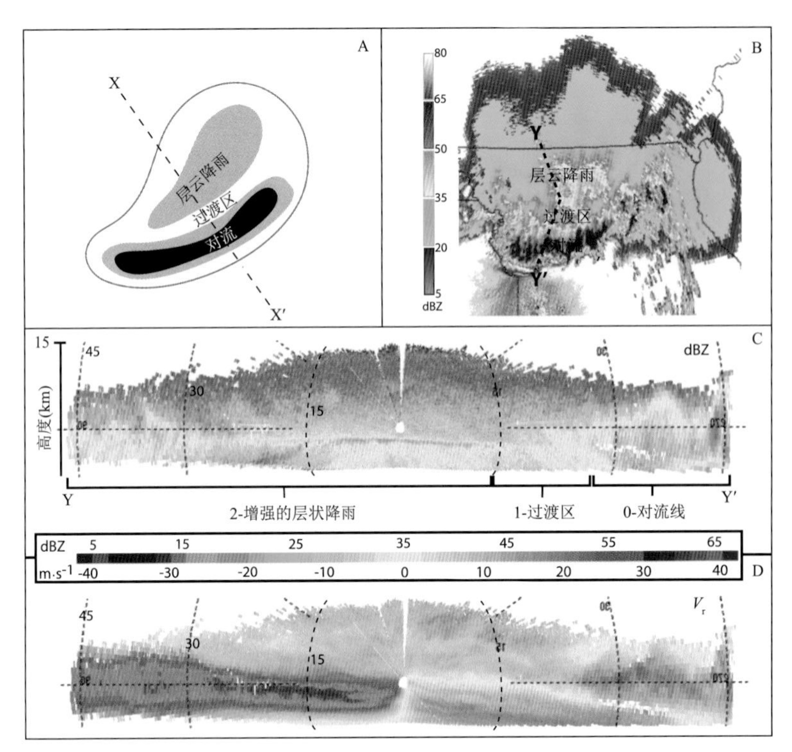

图 8.2　带有拖尾层状区的成熟飑线示意图(A)和相应的多普勒雷达观测(B)—(D)。(B)中的雷达反射率来自 0.5°仰角的 WSR-88D 扫描。(C)和(D)中分别是雷达反射率和多普勒速度，来自机载多普勒雷达(NOAA P-3)的准垂直扫描。引自 Smith 等(2009)。

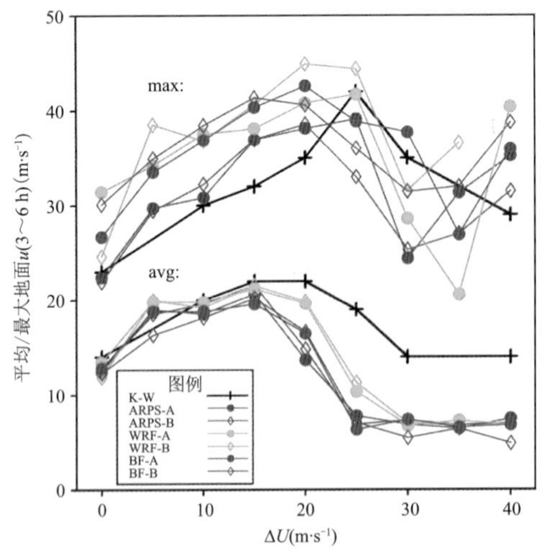

图 8.16　数值模拟的飑线产生的最大地面风，其为 0～5 km 层上单向环境切变的函数。所有其他参数，包括环境 CAPE 约 2200 J・kg^{-1}保持不变。模拟采用四种不同数值模式进行(详见 Bryan 等(2006))。当环境切变超过约 25 m・s^{-1}时，最大地面风相对较弱，因为对流单体开始顺风切变倾斜，并组织成更像 3D 超级单体形式，而非 MCS。引自 Bryan 等(2006)。

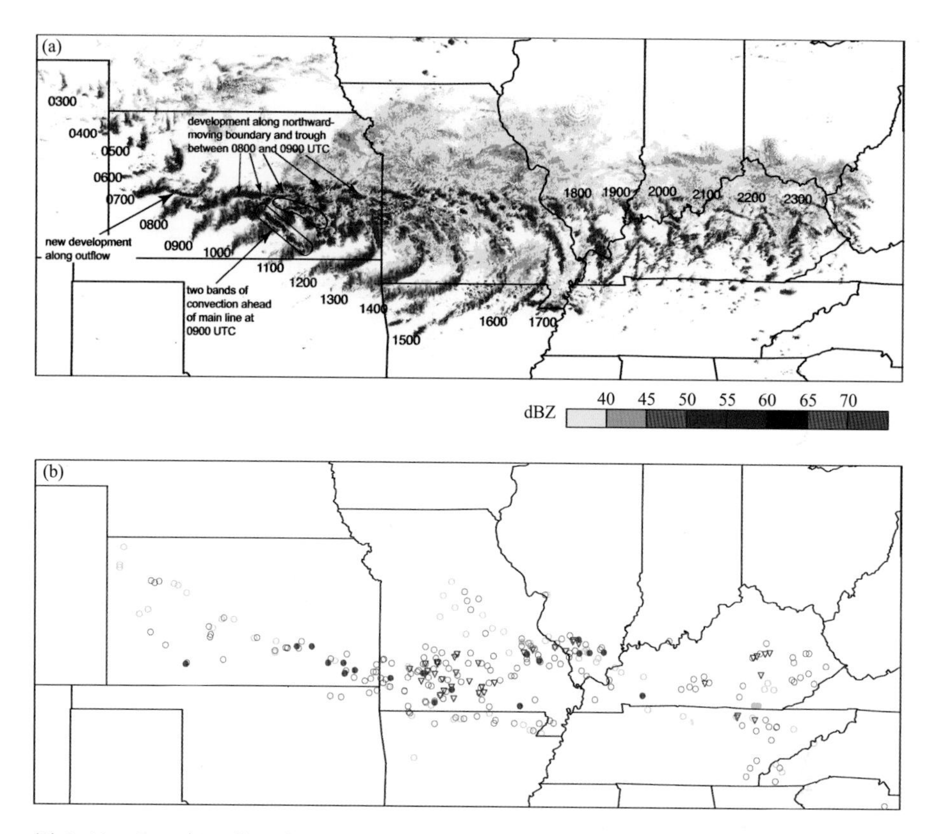

图 8.18　2009 年 5 月 8 日 03 UTC 至 23 UTC 期间发生的线状风暴发生时间序列。(a)逐小时雷达组合反射率(dBZ)。(b)恶劣天气报告位置:空心(实心)绿色圆圈表示冰雹≥0.75 英寸(约 1.9 cm)(≥ 2.0 英寸,约 5.1 cm),空心(实心)蓝色圆圈表示风灾或阵风≥26 $m \cdot s^{-1}$(观测或估计的阵风≥ 33.5 $m \cdot s^{-1}$),红色三角表示龙卷报告。引自 Coniglio 等(2011)。

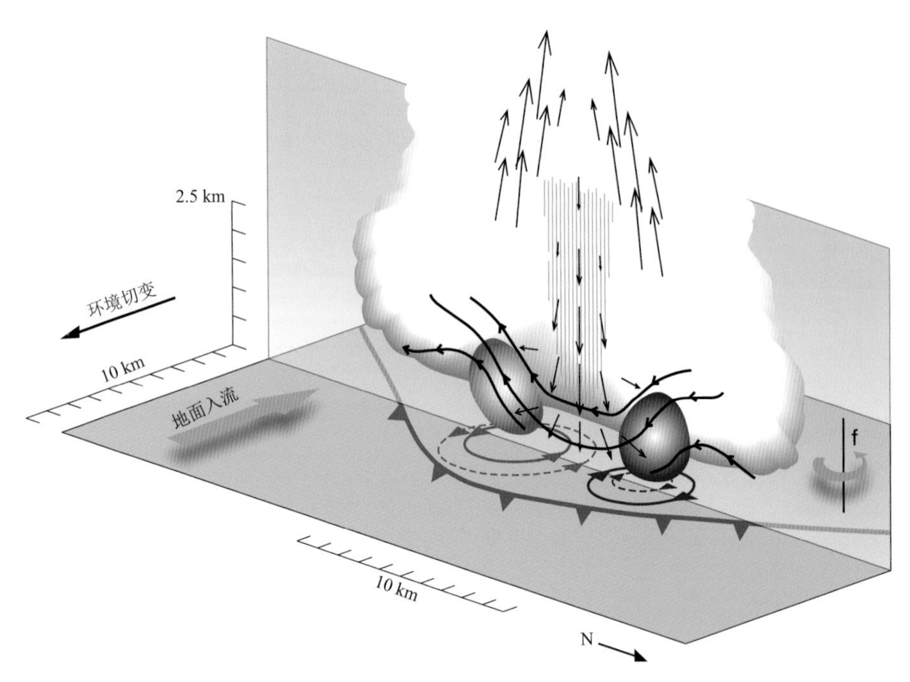

图 8.20 准线性 MCS 早期的中涡旋生成示意图。涡旋线(黑色)被下沉气流(矢量和蓝色阴影)垂直倾斜,形成地面涡对(气旋性垂直涡度为红色;反气旋性垂直涡度为紫色)。红色和紫色虚线圆圈代表涡对未来状态,部分原因是如图所示的行星涡度(f)拉伸。成熟阶段,相关涡旋线可能具有相反方向,因此产生的涡对方向将反转。引自 Trapp 和 Weisman(2003)。

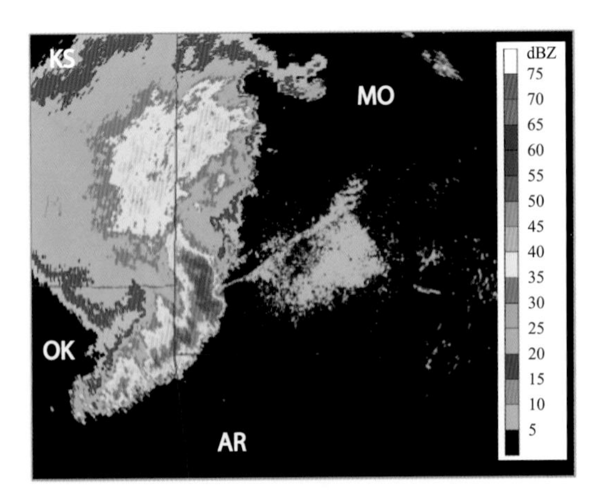

图 9.2 2003 年 7 月 4 日 12:30 UTC 密苏里州斯普林菲尔德 WSR-88D 的 0.5°扫描雷达反射率因子。西南—东北方向的细线显示了边界。与不对称弓形回波的相互作用点对应于一个低层中涡旋,该中涡旋与风灾和一个龙卷有关。州的边界(和州缩写)给出了空间尺度概念。

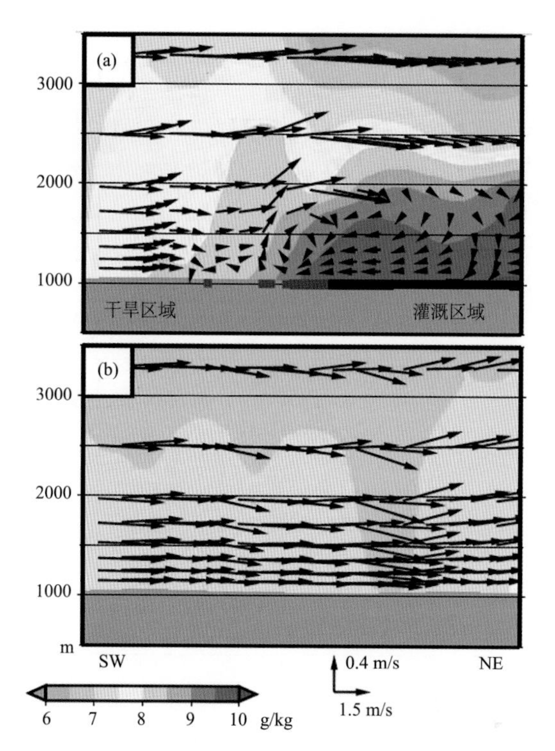

图 9.13 中尺度模式模拟显示(a)灌溉和非灌溉土地区域之间产生的地貌诱发环流,(b)土地区域未灌溉时缺乏此类环流。矢量箭头表示垂直剖面中的风,红色和蓝色阴影表示水汽混合比($g \cdot kg^{-1}$)。浅灰色为地形。引自 Kawase 等(2008)。

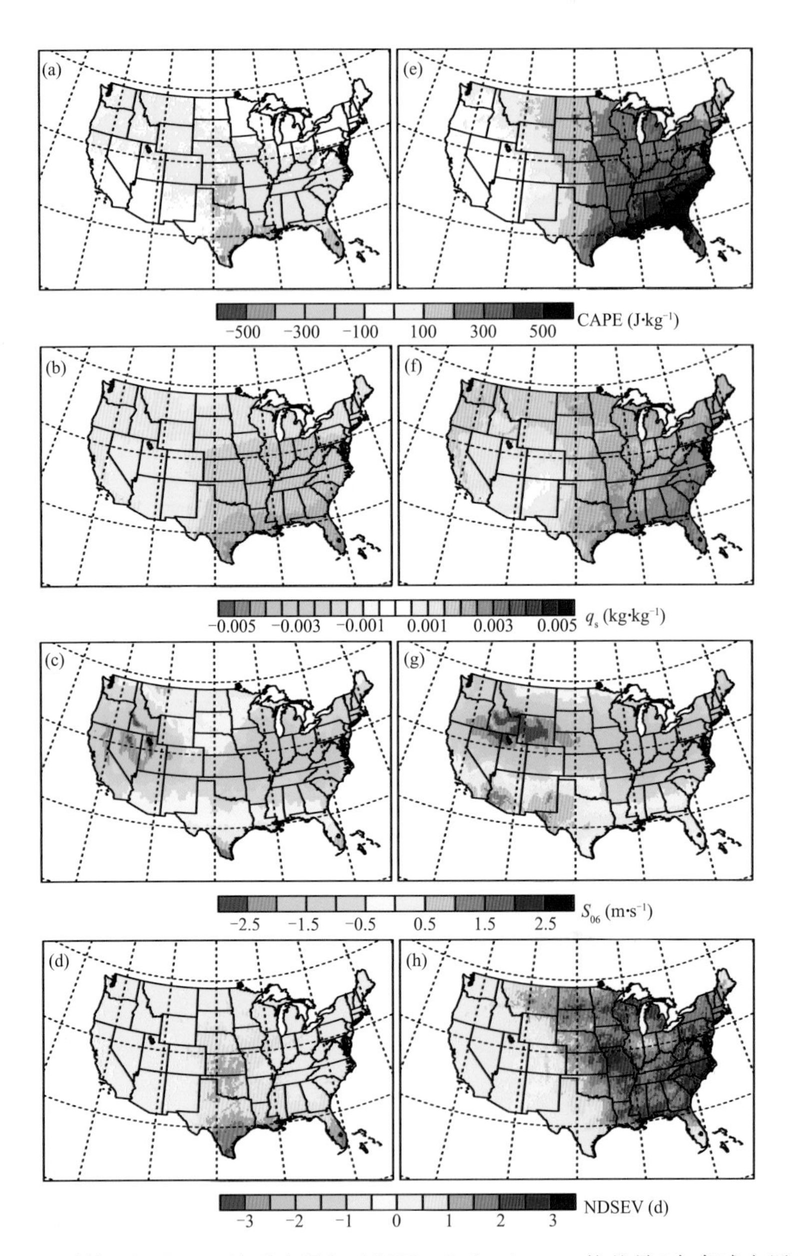

图 9.14　平均 CAPE、S_{06}、地面比湿和 CAPE×S_{06}≥10,000 的差异(未来减去历史)。后者被视为强对流风暴环境出现的频率。未来积分期为 2072—2099 年,历史积分期为 1962－1989 年,分析有效期为 3—4—5 月(a—d)和 6—7—8 月(e—h)。引自 Trapp 等(2007a)。版权所有,美国国家科学院,2007。

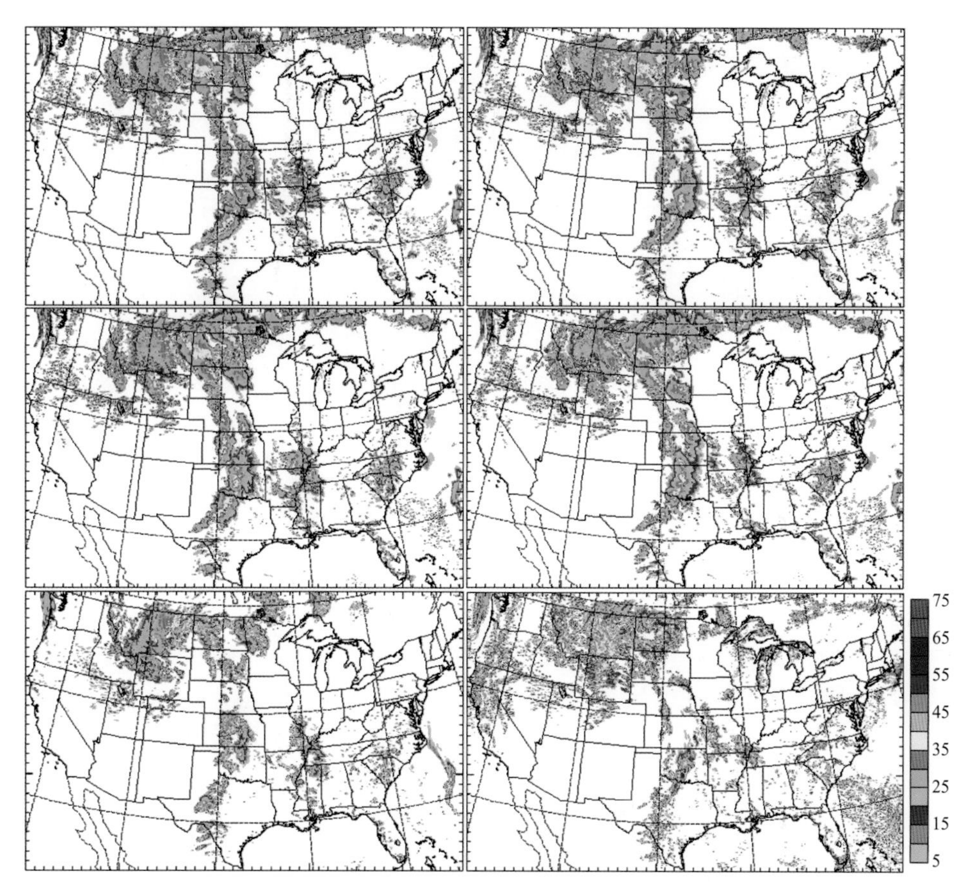

图 10.8 由 26 个成员组成的高分辨率多模式集合系统输出的邮票图。图中所示为 2010 年 5 月 25 日预报时效 0000 UTC 六个成员生成的模拟雷达反射率因子。系统于 2010 年 5 月 24 日 0000 UTC 启动。Kong Fanyou 博士和俄克拉何马大学风暴分析和预报中心提供。

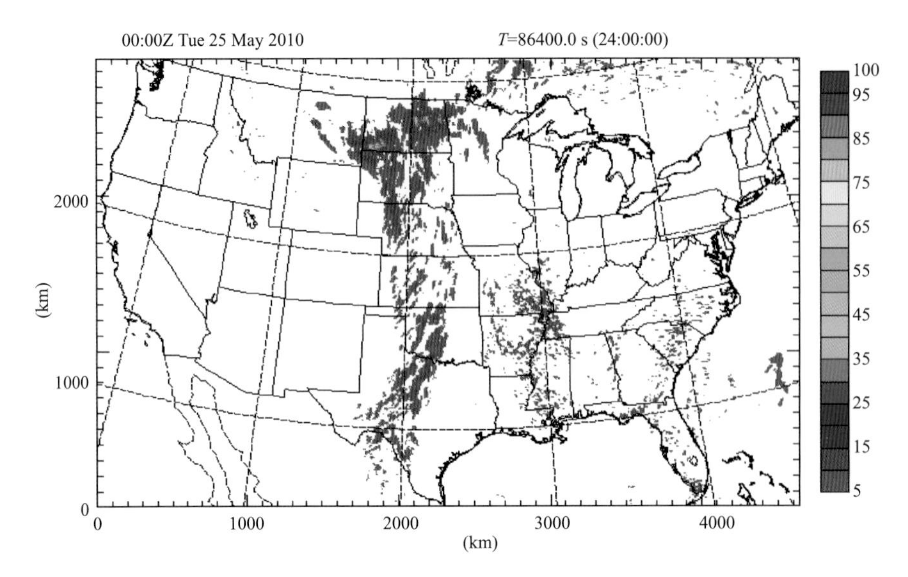

图 10.9　2010 年 5 月 25 日，预报时效 0000 UTC，1 h 累积降水超过 0.5 英寸（约 12.7 mm）的概率。这是从 2010 年 5 月 24 日在 0000 UTC 启动的高分辨率、26 个成员的多模式集合系统输出中得出的（见图 10.8）。Fan Kongyou 博士和俄克拉何马大学风暴分析预报中心提供。

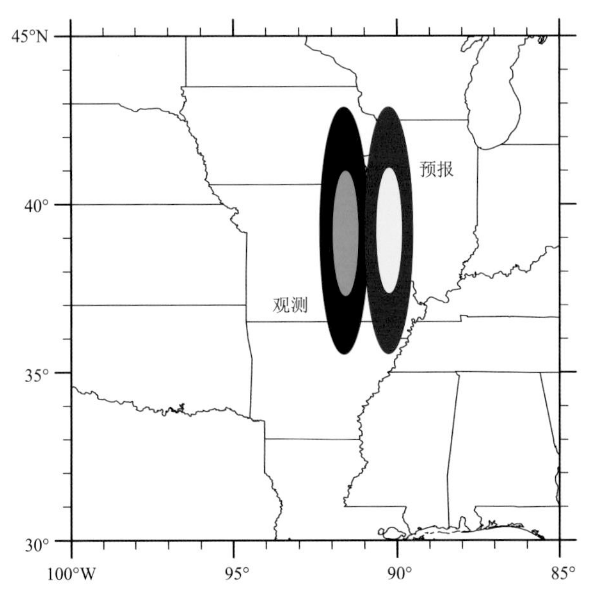

图 10.11　假想的 1 h 降水量预报场（红色/黄色）示例，以及观测验证值（蓝色/青色）。假设红色和蓝色（黄色和青色）轮廓对应相同的量值。根据传统方法（如 MSE），由于预报和观测之间缺乏局地对应关系，这种预报几乎没有技巧。基于 Gilleland 等（2010）。

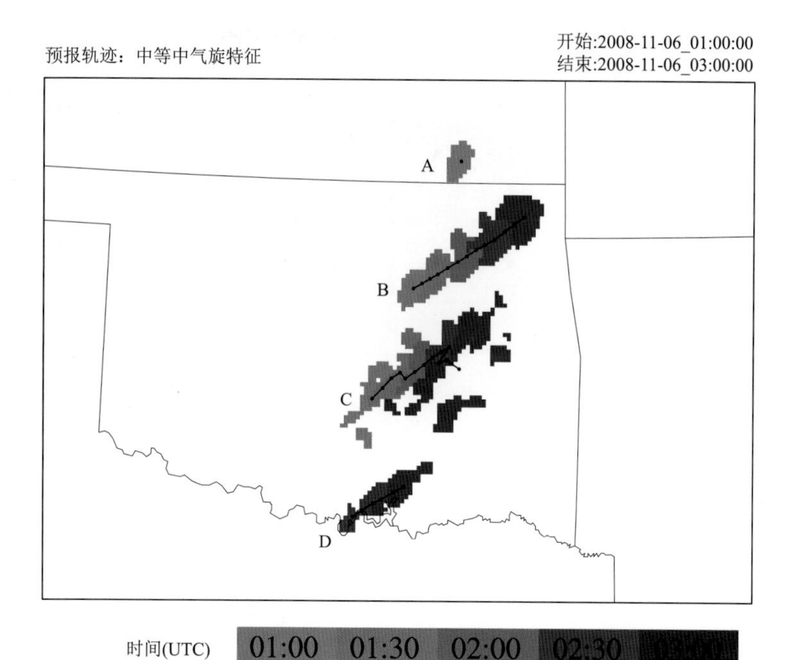

特征 ID	开始时间 (UTC)	结束时间 (UTC)	持续时间 (min)	最大dBZ (time UTC)
A	01:00:00	01:10:00	10	54 (0100)
B	01:00:00	03:00:00	120	59 (0140)
C	01:00:00	03:00:00	120	59 (0140)
D	02:10:00	03:00:00	50	57 (0210)

图 10.15　应用于超级单体预测的特定特征系统示例。轨迹和阴影指示超级单体的位置，这是根据高分辨率模式输出客观确定的。表中提供了各个超级单体的属性。引自 Carley 等(2011)。

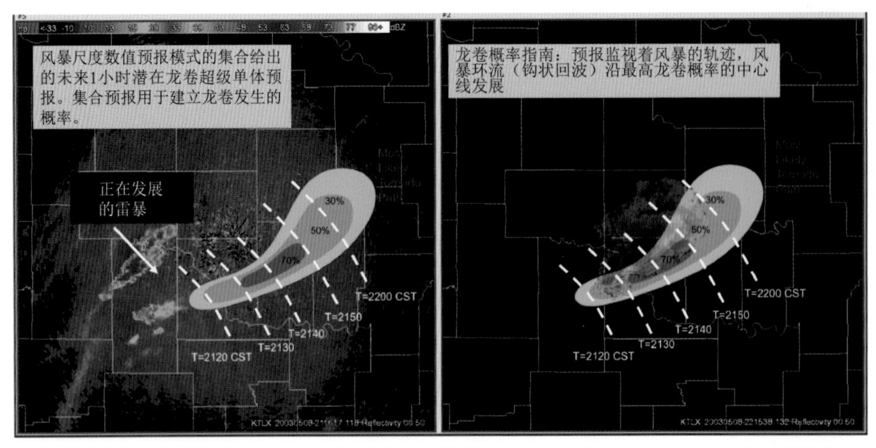

图 10.16　一个假设的“基于预报的预警”提供的。对流尺度龙卷预报指南蓝色阴影显示龙卷发生的区域概率。白色虚线表示预测的风暴位置。颜色填充是雷达反射率因子。引自 Stensrud 等(2009)。

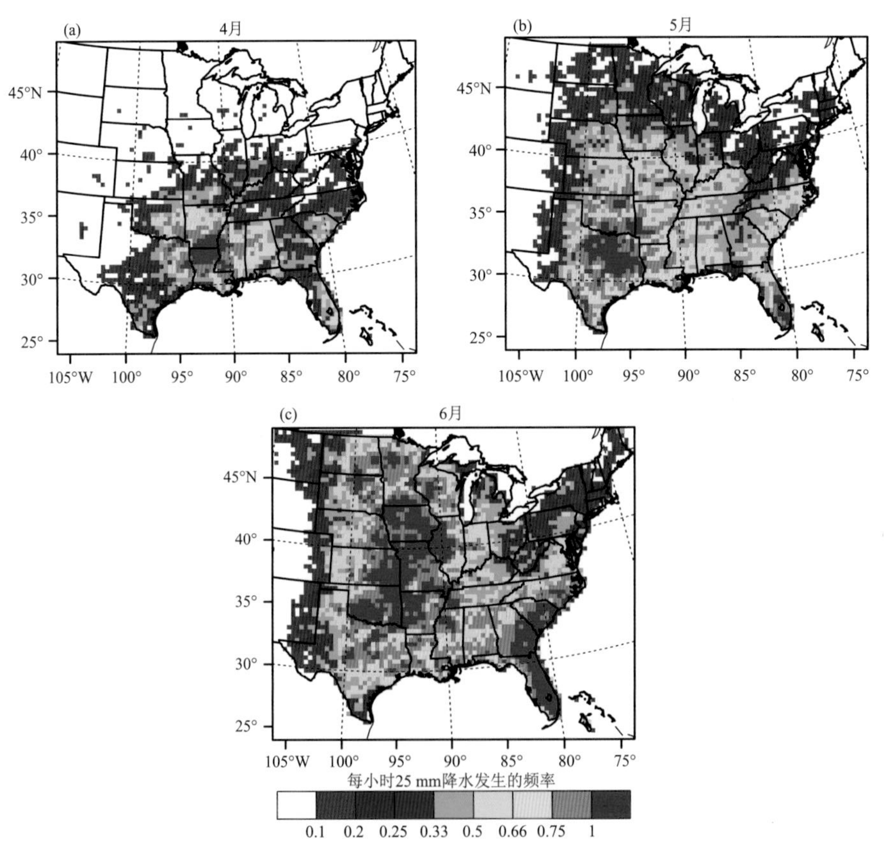

图 10.17　采用动力降尺度方法获得的 1991—2000 年 4—6 月暖季月份 1 h 降雨量超过 1 英寸(约 25.4 mm)的平均频率。引自 Trapp 等(2010)。经斯普林格科学和商业媒体许可使用。